Albert Eulenburg

Die hypodermatische Injection der Arzneimittel

Nach physiologischen Versuchen und klinischen Erfahrungen

Albert Eulenburg

Die hypodermatische Injection der Arzneimittel
Nach physiologischen Versuchen und klinischen Erfahrungen

ISBN/EAN: 9783743610378

Hergestellt in Europa, USA, Kanada, Australien, Japan

Cover: Foto ©berggeist007 / pixelio.de

Manufactured and distributed by brebook publishing software (www.brebook.com)

Albert Eulenburg

Die hypodermatische Injection der Arzneimittel

Die

HYPODERMATISCHE INJECTION

der

ARZNEIMITTEL.

Nach

physiologischen Versuchen und klinischen Erfahrungen

bearbeitet

von

Dr. ALBERT EULENBURG.

Eine

von der Hufelandschen medicinisch-chirurgischen Gesellschaft

gekrönte Preisschrift.

Mit einer lithographirten Tafel.

Zweite, umgearbeitete und bedeutend vermehrte Auflage.

Berlin, 1867.

Verlag von August Hirschwald,

Unter den Linden Nr. 68.

Vorrede.

Noch vor kaum anderthalb Decennien konnte man nicht
ohne einen Schein von Berechtigung darüber Klage erheben, dass bei dem ungeahnten Aufschwung aller medicinischen Hülfswissenschaften die eigentliche Wissenschaft
des Helfens — die Therapie — verhältnissmässig leer
ausgegangen sei. Anhänger pessimistischer Richtungen,
an denen es bekanntlich in der Medicin nie gefehlt hat,
sprachen nicht blos von einem Stillstand, sondern von
einem Rückschritt im Vergleich zu jüngst vergangenen
Epochen. Bei dem Einsturz jeder morschen therapeutischen Ruine rügten sie, dass das neue Wohngebäude
nicht schon längst in geziemender Vollendung daneben
stehe. — Heutzutage dürften diese „laudatores temporis
acti" und „calumniatores sui temporis" kaum noch den
Beweis der Wahrheit zu führen vermögen. Abgesehen von
der Umwälzung, die sich unmerkbar, aber stetig auf allen
Gebieten der Therapie vollzog, um letztere auf die allein
rationelle Basis physiologischer und klinischer Beobachtung zu erheben, haben wir in einzelnen Specialdisci-
plinen eine Reihe der wichtigsten und bedeutungsvollsten

therapeutischen Errungenschaften zu begrüssen, wie sie in so glänzender Originalität und so rascher Aufeinanderfolge noch kein anderes Zeitalter der Medicin producirte. — Ueberall aber, wo wir einen wesentlichen Fortschritt auf therapeutischem Gebiet wahrnehmen — bei den Erkrankungen der höheren Sinnesorgane, wie bei denen der Haut, der Luftwege, bei unzähligen Muskel- und Nervenleiden u. s. w. — überall finden wir denselben begründet und charakterisirt durch das erst in unserer Zeit zu vollem Bewusstsein erwachte und mit reichen Mitteln durchgeführte Bestreben, den therapeutischen Eingriff auf das pathologisch veränderte Organ zu localisiren und dem ärztlichen Handeln somit ein festes, von dem Einfluss wechselnder Systeme und Theorieen unberührtes Substrat zu verschaffen.

Die Localtherapie ist der Stolz unserer medicinischen Gegenwart; in ihr beruht die Hoffnung der Zukunft. Der Spiegel, welcher nicht nur den Blick des Arztes, sondern auch das heilsame Medicament oder Werkzeug in die Tiefe verborgener, scheinbar für Auge und Hand unzugänglicher Körperhöhlen leitet — er ist das passendste Symbol der künftigen Heilkunst, der eine exacte Diagnostik die Leuchte voranträgt, um den Feind auf seinem eigenen Gebiete — nicht, wie bisher, auf neutralem Terrain — zu suchen und zu vernichten.

Ich habe diese Betrachtungen nicht unterdrückt, weil auch der Gegenstand dieses Buches, die hypodermatische Injection der Arzneimittel, ein Zweig von dem Baume der Localtherapie — weil gerade die örtliche Wirkung auf functionell gestörte Nerven es ist, der die subcutane Methode ihre Entstehung und

ihre werthvollsten (wenn auch nicht alleinigen) Anwendungen verdankt. Ueber Ursprung und Zweck meines
Buches und was sonst hier zu erwähnen ist, kann ich
mich kurz fassen.

Seit längerer Zeit mit Studien über die hypodermatische Application der Arzneimittel beschäftigt, musste
ich mir die Frage vorlegen, warum ein so schätzbares
und durch seine Einfachheit jedem Arzte zugängliches
Verfahren noch keineswegs den verdienten Grad allgemeiner Anerkennung und Verbreitung gefunden habe.
Die längere Ignorirung des Verfahrens und das noch
fortbestehende Misstrauen vieler Practiker gegen dasselbe
schien mir hauptsächlich auf zwei Ursachen zu beruhen:
einmal auf dem Mangel einer exacten physiologischen
Basis, welche die Vorzüge der Injection vor anderen
Applicationsweisen wissenschaftlich begründete, und auf
dem ebenso fühlbaren Mangel specieller therapeutischer
Indicationen für die hypodermatische Anwendung der einzelnen Medicamente. Die erstere, die physiologische Seite
des Verfahrens wurde von den Autoren entweder nur
nebenher oder gar nicht beachtet, indem man gewisse
Vorzüge desselben als selbstverständlich annahm oder
aus zweideutigen therapeutischen Resultaten allein fol-
gerte, ohne nach stricten Beweisen dafür zu suchen.
Aber auch präcise therapeutische Indicationen liessen
sich aus den verhältnissmässig spärlichen Erfahrungen
der einzelnen Autoren nicht ableiten; und eine das vorhandene Material zusammenfassende und theilweise er-
gänzende Arbeit war nicht vorhanden. —

Unter diesen Umständen gewährte mir die von der
Hufeland'schen Gesellschaft im Jahre 1863 gestellte

Preisaufgabe: „Wirkungsweise und therapeutische Anwendung der hypodermatischen Injectionen, begründet durch physiologische Versuche und klinische Erfahrungen" eine willkommene Anregung, den Kreis meiner Untersuchungen, soweit es Zeit und Gelegenheit erlaubten, über die ursprünglich gesteckten Grenzen hinaus zu erweitern.

So entstand die vorliegende Arbeit; sie hat sich des Beifalls derer zu erfreuen gehabt, für deren Beurtheilung sie zunächst bestimmt war. In wiefern durch dieselbe eine Zusammenfassung der bisherigen Leistungen und eine Ausfüllung der vorhandenen Lücken, wie ich sie erstrebte, auch wirklich erreicht ist — darüber mögen diejenigen entscheiden, welche dem Gegenstande, um den es sich handelt, ein practisches und theoretisches Interesse zuwenden. Hier mögen indessen noch einige, die Art der Bearbeitung selbst betreffende Bemerkungen Platz finden.

Der weitaus überwiegende Theil der therapeutischen Beobachtungen und die Mehrzahl der Krankengeschichten sind von clinisch behandelten Patienten entnommen. Der Rest vertheilt sich auf Kranke, die sich entweder in ambulatorischer (policlinischer) oder in Privatbehandlung befanden. Natürlich gewähren die der ersten Categorie angehörigen Fälle wegen der andauernden Controle eine viel reinere und zuverlässigere Beobachtung, und ich glaubte daher auch auf diese ein vorzugsweises Gewicht legen zu müssen.

Was die Krankengeschichten betrifft, so ging ich hier von der Ansicht aus, dass eine detaillirte Beschreibung der einzelnen Fälle nur da am Platze sei, wo die

Wirkung der Injectionen gerade durch die individuellen
Verhältnisse eine besondere Modificirung und Färbung
erhielt. Wo dieselbe dagegen über einen gewissen stereo-
typen Charakter nicht hinausging und der Verlauf in Hinblick auf das Thema kein wesentliches Interesse darbot,
habe ich in der Regel gar keine Krankengeschichten an-
geführt, und nur über Zahl und Charakter der behandelten
Fälle summarisch berichtet.

Die einschlägige Literatur wurde mit möglichster
Vollständigkeit benutzt; einzelne (namentlich in älteren
Jahrgängen ausländischer Journale veröffentlichte) Abhandlungen waren mir leider im Original nicht zugänglich, und
konnte ich über dieselben daher nur nach Auszügen und
Jahresberichten referiren. Der etwas verzögerte Druck
des Werkes machte, um neuere fremde und eigene Beobachtungen noch einzuschalten, eine Reihe von Nachträgen
erforderlich, die dem Texte angehängt sind.

In dem ganzen Gange und in den Ergebnissen meiner
Untersuchungen glaube ich wenigstens der Klippe einer
einseitig sanguinischen Auffassung, einer sich leicht auf-
drängenden Parteinahme für den Gegenstand dieser Arbeit
durchaus fern geblieben zu sein. Namentlich habe ich
mich bemüht, die therapeutischen Erfolge auf das Nüch-
ternste zu beurtheilen, und lieber in den Verdacht zu
weit gehender Skepsis zu gerathen, als ein durch Neuheit
bestechendes Verfahren mit dem halb unerträglichen, halb
komischen Fanatismus mancher zeitgenössischen Autoren
zu glorificiren.

Greifswald, den 15. Februar 1865.

Dr. Albert Eulenburg.

Vorwort zur zweiten Auflage.

Obwohl die vorliegende neue Auflage dieses Buches sich bereits kaum ein halbes Jahr nach dem ersten Erscheinen desselben als nothwendig herausstellte, glaubte ich doch mit Rücksicht auf viele unverkennbare Mängel der ersten Auflage diese zunächst einer gründlichen Revision und Umarbeitung unterwerfen zu müssen. Wie schon ein flüchtiger Vergleich lehren dürfte, zeigt fast jedes einzelne Capitel die Spuren der durchgreifendsten Veränderungen. Der historische Ueberblick und die Literatur, sowie auch der Abschnitt über Technik u. s. w. sind nicht nur bis auf die letzte Zeit fortgeführt, sondern auch in den älteren Partieen mit möglichster Sorgfalt überall rectificirt und vervollständigt. In dem 4. Capitel („Resorption und Elimination") haben zahlreiche neue Versuche Platz gefunden; einige auch in Cap. 5 („örtliche Wirkung"). Der specielle Theil bespricht zahlreiche Mittel, die in der ersten Auflage noch gar nicht genannt waren (Codein, Daturin, Physostigmin, Colchicin, Calomel, Jodkalium u. s. w.) — über andere, früher nur beiläufig erwähnte, sind die Mittheilungen jetzt reichlicher (Narcein, Nicotin, Coniin, Sublimat u. s. w.): aber auch die zuerst und am häufigsten hypodermatisch angewandten

Arzneikörper, denen von vorn herein ein grösserer Raum
gewidmet war, liessen sich von der allgemeinen Umge-
staltung nicht ausschliessen. In wie umfassender Weise
sie daran participiren, mögen die Capitel über Opium
und Morphium, Atropin, Strychnin, Woorara und Chinin
vor Allem beweisen. Das lawinenartige Anschwellen des
casuistischen Materials, zu dem fast jeder Tag neue und
schätzbare Beiträge liefert, machte eine bedeutende Um-
fangsvermehrung des Buches unvermeidlich. Um dieselbe
auf möglichst enge Grenzen zu beschränken, habe ich
viele ältere Krankengeschichten gestrichen und in der
Aufnahme neuer, fremder und eigener Beobachtungen die
Rücksicht auf Kürze und Raumersparniss mehr als eine
erschöpfende Vollständigkeit aller Details im Auge be-
halten.

Gern ergreife ich die hier gebotene Gelegenheit, um
Alle Diejenigen, welche mir durch Besprechungen in Zeit-
schriften, durch mündliche oder schriftliche Mittheilungen
irgend welcher Art Zeichen ihres Wohlwollens und zugleich in der Bearbeitung dieser neuen Auflage die wirk-
samste Förderung und Unterstützung geschenkt haben,
meiner aufrichtigen und wärmsten Dankbarkeit zu versichern. Ohne diese in so reichem Maasse unverhofft
und von den verschiedensten Seiten erhaltene Beihülfe
wäre es mir kaum möglich geworden, die Umarbeitung
in verhältnissmässig so kurzer Zeit und inmitten vielfacher anderweitiger Berufsgeschäfte nach Wunsch zu
vollenden. —

Wegen einer leider nicht geringen Anzahl stehen
gebliebener Druckfehler hoffe ich um so eher auf Nach-
sicht, als eine längere Abwesenheit im Auslande und

spätere Berufung auf den Kriegsschauplatz mich nöthigten, die Correctur der grösseren Hälfte des Buches ausschliesslich fremder Sorgfalt zu überlassen. Vorzugsweise bedaure ich einige Namensentstellungen, und fühle
mich in dieser Beziehung gegen meinen geehrten Collegen, den um die Einbürgerung der hypodermatischen
Methode jenseit des Oceans so verdienten Dr. Ruppauer
in New-York, zu einer besonderen Rehabilitirung ver-
pflichtet, da durch ein Versehen auf einer Reihe von Bo-
gen sein oft citirter Name consequent in „Ruppauer"
umgetauft ist.

Berlin, den 18. September 1866.

Dr. Albert Eulenburg.

Inhalts-Verzeichniss.

Allgemeiner Theil.

Erstes Capitel.

Historischer Ueberblick.

Unter hypodermatischer oder subcutaner Injection versteht man die Einspritzung medicamentöser Flüssigkeiten in das Unterhautzellgewebe des Körpers.

Der Ausdruck „subcutan" wird hier nicht allein in dem Sinne gebraucht, in welchem man von subcutanen Verletzungen, Operationen u. s. w. redet, sondern es ist dabei zugleich und vorzugsweise das Terrain der Einspritzung ins Auge gefasst. Demnach sind alle Injectionen medicamentöser Flüssigkeiten, die nicht in das Unterhautzellgewebe, sondern in geschlossene, von serösen Membranen ausgekleidete Körperhöhlen, in Theile des Gefässsystems, neugebildete Gewebsräume u. s. w. stattfinden, von unserer Betrachtung vollständig ausgeschlossen.

Das (von Einigen in gleichem Sinne gebrauchte) Wort „subdermal" erscheint als Vox hybrida verwerflich.

Die hypodermatische Injection ist ein neues, erst seit wenig über einem Decennium geübtes Verfahren; jedoch lehnt sich dasselbe an gewisse ältere, sogenannte örtliche Methoden der Arznei-Application so eng an und verläuft mit ihnen in einer solchen historischen Continuität, dass wir seine Geschichte nur im Zusammenhang mit diesen älteren Methoden auffassen und darstellen können. Da letztere, wenigstens zum Theil, noch heut in der Medicin Geltung beanspruchen, werden wir sie später auch ihrem Werthe nach mit der hypodermatischen Injection in Parallele zu stellen haben.

Alle die hier zusammenzufassenden Methoden haben das Gemeinschaftliche, dass bei ihnen das Hautorgan als Applicationsstätte für Arzneimittel benutzt wird. Wesentlich die Tiefe der zur unmittelbaren Aufnahme des Arzneikörpers bestimmten Hautschicht, ihre grössere oder geringere Entfernung

1*

von der Oberfläche constituiren den Unterschied und bestimmen die relativen Vorzüge der einzelnen Methoden. Da wir nun am Hautorgan von aussen nach innen drei Lagen oder Schichten unterscheiden — die Epidermis, die eigentliche Cutis (δέρμα) und das subcutane Zellgewebe — so ergeben sich hieraus von selbst als Hauptmethoden die epidermatische, die endermatische und die hypodermatische. Jede derselben lässt freilich in der Ausführung Variationen zu, welche die Zahl der hierher gehörigen Verfahren nicht wenig vergrössern.

1. Epidermatische Methode.

Die Arzneimittel werden mit der normalen und unverletzten Epidermis in Berührung gebracht. Eine Applicationsform, die wohl so alt ist, wie die Medicin selbst. Die Bäder, Fomentationen, Cataplasmen, Salben, Linimente u. s. w. gehören hierher und geben Zeugniss, dass man diese Methode ebenso oft zu rein örtlichen Zwecken, als zu Wirkungen auf den Gesammt-Organismus in Gebrauch zog. In neuerer Zeit unterschied man, je nachdem die Mittel einfach mit der Körperoberfläche in Contact gebracht oder auf derselben verrieben wurden, ein epidermisches und ein iatraleptisches oder anatripsologisches Verfahren. Eine Modification des letzteren ist das im Anfange dieses Jahrhunderts angegebene Verfahren von Chrestien und Brera, Substanzen, deren Resorption beabsichtigt wurde, mit organischen Säften (Speichel, Galle, Magen- oder Pancreassaft) gemischt einzureiben, in der Idee, sie auf diese Weise gewissermassen schon verdaut dem Organismus zuzuführen. (Cispnoische Methode). Forget empfahl besonders das Einreiben in die dünnwandige Achselhöhle (Maschaliatrie); Wardrop die Einreibung in die Zunge und das Zahnfleisch! Endlich wollten Klencke und Hassenstein den constanten elektrischen Strom zu Hülfe nehmen, um mittelst desselben Arzneistoffe von der äusseren Haut in den Körper zu übertragen. (Galvanische Application oder chemisch-elektrische Heilmethode). Merkwürdigerweise fing man erst in neuester Zeit an, die Cardinalfrage, ob durch die unverletzte äussere Haut hindurch eine Resorption der applicirten Arzneimittel überhaupt statt-

finden könne, einer experimentellen Prüfung zu unterwerfen.
Die Literatur dieses Gegenstandes ist namentlich in den letzten
Jahren eine sehr reichhaltige geworden, und es sind die Acten
darüber noch keineswegs vollständig geschlossen. Ich muss es
mir versagen, auf die einzelnen Phasen dieser höchst interessanten Discussion näher einzugehen, und mich mit einer kurzen
Zusammenstellung der gegenwärtig vorliegenden Resultate be-
gnügen.

Vor Allem ist die Absorption von Wasser oder im Wasser gelösten Bestandtheilen aus prolongirten Partial- oder Vollbädern Gegenstand zahlreicher Untersuchungen gewesen. Die Absorption von Wasser wurde bejaht durch Young,
Collard de Martigny, Madden, Berthold, Eichberg, Duriau, Willemin, Valentin u. A., welche Gewichtszunahme im Bade beobachteten, während Currie, Séguin, Kletzinsky, Falk, Poulet, Lehmann u. A. sich
negativ aussprachen und jene Gewichtszunahme entweder ganz läugneten oder
dem Aufquellen der Epidermis durch Imbibition zuschrieben. Spengler (und
nach ihm Ditterich, Chevalier, d'Arcet, Petit u. A.) beobachtete zuerst
Neutralität oder Alcalescenz des vorher sauren Harns nach alkalischen Bädern;
die hieraus gezogene Folgerung einer Resorption von Alkalien wurde jedoch ent-
kräftet durch die Erfahrungen von Duriau und Zülzer, welche nach prolongirten Bädern jeder Art (selbst bei Zusatz von Mineralsäuren) die Acidität des
Harns constant abnehmen sahen. Von anderen Substanzen wurden namentlich
das Jodkalium, ferner Bittersalz, Eisen- und Quecksilbersalze, Belladonna, Digitalis, Rheum, Curcuma u. s. w. zu Untersuchungen benutzt. Während zahlreiche Forscher (Bradner, Stuart, Westrumb, Lebküchner, Wedekind,
Seiler, Ficinus, Bonfils, Ditterich, Ahlefeld, Willemin, Delore,
Rosenthal, Bolze, Waller) sich für eine Absorption der genannten Substanzen aussprechen, wird dieselbe von nicht minder zahlreichen Autoren (Kletzinsky, Arneth, Zieckauer, Lehmann, Benecke, Duriau, Parissot,
Braune, Zülzer u. A.) entschieden bestritten.

Muss unter diesen Umständen die Absorption aus dem Bade mindestens als
sehr zweifelhaft erscheinen, so verhält es sich dagegen anders mit der äusseren
Application gewisser Substanzen (namentlich flüchtiger Stoffe, ferner Quecksilber-
und Jodpräparate) in Form von Einreibungen, von Linimenten und Salben. Auch
Gegner der „Hautresorption" müssen zugestehen, dass nach Einreibung der genannten Mittel medicamentöse und selbst toxische Effecte beobachtet werden, die
nicht wohl anders als durch eine mehr oder weniger reichliche Absorption derselben erklärt werden können. (U. A. sahen Vidal, Anderseck, Hamburger
tödtliche Quecksilbervergiftung nach Einreibung dieses Mittels in Salbenform eintreten). Ueber den Mechanismus dieses Vorganges haben namentlich die neueren,
exacten Versuche von Zülzer einen, wie ich glaube, entscheidenden Aufschluss
gegeben. Nach Zülzer findet eine Diffusion fester oder in Flüssigkeiten gelöster Substanzen durch die unverletzte Epidermis hindurch nicht statt; letztere ist vielmehr undurchdringlich für alle Substanzen,
die nicht chemisch oder mechanisch alterirend auf dieselbe einwirken. Jede

anderweitige Absorption von aussen wird nur durch die Hautdrüsen vermittelt, und verhält sich daher bis zu einem gewissen Grade
auch dem Erregungszustande dieser Drüsen entsprechend. Mechanische Rei-
bungen, höhere Wärmegrade, und eine Anzahl leicht flüchtiger Stoffe (Alkohol,
Terpentinöl, Senföl, Meerrettig, Crotonöl, Jod u. s. w.) vermehren den Reizungs-
zustand der Drüsen und begünstigen daher die Hautresorption. Nach Parissot
geschieht dies bei gewissen Substanzen (Alkohol, Chloroform) auch dadurch, dass
sie das die Resorption hindernde Secret der Talgdrüsen lösen.

Dass sich der Resorptionsmechanismus in der That in der eben geschilderten
Weise verhalte, bewies Zülzer namentlich dadurch, dass a) Stücke ausgeschnit-
tener, durch ein Vesicans abgehobener Epidermis sich bei Diffusionsversuchen
gänzlich impermeabel zeigten; b) die Drüsengänge (und zum Theil auch die Haar-
wurzelscheide) nach dem Einreiben von grauer Quecksilber- oder von Jodblei-
salbe — niemals aber nach einfachem Aufstreichen derselben — mit den Queck-
silber- resp. Jodbleipartikeln erfüllt waren.

2. Endermatische Methode.

Die Arzneimittel werden mit der gefässhaltigen
(und daher unzweifelhaft resorptionsfähigen) Cutis in directe
Berührung gebracht. Am einfachsten geschieht dies, indem
zufällig vorhandene Substanzverluste der Haut, Wunden, Geschwüre, Fistelgänge u. s. w. als Applicationsstätten benutzt
werden. Allein diese existiren nicht überall, und die Cutis ist
an solchen Stellen keine normale mehr. Man könnte daher eine
oberflächliche Hautwunde künstlich durch einen kleinen Schnitt
oder Stich bilden und in der Tiefe derselben das Arzneimittel
deponiren, wie dies zu experimentellen Zwecken an Thieren
häufig geschehen ist. Um jedoch eine grössere Resorptionsfläche
zu schaffen, zog man es gewöhnlich vor, die Epidermis in mehr
oder weniger grosser Ausdehnung durch ein Blasenpflaster ab-
zuheben und das Mittel auf die entblösste (zugleich aber in
künstlichen Entzündungszustand versetzte!) Fläche der Cutis zu
appliciren. Dies von Lembert und Lesieur (1823) erfundene,
durch Hofmann, Richter u. A. auch in Deutschland verbreitete Verfahren trägt vorzugsweise den Namen des endermatischen, oder auch des emplastroendermatischen. —
Variationen desselben, die seltener angewandt wurden, sind
folgende:

1) Die Abhebung der Epidermis mittelst des Mayor'schen
heissen Hammers (noch neuerdings u. A. von Demme
für die Application von Woorara bei Tetanus empfohlen).

2) Das Durchziehen kleiner, mit Morphiumlösung getränkter Setons durch eine Hautfalte.

3) Das Verfahren von Trousseau: Abhebung der Oberhaut durch Ammonium causticum. Ein mit concentrirter Ammoniaklösung getränkter Baumwollballen wird 5 Minuten lang gegen die betreffende Stelle angedrückt, worauf die Oberhaut sich runzelt und mit einem Stück Leinwand leicht abgerieben werden kann.

Das endermatische Verfahren fand (durch Piorry u. A.) namentlich bei Neuralgieen Eingang in die Praxis; man applicirte demgemäss auch vorzugsweise narcotische Alcaloide (Morphium etc.), während die Anwendung anderer Mittel, wie des Chinins oder excitirender Substanzen (Moschus, Campher) in dieser Form eine sehr vereinzelte blieb. Das Medicament wurde entweder als Pulver auf die entblösste Cutis gestreut oder in Salbenform auf derselben verrieben. — Eine besondere Anwendung von der endermatischen Methode machte Broca: dieser wollte Naevi und cirsoide Aneurysmen zur Heilung bringen, indem er die Vesicatorfläche mit Liq. ferri sesquichl. (in einer bestimmten Verdünnung) bedeckte.

3. Inoculation.

Auf der Grenze zwischen der endermatischen und hypodermatischen Methode steht die Inoculation, die Ueberführung der Arzneimittel durch Impfung — da hierbei, je nach der (absichtlich oder unabsichtlich) verschiedenen Tiefe des Impfstichs das Medicament bald in oberflächliche, bald in tiefere Schichten der Cutis oder in das subcutane Zellgewebe gelangt. Die therapeutische Anwendung dieses Verfahrens ist, abgesehen von der Vaccination, durchaus neueren Ursprungs. Der Erfinder der Inoculationsmethode ist Lafargue, dessen erste Versuche seit 1836 datiren. Seine Bestrebungen sind in Deutschland verhältnissmässig wenig bekannt und gewürdigt, auch in Lehrbüchern nur beiläufig berührt, so dass eine etwas ausführlichere Wiedergabe derselben am Platze sein dürfte.

Das ursprüngliche Verfahren von Lafargue ist folgendes: Man macht aus dem Medicament (in Pulverform) durch etwas Wasserzusatz eine Masse von Pomadenconsistenz, taucht das

Instrument — eine gewöhnliche Impf- oder Haferkornlanzette —
ein, und macht damit an der durch den Schmerz oder den Verlauf des Nerven etc. vorgeschriebenen Stelle 5, 10, 20 und mehr
Stiche dicht neben einander, bis die vorher abgemessene Dosis
vollständig geimpft ist.

Später gab Lafargue ein zweites, complicirteres Verfahren
an, welches er „Inoculation hypodermique par enchevillement"
nannte. Das Wesentliche dabei ist, dass das einzuführende
Medicament (Morphium, Atrop. sulf., Veratr. nitr.) die Form
kleiner, solider Cylinder erhält, welche wegen ihrer Härte und
Festigkeit die Bezeichnung von „Pflöcken" (chevilles) verdienen,
dabei aber sehr löslich und von kleinerem Caliber sein müssen,
als die gleich zu erwähnenden Nadeln. Es werden z. B. 1 bis
2 Theile (Ctgrmm.) einer dicken Schleimlösung, Gummi arab.
und Aq. dest. ana, mit 5 Theilen Atrop. sulf. und 4 Theilen
Zucker vermischt; die Masse, von Pillenconsistenz, zu einem
schmalen, 12 Ctm. langen Cylinder ausgerollt, dieser in kleine
Stücke von je 50 Mm. Länge zertheilt und getrocknet. Man
bekommt also 25 Cylinder, die je 2 Mgrmm. Atrop. sulf. enthalten: die Dosirung ist somit eine hinreichend genaue.

Zur Ausführung des Impfstichs gebrauchte Lafargue
anfangs eine Art Scarificateur, später kleine Stahlnadeln mit
Troikart- oder besser mit Lanzenspitze. Diese werden, wie eine
Impflanzette, schräg zur Haut aufgesetzt, 60—70 Mm. tief eingestossen, zurückgezogen, und nun sogleich mit Hülfe der Finger
ein solcher „Cylindre médicamenteux" in die Wunde eingeführt,
um daselbst seiner allmäligen Auflösung unter dem Einflusse der
Gewebsflüssigkeit und der animalischen Wärme entgegenzugehen.
Wenn bei sehr contractiler Haut die kleine Stichwunde nicht
hinreichend klafft, soll man zuerst die Oeffnung derselben mit
einer feinen Canüle dilatiren, deren unteres Ende eine Art Nische
zur Aufnahme des Cylinders besitzt. Während man mit der
rechten Hand die Canüle fixirt, schiebt man mit Daumen und
Zeigefinger der linken die Nadel in die Canüle und drängt so
den Cylinder in dem subcutanen Wundcanal abwärts. —

Lafargue (Arzt in St. Emilion, woraus bei Schöman
irrthümlich ein „St. Emilion" als Miterfinder der Inoculations-
methode geworden ist) gab von seinem Verfahren der Pariser
Academie Kenntniss, in deren Auftrage Martin-Solon einen

sehr günstig lautenden Bericht abstattete. Er selbst rühmt dasselbe vorzugsweise bei Neuralgieen und Rheumatismen. In ähnlicher Weise empfehlen es Valleix, Cazenave, Malgaigne
und Hayem, und der Irländer Rynd, der in einem Falle von
Gesichtsschmerz Morphiumlösung in der Nähe der betroffenen
Nervenäste einimpfte. Statt der medicamentösen Cylinder empfahl
Trousseau das Einlegen narcotischer Kügelchen in das Unterhautzellgewebe, und will damit noch in neuester Zeit in hartnäckigen Fällen von Ischias gute Erfolge erzielt haben.

In Deutschland wurde die Inoculation besonders von M. Langenbeck befürwortet, dessen Verfahren im Allgemeinen mit
dem älteren Lafargue'schen übereinstimmt; nur bediente er
sich einer löffelförmig gestalteten Impfnadel, an welcher später,
um das Abgleiten des Medicaments zu verhüten, ein das Löf-
felchen schliessendes Deckblättchen angebracht wurde. Er impfte
u. A. mit Vortheil bei Neuralgieen eine Mischung aus Moschus
mit Campher, Ol. amygd. und Ungt. tart. stib., und bewirkte bei
veralteten Hautleiden (Lepra vulgaris, Mentagra) Heilung durch
Einimpfen frischer Vaccine in die erkrankten Hautstellen. —
Hieran schliessen sich die vorzüglich von Sperino und Boekh
gepriesenen Erfolge der Syphilisation, die als eine besondere
Anwendung der Inoculation zu betrachten ist; ferner das Impfen
von Vaccine, von Crotonöl (Ure) und von Tartarus stibiatus
(Dubreuil) bei erectilen Geschwülsten.

4. Hypodermatische Methode.

Die Arzneimittel werden unter die Cutis, in die
Räume des subcutanen Zellgewebes, gebracht. — Der
grosse Vortheil, den das Unterhautzellgewebe wegen seines bedeutenden Gefässreichthums als Resorptionsorgan darbietet, war
von physiologischen Experimentatoren bereits seit längerer Zeit
benutzt worden, wie dies u. A. schon die ausgezeichneten Untersuchungen Fontana's über das Viperngift*) und die zahlreichen neueren Versuche Claude-Bernard's und Anderer

---

*) In der Schrift: „Beobachtungen und Versuche über die Natur der thieri-
schen Körper", deutsch von Hebenstreit, Leipzig 1785. Fontana machte
zuerst kleine Einschnitte und stach dann vergiftete Pfeile bis in die Muskeln
des Thieres.

über die verschiedensten toxischen Substanzen hinreichend beweisen. Von therapeutischer Seite dachte bereits Lembert, der
Erfinder· der endermatischen Methode, auch an die Möglichkeit,
medicamentöse Substanzen durch Injection in das Unterhautzellgewebe zu übertragen, und auch das so eben besprochene Verfahren von Lafargue wurde von seinem Autor ausdrücklich
als ein hypodermatisches bezeichnet. Aber weder die Impfung
mit ihren verschiedenen Modificationen, noch das von den Phy-
siologen geübte Verfahren der Incision waren im Stande, sich
Eingang in die Praxis und allgemeinere Verbreitung zu verschaffen, und in ausnehmender Weise gelang dies erst einer neuen
Methode, der Injection, welche als die weitaus sicherste, be-
quemste und zugleich schonendste alle anderen überflüssig macht,
und daher wohl als subcutane oder hypodermatische Methode
$\varkappa \alpha \tau$ ' $\dot{\epsilon} \zeta o \chi \dot{\eta} \nu$ bezeichnet werden kann.

Der verdienstvolle Erfinder der hypodermatischen Injectio-
nen· ist Alexander Wood in Edinburg, dessen Versuche seit
1853 datiren; die erste Mittheilung darüber erschien 1855. Wood
kam bei dem Gebrauche einer Fergusson'schen Spritze zur
Injection von Liq. Ferri sesquichl. in einem Falle von Naevus
auf den Gedanken, mittelst desselben Instruments bei Neuralgieen eine narcotische Flüssigkeit (Lösungen von meconsaurem
Morphium, Tinct. Opii acet. u. s. w.) in das Zellgewebe in der
nächsten Umgebung des kranken Nerven zu injiciren, um so
ausser der allgemeinen vielleicht noch eine directe (örtliche)
Wirkung zu erzielen. Diese Voraussetzung wurde durch eine
Reihe glücklicher Erfolge bei Prosopalgie, bei Neuralgia intercostalis und Ischias bestätigt. Dennoch fand das Wood'sche
Verfahren in den ersten Jahren, wie es scheint, nur wenig
Beachtung. B. Bell, der dasselbe zuerst nachahmte, benutzte
ausser den Opium-Präparaten bei Neuralgieen auch Atropin, und
machte dabei die für die Therapie der Atropinvergiftung folge-
reiche Wahrnehmung, dass die vom Atropin herrührenden Intoxicationserscheinungen bei nachfolgender Morphium-Injection
schwanden. Oliver und Rynd injicirten nur Morphium bei
Neuralgieen (Prosopalgie, Ischias), wogegen Hunter ausser den
schon erwähnten Mitteln auch Tinct. Cannab. ind., Tinct. Aconiti
und Chloroform subcutan anwandte. Aus zahlreichen Versuchen
an Menschen und Thieren schloss er, dass diese Substanzen bei

der Injection nicht nur rascher und energischer wirkten, als vom Magen aus, sondern auch unter Verhältnissen, wo auf eine Wirkung bei internem Gebrauche überhaupt nicht zu rechnen sei. Er hielt die hypodermatische Application bei narcotischen und sedativen Mitteln für besonders zweckmässig, erklärte übrigens den Ort der Einspritzung (auch bei Neuralgieen) für gleichgiltig, und empfahl denselben öfters zu wechseln, um üblen localen Folgen vorzubeugen.

In Frankreich fand das Wood'sche Verfahren durch Béhier, Arzt am Hôp. Beaujon, Eingang, der seine Versuche in einer an die Pariser Academie gerichteten Mittheilung (1859) zuerst bekannt machte. Er behandelte in dieser Weise 60 Kranke, und zwar 53 (meist neuralgische Affectionen oder Rheumatismen) mit Atropin — darunter 31 mit radicalem Erfolge; die übrigen (Lähmungen verschiedener Art) mit Strychnin. Auch er kommt zu dem Resultate, die subcutanen Injectionen wirkten viel schneller und sicherer, als jede sonstige Application, selbst die endermatische, und empfiehlt sie daher nicht nur bei Neuralgieen und Paralysen, sondern überhaupt, wo eine möglichst rasche und kräftige Totalwirkung der angewandten Mittel wünschenswerth ist. Weitere Versuche von Becquerel (in 21 Fällen), von Hérard und namentlich von Courty illustrirten besonders die günstige Wirkung der Morphium- und Atropin-Injectionen bei neuralgischen oder allgemein schmerzhaften Affectionen durch zahlreiche Belege. Um dieselbe Zeit (1860) verschafften die Bemühungen von Ruppauer (in Boston) der Wood'schen Methode auch in den vereinigten Staaten Amerika's Eingang, und wurden im Kopenhagener Krankenhause Versuche damit angestellt, die ebenfalls zu Gunsten des Verfahrens ausfielen. — In Deutschland lenkte zuerst Bertrand (in Schlangenbad) die Aufmerksamkeit der Aerzte auf die Wood'sche Methode; demnächst gab A. v. Franque eine kurze Mittheilung über 45 damit behandelte Fälle verschiedener, meist neuralgischer Affectionen. Eine eingehendere Arbeit erschien 1861 von Semeleder, der bei einer grossen Anzahl klinischer, meist chirurgischer Patienten die Injectionen von Morphium der internen Anwendung dieses Mittels substituirte, und sich ihrer sowohl zur Hervorrufung allgemeiner Narcose, als zur örtlichen Schmerzstillung bei neuralgischen, entzündlichen oder überhaupt

mit Schmerz verbundenen Affectionen, und endlich zur localen
Anästhesirung bei kleinen operativen Acten (Cauterisation u. dgl.)
mit Vortheil bediente. Weitere Mittheilungen über die therapeutische Anwendung von Morphium- und Atropin-Injectionen
veröffentlichten bald darauf Scholz, Jarotzky und Zülzer,
Hermann, O. v. Franque, Südeckum und Andere, die im
Einzelnen manchen schätzbaren Beitrag lieferten, ohne jedoch
etwas wesentlich Neues hinzuzufügen; und Gleiches gilt von
zahlreichen casuistischen Mittheilungen der letzten Jahre, die
hier nicht speciell aufgeführt werden können. Als hervorragend
sind dagegen zwei Publicationen v. Graefe's zu erwähnen, die
nicht nur über den physiologischen Antagonismus von Morphium
und Atropin höchst lichtvolle Aufschlüsse lieferten, sondern auch
zum ersten Male die speciellen Indicationen des Verfahrens,
wenn auch nur auf dem Gebiete der Augenheilkunde und nur für
ein Mittel (das Morphium), klar und erschöpfend präcisirten. —
   Aus der anfangs fast ausschliesslichen Benutzung bei Neuralgieen und schmerzhaften Localaffectionen war das neue Verfahren inzwischen allmälig herausgetreten, und namentlich hatte
sich der subcutanen Anwendung der Narcotica auch bei Motilitätsneurosen ein ergiebiges Terrain dargeboten. So wurde bei
Tetanus das Morphium von Vogel, Neudörfer, Lorent und
Sander — Atropin von Benoit, Gosselin, Fournier, Dupuy, Crane, St. Cyr, Deneffe — besonders aber das Woorara von Cornaz, Follin, Gintrac, Broca, Vulpian, v. Langenbeck, Gherini, Schuh, Lochner, Spencer Wells
und Anderen angewandt und empfohlen. Ebenso wurden Atropin oder Morphium bei Epilepsie von Brown-Séquard und
Erlenmeyer, bei Eclampsie von Hermann und Sander, bei
Chorea von Levick, bei Tic convulsif von Oppolzer und
Sander, bei Blepharospasmen von v. Graefe, bei Stottern von
Saemann, bei hysterischen Krämpfen und Contracturen von
Boissaric und Fronmüller, bei Cerebrospinal-Meningitis von
Traube, Niemeyer, Thomas und Ziemssen, bei maniaka-
lischen Zuständen von Hunter, Lorent, Erlenmeyer, Rie-
del, bei Delirium tremens von Hunter, Ogle, Semeleder,
Lorent, Elliot, Lumniczer, Hardiwick und Anderen sub-
cutan injicirt. Die ausgezeichneten Wirkungen bei gastrischen
Zuständen, heftiger Brechneigung, Brechdurchfällen u. s. w. be-

tonten namentlich v. Franque, Ashe, Bennet, v. Graefe, Lorent, Codrescu und Andere. Bei den Erscheinungen stürmischer Belladonna- oder Hyoscyamusvergiftung erzielten (nächst Bell und v. Graefe) auch v. Schmied, Körner, Rezek, Erlenmeyer und Nieberg wahrhaft glänzende Erfolge.

Woorara wurde bei Epilepsie von Benedikt, bei Meningitis spinalis von Landenberger, bei Tic convulsif und Hydrophobie von Gualla, bei Strychninvergiftung von Burow jun. in Anwendung gezogen.

Das Strychnin wurde nach den ersten Versuchen von Béhier ebenfalls vielfach, namentlich bei paralytischen Affectionen, subcutan applicirt. Courty sah bei Facialis-Lähmungen und Paraplegie von den Strychnin-Injectionen sehr günstige Erfolge, welche auch Pletzer, Saemann, Ruppauer und Lorent theilweise bestätigten. Ferner bedienten sich dieses Mittels Neudörfer und Waldenburg gegen Stimmbandlähmung. Bois und Fronmüller gegen Enuresis, Wood, Dolbeau, Büdner, Giraldès, Foucher und Andere gegen Prolapsus recti, Frémineau, Späth und Saemann gegen Amaurose, Sander gegen Gesichtskrampf mit glücklichem Erfolge.

Die subcutane Injection des schwefelsauren Chinins wurde zuerst von Schauchaud (in Smyrna) empfohlen, der dieselbe in 150 Fällen von Intermittens, wo der innere Gebrauch durch gastrische Störungen contraindicirt war, mit dem besten Erfolge vornahm. Nachgeahmt wurde dieses Verfahren von Goudas, M'Craith, Moore, Lorent, Rosenthal, Erlenmeyer, Zülzer, Gualla, Desvignes, Bourdon und Anderen, welche in der Mehrzahl seine Wirksamkeit bestätigten, und speciell hervorhoben, dass man mittelst dieser Methode nicht nur den bevorstehenden Fieberanfall verhüten, sondern auch den bereits eingetretenen Anfall (selbst bei perniciöser Intermittens) sicher coupiren könne. — Auch bei typischen Neuralgieen, remittirenden Fiebern und Gelenkrheumatismen zeigte sich die subcutane Chinin-Application wirksam.

Ueber zahlreiche Mittel aus der Klasse der Narcotica (Digitalin, Coniin, Aconitin, Coffeïn, Daturin, Hyoscyamus, Veratrin, Colchicin, Physostigmin, Ergotin, Oleandrin, Nicotin) wurden von verschiedenen Seiten — namentlich von Pletzer, Erlenmeyer, Fronmüller, Lorent, Jousset und mir — Beobachtungen veröffentlicht. Von den sogenannten Nebenalcaloiden des Opium wurde das Codein von Erlenmeyer, Narcein, Narcotin und Thebain von mir zu Versuchen benutzt. Von anderen Substanzen, die theils von mir, theils von Anderen subcutan applicirt wurden, erwähne ich: Chinioidin, Blausäure, Tinct. Cannab. ind., Chloroform, Emetin, Tartarus stibiatus, Crotonöl, Campher, Liq. Ammonii anis.; ferner Calomel, Sublimat, Solut. Fowleri, Argent. nitric., Tannin, Chlornatrium und Jodkalium, indem ich übrigens auf die näheren Angaben in dem speciellen Theile dieses Buches verweise. —

Neuerdings wurden die hypodermatischen Injectionen noch zu verschiedenen, wesentlich chirurgischen Zwecken mehrfach verwerthet. Hierher gehört die von Nussbaum für Operationen empfohlene (u. A. von der Soc. de méd. in Versailles durch Thierversuche bestätigte) Verlängerung der Chloroform-Anästhesie mittelst subcutaner Injectionen von Morphium. — Luton (in Rheims) schlug vor, die Einspritzung örtlich irritirender Substanzen in thierische Gewebe zur Etablirung einer künstlichen Entzündung von variabler Intensität zu benutzen, und vindicirte diesem als „substitution parenchymateuse" bezeichneten Verfahren eine sehr ausgedehnte Anwendung, namentlich bei tiefen Knochenleiden und bei Geschwülsten. Hierher lässt sich auch Bourguet's Heilung einer Pseudarthrose durch Ammoniak-Injection zwischen die Bruchenden rechnen; ferner sind die Injectionen von Morphium bei Extrauterinschwangerschaft (Friedreich), von Liq. Ferri sesquichl. bei cavernösen Geschwülsten (Wood, Richet, Appia, Demarquay, Schuh, Pauli, Ellinger, Carter) und Goldsmith's Brom-Injectionen bei Hospitalgangrän hier zu erwähnen. —

Wie schon aus dieser kurzen Uebersicht hervorgeht, ist der Kreis der Fälle, in denen sich das hypodermatische Verfahren bisher anwendbar gezeigt hat, ein ausserordentlich grosser. Jedoch ist im Voraus zu bemerken, dass ein grosser Theil der vorliegenden Beobachtungen noch ganz vereinzelt dasteht und erst der ferneren Bewährung und Bestätigung bedarf, während andere durch die Unbestimmtheit der Mittheilung an Werth verlieren, und im Ganzen erst auf wenigen Gebieten und für sehr wenige Mittel die Vorzüge des hypodermatischen Verfahrens definitiv festgestellt sind. Ueberhaupt machen sich auch hier in reichstem Maasse alle die Schwierigkeiten geltend, welche fast nie ausbleiben, wo es sich um die Beurtheilung und Verwerthung therapeutischer Erfahrungen handelt: zumal da wir noch so wenig gewöhnt und leider oft so wenig in der Lage sind, bei Anstellung therapeutischer Versuche mit derselben Schärfe und der Einhaltung aller Cautelen, wie beim physiologischen Experiment, zu Werke zu gehen.

Literatur.

(Bei den älteren Methoden sind nur die wichtigsten, allgemeineren Abhandlungen angegeben.)

1. Epidermatische Methode.

V. M. Brera, Anatripsologie oder die Lehre von den Einreibungen, die eine neue Methode enthält, durch Einreibungen mit thierischen Säften und verschiedenen Substanzen, die man innerlich zu geben pflegt, auf den Körper zu wirken. Aus dem Ital von J. Gyrl. 2 Bde. Wien 1800—1801.

A. J. Chrestien, De la méthode iatroliptique ou observations pratiques sur l'administration des remèdes à l'extérieur dans le traitement des maladies internes. Montpel. 1804. — Deutsch von C. H. J. Bischoff, Berl. 1805.

Klencke, Zeitschr. der Wiener Aerzte, Mai 1845.

Hassenstein, Chemisch-elektrische Heilmethode. Leipzig 1853.

Ueber Hautresorption:

Krause, Wagner's Handwörterbuch der Phys., Art. „Haut", II. p. 173.

Madden, Experim. inquiry into the phys. of cutan. absorpt. Edinburgh 1838.

Falck, Archiv für phys. Heilkunde. Bd XI. p. 766.

Lehmann, Schmidt's Jahrb. d. Med. 1855. VII. p. 116.

Kletzinsky. Prager Vierteljahrsschr. 1854. Bd. XI. p. 70.

— Wochenbl. d. Zeitschr. Wiener Aerzte. 1855. No. 21.

Braune, De cutis facultate jodum resorbendi, diss. inaug. Lipsiae 1856. (Im Auszuge: Virchow's Archiv, Bd. XI.)

Rosenthal, Zur Kenntniss der Absorption der Jodpräparate. Wiener med. Wochenschr. 1863. 5—16.

Delore, Journal de phys. T. VI (1863.)

Parisot, Comptes rendus. T. LVII. p. 327 u. 373.

Willemin, Archives gén. Aug. u. Sept. 1863, Mai 1864.

Zülzer, Ueber die Absorption durch die äussere Haut. Wiener Med.-Halle 1864.

2. Endermatische Methode.

A. Lembert, Essay sur la méthode endermique. Paris 1828.

G. A. Hofmann, Hufeland's Journ. 1833, Jan. Febr.

A. L. Richter, Die endermatische Methode durch eine Reihe von Versuchen in ihrer Wirksamkeit geprüft. Berlin 1835.

A. Ahrensen, Dissert. de methodo endermatica. Kopenh. 1836.

Frd. Schubert, De methodi endermaticae ratione nec non applicatione. Aschaffenburg 1841.

Trousseau, Union méd. 1864. No. 18 u. 20.

3. Inoculation.

Bull. de l'acad. T. I. p. 249 (Bericht von Martin-Solon über das Verfahren von Lafargue).

Valleix, Guide de médecin praticien, 3me éd. T. IV. p. 313 u. 332.

Lafargue, Bull. de thér. T. XXXIII. p. 19. (1847.)
— ibid. T. XLII. p. 475.
— — T. LIX. p. 27.
— — T. LX. p. 22 u. 150 (1861.)
Rynd, Dubl. med. press., 12. März 1845.
Hayem, L'inoculation des sels de morphine, thèse de Paris 1852.
M. Langenbeck, Die Impfung der Arzneikörper. Hannov. 1856.
— Beiträge zur Einimpfung der Arzneimittel. Memorab. VI. 6, Juni 1861.

4. Hypodermatische Methode.

1855.

A. Wood, Edinb. med. and surg. journ. Vol. 82, April, p. 265.

1857.

Oliver, Edinb. med. journal, April.
Bonnar, British med. journal, August.
B. Bell im Jahresber. der Edinb. med. surg. Society.
Bertrand, Correspondenzbl. f. Psych. p. 62.

1858.

A. Wood, British med. journ., 28. Aug. p. 721.
B. Bell, Edinb. med. and surg. journ., Juli.

1859.

Ch. Hunter, British med. journ., 28 Jan.
— Med. Times and Gaz., 5. u. 26. März.
— ibid. 16. April.
— — 8. Oct.
Béhier, Gaz. hebdomadaire p. 444.
— L'Union médicale, 14. Juli.
— Bull. de thérapeutique.
Hérard, L'union médicale.
Courty, Gaz. des hôp. p. 531 u. 551.
Vella, Emploi du curare dans le traitement du tetanos. Comptes rendus,
       29. Aug.
Vulpian, Gaz. hebd. VI. 38. (Woorara bei Tetanus).
Follin, Gaz. des hôp. 135, 137.
— Bull. de thér. LVII. p. 422. (Ebenso.)
Gintrac, Journ. de Bord., 2me Sér. IV. p. 701. (Ebenso.)
Fuller, On rheumatism, rheumatic gout and sciatica. London, 3. ed.

1860.

Cadwell, Med. Times. 17. März. (Atropin bei Neuralgieen.)
Gintrac, L'Union. 8. (Woorara bei Tetanus.)
Cornaz, Lancet. I. p. 533. (Ebenso.)
Ruppauer, Researches upon the treatment of neuralgia by subcutaneous in-
       jection, with cases. Boston med and surg. journ., April u. Mai.
Hospitals Tidende No. 49.
Benoit, Bull. de thér. LIX. p. 226. (Atropin bei Tetanus.)
Fournier, Gaz. des hôp 111. (Ebenso.)
Dupuy, Bull. de thér. LVIII. p. 425. (Ebenso.)
A. v. Franque, Nassauisches Correspondenzblatt der Aerzte.
Dolbeau, Bull. de thér. LIX. p. 538.
— Revue de thér. méd.-chir. 11. (Strychnin bei Mastdarmvorfall.)
Rynd, Dubl. journ. XXXII. 63. p. 13.-(Neue Spritze mit Abbildung.)
T. Walker, British med. journ. 15. Sept.
Gosselin, Gaz. des hôp. 7. Juli. (Atropin bei Tetanus.)
Boone, Amer. med. Times. N. S. I. 11. Sept. (Morphium bei Hemicranie.)

1861.

Semeleder, Wiener Med.-Halle. II. 34.

Scholz, Subcutane Injectionen verschiedener Alcaloide. Wiener med. Wochenschrift. XVII. 2.

v. Jarotzky und Zülzer, Neuere Erfahrungen über subcutane Injectionen.
Med.-Halle. II. 43.

Duckworth, British med. journal. März. 2. (Aconitin.)

Crane, Med. Times and Gaz. 30. März. (Atropin bei Tetanus.)

Oglo, British med. journal.

Spender, ibid. 23. Nov. (Atropin.)

Oppolzer (ref. Stoffella), Zwei Fälle von Tic convulsif. Wiener Wochen-
blatt 6—8.

— Med.-Halle. II. 21.

Bergson, Annali universali 171—173. (Brachial-Neuralgie.)

Polli, Verhandl. der schweizer Ges. der Naturw Lugano, 1861. (Woorara.)

B. Gualla, Gazz. lomb. 5. (Woorara bei Tic convulsif.)

v. Graefe, Antagonistische Wirkung des Opium und der Belladonna, Deutsche
Klinik 16.

v. Scanzoni, Würzb. med. Zeitschr. 4. (Coccygodynie.)

Deneffe, Injections encephalo-rachidiennes et leur application au traitement
du tetanos. Ann. de la soc. de méd. de Gand, März.

Schuh, Wiener Wochenschr. p. 48. (Liq. ferri sesquichl. bei Naevus.)

1862.

Hermann, Ueber subcutane Injectionen. Med.-Halle. III. 8—10.

A. v. Franque, Ueber subcutane Anwendung der Arzneimittel. Bair. ärztl.
Intelligensbl. 6.

Vogel, Mittheil. aus Baden, 24. (Morphium bei Tetanus.)

Oppolzer, Morbus Brightii complicirt mit Pyelitis und Intercostalneuralgie.
Spitalsz. 9 u. 10.

— Neuralg. intercostalis und herpes zoster. Med.-Halle 9.

Schuh (ref. Spitzer), Traumatischer Tetanus mit Curare erfolglos behandelt.
Oesterr. Zeitschr. f. pract. Heilk. VIII. 50.

Gherini, Gazz. lomb. 5, 14. (Woorara bei Tetanus.)

Broca, L'Union 64, 492 (Ebenso.)

Billroth, Langenbeck's Archiv. II. p. 341. (Morphium bei Pyämie.)

Amtl. Bericht über die 37. Vers. deutscher Naturf. u. Aerzte in Carlsbad, p. 302.

Lebert, Handbuch der pract. Med. II. 2.

Goudas, L'union 113. (Chinin bei Intermittens.)

M'Craith, Med. Times and Gaz. 2. Aug.

— ibid. 4. Oct. (Ebenso.)

St. Cyr, Journal de méd. véterinaire pratique. Lyon. T. XVIII. p. 236.
(Atropin bei Tetanus.)

Levick, Amer. journ. of med. sc. N. F. LXXXV. p. 40. (Chorea)

Ashe, Med. Times and Gaz. 13. Dec. (Morphium bei Cholera.)

Ruppauer, Medical communications of the Massachusetts medical society.
Vol. X. No. 2.

1863.

Moore, Lancet II. 5. (Chinin bei Intermittens.)

Südeckum, Subcutane Injectionen medicamentöser Flüssigkeiten. Inaugural-
Abhandlung. Jena.

v. Graefe, Ueber die hypodermatischen Einspritzungen als Heilmittel in der
ophthalmologischen Praxis. Archiv f Ophthalmologie. IX. 2. p. 62.

Nussbaum, Bair. ärztl. Intelligenzbl. 15. Aug.

Elliot, Med. Times and Gaz. 4. April.

Poppel, Monatsschrift f. Geburtsk. XXI. p. 321. Mai.

Hardiwick, Med. Times and Gaz. (Morphium bei Del. tremens.)
Schelske, Klinisches Monatsbl f. Augenheilk. p. 380. (Calabar.)
Courty, Gaz. méd. p. 686.
— Bull. de l'acad. XXIX. 15. u. 20. Oct. (Strychnin bei Lähmungen.)
M'Leod, Med. Times März. (Blausäure bei Psychosen.)
Traube, Verhandl. der Berl. med. Ges. Deutsche Klinik 20. (Morphium
    bei Meningitis cerebrospinalis.)
B. v. Langenbeck, Med. chir. Rundschau. III. 2, 1. (Woorara bei Tetanus.)
Demme, Militär-chirurgische Studien. I. p 225. (Ebenso.)
Nussbaum (ref. Martin), Ueber die mehrstündige Festhaltung der Chloro-
    form-Anästhesie durch hypodermatische Anwendung der Narcotica. Bair.
    ärztl. Intelligenzbl. 10. Oct.
Eulenburg, Untersuchungen über die Wirkung subcutaner Injectionen. Cen-
    tralblatt f. d. med. Wiss. No. 46.
Wolliez, Spitalszeitung No. 34.
Goldsmith, Use of bromine in pyaemie diseases. Med. Times and Gaz. 678.
Frémineau, Gaz. des hôp. 49. (Strychnin bei Amaurose.)
Hunter, Practical remarks on the hypodermical treatment of disease. Lancet.
    12. Dec.
Hirschmann, Archiv f. Anat. und Phys p. 309. (Myosis nach Morphium-
    Injectionen.)
Luton, De la substitution parenchymateuse, méthode thérapeutique consistant
    dans l'injection de substances irritantes dans l'intérieur des tissus malades.
    Comptes rendus T. LVII. No. 13.
Bourget, Gaz. des hôp. 61. (Ammoniak bei Pseudarthrose.)
E. Salva, De la méthode des injections sous-cutanées. Gaz. méd de Paris, 26. Dec.
Kirkes, Med. Times and Gaz. No. 20.
Aerztlicher Bericht d. k. k. allg. Krankenhauses zu Wien 1863.
Tagebl. der 38. Versamml deutscher Naturforscher und Aerzte. No. 3.
Gaudry, Injections sous-cutanées. Thèse de Paris.

                              1864.

Bois, De la méthode des injections sous-coutanées. Extrait du bull. de l'acad.
    méd. de Cantal, Paris.
Nendörfer, Handbuch der Kriegs-Chirurgie. Leipzig. p. 332.
Waldenburg, Medicinische Central-Zeitung No. 1 u. 2.
— Heilung einer auf Lähmung der Stimmbänder beruhenden totalen Aphonie
    durch subcutane Strychnin-Injection. Med. C.-Z. No. 21.
Beer, Die forensische Bedentung der subcutanen Injection. ibid.
Friedreich, Ueber einen Fall höchst wahrscheinlicher Extrauterin-Schwan-
    gerschaft mit günstigem Ausgang durch eine neue Behandlungsmethode
    (subcutane Injectionen von Morphinm). Virchow's Archiv. XXIX. p. 312.
Hering, Repertorium der Thierheilkunde. XXV. p. 336. (Atropin bei Tetanus.)
Auer, Bair. ärztl. Intelligenzbl. 7.
Verhandl. der Ges. f. Heilk., Berl klinische Wochenschr Nr. 20.
Bennet, Lancet 12. März (Morphium bei Dysmenorrhoe).
Bardeleben, Lehrbuch der Chirurgie (4. Ausg.) III. p. 266, 305 etc.
Boissarie, Contractures hystériques, pied bot accidentel, guérison rapide obte-
    nue par les injections de sulfate d'atropine. Gaz. des hôp. No. 54.
Salva, Gaz. méd. de Paris No. 13, 26. März.
Eulenburg, Experimentelle Untersuchungen über subcutane Injectionen. Cen-
    tralbl. Nr. 30
v. Franque, Wien. Med. Halle V. 27. (Atropin bei Mastodynie).
Bamberger, Krankheiten des chylopoetischen Systems (2. Aufl.) p 149.
Oppolzer, Behandlung der Ischias. Spitalztg. Nr. 21 nnd 22.
Rosenthal, Beobachtungen über Neuralgieen. Allg. Wien. med. Ztg. Nr. 12 u. 13.
Demme, Ueber das Curare als Heilmittel beim Tetanus. Schweiz. Zeitschr.
    f. Heilk. II. p. 356.

Ellinger, Virchow's Archiv XXX. 1. u. 2. (Liq. Ferri sesquichl. bei Naevus).
Leiter, Vereinfachte subcutane Injectionsspritze (mit Abbildung). Wien. med. Wochenschr. Nr. 23.
Erichsen, Pract. Handbuch der Chirurgie, dentsch von Thamhayn, Bd. II. p. 285.
Tilt, Handbuch der Gebärmutter-Therapie, p. 52.
Saemann, Deutsche Klinik Nr. 44 und 45 (Strychnin bei Amaurose etc.).
Sander, Archiv f. wissensch. Heilk. I. 4. p. 289.
Pletzer, Schuchardt's Zeitschr. f. pract. Heilkunde, Heft 3 p. 253.
Rabot, l'Union 23.
Geo. T. Elliot, Amer. med. Times. N. S. IX. 10. Sept. p. 123.
Schwarz, Spitalztg. Nr. 42.
Erlenmeyer, Correspondenzbl. f. Psychiatrie Nr. 15 und 16.
v. Schmied, Monatsbl. f. Augenheilk. II. p. 158, Mai (Morphium bei Atropinvergiftung).
Béhier, Bull. de thér. II. p. 151 (Narcein).
Duvernoy, l'Union 86. p. 141.
Rosenthal, Wiener Med. Halle V. 34 (Chinin).
Gualla, Gaz. Lomb. 14 (ebenso).
Zülzer, Wiener Med. Halle V. 38 (ebenso).
Mason Warren, Amer. journ. of med science, April p. 316.
Lumniczer, Wiener Med. Halle V. 40. p. 315 (Morphium bei Del. tremens).
Fronmüller, Betz, Memorab. IX. 10. p. 227.
Gubler, Gaz. des hôp. (Aconitin).
Duvernoy, l'Union 86, 141 (Atropin bei Neuralgieen).
Erlenmeyer, Die subcutanen Injectionen der Arzneimittel (1. Aufl.).
Scarenzio, Annali universali (LXXXIX. p. 602 (Calomel).
v. Bruns, Deutsche Klinik 1864 Nr. 48 (Morphium nach Ovariotomie).
Neudörfer, Feldärztl. Bericht über die Verwundeten in Schleswig, Langenbeck's Archiv VI. Heft 2. p. 526 (Morphium bei Tetanus).
Gherini, Annali universali (LXXXVIII. April p. 74 (Atropin bei Neuralg. radialis).
Nélaton, Soc. de chir. vom 22. Juni, nach Gaz. des hôp. 77, Juli (Ischias).
Benedikt, Wiener Med. Halle (Atropin bei Contracturen).
Remak, Med. C.-Ztg. (Reflexkrämpfe).
Dujardin-Beaumetz, Gaz. des hôp. No. 136 und 138 (Neuralgieen).
Rezek, Allg. Wiener med. Ztg. Nr. 30 (Morphium bei Hyoscyamus-Vergift.).
Burow jun., Deutsche Klinik Nr. 34 (Woorara bei Strychnin-Vergiftung).
Humphry, Med. Times and Gaz. 13. Aug. vol. II. No. 731 (Opium nach Operationen).
Lancet vol. II. XXIV. 10. Dec. (Morphium bei Herpes Zoster).
Landenberger, Meningitis spinalis durch Curare geheilt, Würtemberg. Correspondenzbl. XXXIV. 21.
Legroux, Bull. de thér. LIX. p. 568, Dec. (Atropin bei Neuralgieen).

1865.

Waldenburg, Wirkungsweise der subcutanen Injectionen, Med. Centr.-Ztg. Nr. 14 und 15.
Benedikt, Wiener allg. med Z Nr. 4 (Woorara bei Epilepsie).
Eulenburg, Die hypodermatische Injection der Arzneimittel, nach physiologischen Versuchen und klinischen Erfahrungen bearbeitet. Berlin.
— Neue Versuche über die Resorptionsgeschwindigkeit subcutan injicirter Substanzen durch Nachweis im Parotidenspeichel und den Secreten der Mundhöhle. Centralbl. Nr. 34.
— Ueber Narcein als Heilmittel. Deutsches Archiv für klinische Medicin Bd. I. p. 55.
Fischer und Hirschfeld, Beitrag zum Tetanus traumaticus, Berliner klin. Wochenschr. 1865, 11.

Ruppauer, Hypodermic injections in the treatment of neuralgia, rheumatism, gout and other diseases. Boston.

Lorent, Die hypodermatischen Injectionen nach klinischen Erfahrungen. Leipz.

Winter, Zur Lehre von der hypodermatischen Injectionen. Schmidt's Jahrb. 125. Heft 3 und 4.

Körner, Med. C.-Ztg. Nr. 28 (Morphium bei Atropinvergiftung).

Späth, Würtemb. Correspondenzbl. Nr. 7 (Strychnin bei Amaurose).

Niemeyer, Die epidemische Cerebrospinalmeningitis, p. 71.

M'Carter, Gaz. des hôp. 8. April (Liq. Ferri sesquichl. bei Naevus).

Spencer Wells, Gaz. des hôp. No. 21 (Woorara bei Tetanus).

Journal f. Kinderkrkh., Heft 3 und 4 (Strychnin bei Mastdarmvorfall).

Guérsant, Allg. Wiener med. Z. Nr. 23 (ebenso).

Piedvache, Thèse de Paris, cf. gaz. méd. No. 10.

Codrescu, Thèse de Paris, cf. gaz. méd. No. 32.

Hunter, Med. Times and Gaz. 10. Juni, p. 612

— British med. journal, 3. Juni, p. 572

Beitrag zur Praxis der hypodermatischen Methode, Berl. klin. Wochenschr. Nr. 29.

Stizenberger, Aerztl. Mittheil. aus London, Nr. 14.

Klare, Ber. über die 7. Jahresvers. deutscher Zahnärzte.

Eulonburg, eine Tabelle zur genauen Dosenbestimmung bei subcutanen Injectionen, Berl. klin. Wochenschr. Nr. 39.

Freemann, British med. journal, 24. Juni, p. 639.

Hiffelsheim, Allg. Wiener med. Z. Nr. 16.

Brichetean, Bull. de thér. LXVIII. p. 110, 15. Febr.

Desvignes, Lancet I. 4., Jan. (Chinin).

Hipp. Bourdon, Gaz. hebd. 2. Sér. II. (XII.) 38. p. 603.

— l'Union 112 (ebenso).

Vée, Bull. de thér. LXIX. p. 177, 30 Aug (Bereitung der Chininsulfatlösungen für subcutane Injectionen).

Med. Central-Zeitung Nr. 69 (Chinin bei Cholera)

Dodenil, Traité du rhumatisme articulaire par les injections sous-cutanées de sulfate de quinine; recherches sur l'absorption hypodermique de ce médicament. Paris. (Cf. bull. de thér. LXIX. p. 97, August — Gaz. des hôp. 103.)

Saudras, Abeille médicale.

— Presse méd. 33. p. 265.

Jousset (de Bellesme), De la méthode hypodermique et de la pratique des injections sous-cutanées. Paris

Erlenmeyer, Bericht für 1864, Berl. klin. Wochenschr. Nr. 38 (Atropin bei Tobsucht).

Remak, Med. Centralztg. Nr. 26.

Benedikt, Injectionen von Curare bei Epilepsie, Wiener allg. med. Z. Nr. 4.

Fischer, Zur subcutanen Injection, Ibid. Nr. 31 (Chinin).

Nussbaum, Die Gefahren der subcutanen Injection, Aerztl. Intelligenzbl. Nr. 36.

Nieberg, Journ. f. Kinderkrkh. H. 7 und 8 (Atropinvergiftung).

Walker, British med journ., April (locale Anästhesie bei Operationen).

Pihan-Dufaillay, Bull. de thér. LXVIII. 30. Mai, 15. Juni, p. 433 u. 491.

Ziemssen und Hess, Deutsches Archiv f. kl. Med., Bd I. p. 453 (Morphium bei Mening. cerebrospinalis).

Tagebl. der 40 Vers. deutscher Naturforscher und Aerzte (ebenso).

Deutsche Klinik p. 468 (Venenverletzung).

Seidel, Jenaische Zeitschr. f. Med. II. 350—355.

Williams, Lancet No. 24, Juni.

van Génns, Tijdschrift voor Geneskunde (Morphium bei Bleikolik).

Biermer, Krankheiten der Bronchien und des Lungenparenchyms p. 587.

M'Craith, Verhdl. der London royal med. and chir. soc. 12. Dec.

Ritter, Schuchardt's Zeitschr. f. prakt. Heilk. VI. (Morphium bei Cholera nostr.).

Blöden, Sitz. der Prager Aerzte, 16.

Sommerbrot, Med. Presse, 46.
Kreuser, Würtemb. Correspondenzbl. 31.

1866.

Erlenmeyer, Die subcutanen Injectionen der Arzneimittel (3. Aufl.).
— Der Antagonismus zwischen Atropin und Morphium (Berl. klin. Wochenschr. Nr. 2).
Bardeleben (4. Ausg.) IV. p. 632 (Myospasmen).
Wiener med. Zeitschr. Nr. 1 (Neuralgicen).
Thierfelder, Ueber die hypodermatische Anwendung des Jodkaliums (Bor. über die 3. Vers. des Vereins baltischer Aerzte).
Lebert, Berl. klin. Wochenschr. Nr. 11 (Morphium bei Krampfwehen).
Breslau, Wien. med. Presse Nr. 3 (Atropin gegen Krampfwehen).
Posner, Klin. Arzneimittellehre p. 578 etc.
Tobold, Chron. Kehlkopfkrankheiten p. 129 etc.

Zweites Capitel.

Instrument und Technik der Injection.

Die subcutane Injection ist, als operativer Act betrachtet, so einfach, dass über ihre Technik kaum bedeutende Differenzen bestehen können; und demgemäss' hat auch das dazu gehörige Armamentarium im Laufe der Zeit zwar zahlreiche, aber keineswegs wesentliche Veränderungen erfahren. Wir registriren der Vollständigkeit wegen die von den verschiedenen Autoren angegebenen Injectionsspritzen, die oft fast nur dem Namen nach von einander differiren, und von denen höchstens zwei oder drei in der Praxis heutigentags noch Geltung beanspruchen.

1) **Spritze von Wood (oder Fergusson).** Der Erfinder der hypodermatischen Injectionen, A. Wood bediente sich einer ursprünglich zur Injection von Liq. Ferri sesquichl. bestimmten Glasspritze, an welche eine hohle, mit schneidender Spitze versehene Stahlnadel angeschraubt wurde. Der Stempel wurde geschoben; der Spitzencylinder war noch ohne Graduirung. (Die Nadel war, nach Jousset, zu voluminös, so dass sie die Gewebe schwer durchdrang und leicht Zerreissungen und Schmerzen veranlasste.)

Travoy soll — ebenfalls zur Injection von Liq. Ferri sesq. — eine ähnliche Spritze angegeben haben (Ruppauer).

2) **Spritze von Pravaz**, modificirt von Béhier. In Frankreich, woselbst Béhier das hypodermatische Verfahren einführte, wurde ursprünglich die alte Pravaz'sche Spritze zur Injection von Liq. Ferri sesquichl. benutzt, an welcher Béhier einige Modificationen anbrachte. — Die Pravaz'sche Spritze, die bekanntlich zur Radicalheilung von Aneurysmen dienen sollte, und bei der es daher auf ein sehr vorsichtiges, tropfenweises Austreiben der Flüssigkeit ankam, hatte einen Stempel, der durch Schraubendrehungen am Griff der Stempelstange in der Weise beweglich war, dass eine jede Totalumdrehung nur etwa den fünfzehnten Theil des Spritzeninhalts entleerte. Statt der Nadel befand sich an diesem Instrumente ein feiner, mit Canule versehener Troikart von der Stärke des gewöhnlichen Explorativ-Troikarts, dessen Canule nach Entfernung des Stilets am unteren Spitzenende durch Anschrauben befestigt wurde (vgl. die Abbildung, Fig. 1, in natürlicher Grösse).

Die Etuis für die Pravaz'sche Spritze enthielten gewöhnlich zwei Troikarts von verschiedenem Kaliber, so dass die Canule des einen in die des andern hineinpasste. Hierdurch sollte das Eindringen von Luft vermieden werden (vgl. unten).

Das Pravaz'sche Instrument ist das Prototyp derjenigen Injectionsspritzen, bei denen die Bewegung des Stempels durch Schraubendrehung erfolgt — im Gegensatze zu den jetzt fast ausschliesslich angewandten Spritzen, wo dieselbe durch einfaches Auf- und Abschieben der Stempelstange bewirkt wird. Eine Modification des Instrumentes von Pravaz-Béhier ist

3) **die Spritze von Mathieu** („seringue décimale hypodermique"). — Das Verdienst des genannten Pariser Fabrikanten bestand, wie es scheint, wesentlich in der genaueren und gleichmässigeren Construction der Schraubengänge der Stempelstange, deren Ungleichheit und Unbestimmtheit bei den älteren Pravaz'schen Instrumenten jede wirklich exacte Dosirung unmöglich gemacht hatte. Die Mathieu'sche Spritze fasste im Ganzen 1 CCtm. (1 Grmm.) Flüssigkeit und war auf 10 totale Schraubendrehungen berechnet, so dass jede derselben 0,1 CCtm. Flüssigkeit austrieb; an der Stempelstange befand sich überdies eine mit 20 Theilstrichen versehene Scala, wovon jeder Theilstrich also 0,05 CCtm. anzeigte.

Mathieu ersetzte ausserdem den Troikart des Pravaz'schen

Instrumentes durch eine anschraubbare Nadel, und brachte an
dem oberen Ansatzstück der Spritze, welches in centraler Durchbohrung die Stempelstange trägt, einen beliebig zu lüftenden
sogenannten Bayonnetverschluss an. Durch Lüftung desselben
konnte die Schraubenbewegung der Stempelstange aufgehoben
und dieselbe einfach schiebbar gemacht werden, während bei
Wiederverschluss sich der Schraubenmechanismus sofort wiederherstellte. Das Erstere sollte bei dem Acte des Anfüllens der
Spritze (durch Aspiration der Flüssigkeit) stattfinden, das
Letztere zum Behufe der Austreibung des Spritzeninhalts.

(Vgl. die Abbildung in halber Grösse bei Jousset, De la
méthode hypodermique etc. p. 42.)

4) Die Spritze von Charrière ist ebenfalls mit Schraubendrehung; sie unterscheidet sich von der Pravaz-Béhier'-
schen nur dadurch, dass statt des Troikarts eine anschraubbare
Nadel, wie bei Wood und Mathieu, angebracht ist.

5) Spritze von Luer — die in Deutschland gebräuchlichste. Die Bewegung des mit einer gut schliessenden Lederkappe versehenen Kolbens geschieht durch Vorrücken der Kol-
benstange. Letztere ist mit einer graduirten Scala versehen, die
45 Theilstriche enthält und von 5 zu 5 numerirt ist. An der
Stempelstange befindet sich ausserdem eine auf der Scala ein-
stellbare Schraubenmutter, die jedoch als überflüssig an neueren
Instrumenten mit Recht weggelassen ist. Der Einstich geschieht
mittelst eines feinen, fast 2″ langen Stahlröhrchens, das mit
einer Lanzenspitze versehen ist; letztere ist in der Regel schwach
gekrümmt, wie bei einer Scarpa'schen Nadel, zuweilen auch
gerade. Die Verbindung des Stahlröhrchens mit der Spritze
geschieht nicht durch Anschrauben, sondern durch einfaches
Anstecken an dem unteren Ansatzstücke der Spritze. (Vgl.
Abbildung, Figur 2.)

Die mir bekannten Luer'schen Original-Etuis enthalten
zwei Lanzen: eine goldene und eine stählerne; erstere ist jedoch
unbrauchbar, weil sie sich zu leicht biegt. Ausserdem ist ein
Bündel Silberdraht zum Reinigen der Canule (vgl. unten) beigegeben. Der Preis eines solchen Etuis war früher 7 bis 8 Thaler; gegenwärtig werden ähnliche Etuis von deutschen Instru-
mentenmachern fast für die Hälfte gefertigt.

6) Spritze von Leiter. Der Wiener Instrumentenmacher

Leiter hat sich das Verdienst erworben, den Hartkaoutschouk als Material auch bei subcutanen Injectionsspritzen in Anwendung gebracht und dieselben dadurch bei gleicher ·Haltbarkeit noch bedeutend wohlfeiler gemacht zu haben. An den ursprünglichen Leiter'schen Spritzen (vgl. die Beschreibung: Wiener med. Wochenschrift, 1864. Nr. 23.) sind sowohl die Stempelstange als die Ansatzstücke der Spritze und die Montirung des Lanzenrohrs aus Hartkaoutschouk; letzteres ist von Gold, was mir aus dem schon angegebenen Grunde nicht ganz zweckmässig erscheint und höchstens für die Injection von Liq. ferri sesquichl. Vortheile darbietet. Andere Instrumentenmacher (Goldschmidt, Windler) fertigen nur die Ansätze der Spritze und die Montirung des Lanzenrohrs, nicht aber die Stempelstange aus Kaoutschouk.

Ausser den in gewöhnlichem Etui befindlichen Spritzen liefert Leiter ein noch compendiöseres Instrument, welches in einer Messinghülse untergebracht ist und in jeder Westentasche bequem Platz findet. Dasselbe gleicht im· Uebrigen ganz dem eben beschriebenen; die Raumersparniss wird dadurch erzielt, dass nach dem Gebrauche das abgeschraubte Lanzenrohr umgekehrt in eine centrale Durchbohrung am oberen Ende der Stempelstange hineingesteckt und seine abwärts gerichtete Spitze durch die Oeffnung einer am unteren Ende der Stempelstange befindlichen Platte aufgenommen wird (vgl. die Abbildung, Fig. 5—7, nebst der Erklärung).

Das zuletzt beschriebene Instrument kostet bei Leiter 4 fl. österr. Währung. — Goldschmidt in Berlin fertigt Hartkaoutschoukspritzen im Etui und mit 2 Lanzen (einer stählernen und einer goldenen) in vorzüglicher Ausführung bereits für 2 Thaler.

Ich kann aus eigener, vielfacher Praxis während des letzten Jahres den Gebrauch der Hartkaoutschoukspritzen durchaus empfehlen. Namentlich gewähren dieselben überwiegende Vortheile, wenn man mit Metalllösungen (Jodkalium, Sublimat u. s. w.) operiren will. Das silberne Ansatzstück einer Luer'schen Spritze z. B. wird bei Jodkalium-Injectionen sehr bald angegriffen und mit einer grünen Schicht von Jodsilber überzogen. —

7) Spritzen von Hunter, Coxeter (in London), Young (in Edinburg), Tiemann (in New-York) u. A. — Hunter's

Spritze ist (nach der Abbildung in dem Weiss'schen Catalogc)
der Pravaz'schen sehr ähnlich. Für den Einstich gebraucht
er silberne Nadeln mit einer gehärteten Goldspitze. — Die (u. A.
von Pletzer und Lorent empfohlene) Spritze von Coxeter
besteht aus einem 6 Gr. Wasser enthaltenden und mit eben so
vielen Theilstrichen graduirten Glascylinder, der sich nach oben
in einen Metallcylinder fortsetzt, und nach unten in eine feine,
nadelförmige, mit seitlicher Austrittsöffnung versehene Spitze
ausläuft.

Tiemann verfertigt auch Spritzen, bei denen der Cylinder, statt des Glases, ebenfalls aus Caoutschouk besteht (vgl.
Ruppauer, hypodermic injections pag. 32).

8) Spritze von Rynd (Dubl. journ. XXXII. 63. p. 13).
Ein sehr complicirtes und unzweckmässiges Instrument, dessen
wesentlicher Unterschied darin besteht, dass die Spritze gar keinen Stempel hat, sondern die Flüssigkeit einfach vermöge ihrer
Schwere von selbst ausfliesst, sobald das Zurückspringen einer
mit der Spritze unbeweglich verbundenen Nadel den Austritt
gestattet. (Vgl. die nähere Beschreibung im Original, sowie
die Abbildung, Fig. 3 und 4, nebst der zugehörigen Erklärung.)
Fabrikant dieses Instrumentes ist Weiss in London.

9) Spritze von Bourguignon. Dieser Spritze fehlt ebenfalls der Stempel; sie besteht aus einem graduirten Glascylinder,
der an seinem unteren Ende mit der Nadel unbeweglich verbunden ist, während sein oberes Ende in dem freien Lumen eines
handschuhfingerförmigen Aufsatzes aus Caoutschouk fest steckt,
welcher letztere beliebig erhoben oder gesenkt werden kann.
Ersteres geschieht, um die Spritze zu füllen, letzteres, um sie
zu entleeren.

Der Uebelstand, welchen diese Vorrichtung vermeiden sollte,
dass nämlich der gewöhnliche Spritzenstempel nach einiger Zeit
nicht mehr gut fungirt, tritt an dem die Stelle desselben ver-
tretenden Caoutschoukcylinder ebenfalls ein. Ueberdies kann bei
starkem Neigen des Instruments die Flüssigkeit in den Caout-
schoukhut einfliessen, wodurch der untere Theil der Spritze Luft
anzieht und eine genaue Dosirung unmöglich wird.

v. Graefe hat (nach Jousset) bei Mathieu eine ähnliche Spritze anfertigen lassen, die nach oben in einen kleinen
Caoutschoukballon (wie bei den jetzt gebräuchlichen amerika-

nischen Gummi-Schröpfköpfen) ausläuft, der, durch Compression
luftleer gemacht, die Flüssigkeit ansaugt und sie ebenfalls auf
Druck wieder austreibt. Auch bei dieser Vorrichtung dürfte
eine genaue Dosirung schwierig sein und überdies leicht ein
grösseres Quantum Luft mit in das Zellgewebe gelangen.

10) Die zu Injectionen in den Thränensack bestimmte, alte
Anel'sche Spritze wurde von Scholz (vgl. unten) auch für
subcutane Injectionen empfohlen. Dieses schwerfällige, aus Me-
tall gefertigte Instrument gewährt, abgesehen von seinem grösseren Caliber, keine Vortheile und gestattet überdies noch weniger als die zuletzt beschriebenen eine genaue Dosirung; sein
Gebrauch, der noch eine besondere Nadel für den Einstich erfordert, ist mit unnützen Weitschweifigkeiten verbunden. —

Ueberblicken wir noch einmal die im Vorstehenden geschilderten Modificationen, so lassen sich dieselben im Wesentlichen
zurückführen: 1) auf Veränderungen des Materials; 2) des Stem-
pelmechanismus, und 3) des zum Einstich benutzten Werkzeugs.
In ersterer Beziehung ist nur die Einführung des Hartkaout-
schouks als eine in gewissem Sinne nennenswerthe Bereicherung
zu erwähnen. Was den Mechanismus der Stempelbewegung betrifft, so haben sich alle Abweichungen von dem ältesten einfachen Schiebemechanismus (von der Pravaz - Béhier'schen
Spritze an bis zu den Instrumenten von Rynd und Bourguignon) nur als Verschlechterungen herausgestellt und man
ist im Laufe der Zeit wohl zu jenem, schon in der Wood-
Fergusson'schen Spritze vorhandenen Mechanismus fast ausschliesslich zurückgekehrt; nur in Jousset findet, wie gleich zu
erwähnen sein wird, der Gebrauch der durch Schraubendrehung
wirkenden Instrumente einen mit sehr schwachen Gründen aus-
gerüsteten Anwalt.

Für den Einstich benutzte schon Wood eine anschraubbare
Nadel; die Pravaz-Béhier'sche Spritze lieferte durch den
Troikart eine unnöthige Complication, so dass Mathieu, Luer
und alle Folgenden mit Recht wieder zur Nadelform zurück-
kehrten. Die Lanzenspitze ist in letzterer von Anfang an vor-
waltend geblieben. Die Nadel mit der Spritze unbeweglich zu
vereinigen (Coxeter, Rynd u. s. w.) gewährt keinen Vortheil;
dagegen erscheint das einfache Anstecken des Lanzenrohrs an den
unteren Spritzenansatz (Luer) zweckmässiger als das Anschrauben.

Als eine erhebliche Verbesserung ist ausserdem nur die (besonders durch Mathieu und Luer eingeführte) Graduirung des Instruments zu bezeichnen.

Ausführung der Injection.

Die Ausführung der Injection variirt, je nachdem man sich der Spritzen mit Schraubendrehung und Troikart (Pravaz-Béhier u. s. w.) oder mit Schiebstempel und Nadel (Luer, Leiter u. s. w.) bedient.

1) Injection mit der Pravaz'schen und ähnlichen Spritzen. — Der Glascylinder wird mit der Flüssigkeit bis zu dem beabsichtigten Punkte (den an dem verbesserten Mathieu'schen Instrumente die Scala anzeigt) gefüllt — und zwar, indem man entweder den Boden der Spritze sammt der darin befestigten Stempelstange abschraubt und die Flüssigkeit von oben her eingiesst, oder durch Zurückschrauben des Pistons (Drehungen am Griff von rechts nach links) die Flüssigkeit von unten her aspirirt. Dann erhebt man mit der linken Hand die Haut in der Umgebung der Stichstelle in eine möglichst starke Falte, stösst am Grunde derselben den Troikart durch die ganze Dicke der Cutis so tief ein, dass man die Spitze frei im Unterhautzellgewebe herumführen kann, lässt die gefasste Hautfalte sinken und zieht mit einem kräftigen Ruck das Stilet aus der Wunde. Während man nun mit Daumen und Zeigefinger der linken Hand die Canüle fixirt, wird mit der rechten die vorher gefüllte Glasspritze vorsichtig, so dass weder Luft ein- noch Flüssigkeit austritt, an der Canüle festgeschraubt. Nachdem dies geschehen, treibt man durch Vorwärtsdrehen des Pistons den Inhalt der Spritze aus, setzt den linken Daumen an der Stichstelle neben der Canüle auf, und zieht durch eine rasche Bewegung der rechten Hand die Röhre sammt der Spritze heraus, worauf der linke Daumen sofort die Stichöffnung comprimirt und die Haut über derselben verschiebt.

Jousset lässt die Operation in 6 „Acte" zerfallen: nämlich Füllung der Spritze, Einführung des Troikarts, Zurückziehen des Stilets, Anschrauben der Spritze, Injection und Zurückziehen des Instrumentes. Bedient man sich (wie bei der Mathieu'schen Spritze) einer anschraubbaren Nadel an Stelle des Troikarts, so fallen der dritte und vierte Act weg.

Die in der Troicartcanüle enthaltene Luft wird bei der Injection nothwendig mit in die Wunde hineingetrieben. Um
diesen Uebelstand zu verhüten oder doch zu beschränken, waren in den Etuis gewöhnlich zwei Troikarts von verschiedenem
Câliber enthalten, in der Art, dass die Canüle des feineren in
die des stärkeren eingeführt werden konnte: eine Vorsichts-
maassregel, wovon jedoch schwerlich jemals Gebrauch gemacht
worden ist (zumal in der That auf die Eintreibung eines so
winzigen Luftquantums, wie es die Canüle enthalten kann, kaum
etwas ankommt).

2) Injection mit der Luer'schen, Leiter'schen und
ähnlichen Spritzen. — Der Glascylinder wird durch Zurückziehen des Stempels und Ansaugen der Flüssigkeit (noch
vor dem Anstecken der Nadel) bis zu dem bestimmten Theilstrich gefüllt. Darauf wird die Nadel angesteckt, die in dem
Instrumente etwa noch enthaltene Luft ausgetrieben, indem man
dasselbe mit der Spitze nach oben hält und durch Vorschieben
des Stempels einen Tropfen aus der Mündung des Nadelrohrs
hervortreten lässt, die Lanze unter Erhebung einer Hautfalte
hinreichend tief eingestossen, der Inhalt durch Vorschieben des
Stempels ausgetrieben, dann das Instrument schnell wieder zurückgezogen, und die Stichöffnung, wie oben, verschlossen.

Der Gebrauch der mit Schiebstempel versehenen Spritzen,
wie der Luer'schen, gewährt folgende Vorzüge: 1) Man kann
mit denselben die Injection in einem fast minimalen Zeitraum
— in kaum einer Secunde — vollenden, während man mit der
Pravaz'schen Spritze (wegen des minutiös auszuführenden Anschraubens und der langsamen Umdrehungen) eine Minute und
mehr braucht. Auf diesen scheinbar unbedeutenden Gewinn an
Zeit ist darum Gewicht zu legen, weil empfindliche Patienten
(besonders Patientinnen und Kinder) nach gemachtem Einstich
häufig sehr unruhig werden, stürmische Bewegungen machen
und dadurch die folgenden Acte sehr erschweren; auch gewährt
das von einigen Autoren (u. A. von Pletzer und Lorent) besonders urgirte langsame Eintreiben der Flüssigkeit in's Zellgewebe durchaus keine Vortheile, sondern ist im Gegentheil,
wie ich aus vielfacher Erfahrung versichern kann, bedeutend
schmerzhafter. 2) Bei dem Pravaz'schen Instrumente kommt
es durch das nachträgliche Manipuliren behufs des Anschraubens

der Spritze an die Canüle leicht an der Verbindungsstelle derselben zum Eintritt von Luft oder theilweisen Austritt der Injectionsflüssigkeit, namentlich wenn, wie erwähnt, störende Bewegungen von Seiten des Patienten stattfinden und man mit der
einen Hand den Troikart selbst fixiren muss; bei der Luer'schen
Spritze ist von diesen Uebelständen natürlich nicht die Rede,
da dieselbe schon vorher mit der Nadel verbunden werden kann.
Endlich ist mit letzterer die Verwundung auch weniger schmerzhaft als mit dem Troikart, und wegen der grossen Abkürzung
der Procedur eine entzündliche Reaction weniger zu fürchten.
Aus diesen Gründen rathe ich zur ausschliesslichen Benutzung
der mit Schiebstempel versehenen Instrumente, nachdem ich selbst
unzählige Male mit der Spritze von Pravaz operirt habe. Die
Möglichkeit einer genauen Dosirung ist, wie ich im folgenden
Capitel zeigen werde, in beiden Fällen dieselbe.

Jousset (l. c. p. 46) erklärt im Gegentheil die Spritzen mit
Schraubenmechanismus für weit vorzüglicher, als die mit Schiebstempel versehenen*), und führt ausser dem „sanften, gleich-
mässigen und zugleich energischen" Eintreiben der Flüssigkeit
auch die Langsamkeit der Injection als besonderen Vorzug auf,
weil die Flüssigkeit sich dadurch im Zellgewebe vertheile und
Zerrung und Quetschung vermeide. — Ich kann mich dem gegenüber nur auf die im Vorstehenden geäusserten Erfahrungen
berufen, möchte aber nicht unerwähnt lassen, dass auch andere,
höchst competente Autoren (wie z. B. von Graefe) gerade in
der Abkürzung des Manoeuvres durch das Luer'sche Instrument einen wesentlichen Vortheil des letzteren erblicken.

Anderweitige Verfahren. — Die Ausführung der Injection mit den abweichend construirten Spritzen von Rynd,
Bourguignon u. s. w. ergiebt sich aus der Beschreibung.

Scholz, der sich, wie schon erwähnt, der Anel'schen
Spritze bedient, will die Hautwunde mit einer gewöhnlichen
chirurgischen Nadel mit lanzettförmiger Schneide anlegen; nach
gemachtem Einstich zieht ein Assistent die Nadel zurück, worauf

---

*) Beiläufig gesagt, scheint Jousset in der Anwendung des letzteren das
Charakteristische der Leiter'schen Spritze zu sehen; er citirt zwar die Leiter'sche Publication in der Wiener Wochenschrift ausdrücklich, weiss aber nichts
davon, dass Leiter's Verdienst wesentlich in der Einführung des Hartkaoutschouk besteht, und beschreibt die Leiter'sche Spritze geradezu als Glasspritze! —

das Ansatzrohr der Spritze in die kleine Wunde gebracht, die
Haut etwas aufgehoben und verschoben und die Flüssigkeit injicirt wird. Abgesehen von der Umständlichkeit und der längeren Dauer dieses Verfahrens dürfte bei demselben leicht ein
Wiederaustritt der Flüssigkeit zu Stande kommen, indem das
Ansatzrohr der Spritze nicht tief genug in den Wundkanal und
das subcutane Zellgewebe eindringt. Die grössere Capacität der
Anel'schen Spritze gewährt keinen besonderen Vortheil, da man
sich, namentlich für die gebräuchlichen Alcaloide, bei hinrei-
chender Concentration der Lösung meist mit wenigen Tropfen
behelfen kann und das Einspritzen grösserer Quanta auch kaum
wünschenswerth ist.

Aehnlich wie Scholz verfuhr übrigens auch Nieberg,
der mit der Coxeter'schen Spritze operirte. Da die nicht
zweischneidige, sondern runde und schreibfederförmig zugespitzte
Nadel der letzteren sich beim Einstossen leicht verbiegt, machte
er den Einschnitt mit einer zweischneidigen Heftnadel, Staar-
nadel oder Impflanzette und setzte dann in die Stichöffnung die
Spitze der Spritze ein. Zur Aushülfe (bei plötzlich schadhaft ge-
wordener Nadel u. s. w.) dürfte sich dieses Verfahren empfehlen. —

Cautelen bei der Injection. — Diejenigen Cautelen,
welche bei Wahl der Applicationsstelle zu beobachten sind,
werden im folgenden Capitel ihre Erörterung finden. Wie tief
man einstechen soll, lässt sich selbstverständlich im Allgemeinen
nicht angeben, da sich dies nach den individuellen und regio-
nären Körperverhältnissen, der Dicke der Haut und des Panni-
culus, richtet: die Vorschrift von Jousset, 2 oder 3 Ctm. tief
einzustechen, ist daher absolut werthlos.

Von dem Luftleermachen der Spritze ist schon oben die
Rede gewesen.

Die Vertheilung der Injectionsmasse im Unterhautzellgewebe
befördert man durch leichtes Streichen mit dem Finger, namentlich an Stellen, wo die sehr dünne und verschiebbare Haut dem
Drucke der eingespritzten Flüssigkeit leicht nachgiebt und sich
daher blasenförmig hervorwölbt, wie dies z. B. an der Schläfe
nicht selten der Fall ist. Ein Regurgitiren der eingespritzten
Flüssigkeit aus dem Stichkanal wird am besten dadurch vermieden, dass man noch vor dem Eintreiben derselben die gefasste Hautstelle sinken lässt, da man sonst leicht durch Com-

pression der zwischenliegenden Zellgewebsschicht mit den Fingern das Ausfliessen befördert.

Ist das angewandte Mittel so unlöslich, dass eine Spritze nicht genügt (was jedoch nur höchst selten der Fall sein dürfte), so will Walker bei liegenbleibendem Instrument den Stempel abschrauben und die Spritze (von oben her) wiederum füllen. Ich würde es für zweckmässiger halten, das Instrument ganz zurückzuziehen und eine zweite Stichstelle zu wählen, um die allzugrosse Dehnung und Zerrung des Zellgewebes zu verhüten.

Ein Verschluss der Stichöffnung (mit englischem Pflaster, Collodium u. s. w.) ist in der Mehrzahl der Fälle kaum erforderlich und höchstens an unbedeckten Theilen (Gesicht), sowie bei etwa eintretender Blutung von einigem Belange.

Ein nicht genug zu berücksichtigender Punkt ist die Sorge für Conservirung und Reinigung des Instrumentes. Wer viel mit Injectionen zu thun gehabt hat, wird mir zugestehen, dass das Schwierigste, sowie das Zeitraubendste für den Arzt bei dieser Methode darin besteht, sich ein allzeit brauchbares und in gutem Zustande befindliches Instrument zu erhalten. Die Spritze muss nach jedesmaligem Gebrauche wiederholt mit Luft und mit reinem Wasser ausgezogen, getrocknet, der Stempel zuweilen herausgenommen und in heisses Wasser gelegt werden (denselben öfters anzufetten, wie die Meisten empfehlen, erscheint mir nicht nöthig und wegen der Verunreinigung durch das an den Glaswänden haftende Fett kaum zweckmässig). — Eine besondere Sorgfalt ist der Reinhaltung der Canüle zu widmen, namentlich wenn man angesäuerte Lösungen, Metallsalze u. dgl. angewandt hat. Man spült durch einen feinen, aber starken Wasserstrahl die Canüle wiederholt aus, entfernt durch starkes Lufteinblasen die noch den Wandungen derselben adhärirenden Tropfen und führt eine entsprechend feine Sonde (einen steifen Gold- oder Silberdraht) ein, den man bis zur nächsten Benutzung liegen lässt, um die allmälige Verengerung des Lumens durch Oxydation zu verhüten.

Die gewöhnlich beigegebenen Metalldrähte sind viel zu biegsam und man kann jeden derselben in der Regel nur einmal gebrauchen. Ich bediene mich zum Reinigen der Canüle mit grossem Vortheil einer feinen, sog. Reibale, wie sie Uhr- und Instrumentenmacher allgemein gebrauchen. Dieselbe muss mehr-

kantig, rauh, aus nicht zu hartem Stahl gefertigt, etwa 2 — 2¹⁄₂ Zoll
lang und mit einer hinreichend starken (hölzernen) Handhabe
versehen sein. (Vgl. die Abbildung, Fig. 2, c.) Den neuesten,
von Goldschmidt in Berlin gefertigten Instrumenten sind derartige Reibalen ebenfalls beigegeben.

**Nebenerscheinungen und üble Ereignisse bei der
Injection.** — Die Kenntniss einer Reihe von Nebenerscheinungen und unerwünschten Ereignissen, die bei und nach der
Injection auftreten können, gehört, so unerheblich dieselben zum
grössten Theile auch sind, doch wesentlich mit zur Charak-
teristik des Verfahrens und ist auch für das völlige Gelingen desselben nicht ohne Bedeutung. Abgesehen von Allem, was nicht
directe Folge der Injection als solcher, sondern Wirkung des
eingespritzten Medicaments ist, sind der Schmerz, die Blutung,
das Wiederaustreten der Flüssigkeit, die Verletzung von Gefässen und Nerven und die nachträglichen Entzündungserscheinungen hier zu beachten.

1) **Schmerz** fehlt bei der Injection selten vollständig, ist
aber meist nur momentan oder doch von sehr kurzer Dauer;
nur ungewöhnlich sensible Personen klagen mitunter mehrere
Stunden, selbst den ganzen Tag über brennendes Schmerzgefühl
an der Injectionsstelle. Die Ursache des Schmerzes ist ohne
Zweifel eine complicirte: einmal die directe Hautnervverletzung
beim Einstich — dann die Dehnung und Zerrung der Haut
durch die eingetriebene Flüssigkeit — endlich auch wohl die
örtlich irritirende Wirkung des eingespritzten Medicamentes
selbst. Man kann daher die Schmerzhaftigkeit der Procedur
nicht ganz ausschliessen, wohl aber auf ein Minimum zurückführen, wenn man den Einstich möglichst schonend macht, sich
scharf schneidender, nicht biegsamer Instrumente bedient, nur
ein geringes Quantum injicirt und dieses sorgfältig und ohne
Spannung im subcutanen Gewebe vertheilt. Was den Einfluss
der Injectionsflüssigkeit auf den Grad des Schmerzes betrifft, so
fand ich concentrirte wässerige Lösungen von Alcaloiden nicht
wesentlich schmerzhafter als verdünnte; alkoholische und äthe-
rische Lösungen zeigten sich im Allgemeinen etwas schmerzhafter, am meisten eine Lösung von Morphium in Creosot, wie
sie Rynd angiebt. Die Anwendung stark angesäuerter Lösungen
oder solcher, in denen bereits eine Trübung und Ausscheidung

von Crystallen stattgefunden hat, ist ebenfalls schmerzhafter.
Chinin (sowie Chinioidin) verursacht auch in rein wässeriger
Lösung in der Regel mehr Schmerz als Morphium und die
übrigen narcotischen Alcaloide, unter denen wieder das Veratrin in dieser Hinsicht obenan steht. Durch bedeutende Schmerzhaftigkeit zeichnen sich ferner die Injectionen von Chloroform
(Hunter) und, nach meinen Versuchen, die von Jodkalium
aus; weniger gilt dies meiner Beobachtung zu Folge von der
Anwendung des Sublimats. Ruppauer sah auf Injectionen von
saturirter Kochsalzlösung und von einer starken Sol. arg. nitr.
(gr. ij auf ʒj) nur sehr rasch — in 5, resp. 15 Minuten —
vorübergehende Schmerzhaftigkeit folgen. — Ohne Zweifel ist
auch die Oertlichkeit, an welcher die Injectionen vorgenommen
werden, durch die Verschiedenheit ihres Nervenreichthums auf
den Grad der Schmerzhaftigkeit von grossem Einflusse.

2) Blutung. Die kleine capillare Blutung, die ziemlich
häufig aus den durchschnittenen Capillaren der Cutis stattfindet,
ist natürlich an sich ohne jede Bedeutung und nur dadurch
störend, dass sie möglicherweise einen Theil der Injectionsflüssigkeit mechanisch mit fortschwemmt. Vermeidung des Dila-
tirens beim Zurückziehen der Canüle, Hautverschiebung und
Compression mit dem Daumen werden diesem Unfalle am sichersten vorbeugen. An Stellen, wo grössere Venenäste dicht unter
der Haut liegen, wird man die Injection möglichst vermeiden,
oder wenigstens beim Erheben der Hautfalte genau zusehen,
dass man die Vene nicht mitgefasst hat (vgl. auch 4.). Dagegen liefern unter pathologischen Verhältnissen die erweiterten,
gleichsam venösen Capillarnetze mancher Hautprovinzen eine
nicht ganz unbeträchtliche Blutung, wie ich dies namentlich
an fettreichen Unterextremitäten plethorischer, an abdominellen
Störungen oder venösen Stauungen leidender Individuen nicht
selten beobachtete.

3) Austritt, resp. Rücktritt von Flüssigkeit an
der Stichöffnung, beruht zuweilen darauf, dass die Mündung des Röhrchens zufällig durch Fingerdruck verschlossen
wird, oder dass der Wundcanal einen zu verticalen Verlauf (von
unten nach oben) hat; häufiger dürfte jedoch der Grund darin
liegen, dass die Canüle nicht weit genug im subcutanen Gewebe vorgedrungen ist — oder dass bei schwer beweglichem

Stempel und bei Suspension festerer Theilchen in der Lösung das Eintreiben mit grösserer Gewalt, ruckweise geschieht und die unter stärkerem Druck injicirte Flüssigkeit neben der Canüle oder nach dem Ausziehen derselben
regurgitirt.

4) Gefäss- und Nervenverletzung. Nussbaum
(Aerztl. Intelligenzbl. 1865, Nr. 36.) will bei mehreren Injectionen die Beobachtung gemacht haben, dass die Spitze der Injectionsnadel das Lumen einer subcutanen Vene eröffnete und
durch Eindringen der Flüssigkeit in die letztere aus der Injection eine unfreiwillige Infusion wurde. Begreiflicherweise
kann dieses Ereigniss unter Umständen sehr deletäre Folgen
herbeiführen, da schon relativ minimale Mengen einer differenten
Substanz, unmittelbar in die Blutmasse gebracht, einen bedeutenden toxischen Effect auslösen können. Die Nussbaum'sche
Mittheilung, die ich ihrer Wichtigkeit halber in extenso aufnehmen zu müssen glaube, lautet folgendermassen:

„Vor ein Paar Monaten erst machte ich eine erschreckende
Erfahrung und zwar drei Mal bei mir selbst und drei Mal bei
meinen Patienten. Es kam nämlich vor, dass die Spitze der
Injections-Spritze in das Lumen einer subcutanen Vene hinein-
traf und die Morphium-Einspritzung so direct in das Blut, nicht
in die Zellgewebs-Maschen geschah. Das erste Mal, wobei ich
mir 2 Gran essigsaures Morphium in ¼ Drachme Wasser gelöst in eine subcutane Bauchdecken-Vene einspritzte, glaubte
ich binnen weniger Minuten todt zu sein. Starkes Stechen und
Brennen überlief wie ein Blitz binnen zwei Secunden die ganze
Haut vom Scheitel bis zur Sohle, essigsaurer Geschmack machte
sich sehr stark auf der Zunge fühlbar, das Gesicht wurde dun-
kelroth, fast so roth, wie gewöhnlich nur die Lippen sind, und
Ohrensausen, Funkensehen, sowie sehr heftige Schmerzen der
ganzen Kopfschwarte traten in zweiter Reihe, etwa vier Secunden nach geschehener Einspritzung auf, während das unerträgliche Brennen und Jucken, sowie der saure Geschmack bereits
wieder nachliessen. Die schlimmste von allen Erscheinungen
war aber eine ausserordentlich heftige und schnelle Herzbewe-
gung. Unter mehr als fünfundzwanzigtausend Kranken habe
ich noch nie einen solchen Puls gefühlt und gesehen. Die
Schnelligkeit seiner Bewegung mochte 160 — 180 Schläge in

der Minute betragen. Die Karotiden hatten nicht Zeit sich zu entleeren, sondern lagen wie eiserne, dicke und zitternde Stränge links und rechts am Halse. Ich fühlte dabei die Kraft des Herz- und Pulsschlages so heftig, dass ich das Gefühl hatte, als ob die Brustkorbwand durchrannt, als ob das Trommelfell durchstossen, der Augapfel aus seiner Höhle bei jedem Pulsschlage herausgeschleudert würde. Bei brüchigen Gefässwänden dürfte eine Zerreissung derselben sicher zu Stande kommen. Dieser im höchsten Grade beängstigende Zustand, durch welchen auch das Athmen etwas gehemmt wird, dauerte bei mir das erste Mal beiläufig acht Minuten. Eine Todtenblässe des Gesichtes folgte für eine Stunde, während der heftige Kopfschmerz schon nach einer Viertelstunde nachliess. Das Bewusstsein war ganz ungetrübt. Ich konnte auch mühsam stehen und sprechen. Die Kälte in Form von Waschungen, Begiessungen und Umschlägen erwies sich als äusserst wohlthätig. Von dem ganzen Vorgange war nach . zwei Stunden nicht mehr der geringste Nachtheil vorhanden. Die späteren zwei Vorkommnisse bei mir selbst waren ebenso, jedoch weit geringgradiger, weil auch die eingespritzte Masse viel geringer war. Hierdurch belehrt, injicirte ich seither recht langsam und da die Erscheinungen so blitzschnell kommen, habe ich so Zeit aufzuhören, ja sogar Gelegenheit durch Rückwärtspumpen einen Theil der eingespritzten Flüssigkeit sammt dem Blute wieder heraus zu bekommen. Den vortrefflichen Erfolg dieser letztgenannten Manipulation habe ich nun schon mehrere Male erfahren. — In drei Fällen, in welchen diese Einspritzung bei meinen Kranken gemacht wurde, verlief der ganze Vorgang noch bedenklicher. Es mangelte bei ihnen sogar theilweise das Bewusstsein und traten Convulsionen ein. Einen bleibenden Nachtheil habe ich indess bis zur Stunde davon nirgends beobachtet."

Zur Ergänzung und gleichsam zur Bestätigung der (u. A. von Goeschen angefochtenen) Ansicht, dass es sich in diesen Fällen wirklich um Einspritzung in ein Venenlumen gehandelt habe, erschien bald darauf in der deutschen Klinik (1865 pag. 468) noch folgende Mittheilung:

„Eine 42 Jahre alte Magd auf der Nussbaum'schen Klinik hatte eine Reflexepilepsie, welche von sehr schmerzhaften Narben des linken Vorderarms ausging. Weil der Arm ganz unbrauchbar und äusserst schmerzhaft war, gab man dem Wunsche der Patientin nach und amputirte ihn. Die Amputationsnarbe wurde Sitz einer heftigen Neuralgie, welche täglich 1 oder 2 Mal bis zu unaushaltbaren Schmerzen heranwächst und epileptische Zufälle bringt, wenn die Schmerzen nicht rasch durch Morphium und Chloroform gehoben werden. Nussbaum lässt der Patientin sodann 2 Gran Morphium aceticum in das subcutane Zellgewebe des Oberarms injiciren und die Schmerzen verschwinden. Bei dieser Kranken kommt es nun oft vor, dass kaum ¼ Gran injicirt ist, so ruft sie: halten Sie ein, es kommt das Brennen wieder! Sogleich wird dann der Stempel der Spritze zurück- und die Canüle ganz ausgezogen; an einem anderen Fleck werden aber sofort ohne alle Zufälle die nöthigen 2 Gran eingespritzt. Früher, als Professor Nussbaum seine schlimmen Erfahrungen über subcutane Injection noch nicht gemacht hatte, wurde bei dieser Kranken nach Injection von ¼ Gran nicht gewartet, sondern eine 2granige Dosis injicirt. Da kam es denn vor, dass sie die heftigsten Schmerzen, das unerträglichste Brennen im Gesichte, sehr schnellen Puls, starkes Herzklopfen, Athemnoth etc. durchmachte und 10 — 20 Minuten in grossen Gefahren war. Jetzt bei dieser vorsichtigen Behandlung kommt es höchstens zu dem warnenden Brennen im Gesichte und einer kleinen Pulsbeschleunigung. In allen Fällen, wo erschreckende Erscheinungen auftraten, blutete die kleine Stichwunde stark, was Professor Nussbaum um so mehr bestärkt, diese Zufälle für Folge directer Injection in ein Gefässlumen zu halten. Es kommt zwar oft vor, dass auch Stichcanäle nach Injectionen, welche keine Gefahren brachten, stark bluten. In diesen Fällen, glaubt Nussbaum, sei das Gefäss nur leicht angestochen oder an beiden Wänden durchstochen, so dass die Spitze der Spritze nicht in einem Gefässlumen, sondern im benachbarten Bindegewebe ruht."

Unter den vielen Tausenden von Injectionen, die ich selbst gemacht habe und machen sah, ist mir niemals auch nur eine einzige vorgekommen, wo ich Grund gehabt hätte, an die Eröffnung eines Venenlumens zu denken. Doch würde ich hierin allein natürlich nicht den leisesten Grund finden, der von Nussbaum gegebenen Deutung zu widersprechen. Ich habe auch nur bei einer einzigen Patientin (vgl. im speciellen Theile:

Opium, Mastodynie) Veranlassung gehabt, zu Injectionen, wie sie Nussbaum häufig vorzunehmen scheint. von 2 gr. Morphium zu steigen. In diesem Falle wurde die Dosis von der gegen Narcotica völlig abgehärteten Patientin ohne die geringsten Störungen ertragen. Es scheint mir, als ob Nussbaum auf einen Umstand zu wenig Rücksicht nimmt auf den ich ausführlicher im 4. Cap. zurückkommen werde: den nämlich, dass die Resorptionsgeschwindigkeit (und damit auch das Maass des physiologischen, resp. toxischen Effects) bei Injectionen an einer und derselben Person an den einzelnen Körperregionen eine sehr verschiedene ist. Dieser Umstand erklärt vollständig, wesshalb nach Injectionen von 2 gr. Morphium das eine Mal keine, das andere Mal sehr erhebliche Folgeerscheinungen bei denselben Individuen auftreten, ohne dass wir nöthig hätten, deshalb zur Annahme einer Venenverletzung unsere Zuflucht zu nehmen. In der Ansicht, dass die Flüssigkeit auch in den Fällen letzterer Art lediglich in den Maschen des Zellgewebes infiltrirt sei, bestärkt mich ganz besonders der von Nussbaum hervorgehobene Umstand, dass es ihm gelungen sei, „durch Rückwärtspumpen einen Theil der eingespritzten Flüssigkeit sammt dem Blute wieder heraus zu bekommen." Denn wie dies nach der Infusion in eine Vene, mag die Stromkraft in letzterer auch noch so gering sein möglich sein sollte (bei der doch immer unzweifelhaft mehr als secundenlangen Pause zwischen Wahrnehmung der toxischen Wirkung und Ausführung des Rückwärtspumpens) — vermag ich schlechterdings nicht zu begreifen. Was endlich das in der zweiten Mittheilung erwähnte Factum betrifft, dass das rasche Auftreten von Intoxicationserscheinungen namentlich im Verein mit starker Blutung beobachtet wurde, so dürfte sich dies ungezwungen daraus erklären, dass die Stellen, an welchen man diese Erfahrung machte, ihres Gefässreichthums wegen ebensowohl zu Blutungen, wie zu einer vorzugsweise lebhaften und energischen Resorption gleich sehr disponirt waren. Ich kann daher auch der von Nussbaum schliesslich gegebenen Vorschrift „recht langsam zu injiciren und bei auftretenden Unfällen sogleich rückwärts zu pumpen" nicht zustimmen, indem ich das letztere für unnütz und das erstere aus schon früher geltend gemachten Gründen nicht für empfehlenswerth halte.

Leichter als Verletzungen der (schon durch ihre Elasticität ausweichenden) Gefässe sollte man a priori Verletzungen grösserer, oberflächlich liegender Nervenäste bei den Injectionen erwarten. Ich werde (im zweiten Theile, unter Narcein) einen Fall erwähnen, in welchem es sich möglicherweise um eine derartige, durch nachfolgende circumscripte Anästhesie des betreffenden Hautbezirks characterisirte Nervenverletzung handelte.

5) Entzündungserscheinungen an der Stichstelle. Der Erfinder des hypodermatischen Verfahrens, A. Wood, erwähnt in keinem seiner Fälle das Auftreten von entzündlichen Erscheinungen an der Stichstelle, auch nicht bei häufiger Wiederholung (über 100 Punctionen) in derselben Hautgegend. Hunter dagegen behauptete, dass eine Häufung der Injectionen in einem und demselben Hautbezirk leicht Entzündung und Abscessbildung veranlasse, und auch Jousset erwähnt, dass dieselben bei Gebrauch der Wood'schen Spritze auftreten können, schreibt sie aber ausschliesslich der zu voluminösen Beschaffenheit der Nadel dieses überhaupt etwas roh gearbeiteten Instruments zu. Béhier, Becquerel und Hérard beobachteten niemals Entzündungserscheinungen an Ort und Stelle; ebenso wenig in Deutschland Semeleder, v. Franque und die meisten nachfolgenden Autoren; v. Gräfe wiederholte die Injection in der Schläfengegend „hunderte von Malen" ohne nachtheilige Folgen. Pletzer sah entzündliche Erscheinungen niemals, Lorent nur einmal nach Injection von Atropin in der Gegend des Samenstranges eine empfindliche, aber nur 24 Stunden währende Reizung und Schwellung des Samenstrangs, die er einer möglichen Berührung der Fascie mit der Spitze des Instruments zuschreibt. Ruppauer sah nur nach Injection stark irritirender Substanzen (Salzwasser, Sol. arg. nitr.) Abscessbildung — die in diesen Fällen absichtlich herbeigeführt war — sonst niemals Entzündungserscheinungen auftreten, empfiehlt jedoch die Injection binnen der letzten 24 Stunden nicht unmittelbar an derselben Stelle zu wiederholen.

Meine eigenen Beobachtungen lehren vor Allem die gänzliche Grundlosigkeit der von Hunter gehegten Besorgniss, dass eine Häufung der Injectionen an einer und derselben Hautpartie zu Entzündung und Eiterung Veranlassung geben könne. Ich kenne eine Person, bei welcher im Laufe der letzten dritthalb

Jahre über 1200 Injectionen auf einem verhältnissmässig kleinen
Terrain (in der Umgebung der neuralgisch afficirten Brustdrüse
ausgeführt worden sind und in der letzten Zeit täglich 3 Injectionen — oft sogar von 2 Spritzen auf einmal — gemacht
wurden, ohne dass die gefürchteten örtlichen Folgen sich zeigten. Aehnliche Fälle mit wenn auch geringerer, doch mehrere
Hundert betragender Zahl der Injectionen in derselben Hautgegend könnte ich noch mehrfach anführen.

Gewöhnlich entsteht nach jeder Injection höchstens um die
Stichstelle herum, gleich oder nach einigen Stunden, ein kleiner rother Hof, bisweilen auch eine kleine weissliche Quaddel,
wie nach einem Mücken- oder Nesselstich; diese Phänomene
bestehen öfters 1 — 3 Tage, während die Stichwunde selbst
schon nach wenigen Stunden verklebt und nur als ein feiner,
linearer Streifen erkennbar ist. In sehr seltenen Fällen, bei sehr
zarter, empfindlicher Haut (namentlich im Gesichte) bewirkt
die Injection — auch ohne specifisch reizende Beschaffenheit
des injicirten Medicaments — die Bildung einer circumscripten,
noch lange Zeit anhaltenden knötchenartigen Induration in der
Umgebung der Stichstelle wie ich dies u. A. nach Narcein-Injectionen wegen Prosopalgie bei einer Dame (vgl. "Narcein") beobachtete. Diese kleinen und sehr hartnäckigen Indurationen
waren übrigens durchaus schmerzlos. Erheblichere örtliche Erscheinungen habe ich im Ganzen nur 3 mal beobachtet — alle
drei Male ohne Zweifel auf Grund des irritirenden Characters
der eingespritzten Flüssigkeit selbst. Das erste Mal wurden 3
Tropfen der von Rynd empfohlenen Morphium-Creosotlösung
(Morphii Gr. x, Kreosoti 3j) bei einer an Gesichtsneuralgie leidenden Patientin an der Wange injicirt. Gleich nach geschehener Einspritzung, wobei nichts herauslief, erhob sich die Haut
um die Stichstelle herum, wie wenn man sie mit einem heissen
Hammer berührt hätte, etwa im Umfange eines Silbergroschens
zu einer gelblichen Blase: am folgenden Morgen war die Umgebung geröthet und teigig infiltrirt, der anfängliche Schmerz
hatte unter Anwendung kalter Umschläge bereits nachgelassen.
Nach 36 Stunden sank die Geschwulst; die Blase trocknete ein
und bedeckte sich mit einer bräunlichen Cruste, die erst nach
5 Tagen verschwand und nur eine etwas pigmentirte Hautstelle
zurückliess. — In dem zweiten Falle bildete sich bei einem mit

Erysipelas cruris behafteten, ziemlich marastischen Patienten nach Injection von 5 Tropfen einer spirituösen Veratrinlösung (Gr. j in ℥ß) am Oberschenkel nach einigen Tagen ein haselnussgrosser Abscess, der geöffnet wurde und einen normalen Eiter enthielt. In diesem Falle konnten die mit dem Erysipelas zusammenhängenden örtlichen Kreislaufsstörungen vielleicht als ein prädisponirendes Moment gelten. In dem dritten Falle handelte es sich um eine Jodkalium-Injection, die versuchsweise in einen durchaus indolenten und festen Bubo syphiliticus gemacht wurde, und nach 8 Tagen Erweichung und Suppuration der Drüse zur Folge hatte (vgl. Jodkalium).

Aehnliche Folgeerscheinungen sind von Scarenzio nach Injection von Calomel (vgl. dieses), von Gualla und Fischer nach Chinin-Injectionen beobachtet worden. Gualla sah bei zwei überdies syphilitischen Patienten, an den Stichstellen Ulcerationen entstehen, die erst unter Anwendung von Jodkalium heilten. — Fischer liess sich selbst durch einen Collegen 7 Gr. Chinin an der Innenfläche beider Oberarme injiciren. Am Morgen darauf hatte sich eine bedeutende Geschwulst gebildet, die Haut um die Stichstelle herum war in der Grösse eines Silberzwanzigers schwarz und von einem ziemlich breiten gelben Ringe umgeben, dieser von einem rothen Hofe, die Temperatur erhöht. Nach einigen Tagen wurde der Brandschorf auf dem Wege der Eiterung abgestossen. Die Eiterung dauerte drei Wochen.

Ich selbst habe nach Chinin-Injectionen niemals örtliche Entzündungen gesehen; dagegen kenne ich aus der Praxis eines greifswalder Collegen einen Fall, wo nach Injection einer etwas trüben Chininlösung in der Milzgegend nach einigen Tagen ein anfangs schmerzhafter, später schmerzloser, sehr fester und derber Strang von Zolllänge und der Breite eines kleinen Fingers entstand, der nach mehreren Monaten noch deutlich gefühlt werden konnte. Ein ähnlicher Fall wurde mir von Herrn Sanitätsrath Güterbock (in Berlin) aus seiner Praxis berichtet.

Nach Injectionen von Tartarus stibiatus am Arm sah Ellinger eiternde Phlegmone des Arms mit Lymphangitis bis zur Achselhöhle hinauf entstehen. Ueber die besonders von Luton proponirte, absichtliche Einspritzung entzündungserre-

gender Substanzen zur Hervorrufung vicariirender Krankheits-
zustände der Haut und des Zellgewebes, vgl. Theil II., letztes
Capitel.

Drittes Capitel.

Dosenbestimmung. — Wahl der Injectionsstelle.

An die Ausführung der Injection schliessen sich unmittelbar noch zwei Punkte, welche in der allgemeinen Lehre von den
Injectionen eine vorzügliche Wichtigkeit beanspruchen dürfen:
die Dosenbestimmung und die Wahl der Injectionsstelle.

Dosenbestimmung. — Eine genaue Dosirung ist hier
um so wichtiger, als es sich bei der subcutanen Injection einerseits gewöhnlich um äusserst differente, nur in kleinen Mengen
zu verordnende Substanzen handelt, andererseits ein relativ
grösseres Quantum derselben mit einem Male resorbirt wird
und die Wirkung dem entsprechend viel energischer ist, als
bei innerer Darreichung. Wenn somit das „zu viel" hier leicht
verhängnissvoll werden kann, so stellt ein „zu wenig" wieder
den Erfolg der Einspritzung in Frage. Die Dosirung muss
daher mit minutiöser Genauigkeit gehandhabt werden; leider
aber ist hier von Seiten der Autoren vielfach gefehlt worden,
indem dieselben in dieser Hinsicht ziemlich willkürlich verfuh-
ren. Daher ist es gekommen, dass in den Angaben über die
zur Injection benutzten Arzneidosen die colossalsten Differenzen
herrschen; dass, während z. B. vom Morphium Rynd 1 gr.,
Scholz sogar 1—1½ gr. pro dosi injiciren will, Semeleder
¹/₆₀ — ¹/₄₂ gr. als die gewöhnliche Dosis bezeichnet! Wie erklären
sich nun diese auffallend niedrigen Dosen von Semeleder?
Einfach daraus, dass dieser Autor von der Voraussetzung ausgeht, die Stempelstange der Spritze besitze eine Millegrammen-
theilung, je ein Theilstrich entspreche einem Mgrmm. Flüssigkeit; wenn man also die Spritze bis zum 15 — 20 Theilstrich

fülle, so habe man 15 — 20 Mgrmm. die bei einer Lösung von 5 gr.
Morphium in 3j einer Dosis von $\frac{1}{35}$ — $\frac{1}{32}$ gr. entsprächen. —
Die einfachste Betrachtung ergiebt aber schon, dass dieser Berechnung ein Lapsus zu Grunde liegen muss; Semeleder
würde nämlich danach in toto 0,24 bis 0,32 gr. oder noch nicht
einen halben Tropfen injicirt haben, und der ganze Inhalt der
Spritze würde, bei 45 Theilstrichen, einer Gewichtsmenge von
0,72 gr. destillirten Wassers, d. h. etwa einem Tropfen entsprechen. Die Aufklärung dieses Irrthums ist nicht bloss von
praktischem, sondern zugleich von wissenschaftlichem Interesse;
denn für die Würdigung des Verfahrens ist es natürlich nicht
gleichgiltig, ob $\frac{1}{35}$ gr. Morphium, hypodermatisch applicirt,
Narcose u. s. w. hervorrufen kann — oder erst $\frac{1}{2}$ gr. und darüber, welche letzteren Dosen Semeleder, wie ich nachweisen werde, wirklich injicirt hat. — Natürlich wird die Sache
auch nicht gebessert, wenn man, wie Südeckum, der im
Uebrigen Semeleder wortgetreu folgt, den Milligrammen einfach Centigramme substituirt; der Fehler wird höchstens dadurch kleiner.

Bei den ältesten Instrumenten (von Wood u. s. w.) konnte,
da dieselben nicht graduirt waren, von einer exacten Dosirung
überhaupt nicht die Rede sein. Man konnte sich hier höchstens an die bei Füllung der Spritze bestimmte Tropfenzahl
halten, die begreiflicherweise einen sehr unsicheren Maassstab
abgab. Es mag zum Theil hierauf beruhen, dass die ersten
Autoren (wie z. B. Bell) erhebliche Vergiftungserscheinungen
nicht selten beobachteten. Die Pravaz-Béhier'sche Spritze
(namentlich mit den Verbesserungen von Mathieu) und die
Luer'sche Spritze nebst ihren späteren Modificationen erlauben
allerdings eine sehr genaue Dosirung. Um aber eine solche zu
ermöglichen, muss man ganz bestimmte Verfahren einschlagen,
und darf vor Allem nicht das schwankende Tropfenmaass in Anwendung bringen, am allerwenigsten aber von der vielfach üb-
lichen Annahme ausgehen, dass jeder Theilstrich der Luer'schen
Scala oder jene halbe Stempeldrehung des Pravaz'schen Instruments gerade einem Tropfen Flüssigkeit entspreche. Diese
Annahme ist theils nichtssagend, theils entschieden unrichtig:
nichtssagend nämlich, wenn man den Tropfen nur im allgemein
physikalischen Sinne fasst, da man ebenso gut durch jede Vier-

tels- oder Totaldrehung der Pravaz'schen Spritze einen Tropfen austreiben kann; unrichtig, wenn man den Tropfen (im Sinne der Pharmacopöen) als ein gesetzlich normirtes Gewichtsmass auffasst, da man sich alsdann z. B. nach den bei uns herrschenden Bestimmungen, welche den Tropfen wässeriger Flüssigkeit = $^2/_3$ gr. ansetzen, wie ich sogleich zeigen werde, fast um die Hälfte verrechnet. —

Wie hat man also zu verfahren, um genau zu wissen, wieviel Flüssigkeit überhaupt und wieviel der wirksamen Substanz speciell injicirt wird? — Das wichtigste Erfordernis ist, zunächst genau die Capacität des Spritzencylinders zu kennen, woraus sich alsdann durch Division leicht ergiebt, wieviel derselbe bis zu einer bestimmten Marke oder von einem Theilstrich zum anderen an Flüssigkeit fasst. Da es sich meistens um Lösungen relativ geringer Mengen von organischer Substanz in destillirtem Wasser handelt, so genügt es ein für alle Male, wenn man mit einer feinen Wage das Gewicht der Spritze vor und nach ihrer Füllung mit destillirtem Wasser von mittlerer Temperatur sorgfältig bestimmt. Man erhält also die Capacität der Spritze für destillirtes Wasser und, mit einer zu vernachlässigenden Differenz, für wässerige Alcaloidlösungen in Gewichten ausgedrückt, und kann danach selbstverständlich auch für jede Flüssigkeit von erheblich abweichendem specifischen Gewicht die nöthige Correctur anbringen.

Nur ist hierbei · für die Luer'schen und die ihnen ähnlichen Spritzen zu erinnern, dass in der Regel nicht die sämmlichen auf der Scala verzeichneten Theilstriche in Rechnung kommen, sondern soviele davon abgezogen werden müssen, als auf den Raum kommen, welcher bei gänzlich zurückgezogenem Stempel durch die Lederkappe desselben verdeckt wird. Dies entspricht zum Beispiel an der in meinem Besitze befindlichen Luer'schen Originalspritze (je nach der wechselnden Turgescenz der Lederkappe) 4 — 6 Theilstrichen, so dass von 45 Theilstrichen, welche die Scala anzeigt, nur durchschnittlich 40 als wirklich zur Verwendung kommend betrachtet werden können.

Der Gewichtsinhalt der von mir benutzten Luer'schen Spritze beträgt für destillirtes Wasser (von 13 ^{0} C.) 0,880 Gmm. = 14,4276 Gr. nach preussischem Medicinalgewicht. Bei 40

Theilstrichen ergiebt sich durch Division für jeden Theilstrich 0,3607 (= $^9/_{25}$ oder etwas über $^1/_3$) gr. — somit nur etwas über einen halben Tropfen. (15 — 20 Theilstriche einer Semele- der'schen Morphiumlösung von gr. v iu 3j entsprechen also im Ganzen $5^1/_2$ — $7^1/_2$ gr. Flüssigkeit, welche nicht $^1/_{60}$ — $^1/_{42}$, son- dern $^{11}/_{24}$ — $^{13}/_{24}$ gr. Morphium aufgelöst enthalten).

Eine von Windler bezogene Hartkautschoukspritze — mit Scalatheilung bis 40 — zeigte mir unter gleichen Verhältnissen eine Capacität von 0,950 Grmm. = 15,60 gr. — die jedem Theilstrich entsprechende Gewichtseinheit war erheblich grösser als bei der Luer'schen Spritze; sie betrug nämlich 0,446 (also circa $^9/_{20}$) gr. preussisch. — Die neueren Goldschmidt'schen Hartkautschoukspritzen, deren Scalatheilung bis 60 geht, erge- ben eine Capacität von 0,80 Grmm. = 13,12 gr. und für jeden Theilstrich (nach Anbringung der entsprechenden Correctur) eine Gewichtseinheit von nur 0,230 gr. —

Ich erwähne diese einzelnen Beispiele ausdrücklich, weil aus ihnen hervorgeht, dass an den aus verschiedenen Fa- briken (und vielleicht auch aus derselben Fabrik) hervor- gehenden Spritzen der Theilstrich einen sehr verschiedenen Ge- wichtswerth repräsentirt, und es also zum Zwecke einer genauen Dosirung für jeden Arzt unbedingt erforderlich ist, die Capa- cität seines eigenen Instruments und den daraus hervorgehen- den Theilwerth genau zu bestimmen. Es sei noch bemerkt, dass die nur bis 12 numerirten Leiter'schen Spritzen nach Angabe ihres Erfinders 12 gr. fassen, und also jeder Theilstrich gerade 1 gr. Flüssigkeit entspricht.

Was die mit Schraubstempel versehenen Spritzen betrifft, so zeigte eine von mir untersuchte Spritze nach Pravaz- Béhier eine Capacität von nur 0,5960 Grmm. Aq. dest. (von 13° C.) = 9,6632 Gran; auf jede halbe Umdrehung kommt davon — die Gleichmässigkeit der Schraubengänge vorausge- setzt — der dreissigste Theil, also 0,3222 oder in runder Summe fast $^1/_3$ Gran. Die mir nicht bekannte seringue décimale von Mathieu (vgl. oben) soll so eingerichtet sein, dass sie gerade 1 CCtmtr. (oder 1 Gramme) Flüssigkeit fasst, und jede halbe Schraubentour den zwanzigsten, jede ganze den zehnten Theil dieses Inhalts, also 0,05 resp. 0,1 Grmm. oder CCtmtr. aus- treibt. Die Anwendung des Decimalmaasses erscheint allerdings der grösseren Einfachheit und leichteren Berechnung wegen sehr nachahmenswerth und zweckmässig. —

Stizenberger (ärztl. Mitth. aus Baden 1865, Nr. 14.) beschreibt, als zu einer noch genaueren Dosenbestimmung führend, folgendes Verfahren, wobei es sich wesentlich um Bestimmung des Raummaasses handelt und vorausgesetzt wird, dass auch die zur Injection benutzten medicamentösen Flüssigkeiten nach diesem bereitet werden: Die einer beliebigen Anzahl von Theilstrichen entsprechende Menge destillirten Wassers wird in ein genau zuvor gewogenes Uhrglas gegossen, dieses sammt Inhalt abgewogen, dann die Differenz beider Wägungen mit der Gesammtzahl der abgelesenen Theilstriche dividirt. Der Quotient giebt in Grammen ausgedrückt das jedem Theilstrich entsprechende Gewichtsmaass und zugleich in Ccm. übertragen das Raummass, wobei sich letzteres hinreichend genau = 0,02 Ccm. für jeden Theilstrich herausstellt. Die von Stizenberger genauer untersuchte (Luer'sche?) Spritze lieferte durch Entleerung einer 70 Theilstrichen entsprechenden Flüssigkeitsmenge 1,421 Gramme destillirtes Wasser, = ebensoviel Cc., 10 Theilstriche = 0,23 CC. —

Bei der Arzneiverordnung wird das Raummaass, und zwar in der Weise benutzt, dass man eine Alcaloidlösung nicht „in einem bestimmten Raummaass" der als Menstruum dienenden Flüssigkeit, sondern „bis zu einem gewissen (Gesammt-) Raummaass" verschreibt — also z. B. 10 CC. einer Lösung von ¹/₁₀ Gramme Atrop. sulf. in Aq. dest. — nicht ¹/₁₀ Gramme in 10 Cc. Aq. u. s. w. — wodurch allerdings eine noch minutiösere Genauigkeit in der Berechnung erzielt wird. Um letztere im einzelnen Falle ganz überflüssig zu machen, hat Stizenberger eine sehr practische Tabelle angegeben, die ich im Folgenden aus dem badischen in preussisches Medicinalgewicht übertragen, für einige der wichtigsten Alcaloide (Morphium, Strychnin, Atropin, Chinin, Narcein) hier einschalte. Die Tabelle erklärt sich von selbst, und bemerke ich nur noch, dass man auch für andere zur Verwendung kommende Substanzen durch Herstellung analog concentrirter Lösungen den jedesmaligen Gehalt an wirksamen Bestandtheilen danach leicht bestimmen kann:

Quantität der Injectionsflüssigkeit. In Ccm.	Nach Theilstrichen der Luer'schen Spritze (approximativ.)	Morph. murist. 0,5 Gramm mit ebensoviel Salzsäure in Aq. dest. zu 10 Ccm. gelöst.		Strychn. sulf. 0,15 Gramm in Aq. dest. zu 10 Ccm. gelöst.		Atrop. sulf. 0,1 Gramm in Aq. dest. zu 10 Ccm. gelöst.		Chin. sulf. 1 Gramm mit der nöthigen Menge verdünnter Schwefelsäure zu 8 Ccm. gelöst.		Narceinum 0,125 Gramm mit der nöthigen Menge Salzsäure in Aq. dest. zu 10 Ccm. gelöst.	
		Salzgehalt in Grmm.	Salzgehalt in Gran.	Salzgehalt in Grmm.	Salzgehalt in Gran.	Salzgehalt in Grmm.	Salzgehalt in Gran.	Salzgehalt in Grmm.	Salzgehalt in Gran.	Salzgehalt in Grmm.	Salzgehalt in Gran.
1,00	50	0,0500	0,820	0,01500	0,2460	0,0100	0,1640	0,1250	2,050	0,01250	0,2050
0,90	45	0,0450	0,738	0,01350	0,2214	0,0090	0,1476	0,1125	1,845	0,01125	0,1845
0,80	40	0,0400	0,656	0,01200	0,1968	0,0080	0,1312	0,1000	1,640	0,01000	0,1640
0,70	35	0,0350	0,574	0,01050	0,1722	0,0070	0,1148	0,0875	1,435	0,00875	0,1435
0,60	30	0,0300	0,492	0,00900	0,1476	0,0060	0,0984	0,0750	1,230	0,00750	0,1230
0,50	25	0,0250	0,410	0,00750	0,1230	0,0050	0,0820	0,0625	1,025	0,00625	0,1025
0,40	20	0,0200	0,328	0,00600	0,0984	0,0040	0,0656	0,0500	0,820	0,00500	0,0820
0,30	15	0,0150	0,246	0,00450	0,0738	0,0030	0,0492	0,0375	0,615	0,00375	0,0615
0,20	10	0,0100	0,164	0,00300	0,0492	0,0020	0,0328	0,0250	0,410	0,00250	0,0410
0,10	5	0,0050	0,082	0,00150	0,0246	0,0010	0,0164	0,0125	0,205	0,00125	0,0205

Wahl der Injectionsstelle. — Letztere ist in einer grossen Reihe von Fällen schon durch die Localaffection gegeben; man injicirt bei Neuralgieen an einem point douloureux oder auf den oberflächlich liegenden Nervenstamm, bei Reflexkrämpfen in der Nähe des Druckpunktes, bei Lähmungen auf den gelähmten Nerven, bei schmerzhaften Affectionen der verschiedensten Art an dem sedes doloris u. s. w. — (Die hier vorläufig zu bejahende Frage, ob eine solche Localisation vortheilhaft und erforderlich ist, wird uns im 6. Capital ausführlicher beschäftigen.). — Hier ist also der Wahl der Injectionsstelle gar kein oder nur ein sehr geringer Spielraum gelassen; in zahlreichen anderen Fällen dagegen, wo man wesentlich oder ausschliesslich eine Allgemeinwirkung erstrebt, wo man durch die subcutane Anwendung den Effect des Mittels nur sicherer und unverkürzter in Scene setzen will, könnte es sich fragen, ob die Wahl des Ortes vollkommen irrelevant ist, oder ob eine und die andere Stelle den Vorzug verdient, andere ganz auszuschliessen sein möchten? Allerdings ist die condicio sine qua non des Verfahrens, ein zur Resorption geeignetes, Venenanfänge, Capillaren und Lymphgefässe enthaltendes Bindegewebslager, über den ganzen Körper verbreitet, jedoch sehr verschieden in Hinsicht auf seine Dichte und Mächtigkeit: und es scheint, als ob man hierin den Grund der gleich zu besprechenden localen Differenzen der Resorptionsthätigkeit suchen müsse. Indessen hiervon ganz abgesehen dürften schon aus rein technischen Motiven einzelne Körperstellen möglichst zu vermeiden, andere zu bevorzugen sein. Vermeiden wird man im Allgemeinen, falls nicht besondere Indicationen vorliegen, sehr empfindliche, nervenreiche Stellen, oder solche, wo auf kleinen Reiz leicht ausgedehnte Entzündungserscheinungen, Ecchymosen u. s. w. auftreten; ferner solche, wo ein sehr straffes und derbes, vollkommen fettloses Bindegewebe besteht, oder die Haut sich nicht wohl in einer grösseren Falte erheben lässt; endlich die Gegenden, wo zahlreiche und starke Hautvenen verlaufen. Aus diesen verschiedenen Gründen dürften die Nase, die Augenlider, die Gegend hinter der Ohrmuschel, verschiedene Partieen des Halses, das Scrotum, die Achselhöhle, die Ellenbeuge und die Finger weniger gut sich zu Injectionen eignen, und man wird im concreten Falle noch besondere individuelle Rück-

sichten zu beobachten haben. Natürlich werden auch, sofern
es sich um Erreichung von Allgemeinwirkungen handelt, solche
Körperstellen möglichst zu vermeiden sein, wo durch bestehende
Localprocesse (Stasen, Oedem, Entzündungen, Extravasate
u. s. w.) eine Behinderung und Erschwerung der Resorption
zu erwarten ist.

Endlich kommt hinzu, dass, wie es scheint, die Resorption
auch physiologisch nicht an allen Körperstellen mit gleicher
Raschheit und Energie vor sich geht; dass vielmehr, je nach
Wahl der Injectionsstelle, oft bedeutende Differenzen in Hinsicht auf Schnelligkeit und Intensität der Wirkung beobachtet
werden. Ausführlicher kann auf diesen Punkt erst im folgenden Capitel eingegangen werden; hier sei nur bemerkt, dass
sich die günstigsten Chancen für die Resorption im Allgemeinen
im Gesicht (namentlich an Schläfe und Wange), demnächst an
der vorderen Seite des Rumpfes, an der inneren Fläche des
Oberarms und Oberschenkels u. s. w. darzubieten scheinen.
Demnach ist es vollkommen gerechtfertigt, wenn v. Graefe
als ein vorzugsweise zu benutzendes Terrain bei Injectionen die
Schläfe, und zwar die mittlere Gegend derselben, empfiehlt, die
ausserdem nicht sehr empfindlich und mit einem reichlichen
lockeren Bindegewebe versehen ist. Das Einzige was sich dagegen einwenden liesse, wären kosmetische Bedenken, indem
die kleinen Stichnarben zuweilen längere Zeit hindurch sicht-
bar bleiben: bei sehr zarter und reizbarer Haut dürfte es daher unter Umständen zweckmässig sein, eine für gewöhnlich
bedeckte Körperstelle, z. B. den Oberarm, zu bevorzugen, oder
wenigstens die Zahl der Injectionen in der Schläfe, wie überhaupt im Gesichte, nicht zu sehr zu häufen.

Viertes Capitel.

Resorption und Elimination der injicirten Substanzen.

Das Applicationsorgan injicirter Substanzen, das Substrat
ihrer örtlichen Wirkungen und den Heerd ihrer Resorption,
bildet das Unterhautzellgewebe des Körpers. Bekanntlich ist

dasselbe eine mässig feste im Durchschnitt $\frac{1}{2} — \frac{3}{4}'''$ dicke Binde-
gewebsschicht, welche an den meisten Körperstellen zahlreiche
Fettzellen in ihren Areolen umschliesst, und dadurch eine sehr
verschiedene Dichte und Mächtigkeit annimmt. Ihre innerste,
oft zu einer besonderen Fascia superficialis entwickelte Lage ist
mit den tiefer liegenden Organen bald lockerer, bald fester verbunden; die äussere haftet meist fest an der pars reticularis der
cutis. Die eintretenden Arterien geben zahlreiche Aeste ab, die
sich zu weitmaschigen, um die Fetttäubchen herum zu etwas
engeren Netzen feiner Capillaren verzweigen. Grössere Stämme
von Lymphgefässen, deren feinere Anfänge in der äusseren Cu-
tisschicht liegen (Teichmann), sind im Unterhautzellgewebe
zahlreich und leicht zu erkennen.

Der alte Streit, ob die Resorption durch die Blut- oder
Lymphgefässe erfolgt, ist bekanntlich bis in die neueste Zeit mit
wechselnder Entscheidung fortgeführt worden. Die zahlreichen
Versuche von Magendie haben für die Venenresorption die
positivsten Beweise geliefert; und die Resultate älterer Experimentatoren, welche auch nach Unterbindung der Bauchaorta
gewisse Stoffe von einer Fusswunde aus in Blut und Harn übergehen sahen, sind ihrer früheren Deutung zu Gunsten der
Lymphgefässresorption durch Meder beraubt, welcher nach
Durchschneidung aller den Collateralkreislauf ermöglichenden
Anastomosen die Resorption ausbleiben sah. Hieraus folgt jedoch nicht nothwendig, dass die Lymphgefässe gar nicht re-
sorbiren, da dieselben möglicherweise durch Unterbrechung der
Blutcirculation gelähmt werden; es muss somit die in Rede stehende Frage als eine noch offene betrachtet werden. —

Mag nun die Resorption vom Unterhautzellgewebe aus durch
die Venen, oder Lymphgefässe, oder durch beide zu Stande
kommen, so erfolgt dieselbe jedenfalls äusserst rapid und energisch. Gleich den ersten Beobachtern (Wood, Hunter, Béhier u. s. w.) fiel der beschleunigte Eintritt der Allgemeinerscheinungen bei hypodermatischer Injection auf: eine Thatsache,
die Hunter dazu veranlasste, die örtliche Medicamentwirkung
bei der Injection ganz in Abrede zu stellen, und scheinbar locale Effecte ebenfalls als secundäre, von der Resorption abhän-
dige zu deuten. Wenn auch die Mehrzahl der Autoren dieser
Ansicht nicht zustimmte, so wurde doch der Thatsache eines

ungewöhnlich schnellen Eintritts der Allgemeinwirkung nirgends widersprochen — natürlich nur im Vergleich zur inneren Darreichung der Medicamente, da in Hinsicht anderer Verfahren (z. B. der Infusion) es an vergleichenden Beobachtungen mangelt.

Um die Resorptionsgeschwindigkeit zu bestimmen, d. h. den Termin, bis zu welchem ein Theil der eingeführten Substanz unzweifelhaft in die Blutmasse übergegangen ist, stehen uns drei Wege offen; nämlich:

a) die Beobachtung des Eintritts der ersten, von der Resorption herrührenden Symptome, der Vergiftungserscheinungen u s. w.;

b) der Nachweis des Mittels oder seiner Derivate im circulirenden Blute — und endlich

c) der Nachweis derselben in den Se- und Excreten des Körpers. —

Der erste Weg ist entschieden am geeignetsten, um von der ungemeinen Schnelligkeit, mit welcher die Resorption vom subcutanen Zellgewebe aus erfolgt, einen vorläufigen Begriff zu geben. Namentlich gelingt das leicht durch Experimente an Thieren, wobei man in Beziehung auf die Auswahl und Dosis der Mittel durch die Rücksicht auf die entstehenden toxischen Effecte nicht behindert ist, und dem entsprechend eine äusserst heftige und rapide, oft fast blitzähnliche Wirkung beobachtet. Es ist bekannt, wie rasch das Woorara vom Unterhautzellgewebe aus wirkt, während es vom Magen aus nur sehr schwer und langsam (so dass man anfangs seine Aufnahme ganz bezweifelte) resorbirt wird; ähnlich scheint es sich auch mit noch anderen Substanzen zu verhalten. Ich will nur einige Versuche hervorheben, die ich selbst mit sehr heftig wirkenden Giften (Blausäure, Strychnin und Chinin) angestellt habe, um die Rapidität der Wirkung zur Evidenz zu bringen; das Genauere hierüber gehört in den speciellen Theil der Arbeit, wo von den Medicamenten im Einzelnen die Rede sein wird.

Versuche mit Blausäure.

Die Blausäure wird allerdings auch von den Schleimhäuten aus ungemein rasch resorbirt, wie aus den Versuchen von Magendie, Christison und Anderen bekannt ist Ich

brachte einem grossen schwarzen Kaninchen 5 Tropfen einer
5 pCt. Blausäure mittelst einer Pravaz'schen Spritze unter
die Bauchhaut. Das Thier sass 10 Secunden lang vom Moment der Einspritzung ab ruhig, als wenn nichts vorgefallen
wäre, fiel dann mit einem Male auf den Rücken, bekam klo-
nische Krämpfe und war nach kaum einer halben Minute
völlig puls- und respirationslos.

Bei einem zweiten Thiere derselben Grösse traten nach
¼ Minute die heftigsten klonischen Erschütterungen auf, denen
ebenfalls in wenigen Secunden der Tod folgte.

Bei einem dritten Versuche mit etwas concentrirter (20 pCt.)
Blausäure verfiel das Thier noch vor beendeter Einspritzung in
Convulsionen mit starker Erweiterung, dann Verengerung der
Pupille, völlig aufgehobener Erregbarkeit; der Tod erfolgte
auch hier nach kaum 25 Secunden.

Versuche mit Strychnin.

Ueber die Schnelligkeit und Intensität der Strychninwirkung
bei subcutaner Injection habe ich namentlich an Hunden zahlreiche Versuche angestellt, wovon einige hier folgen mögen. —

1) Einem kräftigen gelben Schäferhunde von mittlerer Grösse
wird ½ gr. Strych. nit. an der Bauchhaut injicirt.—Das Thier läuft
anfangs, ohne anscheinende Veränderung seines Befindens, im
Zimmer herum; nach kaum 1½ Minute stürzt es auf die Seite,
verfällt in die furchtbarsten tonischen Convulsionen mit Nacken-
starre, Aufeinanderschlagen der Kiefer, Vibration sämmtlicher
Muskeln, Harnabgang, und stirbt 4½ Minuten nach Beginn des
Versuches.

2) Einem Hunde von gleicher Grösse und Race wird
⅛ gr. Strychninsalz injicirt; der Tetanus beginnt nach kaum
2 Minuten, der (durch Rettungsversuche etwas verzögerte) tödtliche Ausgang erfolgte nach 9 Minuten.

3) Injection von ¼ gr. Strychnin bei einem grossen brau-
nen Hunde von kräftiger Race. Schon nach einer Minute heftige tonische und clonische Krämpfe. Anwendung von Ader-
lässen und Transfusion; Tod nach 25 Minuten.

4) Einem kleineren schwarzen Hunde wird 1/32 gr. Srych-
nin in die Regio epigastrica injicirt. Nach kaum einer Minute
bedeutende Steigerung der Reflexerregbarkeit und spontane

4 *

Convulsionen. Nach 2 Minuten tetanische Respiration und heftigste, die ganze Unterlage erschütternde Allgemeinkrämpfe. Tod nach 5 Minuten.

5) Bei einem fünften Hunde, wo sogleich nach der Injection (von $1/6$ gr. Strychnin) coup sur coup wiederholte Blutentziehungen mit abwechselnder Transfusion vorgenommen wurden, liess sich der Eintritt der Convulsionen 4 Minuten verzögern·; der Tod erfolgte in diesem Falle nach 19 Minuten.

Wie schon relativ sehr kleine Giftmengen bei subcutaner Application eine äusserst deletäre Wirkung entfalten, geht daraus hervor, dass ein Hund schon nach Injection von $1/96$ gr. Strychnin in die stürmischsten Convulsionen verfiel, welche nach einer Stunde den Tod herbeiführten. Bei Fröschen sah ich denselben auch nach Injection von $1/1000$ gr. Strychnin meist noch erfolgen.

Versuche mit Chinin.

Das Chinin ist bei Fröschen· ein äusserst heftiges Gift. Wendet man grössere Dosen desselben (1 — 2 gr.) subcutan an, so kann man einen fast momentanen Eintritt der am meisten characteristischen Intoxicationserscheinungen beobachten: sofortiges Sinken der Respirations- und Pulsfrequenz, baldiges Erlahmen der respiratorischen und circulatorischen Thätigkeit, Stillstand der Lymphherzen, völlige Unerregbarkeit gegen die stärksten mechanischen und chemischen Reize. (Bezüglich des Näheren verweise ich auf meine Abhandlung in Reichert's und du Bois-Reymond's Archiv 1865, p. 423).

Misslicher sind die Resultate, welche man beim Menschen durch Beobachtung der Eintrittszeit der ersten arzneilichen oder toxischen Symptome erhält, da es sich hier selbstverständlich immer nur um relativ kleine Mengen differenter, namentlich narcotischer Substanzen handelt, wobei nicht nur die bedeutenden Schwankungen der individuellen Empfänglichkeit, sondern auch die Inconstanz in dem Auftreten und der Reihenfolge der einzelnen Phänomene bei den verschiedenen Versuchspersonen sehr ungleichmässige Ergebnisse herbeiführen.

Muss man nun auch auf alle diese Verhältnisse Rücksicht nehmen, so ist doch soviel sehr leicht zu constatiren, dass z. B.

prägnante Erscheinungen der Morphium- und Atropinwirkung nach hypodermatischer Einspritzung zu einer Zeit auftreten, wo sich dieselben bei innerer Darreichung noch nicht zeigen, und dass überhaupt die physiologische und therapeutische Wirkung dieser Substanzen nach der Injection viel schärfer ausgeprägt ist, als nach einer gleich starken oder selbst stärkeren inneren Dosis. Nach subcutaner Injection von $\frac{1}{6} - \frac{1}{4}$ Gr. Morphium entstehen sehr häufig fast momentan Schwere in den Gliedern, Mattigkeit, Brennen im Kopfe, Verminderung der Puls- und Athemfrequenz, bei reizbaren Individuen völliges Ohnmachtsgefühl, Uebelkeit und Erbrechen; oft tritt schon nach wenigen Minuten Schlaf mit tiefer, stertoröser Respiration ein. Der Eintritt allgemeiner Narcose ist viel sicherer und früher zu erwarten, der Schlaf ununterbrochener und länger, als bei gleicher Dosis innerlich, wie ich dies bei vielen Patienten durch abwechselnde Anwendung beider Verfahren erprobt habe. (Beispiele davon finden sich in dem Capitel „Opium und Morphium"). Bei subcutaner Injection von $\frac{1}{60} - \frac{1}{40}$ Gr. Atropin beobachtet man ganz gewöhnlich nach 5—8 Minuten eine Beschleunigung der Pulsfrequenz um 20 Schläge und mehr; oft auch (und bei grösseren Dosen constant) nach $\frac{1}{2} - \frac{3}{4}$ Stunde starke Mydriasis mit Accommodationslähmung, Trockenheit der Zunge und des Halses, Dysphagie, Sopor und zuweilen Delirien.

Der zweite und der directeste Weg, um die Schnelligkeit der Resorption zu bestimmen, ist der Nachweis der eingeführten Substanz im circulirenden Blute selbst. Dieser Nachweis lässt sich freilich nur für wenige Substanzen auf experimentellem Wege liefern, da die meisten entweder schon zersetzt in den Kreislauf gelangen, oder im Blute selbst Veränderungen erleiden, welche keinen unmittelbaren Beweis für ihre Gegenwart gestatten, und da man, um innerhalb kleiner Zeiteinheiten zu prüfen, immer nur sehr geringe Blutquanta auf einmal entnehmen kann; ferner kann man nicht gut toxisch wirkende, erheblich den Kreislauf störende Substanzen hierbei benutzen. Die gewöhnlich zur subcutanen Injection gewählten Alkaloide sind daher nicht verwendbar; dagegen schien mir ein anderer Körper, das Amygdalin, für diese Versuche sehr geeignet. Dieser krystallinische, im Wasser leicht lösliche Körper hat bekanntlich die Eigenschaft, mit Emulsin (Synaptas) unter Mitwirkung von Wasser schon bei geringen Wärmegraden in Blausäure und Bittermandelöl zu zerfallen. Der bei dieser Berührung sofort entstehende, unverkennbare Blausäuregeruch bietet eine ziemlich empfindliche Reaction dar, so dass relativ sehr kleine Mengen von Amygdalin auf diese Weise zur Kenntniss gebracht werden.

Die Versuche wurden in folgender Art angestellt. Vor Einbringung des Mittels unter die Haut (resp. in den Magen) wurde die V. jugularis ext. auf einer Seite blossgelegt, eröffnet und die Wunde mit einer kleinen federnden Klemme (nach Art der Charrière'schen Pincetten) verschlossen. Die Prüfung geschah in Intervallen von je einer halben Minute, nach Einführung des Amygdalins, in der Art, dass, nachdem der Verschluss gelüftet war, eine kleine Blutmenge in ein untergeschobenes, bereits mit Emulsinlösung gefülltes und etwas erwärmtes Glasschälchen (Uhrglas) entnommen wurde; nachdem das nöthige Blutquantum in das Gefäss hinabgetropft war, wurde die Venenöffnung sogleich wieder verschlossen. Benutzt wurde eine Amygdalinlösung von Gr. xvij in Aq. dest. ℥ ij (so viel Amygdalin giebt mit Emulsin gerade 1 Gr. Blausäure) und eine Emulsinlösung von ℨ β in Aq. dest. ℥ j.

Versuch 1.

Grosses, schwarzes Kaninchen (Weibchen). Die V. jugularis ext. sin. blossgelegt, eröffnet und mit der Pincette verschlossen.

4 h 21—25'. Es werden rasch hinter einander drei Spritzen mit der obigen Amygdalinlösung (im Ganzen ca. 8 Gr. Amygdalin) an der Innenseite des rechten Oberschenkels injicirt.

Jede halbe Minute Prüfung mit Emulsin.

4 h 28½'. Beim Eintropfen des Blutes in das mit Emulsinlösung gefüllte Schälchen zeigt sich zuerst ein schwacher, jedoch unverkennbarer Blausäuregeruch, der bei gelindem Erwärmen über einer Spirituslampe etwas deutlicher wird.

4 h 33'. Der Blausäuregeruch ist nach und nach bedeutend intensiver geworden.

4 h 44'. Der Geruch ist immer noch deutlich vorhanden, fängt jedoch bereits an schwächer zu werden.

Die Wunde wird, nach doppelter Unterbindung der Vene, durch Naht ververeinigt. Das Thier ist ganz munter und schleppt nur den rechten Schenkel etwas nach.

Versuch 2.

Weisses Kaninchen (Weibchen). Blosslegung und Eröffnung der V. jugularis ext sin.

3 h 15'. Es werden 3 CC. obiger Amygdalinlösung auf einmal in der Regio epigastrica subcutan eingespritzt.

3 h 19'. Erster schwacher Blausäuregeruch.

3 h 30'. Der allmälig stärker gewordene Geruch ist noch sehr deutlich zu constatiren.

3 h 40'. Die Reaction ist kaum noch wahrzunehmen. Neue Einspritzung von 2 CC. Amygdalinlösung am rechten Schenkel.

3 h 45'. Der Blausäuregeruch ist wieder sehr bemerkbar geworden.

3 h 56'. Keine entschiedene Reaction mehr.

Versuch 3.

Weisses Kaninchen (Männchen). Die V jug. ext dextra blossgelegt, eröffnet und mit der Klemme verschlossen.

4 h 45 50'. Es werden 3—4 CC. der Amygdalinlösung durch ein Schlundrohr allmälig in den Magen des Thieres eingeführt. Prüfung des Blutes von da ab zuerst minutenweise, dann jede halbe Minute.

5 h 4'. Erste Reaction auf Blausäure: schwach wahrnehmbarer Geruch; derselbe wird, nachdem die Flüssigkeit etwas gestanden hat, deutlicher.

5 h 7'. Es wird eine grössere Blutmenge auf einmal entnommen, und der Blausäuregeruch ist nun bei Emulsinzusatz sehr deutlich.

5 h 13. Noch immer sehr starker Blausäuregeruch beim Eintröpfeln.

Die Wunde wird vereinigt; das Thier zeigt, ausser einer gewissen (durch den Blutverlust erklärbaren) Mattigkeit keine weiteren Erscheinungen.

In Versuch 1. (subcutane Injection) erschien also der charakteristische Bittermandelgeruch zuerst nach $3\frac{1}{2}$ Minuten; in Versuch 2 (ebenfalls subcutane Injection) nach 4 Minuten und bei wiederholter Einspritzung nach 4 — 5 Minuten. In Versuch 3 (Einführung einer gleichen Portion Amygdalinlösung in den Magen) erschien die Reaction erst nach Verlauf von mindestens 14 Minuten.

Aus diesem Versuch kann selbstverständlich nicht geschlossen werden, dass die Resorption erst nach $3\frac{1}{2}$ — 4, resp. nach 14 Minuten in den betreffenden Fällen ihren Anfang nahm — sondern nur, dass erst zu dieser Zeit so viel Amygdalin im Blute angehäuft war, um durch die in Rede stehende Probe nachgewiesen zu werden. Wohl aber ergiebt sich das wichtige Resultat, dass bei Einführung derselben Substanzmenge in den Magen erst nach 14 Minuten eine gleiche Accumulation des Mittels im Blute stattfand, wie vom Unterhautzellgewebe aus nach $3\frac{1}{2}$ Minuten — ein Re-

sultat, welches sich auch durch die Versuche der folgenden
Reihe im Allgemeinon bestätigt.

————

Ein dritter Weg, um die Resorptionsschnelligkeit zu bestimmen, ist der Nachweis der injicirten Substanz in
den Se- und Excreten. Dieser Weg ist natürlich nur ein
indirecter; denn obwohl manche Substanzen bekanntlich sehr
rasch in die Secrete (namentlich in den Harn) übergehen, so
entzieht sich doch die Zeit zwischen Beginn der Resorption und
Möglichkeit des Nachweises im Harn stets der Ermittelung, so
dass nur ein ungefährer Schluss zulässig ist.

Von den Versuchen, die ich über das Erscheinen leicht
nachweisbarer Substanzen im Harn bei Kaninchen anstellte,
will ich einige hier mittheilen.

Versuch 1.

Einem grossen, weiblichen Kaninchen wurden mit einer etwas grösseren,
der Anel'schen ähnlichen Spritze 2   3 Cubikcentimeter einer sehr verdünnten
Lösung von Kaliumeisencyanür in der Oberbauchgegend subcutan injicirt.

Vier bis fünf Minuten darauf wurden durch Druck auf die Blase 8 Cubikcentimeter Harn aus derselben entleert. Diese gaben, mit Eisenchlorid behandelt, eine äusserst intensive, schwarzblaue Färbung von Berliner Blau. Eine
toxische Wirkung trat nicht ein.

Versuch 2.

Zur Controlle wurde demselben Kaninchen eine ungefähr gleiche Menge
desselben Präparats durch eine Schlundsonde (Catheter) in den Magen gebracht.
Der nach 5 Minuten ausgepresste Harn gab noch keine Reaction auf Berliner
Blau; bei einer zweiten, nach 15 — 17 Minuten gewonnenen Probe zeigte sich
dieselbe jedoch in sehr exquisiter Weise.

Versuch 3.

Einem grossen, weiblichen Kaninchen wurden 1½ Cubikcentimeter einer
Lösung von 1 Scrupel Jod, 2 Scrup. Jodkalium in ca. 40 CC. Wasser an der
linken Weiche auf einmal eingespritzt.

Nach 6 Minuten wurden 5 CC. Harn durch Druck aus der Blase entleert.
Dieselben gaben, mit rauchender Salpetersäure und Chloroform behandelt, die
charakteristische rosenrothe Färbung, und ebenso mit Amylum die bekannte Jodreaction in sehr ausgeprägter Weise. (Nach 10 — 15 Minuten traten ziemlich
lebhafte Convulsionen ein, die jedoch nur kurze Zeit anhielten; der Harn zeigte
die Jodreaction noch nach mehreren Stunden.)

Versuch 4.

Von demselben Thiere zeigte, bei späterer Wiederholung des Versuchs mit
einer ungefähr gleichen Dosis, der Harn nach 4 Minuten noch keine deutliche
Reaction; dagegen war derselbe bei einer zweiten, nach 9 Minuten unternommenen Harnprobe sehr bestimmt ausgesprochen.

Versuch 5.

Bei Einführung einer gleichen Quantität Jod-, Jodkaliumlösung in den Magen ergab die erste Prüfung nach 10 Minuten noch kein Resultat; die zweite nach 18 Minuten vorgenommene lieferte eine deutliche Reaction. —

Begreiflicherweise knüpft sich ein grösseres Interesse vorwiegend an die Resorptionsvorgänge beim Menschen, zumal da wegen der zum Theil differenten Beschaffenheit der Aufnahmsorgane eine Identität der bezüglichen Resultate mit den Thierversuchen keineswegs von vornherein als feststehend angenommen werden kann.

Während nun die Versuche der vorigen Reihe selbstverständlich beim Menschen, überhaupt keine Anwendung finden, ist das bei den zuletzt erwähnten Versuchen allerdings möglich; jedoch scheint es wünschenwerth, zu grösserer Genauigkeit statt des Nachweises im Harn die Untersuchung eines anderweitigen besser geeigneten Secrets zu substituiren. da es nicht möglich ist, in sehr kleinen Zeitintervallen frisch secernirte Harnproben zu gewinnen und auf diese Weise möglichst die Anfangsstadien der Resorption zu ermitteln.

Eine sehr brauchbare Methode nun, um relativ genaue Resultate bei Menschen zu erhalten fand ich neuerdings in dem Nachweis der injicirten Substanzen im Parotidenspeichel und den Secreten der Mundhöhle.

Führt man in der von Eckart angegebenen Weise (vgl. die Dissertation von Ordenstein, Giessen 1859) zwei Canülen in die Mundöffnungen beider Ductus Stenoniani ein und befördert man die Drüsensecretion entweder durch Application schmeckbarer Substanzen (Zucker) auf den Zungenrücken oder durch Kaubewegungen, Streichen u. s. w., — so erhält man Secret genug, um mindestens in jeder Minute, unter Umständen in jeder halben Minute, eine Prüfung auf Körper, die bereits in kleinsten Substanzmengen mit Sicherheit nachweisbar sind, vorzunehmen — vorausgesetzt natürlich, dass dieselben in das Parotidensecret überhaupt übergehen, wie es z. B. beim Jod, nach Jodkaliuminjectionen, und beim Quecksilber, nach Sublimatinjectionen, entschieden der Fall ist.

Noch bequemer jedoch und einfacher kommt man zum Ziele, wenn man statt des Parotidenspeichels den gesammten Secreten-Complex der Mundhöhle für die Untersuchung verwendet.

Man hat dann nicht mit den (oft recht erheblichen) Schwierigkeiten des Catheterismus oder mit zufälligen Störungen der
Parotissecretion zu kämpfen und erhält ausserdem in gleichen
Zeiträumen ansehnlichere Mengen der injicirten Substanz, für
deren Nachweis auch allerdings grössere Verdünnung der Lösungsflüssigkeit kein wesentliches Hinderniss abgiebt.

Als Versuchssubstanz empfiehlt sich vor Allem das Jod,
in Form von Jodkalium. Dasselbe geht leicht in den Parotisspeichel über und ausserdem auch in die übrigen Mundsecrete,
wie aus Versuchen hervorging, bei denen der Inhalt beider
Ductus und die Secrete der übrigen Mundtheile gleichzeitig,
aber isolirt aufgefangen und zur Untersuchung benutzt wurden.

Zu den Versuchen dienten 7 Personen, bei denen wegen
syphilitischer oder scrophulöser Drüsen-Intumescenzen, ferner
wegen Tophi oder periostaler Geschwülste Jodkaliuminjectionen
gemacht wurden. Jedesmal wurde 3¾ gr. Jodkalium (15 gr.
einer Lösung von Kalii jodati ʒj in Aq. dest. ʒiij) injicirt. —
(Vgl. unten „Jodkalium").

Die Versuche ergaben folgende Resultate:

Unter 15 Jodinjectionen gelang der erste Nachweis im
Parotidenspeichel oder den Secreten der Mundhöhle

nach 1 Minute 2 mal
„   1½   „   3 „
„   2½   „   7 „
„   5   „   3 „

Die Prüfungen wurden, nach vorherigem Salpetersäurezu-
satz, mit Stärkelösungen, in einigen Fällen auch mit Chloroform vorgenommen. Natürlich wurde vor jedem Versuche ebenfalls auf Jod geprüft. — In Betreff der sich herausstellenden
Differenzen ist zu beachten, dass auf dieselben wohl zum Theil
die Wahl der Injectionsstelle von Einfluss war. Die Zeitminima
(1—1½ Minute) wurden bei Injectionen am Halse oder an der
Brust, die Maxima (5 Minuten) sämmtlich bei Injectionen am
Unterschenkel — wegen syphilitischer Tophi der Tibia — erhalten.

Parallelversuche wurden in der Weise angestellt, dass gleiche
Jodkaliumdosen bei nüchternem Magen (Morgens) innerlich ein-
gegeben wurden. Unter 6 Versuchen der Art gelang der erste
Nachweis

nach 15 Minuten — mal
„ 20 „ 1 „
„ 25 „ 1 „
„ 40 „ 3 „
„ 35 „ 1 „

Analoge Versuche wurden mit Quecksilber in Form von Sublimatinjectionen bei zwei secundär-syphilitischen Patienten angestellt. Es wurde $^1/_{14}$—$^1/_6$ gr. Sublimat pro dosi injicirt. Das Mittel geht ebenfalls in den Parotisspeichel sowie in das übrige Mundsecret über und kann daselbst entweder durch metallisches Kupfer oder durch Zinnchlorür, nach vorherigem Zusatz von Salpetersäure, direct nachgewiesen werden; jedoch sind diese Proben wegen der relativ äusserst geringen Substanzmengen, mit denen man es zu thun hat, viel difficiler. Unter 8 Versuchen, bei denen entweder Parotisspeichel oder das gesammte Mundsecret benutzt wurde, gelang der erste Nachweis

nach 1—2 Minuten — mal
„ 2—5 „ 3 „
„ 5—10 „ 3 „

in 2 Fällen konnte eine deutliche Reaction überhaupt nicht erzielt werden. Bei innerer Darreichung gleicher Sublimatdosen war eine Resorption innerhalb der angegebenen Zeitgrenzen niemals bemerkbar.

Wir haben im Anschluss an diese Versuche noch einen Punkt zu erörtern, der bereits im vorigen Capitel kurz berührt wurde: die Frage nämlich, ob die Wahl der Applicationsstelle von Einfluss auf die Schnelligkeit und Intensität der Resorption, resp. auf die Wirksamkeit der Injection selbst ist?

Die Autoren haben diesem Punkte bisher wenig Aufmerksamkeit geschenkt. Nur Jarotzky und Zülzer (Wiener Med. Halle 1861 II. 43) erwähnen, dass nach Injection von Morphium keineswegs immer allgemeine Narcose auftritt, und bringen dies mit dem differenten Verhalten der verschiedenen Nervenbahnen in Hinsicht auf die Leitung zu den Centralorganen in Verbindung. — Südeckum (Inaugural-Abhandlung, Jena 1863), der eine Reihe von Versuchen über die Abnahme der Tastempfinduug nach subcutaner Injection von Morphium gemacht hat, sagt am Schlusse: „Was den Ort der Injection in Bezug auf das Tastvermögen.nach gemachter Injection betrifft, so habe ich keinen bedeutenden Unterschied der Wirkung hierbei wahrnehmen können, und es scheint, dass die Venen, Lymphgefässe und Capillaren des gesammten Unterhautzellgewebes gleich geeignet zur Resorption der injicirten Flüssigkeit sind." -

Ich kann jedoch dieser Schlussfolgerung nicht beistimmen; denn da Südeckum bei seinen Versuchen immer nur die Tastempfindung in der Umgebung der Stichstelle prüfte, so kommt auch der locale Einfluss in Betracht, der, wie ich im vierten Capitel zeigen werde, hier sogar die Hauptrolle spielt. Vergleicht man ausserdem die einzelnen Versuche von Südeckum mit einander, so wird man finden, dass die Herabsetzung des Tastvermögens in gleichen Zeiträumen und bei gleichbleibender Dosis sehr verschieden ausfiel, je nach dem Orte der Einspritzung. So stiegen z. B. die Durchmesser der Tastkreise in 20 Minuten (von der Injection ab) am Unterschenkel von 21 auf 25 Mm., an der Brust von 11 auf 20 und von $16\frac{1}{2}$ auf 28 Mm. — in 30 Minuten am Rücken von 42 auf 49, am Fuss von 25 auf 36, am Oberarm von $12\frac{1}{2}$ auf 28, und am Thorax von 11 auf 31 Mm. —

Einen ziemlich guten Maassstab für die Beobachtung am Menschen dürfte der Eintritt allgemeiner Narcose bei Morphium-Injectionen an die Hand geben, vorausgesetzt, dass immer dieselbe Dosis des Mittels und bei denselben Individuen nach und nach an verschiedenen Körpertheilen cubcutan injicirt vird. Allerdings ist nach wiederholten Injectionen auch der Einfluss der Gewöhnung zu beachten, die ja bei Narcoticis überhaupt so leicht eintritt, und beim hypodermatischen Verfahren eben so wenig ausgeschlossen wird, wie beim inneren Gebrauche; allein es lässt sich ein ziemlich sicheres Resultat doch erzielen, wenn man abwechselnd empfängliche und minder empfängliche Stellen für die Einspritzung benutzt.

So habe ich bei einem 24jährigen, an Coxitis mit den heftigsten Schmerzen und Schlaflosigkeit leidenden Manne subcutane Injectionen von $\frac{1}{4}$ Gr. Morphium an den verschiedensten Stellen gemacht, um den Erfolg in Hinsicht auf Eintrittszeit und Dauer der Narcose zu vergleichen. Ich führe von jeder Körperstelle nur das Resultat bei der ersten Injection an. — Am 3. September (Abends) Injection an der rechten Leistenbeuge. Nach etwa $\frac{1}{4}$ Stunde Klage über Schwindel im Kopf, grosse Mattigkeit; nach ½ Stunde Schlaf, der fast die ganze Nacht anhält. — Am folgenden Abend Injection am Rücken, zur Seite der Wirbelsäule. Kein Schlaf, nur Gefühl von Müdigkeit und Abspannung; die Schmerzen während der Nacht fast so lebhaft wie sonst. — Am 5. Sept. Injection an der Innenseite des linken Oberarms. Nach kaum 5 Minuten Brennen im Kopf, Schwere in den Gliedern u. s. w.; nach ½ Stunde Schlaf von dreistündiger Dauer; nach kurzer Unterbrechung neuer Schlaf bis zum Morgen. — Am 7. Sept. Injection in der Regio epigastrica; Schlaf nach etwa ?0 Minuten, 4 — 5 Stunden ohne Unterbrechung. — Am 10. Sept. Injection am linken Unterschenkel, an der äusseren Seite; erst nach 2 Stunden Schlaf, der kaum eine Stunde dauert, grosse Unruhe; erst gegen Morgen neuer Schlaf, ebenfalls mit Unterbrechungen. — Am 11. Sept. Injection in der linken Schläfengegend; nach 20 — 25 Minuten tiefer Schlaf von fünfstündiger Dauer; nach kurzer Unterbrechung (ca. ¼ Stunde) schläft Pat. von Neuem 2 bis 3 Stunden. — Am 12. Sept. Injection am Nacken, in der Gegend der oberen Halswirbel; nach 40 Minuten Schlaf von 2 — 3 Stunden. — Am 14. Sept. Injection auf der Dorsalseite des linken Vorderarms. Pat. schläft die Nacht über fast gar nicht, und versinkt nur auf kurze Zeit in einen betäubungsartigen Zustand, aus dem er bald wieder unter Schmerzäusserungen erwacht. —

Aehnliche Beobachtungen habe ich an anderen dazu geeigneten Patienten gemacht; und obwohl ich das Missliche der darauf basirenden Schlüsse nicht verkenne, so glaube ich doch, gestützt auf die Resultate sehr zahlreicher Injectionen, den Satz aufstellen zu können, dass die Allgemeinwirkung ceteris paribus je nach der für die Einspritzung gewählten Localität eine wesentlich verschiedene Dauer und Intensität darbietet. Es ist dies wohl kaum anders zu erklären, als dass eben die Resorption nicht an allen Stellen vom subcutanen Gewebe aus mit gleicher Energie und Geschwindigkeit vor sich geht, und dass, entsprechend diesen localen Differenzen, die Anhäufung des Mittels im Blute je nachdem, früher oder später, oder selbst nie, den zu einer bestimmten Wirkungsäusserung nothwendigen Grad erreicht. Auf welchen anatomischen Gründen diese Unterschiede beruhen, ob der grössere oder geringere Reichthum an Capillaren und Lymphgefässendigungen, ob ein verschiedenes Verhalten der letzteren die Ursache ist, lässt sich bei der Mangelhaftigkeit unserer Kenntnisse über diesen Gegenstand, sowie über die Mechanik der Resorption überhaupt, zur Zeit nicht entscheiden.

Sollte ich nach meinen Beobachtungen eine Scala der verschiedenen Körperregionen in Beziehung auf die Resorptionsverhältnisse bei subcutanen Injectionen aufstellen, so möchte ich

dieselbe, natürlich cum grano salis, etwa folgendermaassen ent-
werfen: Obenan stehen, als die günstigsten Chancen darbietend,
die Wangen- und Schläfengegend; demnächst die Regio epigastrica, die vordere Thoraxgegend, Fossa supra- und infracla-
vicularis; die innere Seite des Oberarms und des Oberschenkels; der Nacken; äussere Seite des Oberschenkels, Vorderarm,
Unterschenkel und Fuss; endlich der Rücken mit Kreuz- und
Lumbalgegend, von wo aus ich im Allgemeinen die trägste,
häufig ganz ausbleibende Wirkung beobachtet habe. Doch ist
es natürlich, dass bei der sehr verschiedenen Entwickelung des
Unterhautzellgewebes im Allgemeinen und an einzelnen Körperstellen, wie sie bei verschiedenen Individuen sich vorfindet,
Schwankungen und Abweichungen in den angegebenen Verhältnissen nicht gerade zu den Seltenheiten gehören.*)

Wir haben gesehen, dass bei Einbringung gleicher Mengen resorbirbarer Flüssigkeiten in das Unterhautzellgewebe und
in den Magen der Nachweis der eingeführten Substanz im Blute
bei subcutaner Application früher gelingt, als bei der inneren
Darreichung.

Es knüpft sich hieran die Frage, ob in Bezug auf die Elimination injicirter Substanzen ein ähnlicher Unterschied
stattfinde: ob nämlich der Termin ihrer völligen Ausscheidung ein früherer, die Zeit ihres Verweilens im
Organismus somit überhaupt kürzer sei. — Sehr wahrscheinlich wurde dies durch die zu therapeutischen Zwecken
unternommenen Injectionen differenter Arzneistoffe (narcotischer
Alcaloide, wie Morphium, Atropin, Strychnin, Digitalin u. s. w.),
indem sich zeigte, dass die von jeder einzelnen Dosis herrührenden Intoxicationserscheinungen in der Regel sehr rasch wieder verschwanden, und trotz ziemlich häufiger Wiederholung
der Einspritzungen (selbst mehrmals am Tage) eine cumulative
Wirkung fast nie zu Stande kam, während eine solche bei in-

------

*) Lissauer konnte, nach Versuchen mit Atropin an Epileptischen, wobei
die Vermehrung der Pulsfrequenz als Maassstab benutzt wurde, die obige Scala
nicht vollständig bestätigen (vgl. Erlenmeyer, die subcutanen Injectionen,
3te Aufl. p. 17 und 18),

nerer Verabreichung entsprechender Substanzmengen innerhalb gleicher Zeiträume fast constant beobachtet wurde.

Einen besseren Maassstab erhält man, wenn man mit Substanzen experimentirt, die im Harn in geringen Mengen nachweisbar sind, und den Termin ihres völligen Verschwindens aus demselben bei subcutaner und innerer Application mit einander vergleicht. Mehreren Kaninchen wurden gleiche Portionen Kaliumeisencyanür (10 CC. einer Lösung von 10 Gr. in 1 Dr.) theils subcutan, theils per os beigebracht, und der Harn in entsprechenden Intervallen nach vorheriger Ansäuerung mittelst Eisenchlorid untersucht. Wie sich hierbei constant herausstellte, war nach subcutaner Injection des Mittels die Nachweisbarkeit desselben im Harn auf die ersten 24 Stunden beschränkt und die Reaction schon nach 16 — 20 Stunden äusserst schwach; nach der inneren Darreichung dagegen enthielt der Harn noch am zweiten und dritten Tage sehr bedeutende Mengen nnd selbst nach 72 Stunden noch unverkennbare Spuren von Kaliumeisencyanür; ja es war sogar die Reaction an der Gränze des zweiten und dritten Tages am stärksten. Ich will nur folgenden Parallelversuch mittheilen.

Versuch 1.

Am 29. Juni, Nachmittags 4½ Uhr, werden einem grossen weiblichen Kaninchen 10 CC. obiger Lösung am Rücken subcutan injicirt, die Wunde sogleich durch Naht verschlossen.

Nach 3 Minuten ist der Harn noch ohne Reaction; nach 9 Minuten ist dieselbe dagegen sehr deutlich.

Am folgenden Vormittag um 10 Uhr ist die Reaction noch ziemlich stark; um 12 Uhr ebenfalls noch deutlich, jedoch offenbar bereits schwächer als im Versuch 2. Am Nachmittag um 4 Uhr lässt sich keine Spur von Kaliumeisencyanür im Harn nachweisen.

Versuch 2.

Einem gleich grossen, weiblichen Kaninchen werden zu derselben Zeit, wie dem vorigen, 10 CC. der Lösung mittelst einer Spritze auf einmal per os beigebracht. Der Nachweis im Harn gelingt nach 10 Minuten

Am folgenden Vormittag um 10 Uhr ist die Reaction sehr intensiv und verbleibt den ganzen Tag über auf gleicher Höhe

Im Laufe des folgenden Tages ebenso; offenbar am stärksten ist die Reaction 48 Stunden nach Beginn des Versuchs (am 1. Juli Nachmittags um 4 Uhr), der sich bildende Niederschlag im Reagenzgläschen beträgt fast die Hälfte der Probeflüssigkeit.

Am 2. Juli Vormittags 10 Uhr noch sehr starke Reaction.

Um 12 Uhr Reaction bereits schwächer, ein fester Niederschlag jedoch noch zu erkennen.

Um 4 Uhr zeigte der Harn bei der Prüfung im Reagenzgläschen nur noch eine höchst unbedeutende blaue Färbung ohne festen Niederschlag; beim Ausbreiten auf einem Teller lassen sich jedoch noch Spuren eines solchen erkennen. Um 4½ Uhr hat jede Reaction aufgehört.

Während also in Versuch 1. die Reaction 23 — 24 Stunden nach der Injection vollkommen aufhörte, versagte sie in Versuch 2., bei der Application per os, erst nahb 72 — 73 Stunden gänzlich. Gleiche Resultate ergaben sich bei Versuchen mit Jod-Jodkaliumlösung. Die Zeit zwischen der Einführung der genannten Substanzen in den Organismus und ihrem völligen Verschwinden aus den Excreten ist also 3—4mal grösser bei der Application per os, als bei subcutaner Injection, so dass die Schnelligkeit der Elimination der Resorptionsgeschwindigkeit und der Anhäufung im Blute annähernd proportional ist. Die Wichtigkeit dieses Ergebnisses für die therapeutische Verwendung der Injectionen leuchtet von selbst ein. Denken wir uns die zu obigen Versuchen benutzten Substanzen durch differenter wirkende toxische Körper ersetzt, so hätte die wiederholte Einführung derselben von 24 zu 24 Stunden bei innerer Darreichung einen bedeutenden cumulativen Effect hervorrufen müssen, weil beim Eintreffen jeder folgenden Gabe erst eine relativ geringe Quote der früheren aus dem Körper eliminirt war; — bei hypodermatischer Injectionsgegend konnte eine solche cumulative Wirkung unmöglich stattfinden, weil bei jeder neuen Dosis die Ausscheidung der vorhergehenden bereits vollständig erfolgt war. Wir können also durch die subcutane Methode nicht nur die Resorptionsgeschwindigkeit und damit die energische Wirkung jeder Einzeldosis erhöhen, sondern auch dem oft unerwünschten Eintritt cumulativer Effecte bei wiederholten Arzneidosen mit grösserer Sicherheit vorbeugen.

In letzter Zeit habe ich vergleichende Versuche über die Eliminationsgeschwindigkeit auch beim Menschen angestellt, in dem in der oben geschilderten Weise Parotiden- und Mundsecret auf die subcutan oder innerlich in den Körper eingeführte Substanz untersucht und die Zeitgränze für den Nachweis derselben bei beiden Verfahren bestimmt wurde. Auch hier wurde Jodkaliumlösung benutzt, und es ergaben die Resultate ebenfalls, wenn auch weniger bestimmt, eine raschere Elimination der Substanz bei subcutaner Injection, als bei innerer Darreichung (einer gleich starken Dosis).

Unter 15 Injectionsfällen konnte das Jod noch deutlich nachgewiesen werden:

Nach 12 Stunden 15 mal
„ 18 „ 14 „
„ 24 „ 10 „
„ 36 „ 2 „
„ 48 „ — „

Unter 6 Fällen von interner Darreichung:

Nach 12 Stunden 6 mal
„ 24 „ 5 „
„ 36 „ 3 „
„ 48 „ 1 „
„ 60 „ — „

Fünftes Capitel.

Oertliche Wirkungen injicirter Substanzen (Narcotica).

Bereits oben ist von örtlichen Wirkungen in dem Sinne die Rede gewesen, dass je nach der Natur des eingespritzten Mittels und des zu seiner Lösung angewendeten Menstruums Schmerz, Entzündungserscheinungen u. s. w. in verschiedenem Grade auftreten können. Man hat reizende Substanzen sogar ausdrücklich aus dem Grunde injicirt, um eine künstliche Entzündung zu bestimmtem Zwecke hervorzurufen. — Hier soll indessen nur von der örtlichen Wirkung gewisser narcotischer Alcaloide die Rede sein, die ja überhaupt bis jetzt fast ausschliesslich in dieser Hinsicht genauer studirt worden sind; und namentlich wird es sich dabei um die Frage handeln, ob diesen Mitteln, abgesehen von der unzweifelhaften, durch Resorption vermittelten Allgemeinwirkung noch ein specieller, topischer Einfluss auf die unmittelbar betroffenen Theile des Nervensystems zuzuschreiben ist, oder nicht?

Diese Frage ist selbstverständlich von hoher praktischer
Wichtigkeit; denn in einer grossen Anzahl (vielleicht in der
Mehrzahl) der Fälle bezwecken wir bei subcutaner Anwendung
der Narcotica neben der allgemeinen auch eine directe örtliche
Wirkung, namentlich wo es sich um locale Schmerzstillung, um
Sedirung von Krämpfen, Bekämpfung von Lähmungen u. s. w.
handelt; und manche in Vorschlag gebrachte Anwendungen des
Verfahrens beruhen wesentlich auf dieser Voraussetzung, z. B.
die locale Anästhesirung bei Operationen.   Seit der Erfindung
des hypodermatischen Verfahrens hat sich die Mehrzahl der
Autoren der Annahme einer specifischen örtlichen Wirkung der
Narcotica zugeneigt, ohne jedoch wesentlich andere Gründe als
die empirische Beobachtung des localen Erfolges bei pathologisch erhöhter Erregbarkeit sensibler oder motorischer Nerven,
also die schmerz- und krampfstillende Wirkung narcotischer Injectionen, dafür anzuführen.   Diese örtliche Wirkung tritt jedoch sehr häufig nicht früher zu Tage, als die von der Resorption abhängigen Erscheinungen, und würde sich daher a priori
auch als ein Theil der Gesammtwirkung des Mittels erklären
lassen. — So heisst es z. B. bei Scmeleder, der eine örtliche
und eine allgemeine Wirkung unterscheidet: „Fast alle Patienten bemerkten eine halbe Stunde nach der Injection leichten
Kopfschmerz, Schwindel, Uebelkeit und Brechneigung; zu
gleicher Zeit hört der Schmerz auf, und es tritt dann fast
immer Schlaf ein. — Die Dauer der schmerzstillenden Wirkung
ist 3 — 20 Stunden; zuweilen dauern die allgemeinen Wirkungen noch am folgenden Morgen fort."

Häufig fallen allerdings die erwähnten Allgemeinerscheinungen aus, während die Schmerzstillung dennoch zu Stande
kommt; allein auch hierdurch wird zu Gunsten der örtlichen
Wirkung noch nichts bewiesen.

Wie wir gesehen haben, geht die Resorption nach subcutanen Einspritzungen mit grosser Rapidität, vielleicht momentan
vor sich.   Nicht nur die Thierversuche, auch die Beobachtung
der bei therapeutischer Anwendung auftretenden Erscheinungen
liefert dafür Beweise. — Hiernach erscheint der von Hunter
gegen die örtliche Wirkung von Morphium und Atropin erhobene Einwand nicht ohne Berechtigung, dass der Wirkung auf
den speciellen Nerven bereits die Symptome der Resorption vor-

hergehen, die sich namentlich am Puls und an der Respiration zuerst bemerkbar machen. Hunter nimmt demgemäss an, dass auch der örtliche Effect nur mit Hülfe der Circulation statt-finde, und der Vorzug des hypodermatischen Verfahrens eben nur in der leichteren, schnelleren und vollständigeren Entfaltung der Allgemeinwirkung bestehe.

Dieser Annahme gegenüber lehrt freilich die therapeutische Beobachtung, dass gerade die Oertlichkeit der Einspritzung überall, wo es sich um locale, besonders um neuralgische Affectionen handelt, für den Erfolg von grösster Wichtigkeit ist. Schon Rynd giebt an, es sei bei Neuralgieen die schmerzlindernde Wirkung um so sicherer, je näher das Injectionsfluidum dem afficirten Theil, d. h. dem Nerven, gebracht werde. Semeleder empfiehlt die Einspritzung immer in der Nähe der schmerzhaften Stelle, wo möglich etwas unterhalb derselben, vorzunehmen. Auch v. Graefe legt auf die minutiöse Beobachtung der Localität grossen Werth, z. B. bei Reflexkrämpfen, wo die vorausgehende Ermittelung etwaiger „Druckpunkte" der zugehörigen sensiblen Nerven für die Wahl der Injectionsstelle maassgebend ist. Ich könnte aus eigener Erfahrung ebenfalls zahlreiche Beispiele dafür liefern, dass bei Neuralgieen das Aufsuchen der Points douloureux oder der oberflächlichen Nervenpunkte, überhaupt die Einspritzung an Ort und Stelle von primärer Wichtigkeit ist, nnd will nur einen Fall von doppelter Ischias (rheumatica) bei einem 40jährigen, durchaus zuverlässigen Manne hier anführen, wo die auf der einen Seite am Sitz des Schmerzes gemachte Injection stets auf dieser Seite eine 2—3tägige, völlige Analgesie zur Folge hatte, während auf der anderen Seite nach Verflüchtigung der narcotischen Wirkung die Schmerzen sofort wiederkehrten. —

Immerhin lassen jedoch diese therapeutischen Resultate noch manchen Zweifel übrig, da selbstverständlich eine Schmerzverminderung auch bei nicht an Ort und Stelle gemachter Einspritzung stattfinden kann, und messbare Differenzen sich hier nicht feststellen lassen. Es scheint daher von Wichtigkeit, ein Criterium zu besitzen, welches beweist, dass die normale phy-. siologische Erregbarkeit sensibler Nerven an einer bestimmten Hautstelle durch Morphium-Injectionen local alterirt wird, wäh-

rend an anderen Stellen eine analoge Wirkung gar nicht, oder
nur in viel schwächerem Grade zu Tage tritt.

Ich glaube ein geeignetes Criterium in der durch die bekannten Weber'schen Versuche ermöglichten Prüfung der Tastempfindung an den einzelnen Hautpartieen gefunden zu haben.
Bekanntlich hat Lichtenfels (Sitzungsberichte der Wiener
Academie, Band XVI. 3.) nachgewiesen, dass nach innerer Anwendung der Narcotica das Tastvermögen allgemein abnimmt,
indem die Durchmesser der Weber'schen Tastkreise an den
verschiedenen Körperstellen sich vergrössern. Südeckum beobachtete nach hypodermatischer Injection von Morphium und
Atropin an der Injectionsstelle eine mehr oder weniger erhebliche Abnahme des Tastsinns, die oft mehrere (selbst 5) Stunden andauerte. Aus seinen Versuchen geht jedoch, wie schon
früher erläutert, nicht hervor, ob die Wirkung eine allgemeine
oder eine örtliche war, da die Prüfung nicht auch an anderen,
vom Orte der Einspritzung entfernten Hautstellen gleichzeitig
vorgenommen wurde.

Ich verfuhr daher in folgender Weise: Zuerst wurde mit
einem Volkmann'schen Tastmesser (an dem man den Abstand
der beiden, gegen einander verschiebbaren Spitzen durch einen
Nonius sehr genau, bis auf Bruchtheile von Millimetern, able-
sen kann) oder mit einem Tastercirkel (Sieveking'sches Aesthe-
siometer) die Grösse der Tastkreise an symmetrischen Hautstellen
beider Körperhälften gemessen. Auf einer Seite wurde nun die
Einspritzung gemacht, und nach derselben in verschiedenen
Intervallen wiederum die Grösse der Tastkreise beiderseits genau
verglichen. Es stellte sich hierbei constant heraus,

> dass nach subcutaner Anwendung verschie-
> dener Narcotica (Morphium, Atropin, Coffein)
> die Tastempfindung an der Injectionsstelle
> bedeutend herabgesetzt ist, zu einer Zeit, wo
> die entsprechende symmetrische Hautstelle
> der anderen Körperhälfte gar keine oder doch
> nur eine relativ geringe Veränderung ihres
> Tastsinns erlitten hat.

Denkt man sich die variable Grösse der Empfindungskreise
an einer und derselben Hautstelle durch eine Curve ausgedrückt,
so steigt dieselbe an der Injectionsstelle bald nach der Ein-

spritzung sehr rasch an, erreicht nach einer gewissen Zeit ihr Maximum, und sinkt dann allmälig — während an der symmetrischen Hautstelle überhaupt gar keine, oder eine viel schwächere und spätere, oft erst mit dem absteigenden Theil jener Curve zusammenfallende Erhebung stattfindet. Zuweilen geht dieser Erhebung sogar eine kleine Erniedrigung vorher, d. h. es kommt, statt zu einer Vergrösserung, anfänglich zu einer Verkleinerung der Tastkreise, somit zu verschärfter Tastempfindung, was auf einer primär erregenden Wirkung der Narcotica in den Centralorganen zu beruhen scheint.

Fast constant findet sich übrigens nach längerer oder kürzerer Einwirkung der Narcotica ein Spatium, innerhalb dessen das Gefühl undeutlich ist und die Angaben schwanken, so dass die Patienten bei gleichbleibender Distanz bald zwei Spitzen, bald nur eine zu fühlen glauben. Ein solches Spatium findet sich allerdings, wie besonders Volkmann dargethan, auch unter normalen Verhältnissen fast überall, ist jedoch dann viel kleiner: während es normal in der Regel höchstens 1 — 1½ Millimeter beträgt, kann es unter dem Einflusse der Narcotica eine Ausdehnung von 10 Millimetern, und selbst mehr noch, erreichen.

Ich will nun behufs Charakterisirung der gemachten Versuche einige davon in extenso mittheilen, bei denen Morphium, Atropin und Coffein subcutan angewandt wurden.

(Die Zahlen der letzten sechs Columnen bezeichnen die Spitzenabstände in Millimetern.)

			Constant nur eine Spitze gefühlt		Unsicher (bald eine, bald zwei Spitzen)		Constant zwei Spitzen	
			links	rechts	links	rechts	links	rechts
1.	Mitte des Vorderarms, auf der Dorsalseite (8 Ctm. oberhalb d. Proc. styl. radii.). Injection von 1/9 Gr. Morphium links. Die Spitzen quer aufgesetzt.	Vor der Injection	10	10	—	—	10½	10½
		5 Min. nach d. Inj.	15	10	—	—	16	10½
		20 - - - -	22½	10	—	10½—13½	23	14
		55 - - - -	20	10	—	10½—12	21	12½
		115 - - - -	14	10	—	—	15	11
2.	Aeussere Seite des Unterschenkels. Injection von 1/9 Gr. Morph. muriatic. links.	Vor der Injection	27	27½	—	—	28	28
		5 Min. nach d. Inj.	29	27	29½—33	—	34	28
		15 - - - -	32	27	33—36		37	28
		25 - - - -	33	29	33½—36	—	37	30
		50 - - - -	39	29	—	29½ - 32	40	32½
		120 - - - -	31½	26	32—35	—	46	29
3.	In der Schläfengegend. Injection von ⅙ Gr. Morph. muriat. rechts.	Vor der Injection	7	7½	—	—	7½	8
		5 Min. nach d. Inj.	7	11		—	7½	12
		10 - - - -	7	11	—	11½—14	7½	14½
		15 - - - -	7	13	—	14—15½	8	16
		30 - - - -	7½	14	—	15—17	8	18
		75 - - - -	8½	14	—	—	9	15
4.	Aeussere Seite des Oberschenkels, in der Gegend des Trochanter. Injection von 1/50 Gr. Atropin. sulfur., links.	Vor der Injection	57	59	—	—	57½	60
		10 Min. nach d. Inj.	66	59	68—74	—	67	60
		75 - - - -	67½	58	67 - 71	—	75	59
		150 - - - -	66	60	—	—	72	[illegible]
5	Am Nacken, in der Mitte zwischen Atlas und Proc. mastoid. Injection von ½ Gr. Coffein, rechts.	Vor der Injection	22	21	—	—	22½	[illegible]
		8 Min. nach d. Inj.	22	24	—	—	22½	[illegible]
		20 - - - -	22	26	—	24½—27	22½	[illegible]
		30 - - - -	22	28	22½—26	26½—32	27	[illegible]
		50 - - - -	21½	29	22—24	28½—33	24	[illegible]
6.	In der Regio infraclavicularis. Injection von 1/36 Gr. Atropin, links.	Vor der Injection	15	14	—	[illegible]	15	[illegible]
		5 Min. nach d. Inj.	18	15	—	—	[illegible]	[illegible]
		15 - - - -	25	15	25½—27	—	[illegible]	[illegible]
		65 - - - -	24	17	—	—	[illegible]	[illegible]

Diese Versuche beweisen zur Genüge, dass die Abnahme der Tastempfindung an der Injectionsstelle sowohl viel früher auftritt, als auch intensiver und nachhaltiger ist, als an der ent-

sprechenden symmetrischen Hautstelle. Selbstverständlich muss
man bei Vornahme dieser Experimente zwei identische Hautstellen wählen, und die Spitzen stets in derselben Richtung zur
Haut aufsetzen.

Macht man die Einspritzung an einer Stelle, wo
ein sensibler (oder gemischter) Nervenstamm oberflächlich unter der Haut verläuft (z. B. am Capitulum
fibulae auf den N. peronaeus), so wird die Tastempfindung nicht bloss an der Injectionsstelle, sondern im
ganzen Hautbezirk des betreffenden Nerven gleichzeitig herabgesetzt, an der Injectionsstelle jedoch in
höherem Grade. — Diese Thatsache liefert einen wichtigen
Schlüssel zum Verständniss der Wirkung hypodermatischer Einspritzungen bei Neuralgieen. Da viele (und gerade die constantesten) unter den sog. Points douloureux nichts weiter sind, als
solche oberflächlich gelegene Nervenpunkte, so ergiebt sich daraus, dass es vortheilhaft ist, die hypodermatischen Einspritzungen bei Neuralgieen gerade an derartigen Punkten vorzunehmen; und da hierdurch die Erregbarkeit sämmtlicher sensibler
Endverzweigungen des Stammes herabgesetzt wird, so kann auf
diese Weise nicht bloss bei Neuralgieen, die vom Nervenstamm
selbst ausgehen, sondern auch bei solchen, die in der peripherischen Ausbreitung desselben wurzeln, eine palliative Hülfe geschafft werden.

Bei den hierher gehörigen Versuchen theile ich, der Einfachheit halber, statt der Angaben constanter und inconstanter,
einfacher und doppelter Wahrnehmung nur den mittleren Gränz-
punkt (die von Volkmann sogenannte „wahrscheinlich erkenn-
bare Distanz") mit, d. h. den Punkt, wo bei wiederholter Prüfung mit der Cirkelspitze eben so oft einfach, als doppelt gefühlt wird. Zur Controlle wurden stets vor und nach der Injection Messungen im Verbreitungsbezirk eines anderen (meist
benachbarten) Nervenstammes angestellt.

7. (N. peronaeus).

Vor der Injection: am linken Capitulum fibulae 10 ¼ Mm., am Malleolus ext.
(im Gebiete des N. peronaeus) 10, an der Planta (im Gebiete des N. tibialis) 12½,
am Fussrücken (gemischte Innervation) 13 Mm

Injection von ¹/₆ Gr. Morph. muriat. dicht unterhalb des Capitulum fibulae,
in centrifugaler Richtung. — 5 Minuten nach der Injection am Capitulum fibulae

21½ Mm., am Malleolus ext. 15 Mm., am Malleolus int. und an der Planta unverändert.

8. (N. ulnaris.)

Vor der Injection; am rechten Ellbogen zwischen Olecranon und Condylus
int. 15 Mm.; an der Dorsalseite des kleinen Fingers (N. ulnaris) und zwar an
der letzten Phalanx 2½ Mm., an der Volarseite des kleinen Fingers (ebenfalls
N. ulnaris) 5 Mm., an der Dorsalseite der letzten Daumenphalanx (N. radialis)
5 Mm., an der Volarseite derselben Phalanx (N. medianus) 2½ Mm.

Injection von ¼ Gr. Morph. muriat. am Condylus internus.

10 Minuten nach der Injection am inneren Condylus 21½ Mm. — an der
Dorsalseite des kleinen Fingers 3½ Mm. — an der Volarseite desselben 5 Mm. —
an Dorsal- und Volarseite des Daumens keine constantirbare Veränderung.

9. (N. infraorbitalis.)

Vor der Injection: in der rechten Gesichtshälfte am For. infraorbitale 7½ Mm.
in der Gegend des oberen Eckzahns (N. infraorbitalis) 10, in der Schläfengegend
(N. temporalis superficialis) 9 Mm. —

Injection von ¼ Gr. Morph. muriat. an der Austrittstelle des Infraorbital-
nerven. Nach 10 Minuten am For. infraorbitale 11 Mm., an der zweiten Stelle,
11½ Mm., an der Schläfe unverändert 9 Mm. —

Aehnliche Versuche, wie mit dem Morphium, Atropin und
Coffein habe ich auch mit dem Strychnin und Veratrin an einzelnen Patienten, denen letztere Mittel zu therapeutischen
Zwecken subcutan injicirt wurden, angestellt. Es hat sich mir
jedoch hierbei kein bestimmter örtlicher Effect in Beziehung auf
das Tastvermögen ergeben, weshalb ich auf die bezüglichen Versuche hier nicht weiter eingehe.

Durch die Resultate der Tastversuche ist meines Erachtens
der Beweis geliefert, dass Morphium und einige andere Narcotica local auf sensible Nerven (und zwar sowohl auf die Fasern
des Stammes, als auf die sensibeln Nervenendigungen der Haut)
einwirken, indem sie die Tastempfindung innerhalb der zugehörigen Hautprovinz in augenfälliger Weise herabsetzen. A priori
klingt es nicht unwahrscheinlich, dass Narcotica, subcutan auf
einen motorischen oder gemischten Nerven eingespritzt, die Erregbarkeit der motorischen Fasern gleichfalls beeinflussen soll-
ten. Ich habe, um hierüber vielleicht eine Entscheidung zu
erlangen, vor und nach subcutaner Einspritzung von Morphium
und von Strychnin auf einen oberflächlichen Nervenstamm (Peronaeus, Facialis) die elektrische Erregbarkeit der zugehörigen
Muskeln mittelst des Inductionsstromes geprüft. Wenn Benedikt behauptet, das Morphium (innerlich gegeben) die elek-

trische Reizbarkeit der Nerven ausserordentlich steigere, so habe ich wenigstens bei localer Application diese Beobachtung nie gemacht, und überhaupt einen Unterschied in der elektromusculären Contractilität vor und nach der Injection niemals wahrnehmen können.

Gleiches gilt, nach den von mir in sofort zu schildernder Weise angestellten Erregbarkeitsmessungen, auch vom Strychnin.

Die Versuche wurden mittelst tetanisirender (inducirter) Ströme entweder eines gewöhnlichen du Bois-Reymond'schen Schlittenapparates oder eines Stöhrer'schen Apparates (mit Zinkkohlenbatterie und Hebevorrichtung) angestellt, welcher lestztere einen durch Gleichmässigkeit ausgezeichneten Strom liefert, aber für die in Rede stehenden Zwecke nicht mit einer hinreichend fein graduirten Scala versehen ist. Es wurde zunächst derjenige Rollenabstand (die Entfernung der secundären Rolle von der primären) gemessen, welcher bei indirecter, unipolarer (und zwar mit der negativen Electrode ausgeführter) Faradisation eines Muskels zuerst eine wahrnehmbare Contraction desselben hervorbrachte — gewissermaassen das Zuckungsminimum. Nach Gewinnung des letzteren (mit Hülfe von Durchschnittsbestimmungen, bei wiederholter Reizung) für die Muskeln verschiedener Nervengebiete, wurde eine Injection von Morphium oder Strychnin in möglichster Nähe eines bestimmten Muskelnerven (resp. eines zur Reizung benutzten Nervenpunktes) oder — wenn dies nicht anging — in möglichster Nähe des zugehörigen Nervenstammes vorgenommen, und nun in periodischen Intervallen das Zuckungsminimum der sämmtlichen vorher geprüften Muskeln von Neuem auf die obige Weise verglichen.

Von zahlreichen derartigen Versuchen will ich hier nur den folgenden, mit Strychnin angestellten etwas ausführlicher mittheilen:

Bei einem in Folge von Wirbelverletzung mit Blasenlähmung und Parese der unteren Extremitäten behafteten Patienten (Hollin) zeigte das Zuckungsminimum an den Muskeln der rechten Unterextremität, Prüfung mit dem du Bois-Reymond'schen Schlitten, folgendes Verhalten: Adductores femoris, Extensor quadriceps cruris, Sartorius 110 (Mm.); Biceps femoris 95; Tibialis ant., Ext. dig. comm. longus, Ext. hallucis longus 60 — 70; Peronaeus longus 40 — 50; Flexor hallucis longus 75; Gastrocnemii und Flexor dig. comm. longus 40—50.— Injection von $1/10$ gr. Strychn. nitr. auf den Stamm des N. peronaeus, hinter dem Capitulum fibulae. Nach 10 Minuten wiederholte Prüfung. Zuckungsminimum am Tibialis ant., Ext. dig. comm. longus, Ext. hallucis longus 90 — 95, Peronaeus longus 40 — 50, Flexor hallucis longus 90, Gastrocnemii und Ext. dig. comm. longus 85—95; Musculatur des Oberschenkels unverändert.

In diesem Versuche, wo die Injection auf den N. peronaeus gemacht wurde, zeigte sich also die Erregbarkeit in einzelnen Muskeln dieses Nerven vermehrt, in anderen dagegen unverändert; der Erregbarkeitszuwachs war aber kaum grösser, als in anderen, vom N. tibialis versorgten Muskeln. Noch andere, vom Ischiadicus-Stamme oder von Aesten des N. obturatorius versorgte Muskeln zeigten ebenfalls keine Veränderung. — Man darf bei Beurtheilung dieses Falles (und anderer damit analoger) nicht vergessen, dass es sich um Muskeln handelte, in denen die electrische Contractilität herabgesetzt — und zwar ungleich herabgesetzt — war. An ganz gesunden Muskeln zu experimentiren, ist deswegen schwierig, weil hier schon die normalen Zuckungsminima bei sehr grossen, kaum zu übertreffenden Rollenabständen erreicht werden. —

Im Ganzen ist also die Frage, ob bei der subcutanen Injection gewisser Alcaloide (Morphium und Strychnin) auch eine directe örtliche Wirkung auf motorische Nerven erzielt werden kann, als eine noch offene zu betrachten. Vielleicht ist dieselbe auf experimentellem Wege überhaupt nicht zu entscheiden. Völlig voreilig aber wäre es, etwa aus dem negativen Ausfall derartiger Versuche den Schluss ziehen zu wollen, dass Morphium und Strychnin (sowie ev. andere Substanzen) eine örtliche Einwirkung auf motorische Nerven überhaupt nicht besitzen. Die Lösung der injicirten Substanz, welche durch das den Nerven umgebende Zellgewebe hindurch filtrirt zu jenem gelangt, kann möglicherweise bereits zu verdünnt sein, um in seinen motorischen Fasern eine im Verhältniss zu der Grösse des allgemeinen Effects bestimmt messbare Erregbarkeitssteigerung zu bewirken, während die sensiblen Fasern desselben Nerven dennoch den empfangenen Eindruck durch eine

controlirbare Erhöhung oder Verminderung des Tastsinns be-
antworten.   Für die locale Einwirkung wenigstens des Strychnins auf motorische Nerven spricht überdies noch der Umstand,
dass ich mehrmals nach subcutanen Strychnin-Injectionen das
Auftreten spotaner Zuckungen in dem Bezirk des zur Injection
benutzten Nerven ausschliesslich oder zuerst beobachtet habe.
Allerdings ist diese Beobachtung nicht absolut beweisend, weil
in den fraglichen Fällen die Injectionen in der Nähe von Nerven,
deren Muskeln gelähmt oder functionsunfähig waren, gemacht
wurden, und das Auftreten derartiger Zuckungen auch bei innerem Gebrauche des Strychnins öfters in gelähmten Theilen
zuerst wahrgenommen worden ist (vgl. unten „Strychnin").

Sechstes Capitel.

Vergleich mit anderen Applications-Methoden.

Als Vorläufer der hypodermatischen Methode habe ich im
ersten Capitel die epidermatische, die endermatische und die
Inoculations-Methode besprochen, deren Ursprung und Anwendung zum Theil auf demselben Grundgedanken beruhen, die
Arzneimittel mehr direkt in der Nähe des leidenden Theils zu
appliciren, oder eine gesteigerte Resorption zu erzielen   Von
diesen älteren Methoden kann die erste, die epidermatische,
wohl mit der Injection kaum in Vergleich gestellt werden, da
die Chancen einer Resorption bei unverletzter Epidermis, wie
wir im Capitel 1. gesehen haben, sehr misslich sind, und von
einer solchen überhaupt wahrscheinlich nur bei gewissen Stoffen
und unter gewissen — die Aufnahme durch die Hautdrüsen
begünstigenden — Verhältnissen die Rede sein kann.   Ohne
daher in einseitige Extreme zu verfallen, lässt sich wohl so viel
mit Bestimmtheit behaupten, dass von irgend welcher Sicherheit bei Anwendung dieser Methode, irgend welchem Voraus-
bestimmen des medicamentösen und toxischen Wirkungsgrades
und einer daraus zu entnehmenden Garantie des therapeutischen

Erfolges durchaus nicht die Rede sein kann, und letzterer vielmehr im einzelnen Falle mehr oder weniger von allerlei acci-
dentellen, nicht vorher zu berechnenden Nebenumständen (wie
der Effect des Reibens, das Aufquellen oder die chemische Zerstörung der Epidermis, die Aufnahme flüchtiger Stoffe durch
die Mund- und Respirationsschleimhäute) abhängt. Die Verfahren von Chrestien, Brera und Anderen sind veraltet und
mit Recht allgemein verlassen: auch die galvanische Application der Arzneimittel hat keine weitere Beachtung gefunden.

Die endermatische Methode scheint eher geeignet, den
subcutanen Injectionen Concurrenz zu machen; sie ist (trotz des
kürzlich von gewichtiger Seite gegen die Hautreize überhaupt
geschleuderten Anathems) bei manchen Practikern noch über-
mässig beliebt und schleppt ihre Empfehlung von Lehrbuch zu
Lehrbuch weiter. Dennoch muss und wird auch sie durch die
Injectionen in allen Fällen vollständig verdrängt und ersetzt
werden, da ihre Nachtheile, letzterem Verfahren gegenüber, zu
sehr in's Gewicht fallen. Diese Nachtheile sind: 1) die viel
grössere Schmerzhaftigkeit; 2) die Umständlichkeit und locale
Beschränktheit der Anwendung; 3) die Langsamkeit und Unsicherheit des Erfolges. — Was den Schmerz anbetrifft, so ist
das Aufstreuen von Morphium auf die entblösste Cutis oder das
Einreiben desselben in Salbenform schon eine höchst unangenehme Procedur; andere Mittel übertreffen jedoch das Morphium
in dieser Hinsicht bei Weitem: das Einstreuen von Chinin z. B.,
worüber ich keine eigenen Erfahrungen besitze, wird von Aerzten, die es versucht haben, als eine der schmerzhaftesten und quälendsten Operationen bezeichnet. Jedenfalls ist man schon durch
diesen Umstand in der Auswahl der Mittel äusserst beschränkt.

Die grössere Umständlichkeit und Beschwerlichkeit bei der
endermatischen Application bedarf wohl keiner speciellen Erläuterung. Das Vesicans bildet, falls es nicht zufällig durch den
Krankheitsprocess selbst motivirt ist, eine ganz überflüssige und
belästigende Complication; die Möglichkeit eines schnellen, sofortigen Eingreifens geht dadurch verloren, dass man erst Stunden lang auf die Wirkung des Vesicators warten muss, und die
Methode ist somit z. B. ganz ungeeignet, um einen neuralgischen
Anfall, einen Reflexkrampf, einen Intermittens-Anfall u. s. w.
zu coupiren. Allerdings könnte man einwenden, dass, nachdem

die Abhebung der Epidermis einmal erfolgt ist, man immer
dieselbe Applicationsfläche wieder benutzen kann und nicht eine
neue Verwundung, wie bei Wiederholung der Injection, zu
setzen braucht. Aber die kleinen Einstiche bei der Injection
haben für den Kranken kaum etwas Belästigendes, während das
längere Offenhalten des Geschwürs mit allen Beschwerden einer
eiternden Wunde verbunden ist; und ausserdem wird der ver-
meintliche Gewinn dadurch zur Illusion, dass bei eintretender
Entzündung und Eiterung der Cutis die Application nicht mehr
in ein normales, sondern in ein pathologisch verändertes Gewebe stattfindet, und die Chancen für die Resorption somit
immer misslicher werden.

Aus dem hier Entwickelten erklärt sich nun auch das dritte
Moment, die Unsicherheit und Unzuverlässigkeit in der Wirkung. Viel grössere Dosen, als man sie hypodermatisch und
selbst innerlich anzuwenden braucht, leisten oft nicht das Mindeste, wie ich denn z. B. selbst einen ganzen Gran Morphium
endermatisch applicirt habe, ohne eine schlafmachende Wirkung
zu erhalten, in Fällen, wo $\frac{1}{6}$ $\frac{1}{4}$ Gr. hypodermatisch, $\frac{1}{4} - \frac{1}{2}$
Gr. innerlich mit voller Sicherheit dieselbe hervorriefen. Einen
sehr eclatanten Beweis zu Gunsten des hypodermatischen Verfahrens liefert u. A. der von Waldenburg (Med. Central-Z.,
1864, 21) mitgetheilte Fall von Aphonie durch Stimmbandlähmung, wo die drei Wochen hindurch fortgesetzte endermatische
Anwendung des Strychnins (im Ganzen 2 Gr.) nicht den geringsten Effect hatte, während 11 Injectionen von im Ganzen
$\frac{1}{3}$ Gr. vollständige und dauernde Heilung herbeiführten. —

Die Versuche, welche Trousseau nach der von ihm empfohlenen (in Cap. 1. erwähnten) Methode zur Ermittelung der
Wirksamkeit des endermatischen Verfahrens anstellte, beweisen,
dass die Resorption viel langsamer stattfindet als bei hypodermatischer Injection. So sah Trousseau nach endermatischer
Application von 1 Ctgrmm. Morphium die ersten Spuren narcotischer Wirkung in 12 Minuten auftreten — während man
dieselben bei subcutaner Anwendung, wie schon erwähnt, oft
bereits in der ersten Minute nach der Einspritzung beobachtet.

Endlich ist das endermatische Verfahren auch nicht an
allen Körperstellen anwendbar, und man verliert daher die Möglichkeit einer topischen Wirkung gerade in vielen Fällen, wo

dieselbe besonders erwünscht ist, z. B. bei Prosopalgieen — ganz
abgesehen davon, dass man überhaupt bei Neuralgieen und anderweitigen Neurosen dem betreffenden Nerven mittelst der subcutanen Injection viel näher kommt, und directer auf ihn zu
wirken vermag, als bei der endermatischen Methode. —

Einige Worte noch über das ebenfalls hierher gehörige Ein-
bringen von Arzneimitteln in bereits bestehende Wunden und
Geschwüre. Soweit von derartigen Localitäten aus Arzneimittel durch Resorption in's Blut gebracht werden sollen, ist das
Verfahren als im höchsten Grade unsicher und problematisch
zu bezeichnen, wie sich dies aus verschiedenen, von mir angestellten Versuchen ergab. So zeigten $\frac{1}{2}$ — 1 Gr. Morphium, auf
ein ulcerirtes Carcinom der Mamma gestreut oder in ein zuvor
gereinigtes Fistelgeschwür (bei Coxitis) gebracht, kaum eine
Spur von Wirkung, während $\frac{1}{3}$ oder $\frac{1}{4}$ Gr., in der Nachbar-
schaft subcutan eingespritzt, die Schmerzen linderten und mehrstündigen Schlaf hervorriefen. Es ist mindestens wahrscheinlich,
dass in eiternden Wunden u. s. w. die Bedingungen der Resorption gar nicht oder nur in sehr mangelhafter Weise vorhanden
sind; dass ferner schon vorher die eingebrachte Substanz durch
Eiter, Wundsecret, Blut in ganz unberechenbarer Weise ein-
gehüllt, ausgespült oder anderweit unwirksam gemacht wird.
Bei ganz frischen Wunden mag der Effect, falls nur keine Blutung besteht, etwas sicherer sein, und ich würde dann diese
Application wenigstens dem Vesicans vorziehen, weil die Mittel
dabei in tiefere Schichten der Cutis oder des Unterhautzellgewebes gelangen; solche Wunden aber etwa künstlich zu diesem Zwecke zu etabliren, wäre dem so viel weniger verletzen-
den hypodermatischen Verfahren gegenüber fast als eine Bar-
barei zu bezeichnen.

Der Vergleich zwischen der subcutanen Injection und der
Inoculation, wie sie im ersten Kapitel beschrieben worden
ist, kann ebenfalls nur zu Gunsten der ersteren ausfallen. Was
namentlich die Inoculation par enchevillement von Lafargue
betrifft, so leuchtet es schon auf den ersten Blick ein, dass dieselbe umständlicher und complicirter ist, sowohl wegen der zeitraubenden Anfertigung der Cylindres médicamenteux, als auch,

wenn man diese immer vorräthig haben könnte, wegen einiger
in der Ausführung selbst liegender Schwierigkeiten; endlich
wird die Resorption und die directe örtliche Wirkung gewiss
nicht dadurch gefördert, dass man das Mittel in fester, nicht in
flüssiger Form in das Unterhautzellgewebe bringt, und also erst
die allmälige Auflösung desselben abwarten muss. Trotzdem
ist Lafargue der Ansicht geblieben, dass sein Verfahren den
subcutanen Injectionen allgemein vorzuziehen sei, wie er dies
noch in seiner letzten Arbeit (1861, Bull. de thér. LX. p. 22)
durchzuführen sucht. Die Vorwürfe, die er bei dieser Gelegenheit der Wood'schen Methode macht, sind fast zu schwach
fundirt, um überhaupt einer Widerlegung zu bedürfen. In erster
Reihe figurirt die Höhe des Preises für den Apparat; aber ganz
davon abgesehen, dass auch zum Lafargue'schen Verfahren
specielle Instrumente gehören, ist dieser Preis doch nicht so bedeutend, um beschäftigte Practiker, welche häufig zur Anwendung des Instruments Gelegenheit haben, von der Anschaffung
desselben abzuschrecken. Es liesse sich auch erwidern, dass der
Kranke sich beim Wood'schen Verfahren jedenfalls besser
steht, da er nicht die gewiss kostspielige Bereitung der Cylinder bezahlen muss. Lafargue hebt ferner die leichte Dete-
rioration des Instruments hervor: es wird jedoch höchstens die
Nadel durch Oxydation und Abstumpfung verdorben, und dies
ist gewiss ebenso bei den von Lafargue angegebenen, ganz
ähnlichen Nadeln der Fall. Endlich behauptet Lafargue, die
Injection sei umständlicher (!) und die Genauigkeit der Dosirung
dabei nur scheinbar, indem der Inhalt „par son frottement con-
tre les parois trop graissées du corps de pompe" viscös werde.
Der erste Vorwurf wird aber wohl in den Augen jedes Unbe-
fangenen eine Retorsio argumenti zulassen, und der zweite erledigt sich dadurch, dass das Einölen der Spritzenwände gar
nicht, am wenigsten aber „zu sehr" erforderlich ist. Diese
durchaus hinfälligen Argumente sind also keineswegs geeignet,
die Superiorität des hypodermatischen Verfahrens, der Inoculation gegenüber, irgendwie zu erschüttern. Uebrigens möge Jeder, der Lust dazu hat, letzteres Verfahren gelegentlich in Er-
mangelung einer Spritze in Gebrauch ziehen; nur würde ich
dann immer noch dem einfacheren und mit jeder Impflanzette
zu verrichtenden älteren Verfahren vor der Inoculation par

enchevillement den Vorzug einräumen. Auch ersteres hat jedoch, den subcutanen Injectionen gegenüber, den Nachtheil, dass man zahlreiche Impfstiche machen muss, somit ein grösseres Terrain, mehr Zeitaufwand von Seiten des Arztes und Geduld von Seiten des Patienten erforderlich sind.

Bei den bisher in Vergleich gestellten Methoden handelte es sich darum, den Beweis der Entbehrlichkeit und der völligen Ersetzbarkeit derselben durch das viel zweckgemässere hypodermatische Verfahren zu liefern. Vergleichen wir nun letzteres mit der inneren Anwendung der Arzneimittel, und suchen wir auch hier gewisse Vorzüge der subcutanen Application geltend zu machen, so geschieht dies doch nur in dem Sinne, dass dieselbe für zahlreiche, aber immerhin die Ausnahme bildende Fälle empfehlenswerth sei; im Allgemeinen wird die innere Methode wohl stets, und mit Recht, ihre Souverainetät behaupten, und Wenige werden dem angeblichen Beschlusse der „Amer. med. Association" beistimmen, wonach die innere Medication förmlich proscribirt und durch das subcutane Verfahren allgemein ersetzt werden sollte.

Es stehen sich vielmehr hier, wie leicht einzusehen, Vortheil und Nachtheil auf beiden Seiten gegenüber; und wenn häufig das subcutane Verfahren den Vorzug verdient, so ist dasselbe wiederum in einer grossen Reihe von Fällen seiner Natur nach ganz unanwendbar.

Die Nachtheile der subcutanen Injectionen im Allgemeinen, der inneren Application gegenüber, sind: 1) die nothwendige Beschränkung in der Wahl, Form und Dosis der Mittel; 2) die Neuheit für den Patienten und die mit der Procedur verbundene Schmerzhaftigkeit; 3) die Heftigkeit der Wirkung, die öfters unerwünscht ist und eine sorgfältige Ueberwachung des Patienten erforderlich macht.

Von wesentlichem Gewicht ist unter diesen Momenten besonders das erste. Die Beschränkung in der Wahl der zu injicirenden Substanzen ergiebt sich daraus, dass im Allgemeinen alle diejenigen Mittel und Präparate hier auszuschliessen sind, die zu örtlichen Gewebsveränderungen gefährlicher Art Veranlassung geben können; ferner alle diejenigen, die entweder gar nicht, oder nur in grossen Flüssigkeitsmengen, oder in einem stark reizend wirkenden Menstruum löslich sind; endlich alle, die zu ihrer Wirkung eine grössere Dosis erfordern, da die Injection durchaus auf kleine Flüssigkeitsquanta beschränkt bleiben muss. Es verbietet sich aus diesen Gründen die Anwendung fast aller Metallsalze, ferner die Anwendung scharfer, reizender oder caustisch wirkender Substanzen (ausser wenn man, nach Luton's Vorschlage, eine örtliche Entzündung dadurch etabliren will) schon von selbst; ferner eine Menge indifferenter und nur bei grösserer Dosis wirksamer vegetabilischer Mittel. Schliesslich reducirt sich das Verfahren auf eine kleine Anzahl differenter, hauptsächlich der Klasse der Narcotica angehöriger Körper, und auch diese können fast nur in Form der sog. Alcaloide, welche die relativ kleinste Dosis gestatten, zur Anwendung kommen. Letzteres ist ebenfalls mit einigen Uebelständen verbunden; denn obwohl die Alcaloide im Allgemeinen zu den wirksamsten und brauchbarsten Präparaten gehören, so sind doch manche von ihnen nicht überall rein zu erhalten, ihre Darstellung und ihr Gehalt an wirksamem Princip zum Theil noch streitig, ihre Wirkung noch wenig studirt, und sogar die anzuwendende Dosis noch fraglich, oder schon für den inneren Gebrauch eine so minimale, dass man sich schwerlich zu der die Action des Mittels so sehr potenzirenden subcutanen Anwendung entschliessen dürfte. —

Es ist ferner hervorzuheben, dass die hypodermatischen Injectionen den Patienten zum Theil ungewohnt und fremdartig sind; dass sie wegen der damit verbundenen operativen Procedur etwas Furchterweckendes haben, und der Kranke das unmittelbare Verständniss für ihre Wirkung nicht besitzt, sie daher auch mit erklärlichem Misstrauen begrüsst. Dies verliert sich freilich mit dem ersten günstigen Erfolge der Injectionen; immer aber bleibt die Schmerzhaftigkeit während und nach der Einspritzung eine für den Patienten unangenehme Begleiterin des Verfahrens. Meist nur minimal und rasch vorübergehend, wie wir oben gesehen haben, kann sie sich bei sehr empfindlichen Personen doch ausnahmsweise bis zu einer lebhaften Reaction des ganzen Nervensystems steigern.

Der dritte Nachtheil, dass die Wirkung des Mittels bei subcutaner Application oft mit ungewöhnlicher Heftigkeit auftritt und daher eine sorgfältige Ueberwachung des Kranken in

der ersten Zeit nach der Einspritzung erforderlich ist, trifft besonders die Anwendung der Injectionen in der Privatpraxis,
wo eine solche Controlle nicht immer stattfinden kann. Jedoch
lässt sich diesem Uebelstande wenigstens zum Theil vorbeugen,
indem man bei Patienten, deren individuelle Empfänglichkeit
nicht bekannt ist, mit minimalen Dosen beginnt, und sie auf
etwa eintretende beunruhigende Symptome (z. B. das Erbrechen
bei Morphium-Injection) vorbereitet. —

Dies sind die wesentlichen Nachtheile der hypodermatischen
Methode; obwohl nicht ohne Bedeutung, verschwinden sie doch
vor den Vorzügen, welche das Verfahren im einzelnen Falle
der inneren Medication gegenüber darbietet. Diese Vorzüge
ergeben sich zum Theil schon aus dem in früheren Capiteln
Besprochenen; noch einmal zusammengefasst sind es hauptsächlich folgende: 1) die Allgemeinwirkung des Mittels, somit der
auf ihr beruhende therapeutische Effect erfolgt rascher, sicherer
und mit grösserer Energie; 2) man kann mit der Allgemeinwirkung in vielen Fällen eine zweckentsprechende örtliche Action verbinden; 3) das Verfahren ist in einer grossen Reihe von
Fällen anwendbar, wo die innere Application von Arzneimitteln
contraindicirt, die Resorption vom Magen und Darmkanal aus
erschwert ist; 4) es passt auch für Mittel, deren Resorption
unter allen Umständen von der Gastrointestinalschleimhaut aus
nur sehr schwierig und langsam erfolgt, z. B. Woorara; 5) man
ist dadurch eher im Stande, den nachtheiligen und unerwünschten Eintritt cumulativer Arzneiwirkungen bei rasch wiederholter Dosis zu verhindern oder auf ein Minimum zu beschränken.
Als leichtere Momente sind noch hervorzuheben: 6) die unangenehme Geschmacksempfindung fällt weg und man hat, namentlich bei Kindern, nicht mit dem Widerstand gegen das
Einnehmen von Arznei zu kämpfen, da man sie mit der Injection gleichsam überraschen kann; 7) es sind kleinere Dosen
und eine seltene Application erforderlich, was bei manchen Mitteln, z. B. dem Chinin, auch in finanzieller Hinsicht, besonders
für die Hospital- und Armenpraxis, nicht unerheblich in's Gewicht fällt.

Einer näheren Erläuterung bedarf nur der dritte Punkt,
da die beiden ersten, sowie der fünfte, im dritten und vierten
Capitel speciell erörtert worden sind, und die übrigen sich aus

der Natur des Verfahrens von selbst ergeben. Die innere Anwendung von Arzneimitteln kann entweder relativ oder absolut
contraindicirt sein: relativ eben im Verhältniss zur hypodermatischen Injection, indem die letztere unangenehme Nebenwirkungen vermeidet, welche man sonst mit in den Kauf nehmen
müsste; absolut in der Weise, dass man unbedingt zu anderweitigen Applicationen greifen müsste, auch wenn das hypodermatische Verfahren auch nicht zu Gebote stände. Im ersteren
Falle hat man also die Wahl, aber mit überwiegendem Vortheil
zu Gunsten der Injection; im zweiten ist letztere dringend indicirt, da sie allen anderen Applicationsweisen (auch der Infusion) vorgezogen zu werden verdient. Zu der ersteren Kate-
gorie gehören namentlich die einfacheren, sog. gastrischen
Zustände, wie sie nicht nur bei leichten katarrhalischen Affectionen der Verdauungsschleimhaut, sondern auch consecutiv bei
Localaffectionen benachbarter und entfernter Organe, ferner fast
bei allen fieberhaften Erkrankungen, bei Intermittens u. s. w.
vorkommen; zu der zweiten die intensiveren Functionsstörungen,
Structur- und Secretionsanomalieen im Gebiete des Digestionstractus, wo sowohl eine in hohem Grade mangelhafte und unvollkommene Resorption, als auch eine Reizung der erkrankten
Schleimhaut, eine Steigerung und Verschlimmerung schon bestehender Localleiden bei der inneren Medication zu erwarten
wäre. Hier sind u. A. die Zustände von hartnäckiger Brechneigung, von Brechdurchfällen u. s. w. zu erwähnen, wo die
eingeführten Arzneimittel sofort wieder ausgeworfen werden; die
oft so verderbliche Hyperemesis während der Schwangerschaft
und Geburt u. s. w. — In einer dritten Reihe von Fällen ist
die Einführung von Arzneien in den Magen aus mechanischen
Gründen erschwert oder ganz unmöglich, sei es, dass ein orga-
nisches Hinderniss besteht, wie bei Stenosen des Oesophagus
und der Cardia; oder dass Schling- und Schluckversuche von
Seiten des Patienten zu den gefährlichsten Paroxysmen Veranlassung geben, wie beim Tetanus und der Hydrophobie; oder
dass der Kranke sich der Arzneiaufnahme hartnäckig widersetzt,
wie es bei mentalen Störungen so häufig der Fall ist. — So
viel im Allgemeinen; das Nähere über die sich hieraus ergeben-
den Indicationen kann selbstverständlich erst bei Besprechung
der einzelnen Mittel zur Erörterung kommen.

6 *

Einen von manchen Autoren (z. B. Piedvache) ebenfalls
als Vorzug der hypodermatischen Injection angegebenen Umstand,
dass nämlich die bei innerem Gebrauche stattfindende Gewöhnung an bestimmte Arzneimittel — besonders Narcotica — weg-
falle, muss ich nach meinen Erfahrungen entschieden in Abrede stellen.   Man kann diese Behauptung wohl kaum schlagen-
der widerlegen, als durch die Berufung auf einen Fall, wo ich
mit den Injectionen bis zu 8 gr. Extr. Opii (oder 2 gr. Morphium) allmälig steigen musste, ohne dass nach den letzteren
Dosen auch nur erhebliche Narcotisasion eingetreten wäre (vgl.
Opium: „Mastodynie“).

Die Application von Arzneimitteln durch den
Mastdarm kann nur in so weit mit dem hypodermatischen
Verfahren concurriren, als es sich dabei nicht um locale Zwecke,
sondern um eine zu erzielende Allgemeinwirkung handelt. Hier
kommt fast ausschliesslich die noch immer ziemlich beliebte Anwendung der Narcotica, namentlich des Opiums, in Klystierform
in Betracht.   Dass man dieselbe vortheilhaft und mit weniger
Umständen durch die subcutanen Injectionen ersetzen könnte,
unterliegt kaum einer Frage.   Ich berufe mich hier auf das Urtheil von Bennet, der in zahlreichen Fällen, wo er früher
Opium-Klystiere anwandte, sich neuerdings der Morphium-Injection bediente und die Vorzüge dieses Verfahrens erö.tert
(Lancet, 12. März 1864).

Hunter gab in einem seiner früheren Aufsätze (Med. Times
and Gaz. 8. Oct. 1859) der „rectal method“ bei gewissen, namentlich abdominellen Krankheitszuständen den Vorzug — nahm
aber später (ibid. 10. Juni 1865) dieses Urtheil wieder zurück,
nach den Erfahrungen, die er inzwischen bei Verstopfung, Ileus,
Enteritis, Colik u. s. w. gemacht hatte.

Dagegen dürfte eine etwas eingehendere Parallele zwischen
der subcutanen Injection und der Infusion in die Venen
wohl gerechtfertigt erscheinen.   Letztere besitzt ohne Zweifel
einen Theil der den Injectionen nachgerühmten Vorzüge in exquisiter Weise: das Mittel gelangt direct in die Blutmasse,
und die Wirkung erfolgt mit ausserordentlicher Rapidität und
Energie, wie man sich durch Versuche an Thieren leicht über-

zeugen kann. Auch ist die Methode am Thier merkwürdigerweise fast absolut gefahrlos; dagegen ist ihre Anwendung beim
Menschen mit den grössten Bedenken verbunden, wie selbst die
ihr am günstigsten gesinnten Autoren (Laurent und Percy,
Dieffenbach und Andere) zugeben. Ganz davon abgesehen,
dass das kleinste Versehen bei der Operation, zu rasches Infun-
diren, Lufteintritt u. s. w. den Tod herbeiführen kann, so bringen selbst die indifferentesten Stoffe (laues Wasser) nicht selten
eine heftige Aufregung, Schüttelfrost und andere bedenkliche
Zufälle hervor, und schliesslich stehen die Gefahren einer Phle-
bitis im Hintergrunde. Dieffenbach empfiehlt die Infusion
noch beim Scheintode (bei Erstickten, Erhenkten, Ertrunkenen),
beim Trismus, bei der Hydrophobie, der Epilepsie, bei fremden,
im Schlunde stecken gebliebenen und nicht rasch herauszuför-
dernden Körpern; Andere haben sie auch beim Typhus (Henn-
man) und bei der Cholera (Froriep) mit angeblichem Erfolg
angewendet. — Ich glaube, dass man in allen von Dieffenbach citirten Fällen die Infusion durch das hypodermatische
Verfahren ersetzen kann — ausser vielleicht beim Scheintode,
wo ein hochgradiges Daniederliegen des Resorptionsprocesses zu
erwarten ist, und daher die Injection weniger passend erscheint.
Allerdings vergeht bei der Injection ein gewisser, wenn auch sehr
kleiner Zeitraum zwischen der Einspritzung und der Anhäufung
des Mittels im Blute; dieser Nachtheil wird aber reichlich dadurch compensirt, dass bei der Infusion verschiedene, mehr oder
weniger zeitraubende Vorbereitungen erforderlich sind: Anlegung
der Aderlassbinde, Blosslegung der Vene, Durchführung der Fä-
den, Eröffnung des Gefässes und Einführung der Canüle u. s. w. —
während die Injection mit dem Instrumente von Luer fast in
demselben Augenblicke begonnen und beendet sein kann. Es
ist also möglicherweise durch Injection die beabsichtigte Wirkung
noch schneller zu erreichen, als durch Infusion; ausserdem ist
erstere Methode absolut unschädlich, während die letztere selbst
das Leben gefährdet, und man sollte daher meines Erachtens
niemals zur Infusion schreiten, ohne vorher mit den Injectionen wenigstens einen Versuch vorgenommen zu haben.

Siebentes Capitel.

Indicationen im Allgemeinen.

So weit sich für ein Verfahren, wo der Kreis der anzuwendenden Mittel noch so wenig bestimmt und umgränzt ist,
allgemeine Indicationen überhaupt aufstellen lassen, können
wir dieselben nach dem bisher Erörterten etwa in folgender
Weise präcisiren:

Das hypodermatische Verfahren ist im Allgemeinen und vorausgesetzt, dass die in Frage kommenden Mittel sich für dasselbe eignen, angezeigt:

1) Wo es sich darum handelt, die Allgemeinwirkung eines Mittels möglichst rasch und in
   möglichst kräftiger Weise hervorzurufen; also
   wo vitale Indicationen bestehen, wie bei Vergiftungen,
   bei Erstickungsgefahren, wo ein nahe bevorstehender
   oder bereits eingetretener Paroxysmus bei anfallsweise
   auftretenden Krankheiten coupirt werden soll, wie bei
   Neuralgieen, Krämpfen, Asthma, Intermittens u. s. w.

2) Wo man mit der Allgemeinwirkung eine directe örtliche Wirkung auf sensible (oder
   motorische) Nerven verbinden will, also bei
   Affectionen der verschiedensten Art im Gebiete der peripherischen Nerven, Neuralgieen, Krämpfen, Lähmungen u. s. w. — überhaupt bei den mannigfaltigsten
   schmerzhaften Localaffectionen, wo der Schmerz als die
   Folge entzündlicher oder anderweitiger Gewebsveränderungen zu betrachten ist.

3) Wo die innere Anwendung der Mittel durch
   functionelle Störungen im Bereich der Verdauungsorgane contraindicirt ist, wie bei gastrischen Zuständen, bei hartnäckigem Erbrechen, Brechdurchfall u. s. w. — oder wo dieselbe durch mechanische Hindernisse erschwert, resp. unmöglich geworden ist, wie bei starker Angina, bei
   Stenosen oder fremden Körpern im Oesophagus, bei
   Trismus und Hydrophobie, bei Arzneiverweigerung der
   Irren. —

Als Contraindication kann nur der für den Zweck der subcutanen Einspritzung ungeeignete Charakter des anzuwendenden Medicaments betrachtet werden, sowie in der Privatpraxis die Unmöglichkeit einer zuverlässigen Beaufsichtigung des Kranken nach Injection differenter Substanzen, da alle sonst geltend gemachten Uebelstände sich bei Anwendung der nöthigen Cautelen vermeiden, oder doch auf ein Minimum zurückführen lassen.

Anhang.

Die forensische Bedeutung der subcutanen Injectionen.

Auf die Wichtigkeit, welche die hypodermatische Methode
möglicherweise für die forensische Praxis haben kann, indem
durch subcutane Anwendung organischer Gifte der Nachweis
derselben erschwert und namentlich die Untersuchung des Ma-
gen- und Darminhalts illusorisch wird, hat zuerst A. v. Franque (Aerztl. Intelligenzblatt 1862, 6.) und neuerdings Beer
(Med. Central-Ztg. 1864, 21) aufmerksam gemacht. Ersterer
hebt mit Recht hervor, dass eine viel geringere Substanzmenge
hierbei zur Vergiftung erforderlich, der Nachweis also auch
von dieser Seite her schwieriger ist. — Die schnellere Elimination injicirter Substanzen, wie wir sie auf experimentellem
Wege kennen gelernt haben, ist ebenfalls ein ungünstiges Moment für die spätere Untersuchung, indem letztere nur noch
eine relativ geringe Quote des Giftes im Organismus vorfindet.

Niemand wird in Abrede stellen, dass eine absichtliche Vergiftung durch hypodermatische Injection im Bereiche der Möglichkeit liegt. Wir sehen Verbrecher mit eiserner Ausdauer
und Consequenz Jahre lang den Fortschritten der Wissenschaft
nachschleichen, um letztere ihren Zwecken und Plänen dienst-
bar zu machen; und dass Vergiftungen auch von Aerzten und

wissenschaftlich hochstehenden Männern begangen werden können, hat erst die jüngste Zeit durch zwei traurige Beispiele
bewiesen.

In der Regel wird es sich hierbei um organische Alcaloide
handeln, deren sicherer Nachweis ohnehin bei den kleinen
Mengenverhältnissen dieser Körper mit grossen Schwierigkeiten
verknüpft ist, falls nicht für eins oder das andere bereits prä-
valirende Verdachtsgründe vorliegen.

Um so mehr müssen wir also darauf bestehen, in derartigen Fällen den einzigen Weg, der zum Ziele führen kann, ein-
zuschlagen, und ausser den gewöhnlich untersuchten ersten
Digestionswegen auch andere Organtheile, namentlich aber die
organischen Flüssigkeiten, der gerichtlich-chemischen Analyse
zu unterbreiten. Es geschieht dies allerdings häufig, obwohl
nicht constant, mit Stücken der Leber, der Milz und der Nie-
ren. Der grösste Werth ist aber auf die Untersuchung des
Blutes zu legen; hier dürfte zugleich der Nachweis, namentlich
in sehr acuten Vergiftungsfällen, bei der subcutanen Application leichter gelingen, weil das Gift in relativ grösserer Menge
und zugleich weniger zersetzt in den Kreislauf übergeführt wird.
Auch die Untersuchung des in der Blase enthaltenen Harns,
sowie anderer Se- und Excrete kann unter diesen Umständen
von Werth sein.

Die Untersuchung der äusseren Haut, wie sie Beer bei
acuten Todesfällen unter verdächtigen Umständen dringend
empfiehlt, dürfte, selbst wenn sie auf das Genaueste und an der
ganzen Körperoberfläche vorgenommen wird, kaum je zu einem
practisch brauchbaren Ergebnisse führen. Abgesehen davon,
dass die kleinen Stichwunden der Injectionsnadel überhaupt kein
pathognostisches Signum besitzen und daher leicht zu Ver-
wechselungen Anlass geben können, sind dieselben auch schon
in der Regel nach wenigen Stunden völlig verklebt, und die
länger, selbst Tage lang anhaltende leichte Hauthyperämie in
ihrer Umgebung wird nach dem Tode voraussichtlich sofort
schwinden. Ich habe öfters bei Leichen von Personen, die
während der letzten Zeit mit Injectionen behandelt waren, ver-
gebens nach den Stichstellen gesucht, obwohl ich das benutzte
Terrain genau kannte. Nur wo die Injectionen in der Agone,
bei schon bedeutendem Daniederliegen aller vegetativen Func-

tionen vorgenommen waren, verrieth sich die Stichöffnung zuweilen deutlich, weil hier ein Verschluss derselben durch plas-
tisches Exsudat nicht mehr stattfinden konnte.

Das Auffinden der Injectionsstelle wäre, wenn es gelänge,
von um so grösserer Bedeutung, als möglicherweise das subcutane Bindegewebe in der Umgebung derselben noch mit einem
nicht resorbirten Reste der deponirten Substanz getränkt und
daher für den chemischen Nachweis besonders geeignet sein
könnte. Ich habe in der letzten Zeit eine grössere Versuchs-
reihe der Art an Individuen gemacht, bei denen ein letaler
Ausgang mit Sicherheit vorherzusehen war, indem ich denselben, 1, 2—5 Tage vor dem Tode, Injectionen von geringen
Mengen einer indifferenten Substanz (Aq. dest.) an verschiedenen Körperstellen machte und mir die Stichstelle durch einen
um dieselbe herum gezogenen Höllensteinring genau markirte.
Selbst unter diesen Umständen war es schon bei Autopsieen,
die 10 bis höchstens 30 Stunden nach dem Tode angestellt
wurden, schwierig und meistens ganz unmöglich, irgend eine
Differenz zwischen der Stichstelle und näheren oder entfern-
teren Hautstellen mit Sicherheit zu entdecken. Fast niemals
erkannte man in der durch den Höllenstein eingesäumten Partie
eine deutliche Narbe — noch seltener zeigte sich eine auffällige
Hyperämie; vielmehr war letztere, wenn überhaupt vorhanden,
in gleicher (fleckweiser) Verbreitung auch in anderen Haut-
districten mit derselben Schärfe zu constatiren, und öfters erschien sogar die Injectionsstelle blass, während zufällig in ihrer
Umgebung sich zahlreiche grössere und kleinere, durch Hypo-
stase geröthete Stellen befanden.

Specieller Theil.

Achtes Capitel.

Uebersicht der zu den Injectionen benutzten Medicamente.

———

Der folgenden Uebersicht der biser zur subcutanen Injection vorgeschlagenen und wirklich benutzten Medicamente legen wir das Mitscherlich'sche System der Arzneimittellehre zu Grunde, in ähnlicher Weise wie dasselbe neuerdings von Posner in seiner „clinischen Arzneimittellehre" angewandt wurde — werden jedoch bei der weiteren Darstellung aus leicht einzusehenden Zweckmässigskeitsgründen mehrfache Abweichungen von der hier gegebenen Reihenfolge eintreten lassen.

I. Narcotica.

1. Opium.
    Tinct. Opii simpl., acetica u. s. w.
    Extr. Opii.
    Morphium und seine Salze.
    Narcein.
    Codein.
    Narcotin.
    Thebain.
2. Folia Belladonnae.
    Atropin.
3. Folia Hyoscyami.
    Tinct. Hyoscyami.
4. Folia Stramonii.
    Daturin.
5. Semina Coffeae etc.
    Coffein.

6. **Folia Nicotianae.**
   Nicotin.
7. **Tubera Aconiti.**
   Tinct. Aconiti.
   Aconitin.
8. **Herba Conii macul.**
   Coniin.
9. **Bulbus Colchici.**
   Colchicin.
10. **Semen Strychni.**
    Strychnin.
11. **Woorara.**
12. **Folia Digitalis.**
    Tinct. Digitalis.
    Digitalin.
13. **Rhizoma Veratri.**
    Veratrin.
14. **Secale cornutum.**
    Ergotin.
15. **Semen Physostigmatis venenosi.**
    Fxtr. Calabar.
    Physostigmin.
16. **Folia Nerei Oleand.**
    Oleandrin.
17. **Herba Cannabis indicae.**
    Tinct. Cannabis. .
18. **Acidum hydrocyanicum.**
19. **Chloroform.**

II. Adstringentia.

1. **China-Präparate.**
   Chinin.
   Chinioidin.
2. **Acidum tannicum.**

III. Excitantia.

1. **Camphora.**
2. **Ol. Anisi.**
   (Liq. Ammonii anisatus).
3. **Alcohol.**

IV. Acria.

1. Radix Ipecacuanhae.
   Emetin.
2. Cantharides.
   Tint. Cantharidum.
3. Ol. Crotonis.

V. Resolventia et Alterantia.

A) Metallica.

1. Kalium.
   Kalium jodatum.
2. Natrium.
   Natrium chloratum.
3. Ammonium.
   Liq. Amm. caust.
   Liq Amm. anis.
4. Ferrum.
   Liq. ferri sesquichl.
5. Cuprum.
   Cupr. sulf.
6. Argentum.
   Arg. nitr.
7. Hydrargyrum.
   Calomel.
   Sublimat.
8. Arsenicum.
   Sol. Fowleri.
9. Stibium.
   Tart. stibiat.

B) Metalloidea.

1. Jod.
   Tinct. Jodi.
2. Brom.

Mit den genannten ist, aller Wahrscheinlichkeit nach, der Kreis der zur subcutanen Injection verwendbaren Substanzen noch bei Weitem nicht geschlossen. Offenbar werden die Fortschritte der organischen Chemie auch hier noch manchen Gewinn bringen, indem, je mehr es gelingt, die wirksamen Be-

standtheile zusammengesetzter Arzneistoffe in Form chemisch-
einfacher Körper zur Darstellung zu bringen, auch die An-
wendungsmöglichkeit der auf compendiöse und einfache Medi-
camentformen wesentlich angewiesenen subcutanen Methode proportional zunimmt. Es ist ein erfreuliches Factum, dass sich
neuere Forscher gerade diesem Gebiete mit Vorliebe und mit
schönem Erfolg zuwenden; ich brauche nur an die trefflichen
Arbeiten Preyer's über Curarin, Marme's und Husemann's
über Digitalin und und Helleborin zu erinnern. — Aber auch
von älteren und länger bekannten Arzneikörpern dürften noch
manche der subcutanen Application nicht ungünstige Chancen
darbieten, und jedenfalls einen Versuch rechtfertigen, wie beispielsweise etwa das Lupulin, Aloetin, Cathartin — von metal-
lischen Mitteln das neuerdings so vielfach gerühmte Kalium bro-
matum und Andere. So thöricht es wäre, mit allen möglichen
Mitteln herum zu experimentiren, wo gar kein besonderer Vortheil zu erwarten steht und der Patient durch die Procedur
nur nnütz belästigt wird, so ist eine weitere Ausdehnung der
Methode doch gewiss gerechtfertigt, und es ist zu hoffen, dass
bei verallgemeinerter Anwendung derselben noch manches neue
Terrain für sie erkämpft, mancher bisher schwankende Besitz
befestigt werden wird.

Neuntes Capitel.

Opium und Morphium.

Kein Mittel hat der subcutanen Injection bereits eine so
umfangreiche Literatur und so nennenswerthe, physiologische
und therapeutische Ergebnisse geliefert, wie das Opium nebst
seinen Alcaloiden! Ich bespreche in diesem Capitel neben dem
Opium nur das wichtigste und gebräuchlichste seiner Alcaloide,
das Morphium — indem ich die übrigen, erst in neuester Zeit
genauer studirten (soweit therapeutische Versuche mit densel-

ben überhaupt angestellt worden sind) auf das nächstfolgende Capitel verspare.*)

Präparat und Dosis. Am meisten angewandt ist Morphium, und zwar in Form der meconsauren, essigsauren und salzsauren Salze. Neuerdings hat das Morph. muriat., seiner grösseren Gleichmässigkeit und Löslichkeit halber, das essigsaure Salz mit Recht verdrängt.**) Als Menstruum wurde gewöhnlich Aq. dest. verwandt, mit verschiedener Concentration der Lösung (gr. j—vj in Aq. dest. ʒj) — bei den stärkeren Lösungen nicht selten mit entsprechendem Säurezusatz. Rynd empfahl eine Solution von 10 gr. Morphium in 1 Drachme Creosot; diese ist jedoch wegen zu starker örtlicher Irritation (vgl. Cap. 2) ganz zu verwerfen.

Ich bediene mich in der Regel einer Lösung von

℞
Morphii hydrochl. gr. jv
Acidi hydrochl. gutt. jv.
Aq. dest. ʒj.

Schwächere Lösungen erfordern unnöthig grosse Injectionsquanta, während aus noch concentrirteren sich ein Theil des Salzes, trotz des Säurezusatzes, sehr bald ausscheidet, wodurch nicht nur die Gleichmässigkeit der Wirkung beeinträchtigt, sondern auch — wegen der in der Flüssigkeit suspendirten Crystalle — ohne Zweifel eine grössere örtliche Irritation (Schmerz u. s. w.) hervorgebracht wird.

Opium ist in Form der Tinct. Opii (acet. oder simplex) von Wood, Hunter, v. Franque und Anderen subcutan injicirt worden. Lebert empfahl als geeignetste Form, nach Versuchen an Thieren, das Extr. Opii mit Aq. dest. ana. Ich kann nach eigener Erfahrung letztere Verordnung als recht zweckmässig empfehlen, zumal hierbei noch geringere Injectionsquanta erforderlich werden als bei Anwendung von Morphium. Dagegen schien mir die Benutzung der Opiumtinctur keine besonderen Vortheile zu bieten.

---

*) Obwohl wir Opium und Morphium heutzutage nicht mehr als identisch in ihren Wirkungen betrachten können, scheint es doch im Interesse der Gesammtübersicht nicht thunlich, beide Substanzen in der Besprechung ganz von einander zu trennen.
**) Meconsaures Morphium hat denselben Vorzug, ist aber um die Hälfte theurer.

Was die Dosis betrifft, so variirt diese innerhalb der grössten Dimensionen, wie aus einem Blick auf die Angaben der verschiedenen Autoren hinreichend hervorgeht. Es injicirten nämlich von Morph. acet. oder hydrochl. pro dosi:

Semeleder $^1\!/_{36} - ^1\!/_{42}$ Gr.

Südekum (Gerhard) $^1\!/_{10} - ^1\!/_3$ Gr.

v. Graefe $^1\!/_{10} - ^1\!/_2$ (durchschnittlich $^1\!/_6 - ^1\!/_3$) Gr.

Neudörfer $^1\!/_{10} - ^1\!/_6$ Gr.

Hermann $^1\!/_8 - ^1\!/_4$ Gr.

Oppolzer (ungefähr) $^1\!/_6 - ^1\!/_3$ Gr.

Lorent $^1\!/_6 - ^1\!/_2$ Gr.

Pletzer $^1\!/_4$ Gr. und darüber.

Hunter $^1\!/_2 - ^3\!/_4$ Gr.

Jarotzky und Zülzer $^1\!/_2 - ^5\!/_8$ Gr.

Ogle 1 Gr.

Rynd 1 Gr.

Scholz $1 - 1^1\!/_2$ Gr.

Nussbaum bis zu 2 Gr.

Jousset bis zu 50 Ctgrmm. (= 8,2 Gr.!)

Ich habe bereits bei einer früheren Gelegenheit darauf hingewiesen, dass die ausserordentlich kleinen Dosenangaben von Semeleder offenbar auf einem Missverständniss bei der Berechnung beruhen; und ebenso dürfte es sich möglicherweise bei einigen in das entgegengesetzte Extrem verfallenden Autoren verhalten.

Nach meinen Erfahrungen genügt bei Patienten und Krankheiten der verschiedensten Art im Allgemeinen eine Dosis von $^1\!/_6 - ^1\!/_2$ Gr. (= 10—30 Mgrmm.). In der Regel wurde $^1\!/_6 - ^1\!/_4$ Gr. injicirt; wo das Verfahren voraussichtlich oft wiederholt werden musste, wurde mit noch geringeren Dosen ($^1\!/_9 - ^1\!/_8$ Gr. — bei Kindern noch weniger) begonnen, um allmälig zu $^1\!/_3$ und $^1\!/_2$ Gr. zu steigen. Letztere Dosis habe ich nur selten (in einigen Fällen von besonders hartnäckigen Neuralgieen und Delirium tremens) zu überschreiten nöthig gehabt, und halte die Anwendung grösserer Dosen unter gewöhnlichen Umständen für bedenklich und unmotivirt, da in der That nach viel kleineren Gaben häufig schon recht unangenehme und lang andauernde Nebenwirkungen auftreten.

Die Tinct. Opii simpl. habe ich zu gutt. 5 — 15 und das

Extr. Opii in der von Lebert angegebenen Form zu 1 ½ — 2 ½ Gr. (9 — 15 Ctgrmm.) injicirt. In dem einen schon früher erwähnten Falle (vgl. unten, Mastodynie), wo in Folge jahrelanger Gewöhnung 1 — 2 Gr. Morphium kaum noch eine Wirkung hervorbrachten, konnte ich auch bis zu 8 Gr. Extr. Opii ohne einen toxischen oder auch nur erheblichen toxischen Effect einspritzen. (Ich glaube jedoch, dass derartige Fälle weit eher zu einem Wechsel in der Therapie oder wenigstens in der Wahl des sedirenden Medicaments, als zu einer fortgesetzten Anwendung derartiger colossaler — und auf die Dauer doch wohl den Organismus chronisch zerrüttender — Dosen auffordern).

Physiologische Wirkung. Die physiologischen Erscheinungen, welche nach subcutaner Anwendung der Opiumpräparate, namentlich des Morphiums, am Menschen beobachtet werden*), variiren in sehr hohem Grade je nach der Stärke der injicirten Dosis, der individuellen Empfänglichkeit, und selbst, wie wir gesehen haben, nach dem Orte der Application. —

Vor Allem zeigen sich diese Abstufungen in der Wirkung auf das Nervensystem. Die Angaben der Autoren über die nach Morphium-Injection auftretenden Allgemeinerscheinungen beziehen sich meist auf kranke Individuen; ich habe jedoch auch bei ganz gesunden Personen (z. B. an mir selbst) Versuche der Art angestellt. Hier macht sich sofort der grosse Unterschied bemerkbar, dass die Wirkung auf das Nervensystem überhaupt, namentlich der narcotisirende Einfluss, bei Gesunden in viel geringerem Grade hervortritt, als bei Kranken. Nach Injectionen mittlerer Dosen von ⅛, ⅙, höchstens ¼ Gran finden bei Ersteren in der Regel keine irgend erhebliche Erscheinungen von Seiten des Nervensystems statt. Gewöhnlich geben dieselben nach einigen Minuten, oft auch erst später, ein Gefühl von Wärme im Kopf und Schwere in den Gliedern, bald eine gewisse Mattigkeit und leichte Benommenheit als Symptom an.

---

*) Ich muss es mir, als zu weit führend, versagen, auf die Resultate der zahlreichen Thierversuche näher einzugehen, da dieselben, so instructiv sie auch sind, dennoch wenig den hier in Betracht kommenden therapeutischen Verhältnissen Analoges darbieten. Von später noch zu erwähnenden Einzelheiten abgesehen verweise ich auf die Arbeiten von Kölliker (Virchow's Archiv Bd. X), Albers (ibid. Bd. XXXI), Claude Bernard (comptes rendus 1864) und Anderen.

Ich selbst spürte nach Injection von ⅛ Gr. Morph. muriat. am
Oberarm nach 5 — 10 Minuten ein leichtes Gefühl von Brennen
im Kopf, namentlich im Hinterkopf, und eine geringe Ermüdung, die jedoch an keiner Art der Thätigkeit hinderte. Nach
einer Stunde waren diese an sich unbedeutenden Erscheinungen
vollkommen verschwunden, und Schlaf trat nicht vor der gewöhnlichen Zeit ein.

Die Wirkung auf Circulation und Respiration ist unter normalen Verhältnissen ebenfalls sehr geringfügig, noch dazu inconstant. Die Pulsfrequenz wird zu Anfang gar nicht oder
doch nur unerheblich (um 6—10 Schläge in der Minute) vermehrt, später in der Regel etwas verlangsamt. Hunter sah
nach Injection von ½ Gr. Morphium am Arm den Puls in einer
Minute von 80 auf 76 sinken, gleichzeitig voller und kräftiger
werden; nach 12 Minuten war die Pulsfrequenz 66. Ich habe,
wie gesagt, in der Regel erst ein Steigen beobachtet, was auch
mit der Mehrzahl der Untersuchungen bei innerer Anwendung
des Opiums übereinstimmt. Freilich waren die von mir angewandten Dosen stets kleiner. — Die Frequenz der Athemzüge
wird ebenfalls Anfangs nicht selten etwas erhöht, kehrt jedoch
bald wieder zur Norm zurück. Die Hauttemperatur sah ich
in einigen Fällen um 0,2—0,5° C. steigen, und gleichzeitig trat
nicht selten vermehrte Hautsecretion ein, zuweilen auch ein Gefühl von Jucken und Prickeln, namentlich im Gesichte. —

Viel entschiedener zeigen sich die Erscheinungen der Morphiumwirkung bei kranken, nervös reizbaren oder für Narcotica
sehr empfindlichen Individuen schon nach Injection kleiner oder
mittlerer Dosen. Häufig kann man ein Stadium der primären
Erregung und der secundären Depression unterscheiden. Das
erstere, meist von sehr kurzer Dauer, beginnt oft fast momentan nach der Injection; es äussert sich durch allgemeine Unruhe, Angst, Schwindel, Zittern der Glieder, Flimmern vor den
Augen, Respirations- und Pulsbeschleunigung, Hitze der Haut,
brennenden Kopfschmerz. Nach 5—10 Minuten verlieren sich
diese Symptome und die Kranken verfallen in einen ganz ent-
gegengesetzten Zustand von Betäubung, Stupor, selbst völliger
Ohnmacht, das Gesicht wird bleich, die Haut kühl, das Aussehen gänzlich verstört: die Patienten können sich nicht allein
aufrecht erhalten, sinken um und fühlen sich im höchsten Grade

hinfällig und abgeschlagen; dabei beobachtet man dann (namentlich wenn stärkere Dosen angewandt wurden) die schönste Opium - Myosis. Nicht ganz selten schon jetzt kommt es zu Uebelkeit und zu wirklichem Erbrechen; häufiger jedoch stellt sich dies innerhalb der nächsten Stunden, einmal oder wiederholt ein.

Ein sich selbst genau beobachtender Patient (Arzt) machte mir die Angabe, dass er nach jeder der — wegen Ischias — am Ober- oder Unterschenkel gemachten Injectionen zuerst nach 1—1 ½ Minuten ein Ziehen in der Nackengegend empfinde, sodann ein fremdartiges, undefinirbares Gefühl in der Bauchgegend, und alsbald ein allgemeines, anhaltendes Wohlbehagen. Uebelkeit etc. traten auch nach Injection von durchschnittlich ¼ gr. pro dosi (2 mal täglich) bei demselben niemals auf.

Wirklicher Schlaf erfolgt keineswegs constant, etwa unter drei Fällen zweimal; wenn es überhaupt dazu kommt, bald früher, bald später, doch selten unter 20 — 30 Minuten nach der Einspritzung. Auch die Dauer ist sehr verschieden, bald nur ½ — 1 Stunde, bald 4 — 8 und selbst länger als 12 Stunden*); die Respiration während des Schlafes ist tief, regelmässig und nicht selten, namentlich im Anfang, stertorös; der Puls häufig verlangsamt. Unruhige Träume und Delirien, wie im Atropinschlaf, sind selten. In der Regel erwachen die Kranken frei und gestärkt; nur selten ist noch ein Rest allgemeiner Benommenheit und Abspannung auch am folgenden Tage vorhanden.

Häufig wird die primäre Erregung ganz vermisst, und es treten gleich die Erscheinungen der Schwäche und Depression in grösserem oder geringerem Maasse hervor.

Die schlafmachende Wirkung erklärt sich nach Hunter dadurch, das Herz- und Athemthätigkeit vermindert, folglich ein verlangsamter Blutumsatz im Gehirn und verringerte Oxydation des Blutes hervorgebracht wird. Es ist jedoch hiergegen zu bemerken, dass keineswegs überall, wo unter dem Einflusse der Morphium - Injection Schlaf auftritt, auch die Respirations- und Herzthätigkeit herabgesetzt wird; eine wesentliche Vermin-

---

*) Semeleder sah sogar einmal nach der Injection 54stündigen Schlaf mit grosser Unruhe, Angst u. s. w. auftreten.

derung der Puls- und Athemfrequenz wird vielmehr nur unter
Umständen, wo dieselben pathologisch sehr bedeutend erhöht
waren, z. B. in fieberhaften Krankheiten, bei grosser psychischer
Aufregung u. s. w. beobachtet.

Einen bemerkenswerthen Fall von eigenthümlicher Einwirkung des Morphium auf die motorische Sphäre theilt Südeckum mit (Diss. inaug. p. 22). Einem an Neuralgie des linken
ersten Trigeminusastes leidenden Arbeiter wurde ⅙ Gr. Morphium in der Supraorbitalgegend zur Zeit des Schmerzes injicirt.
Nach 3 Minuten begannen ruckweise Contractionen der rechtsseitigen Halsmuskeln, dann beider Sternocleidomastoidei, dann
Trismus; der Kranke sank mit entstelltem Angesicht um, erholte
sich jedoch bald bei geeignetem Verfahren, und war vom Momente an dauernd von seiner Neuralgie geheilt. — Es erinnert
dieser Fall an die Versuche von Kölliker, Albers und Anderen, die nach Anwendung von verschiedenen Opiumbasen
bei Fröschen heftige Convulsionen und sogar Tetanus auftreten sahen.

Die myotische Wirkung beobachtet man nach grösseren
Gaben (¼ — ½ Gr.) fast immer, nach kleineren dagegen sehr
inconstant und rasch vorübergehend; dieselbe erscheint in der
Regel nach 5—10 Minuten, mitunter auch erst nach 15 Minuten und darüber, zuweilen auf einem Auge etwas früher, als
auf dem anderen. Ihre Dauer ist gewöhnlich eine Viertel- bis
eine halbe Stunde: jedoch kann sie nach v. Graefe in seltenen
Fällen sogar mehrere Stunden anhalten. Dem letztgenannten
Autor verdanken wir noch die Beobachtung eines interessanten,
wenn auch nur sehr unbeständig vorkommenden Phänomens.
Es zeigte sich nämlich, besonders bei sehr erregbaren Individuen und relativ hoher Dosis, ein rasch vorübergehender Accommodationsspasmus, der das Gegenstück zu der durch Atropin bewirkten Accommodationslähmung bildet. Der Fernpunkt
rückte so weit heran, dass der Accommodationsspielraum äusserst
gering wurde, und dem entsprechend traten die Beschwerden
der Myopie ein. Es wurde in der Entfernung alles verschwom-
men, mit Hülfe von Convexgläsern aber klar gesehen. Bei ge-
nauerer Untersuchung ergab sich, dass die Myopie nicht so
hochgradig war, als es den Anschein hatte — dass vielmehr für
jedes Auge allein die Annäherung des Fernpunktes eine viel

geringere war. Dies scheinbare Missverhältniss erklärt sich nach v. Graefe aus der schwächenden Wirkung des Morphiums auf die inneren Augenmuskeln, in Folge deren eine grössere Convergenz der Sehaxen nur mit relativ vermehrtem Kraftaufwande erzielt, und somit auch die relative Accommodationsbreite entsprechend verringert wird. Den Accommodationsspasmus erklärt v. Graefe in geistreicher Weise aus einer erregenden Wirkung des Morphiums auf die beim Accommodationsact thätigen Fasern des Tensor chorioideae, im Gegensatze zum Atropin, welches erhöhte Contractionen der Radialfasern dieses Muskels einleitet. — Das geschilderte Phänomen entsteht, wenn überhaupt, in der Regel erst nach ³⁄₄ Stunden (also viel später als die Myosis), und ist nur von sehr kurzer Dauer: grössere Dosen, die man aber am Menschen nicht injiciren darf, würden dasselbe wahrscheinlich constanter und auf längere Zeit hervorrufen.

Versuche über die myotische Wirkung subcutaner Morphium-Injectionen an Thieren wurden von Hirschmann (Reichert und du Bois' Archiv 1863 pp. 309—318) angestellt. Dieser beobachtete bei Kaninchen und Hunden deutliche Pupillenverengerung; bei Katzen ging eine Erweiterung vorher; bei Vögeln zeigte sich gar keine Wirkung. Während der Verengerung ist die Reaction auf Licht erhalten; die Sympathicus-Reizung am Halse wirkt zwar noch, aber schwach. Es handelt sich also (?) um eine unvollkommene Lähmung der erweiternden Nerven*). Bei vollständiger Atropin-Mydriasis bewirkt Morphium keine Aenderung der Pupille; ist aber die Lähmung des Sphincter durch das Atropin unvollständig, so tritt bei Schwächung des Dilatator durch Morphium Verengerung ein und die Reaction auf Licht kann restituirt werden. —

Von der örtlichen Wirkung des Morphiums auf die peripherischen, sensibeln und motorischen Nerven ist bereits im ersten Theil (Kap. 4) ausführlich die Rede gewesen. Es ergab sich als Resultat der Tastversuche, dass das Morphium die Erregbarkeit der sensibeln Nerven vermindert; dagegen konnte ein

---

*) Mir scheint der Beweis kein stringenter. Eine pathologische Beobachtung, auf die ich weiter unten zurückkommen werde, lässt mich im Gegentheil vermuthen, dass die Myosis in einer primären Erregung der Oculomotorius-Fasern ihren Grund habe.

directer Einfluss auf motorische Nerven nicht nachgewiesen werden.

Wir gehen nun zur therapeutischen Anwendung der Morphium-Injectionen über, und besprechen der Reihe nach:

1) Krankheiten der peripherischen Nerven;
2) Krankheiten der Nervencentra;
3) Krankheiten der Muskeln;
4) Krankheiten der Respirations- und Cirkulationsorgane;
5) Krankheiten der Digestionsorgane;
6) Krankheiten der Harn- und Geschlechtsorgane;
7) Krankheiten der Knochen und Gelenke;
8) Augenkrankheiten;
9) Verletzungen und Entzündungen äusserer Theile;
10) locale und allgemeine Anästhesirung bei Operationen.

1) Krankheiten der peripherischen Nerven.

a. Hyperästhesieen (Neuralgieen).

Wood, Edinb. med. and surg. journ., vol. 82, April, p. 265. — Oliver, Edinb. med. journ., April 1857. — Bertrand, Correspondenzblatt für Psychiatrie, 1857. — Bonnar, british med. journal, August 1857. — Wood, ibid. 28. Aug., 1858, p. 721. — Bell, Edinb. med. and surg. journ., Juli, 1858. — Hunter, british med. journ., 28. Jan., 1859; Med. Times and Gaz. 5. und 26. März, 16. April, 8 Oct., 1859. — Courty, gaz. des hôp., 1859, p. 551. — Ruppaner, Boston med. and surg. journ., April und Mai, 1860. — Rynd, Dubl. journ., XXXII. 63, p. 13. — Boone, Amer. med. Times, 1860, 11. Sept. — Semeleder, Wiener Med. Halle (1861) II, 34. — Scholz, Wien. med. Wochenschrift (1861) XVII. 2. — Jarotzky und Zülzer, Med. Halle, II. 43. — v. Scanzoni, Würzb. med. Zeitschr. (1861) 4. — Bergson, annali universali, 171—173, — Hermann, Med. Halle. III. (1862) 8—10. — v. Franque, bair. ärztl. Intelligenzbl. 1862, 6. — Oppolzer, Med. Halle, 1862, 9. Spitalszeitung 9 u. 10. — Lebert, Handb. d. pract. Med., II. 2. (1862). — Südeckum, diss. inaug, Jena (1863). — v. Graefe, Archiv f. Ophtalmol. IX. 2, p. 62. — Nussbaum, bair. ärztl. Intelligenzbl., 15. Aug., 1863. — Wolliez, Spitalszeitung, 1863, 34. — Hunter, lancet, 12. Dec., 1863. — Aerztl Ber. des k. k. Krankenhauses zu Wien für 1863. — Tagesbl. der 38. Vers. deutscher Naturforscher und Aerzte, Nr. 3. — Bois, de la méthode des injections souscutanées, Paris 1864. — Bardeleben, Lehrbuch der Chirurgie, II. (1864) p. 266, 305 etc. — Oppolzer, Spitalsz 1864, Nr. 21 und 22. — Rosenthal, allg. Wiener med. Ztg., 1864, Nr. 12 und 13. — Erichsen, Handbuch der Chirurgie (deutsch v. Thamhayn) II. p. 285. — Pletzer, Zeitsch. f. pract. Heilk., 1864, H. 3, pag. 253. — Erlenmeyer, die subcutanen Injectionen der Arzneimittel (1. Aufl. 1864; 3. Aufl. 1865). — Saemann, deutsche Clinik, 1864, Nr. 45. — Dujardin-Beaumetz, gaz. des hôp., 1864, Nr. 36 und 38. — Lancet vol. II., XXIV. 10. Dec. 1864. — Sander, Archiv

f. wiss. Heilk. I. 4, p. 289. (1864). — Ruppaner, hypodermic injections in the treatment of neuralgia etc., Boston 1865. — Lorent, die hypodermatischen Injectionen, Leipzig 1865. — Codrescu (thèse); vgl. Gaz. méd., 12. Aug. 1865. — Hiffelsheim, allg. Wiener med. Z. 1865, Nr. 16. — Jousset, de la méthode hypodermique etc., Paris 1865. — Blödau, Sitz. der prager Aerzte 1865, 16. — van Géuns, Tijdschrift voor Geneeskunde 1865. — Allg. Wiener med. Zeitung, 1866, Nr. 1.

Die Neuralgieen, welche bereits der Anwendung des Morphiums auf endermatischem Wege und mittelst der Inoculation ein verhältnissmässig grosses Contingent lieferten, haben auch zur hypodermatischen Injection von Morphium am häufigsten Veranlassung dargeboten; sie gaben sogar, wie schon früher erwähnt, den Anstoss zur Erfindung dieses neuen Verfahrens, indem man das Narcoticum auf den betroffenen Nerven direkt appliciren und so seine Erregbarkeit abstumpfen wollte. Bedenkt man den quälenden, oft zur Verzweiflung treibenden Charakter und den meist sehr protrahirten Verlauf dieser Leiden — die langsame Wirkung und nur zu häufige Machtlosigkeit der gepriesenen inneren Mittel und zahlloser äusserer Verfahrungsweisen (Elektricität, Kälte, Compression, Bäder, Einreibungen, Vesicantien, selbst Glüheisen u. s. w.) — endlich die Unzulänglichkeit und Gefährlichkeit der, ohnehin nur selten anwendbaren chirurgischen Encheiresen: so wird man es nicht wunderbar finden, dass ein Verfahren, welches fast mit absoluter Sicherheit palliative Hülfe und in vielen Fällen sogar Radicalheilung erwarten lässt, lebhaften Anklang und Benutzung von vielen Seiten gefunden hat.

Prosopalgie.

Bei der Prosopalgie wurden von Wood, Oliver, Bell, Hunter, Rynd die Opiumpräparate (Morphium, Tinct. Opii) in einer Reihe von Fällen mit günstigem Erfolge injicirt. — Von deutschen Autoren bewirkte zunächst Bertrand in einem Falle von hartnäckiger Prosopalgie Heilung. Demnächst sah auch Scholz in einem Falle von Neuralg. fronto-temporalis und einem von Neuralg. maxillaris inf. schnelle, schmerzlindernde Wirkung. — Hermann theilt folgenden Fall mit, der wegen der raschen Heilung durch 2—3 Injectionen nach mehrjährigem Bestehen bemerkenswerth ist:

Eine 40jährige Frau litt seit 4 Jahren an linksseitiger Facialneuralgie, ohne Typus, seit 3 Wochen so heftig, dass Pat. laut aufschreien musste; der Schmerz

Tag und Nacht anhaltend. Die erste Injection verunglückte, indem die Flüssigkeit während des Einspritzens wieder abfloss. Am folgenden Tage neue Injection: allmäliger Nachlass des Schmerzes, der nach einer halben Stunde ganz
verschwindet; aber Uebelkeit, Ohnmacht, dreimaliges Erbrechen, profuser Schweiss;
nach 10 Minuten sanfter, ruhiger Schlaf, aus dem Pat. am anderen Morgen ohne
Schmerzen erwacht. Am Abend wieder etwas Stechen; neue Injection, die den
Schmerz fast augenblicklich und ohne die früheren Zufälle beseitigt — An den
vier folgenden Tagen Wiederholung der Operation, blos auf Bitten der Patientin, die kaum glauben konnte, ihre Schmerzen so plötzlich verloren zu haben.
Seitdem ist kein neuer Anfall mehr eingetreten.

Nicht so günstige Erfolge scheint Nussbaum gehabt zu
haben, da derselbe in mehreren Fällen (4, 7, 17 u. s. w.) nach
vorangegangener fruchtloser Anwendung der Injectionen die Aus-
schneidung der erkrankten Nerven vornehmen musste. — Südeckum beschreibt fünf auf der Gerhardt'schen Klinik beobachtete Fälle von Neuralgieen im Gebiete des Quintus, die mit
Morphium-Injectionen behandelt wurden. In drei Fällen, bei
denen alle Trigeminus-Aeste befallen zu sein schienen, wurde
durch wiederholte Injectionen zwar nicht Heilung, jedoch beständige Linderung der Anfälle und Besserung des Allgemeinbefindens erzielt. In dem vierten Falle (einer seit 8 Tagen bestehenden, typisch auftretenden Neuralgia supraorbitalis) verschwand der Schmerz nach Injection von $\frac{1}{20}$ Gr. Morphium und
war nach 14 Tagen noch nicht wiedergekehrt. Der fünfte Fall
von dauernd geheilter Neuralg. supraorbitalis ist wegen der auf-
fallenden Intoxicationserscheinungen bereits früher erwähnt worden. — v. Graefe sagt über die typischen, Morgens auftretenden Supraorbital-Neuralgieen, dass dieselben in der Regel zwar
auch dem inneren Gebrauche grosser Chinindosen weichen, dass
jedoch Morphium-Injectionen die oft qualvollen Anfälle abkür-
zen und die hartnäckigeren Fälle den mässigen Chinindosen zu-
gänglicher machen. — Bois wandte in einem Falle von Prosopalgie die Injectionen (täglich 1 Ctgrmm. Morphium) 3 Monate hindurch mit schliesslichem Erfolg an. — Ebenso empfehlen dieselben Lebert und Bardeleben in den neuesten Auf-
lagen ihrer Lehrbücher. Letzterer betrachtet sie als das sicherste
Palliativmittel und nennt den Erfolg „wahrhaft überraschend“.
(Desgleichen auch Erichsen, Handbuch der Chirurgie, deutsch
von Thamhayn, II. p. 285.)
    Günstige Resultate erzielten ferner Sander, Lorent,

Blödau, Schneevogt und Pletzer; der Letztere sah bei Quintus-Neuralgieen von Injectionen (in der Schläfe oder hinter dem Winkel des Unterkiefers) „stets grosse Erleichterung", wenn auch nicht radicale Heilung.

Ruppauer berichtet in seinem oben citirten Buche (pag. 46—66) ausführlich über 16 Fälle von Facialneuralgieen, die mittelst subcutaner Injectionen von Morphium oder Liq. Opii behandelt wurden. Nach den Beschreibungen war in 5 Fällen der erste, in einem Falle der zweite, in drei Fällen der dritte, in zweien der zweite und dritte Ast wesentlich betheiligt, während es sich in den übrigen um Neuralgieen des ganzen Trigeminus gehandelt zu haben scheint; in einem Falle wird freilich als Ausgangspunkt der Schmerzen auch der „pes anserinus des 7. Nerven" (!) angegeben. In 7 Fällen erfolgte vollständige Heilung; in den übrigen wenigstens eine mehr oder minder bedeutende Besserung, indem die Patienten sich theilweise zu früh der Behandlung entzogen.

Ich selbst habe siebzehn Fälle von Neuralgieen im Gebiete des Trigeminus mit Morphium-Injectionen behandelt. Drei derselben waren Neuralgieen des ganzen Trigeminusstammes (zweimal sogar mit abwechselnder Affection beider Gesichtshälften); in einem Falle war ausschliesslich der erste, in einem der erste und zweite, in vier Fällen der zweite, in den übrigen ausschliesslich der dritte Ast Sitz der Erkrankung. — Da es gerade bei den Neuralgieen von Interesse ist, nicht bloss das Endresultat, sondern die ganze Modification des Krankheitsverlaufs durch die hypodermatischen Injectionen zu verfolgen, so mag eine etwas ausführlichere Beschreibung der bis zu Ende beobachteten Fälle hier Platz finden, während die übrigen (ambulatorisch behandelten) nur eine beiläufige Erwähnung beanspruchen.

Neuralgie des ganzen Trigeminus.

1. Frau K., eine Dame in den Vierzigen, von gesundem Aussehen, mehrmals entbunden. Seit 4 Monaten cessiren die Menses; gleichzeitig stellten sich, ohne bekannte Veranlassung, Schmerzen in der rechten Gesichtshälfte ein, die anfallsweise, meist in den Abendstunden, auftraten und bald eine furchtbare Heftigkeit erreichten. Der Schmerz wird, wie es scheint, durch geistige Thätigkeit leichter hervorgerufen; Kaubewegungen sind ohne Einfluss. Der Anfall beginnt mit leichtem Ziehen und Zerren in der Schläfengegend oder in der Gegend des Alveolarfortsatzes, und strahlt allmälig über die ganze rechte Gesichtshälfte aus. Zuckun-

gen treten während des Anfalls nicht auf, auch kein Thränenfluss; dagegen ist Nasen- und Speichelseoretion öfters vermehrt. Dauer in der Regel 4—6 Stunden, oft auch die ganze Nacht hindurch; gegen das Ende stellt sich meist vermehrter Drang zum Urinlassen ein. Die Intervalle sind schmerzfrei. Die Backzähne auf beiden Seiten, soweit sie noch vorhanden, carlös und rechts während des Anfalles ebenfalls der Sitz von Schmerzen, sonst jedoch völlig schmerzlos. Anderweitige Erkrankungen nicht vorhanden. Der Gebrauch von Seebädern und längere Anwendung von Sol. Fowleri waren bisher ohne allen Nutzen.

Am 8. Sept. wurde (nachdem am vorhergehenden Abend ein Anfall stattgefunden) mehrere Stunden vor der gewöhnlichen Elutrittszeit ¼ Gr. Morphium in der rechten Schläfengegend injicirt. Es traten ziemlich intensive Erscheinungen der Morphiumwirkung (ohnmachtähnliche Benommenheit, Uebelkeit u. s. w.), jedoch kein Schlaf ein. Der Anfall blieb aus; auch an den drei folgenden Tagen war Pat. ganz schmerzfrei, so dass sie und ich in Hinsicht auf den Erfolg der Injection die günstigsten Erwartungen hegten. Am vierten Tage (12 Sept.) trat plötzlich Nachmittag um 8 Uhr ein neuer Schmerzanfall auf, und zwar überraschender Weise bisher in der freien (linken) Gesichtshälfte, sonst übrigens in ganz derselben Ausdehnung und Vehemenz. Nach 1—2 stündigem Bestehen des Anfalls wurde eine Injection in der linken Schläfe gemacht, worauf nach wenigen Minuten Linderung, nach einer Viertelstunde gänzliches Erlöschen der Schmerzen und Schlaf folgte. (Seitdem blieben die Anfälle längere Zeit auf der linken Seite, sprangen aber später wieder auf die rechte Gesichtshälfte über). Am 13. Sept. spät Abends neuer Anfall; während desselben Injection von ¹⁄₆ Gr. Morphium. Vom 14. bis zum 22. Sept., also 9 Tage, kein Anfall; nur von Zeit zu Zeit schmerzhaftes Ziehen in der Schläfe und in der oberen Zahnreihe.

In der Nacht vom 22. zum 23. Sept. neuer, äusserst heftiger Paroxysmus; nach einstündiger Dauer Sedirung durch ¼ Gr. Morphium. Folgende Nacht frei. In der Nacht vom 24. zum 25. neuer Anfall; gleiches Verfahren, Remission nach einer Stunde; folgende Nacht frei. Vom 26. zum 27. Anfall; Injection von ¼ Gr. in der Schläfengegend; dort hört der Schmerz sehr bald auf, tobt jedoch in anderen Gebieten (namentlich des Mentalis) mit unverminderter Heftigkeit. Seitdem fast tägliche Anfälle von 4—5 stündiger Dauer; das Morphium (auch innerlich bis zu ⅓ Gr. pro dosi gereicht) zeigt zwar immer noch palliative Wirkung, jedoch schwächer als früher. In der Schläfengegend, wo selbst die Einspritzungen gemacht wurden, verliert sich der Schmerz, ist aber am heftigsten in der Gegend der oberen Backzähne.

Nachdem im Ganzen etwa 40 Einspritzungen gemacht, wurde das Verfahren ausgesetzt; Kälte, Compression der schmerzhaften Punkte, Einreibungen mit Aconitsalbe, Electricität und Chloroforminhalationen wurden successive angewendet. Die Schmerzanfälle wurden nach und nach seltener und milder, und nachdem dieselben mehrere Wochen hindurch ganz ausgeblieben, reiste Pat. ziemlich ein Jahr nach Entstehung des Leidens in ihre Heimath. Ein Recidiv soll nicht stattgefunden haben.

2. Christiane Fiene, 63 Jahr alt; Neuralgie sämmtlicher Aeste des rechten Trigeminus. Ambulatorisch eine Zeit lang mit Morphium-Injectionen behandelt, nachdem dasselbe Mittel in Verbindung mit Chinin bei innerer Anwendung sich unwirksam gezeigt hatte; zeitweise Besserung.

8. Johanna Brandt, 58 Jahr alt; sehr schwächliche, marastische Person mit allgemein erhöhter Reizbarkeit des ganzen Nervensystems; äusserst heftige Trigeminus-Neuralgie abwechselnd auf beiden Seiten, bes. links, in Verbindung mit Tic convulsif und mit Neuralgia occipitalis. Injectionen von Morphium an verschiedenen Punkten des Gesichts und der Hinterhauptgegend, in Verbindung mit innerem Gebrauche des Eisens, gewähren entschieden Nutzen. Pat. ist noch in Behandlung.

Neuralgia supraorbitalis.

Wiese, Krankenwärter, 29 Jahre alt, von kräftiger Constitution, leidet seit zwei Jahren an neuralgischen Schmerzen im Bezirk des N. supraorbitalis der rechten Seite. Die Anfälle kommen gewöhnlich einen Tag um den andern und pflegen den ganzen Tag über anzuhalten. Der Anstrittspunkt des N. supraorbitalis ist auf Druck schmerzhaft. Am 28. Juni Vormittags 10 Uhr (wenige Stunden nach Beginn eines Anfalls) wird ½ Gr. Morph. acet. in der Gegend der Incisura supraorbitalis injicirt. Gegen Mittag Nachlass der Schmerzen und Schlaf bis zum Abend. Sechs Tage lang völlige Intermission; am siebenten ein sehr milder Anfall von nur zweistündiger Dauer. Dann wieder Analgesie bis zum 12. Juli, an welchem sich Vormittags ein leichter Schmerzanfall einstellt, der schon gegen Mittag spontan schwindet. Seitdem ist Pat. (über ein Jahr) nicht wieder von seiner Neuralgie heimgesucht worden.

Neuralgia im Gebiete des ersten und zweiten Astes.

Johann Busch, Arbeitsmann. Seit 3 Wochen bestehende Neuralgie des 1. und 2. Astes des rechten Trigeminus und des N. occipitalis. Veranlassung unbekannt. Injectionen von 1—2 Gr. Extr. Opii mit meist 24 stündigem Nutzen. Behandlung nicht fortgesetzt.

Neuralgieen im Gebiete des zweiten Astes.

1. v. K., Stud. med. Seit 2 Jahren bestehende, angeblich durch Erkältung (Zugluft) bei einem Commerce entstandene Neuralgie des linken Infraorbitalis und Alveolaris superior. Die Anfälle treten Nachts auf und remittiren gegen 5 Uhr Morgens. Druck auf For. infraorbit. schmerzhaft; mehrere cariöse Backzähne. Nach Injection von ¼ Gr. am For. infraorb. während der freien Zeit blieb der Anfall eine Nacht aus, kehrte aber in der folgenden wieder. Ob nach Extraction der cariösen Stifte Besserung eintrat, ist mir nicht bekannt geworden.

2. Sophie Schrader, Dienstmädchen, 36 Jahre, leidet seit 3 Monaten an Schmerzen in der Gegend des Jochbogens und der oberen Zahnreihe rechterseits, die gewöhnlich Nachts exacerbiren. Da Pat. dieselben für Zahnschmerzen hält, wünscht sie Extraction eines Backzahns, der jedoch gesund ist und auch bei der Percussion nicht schmerzt. Injection von ¼ Gr. Morphium; nach einer Viertelstunde Uebelkeit, Präcordialangst, Schwere in den Gliedern, Pulsbeschleunigung (108); Haut feucht, Pupille nicht verengt. Nach einer halben Stunde gehen diese Erscheinungen vorüber; es tritt Schlaf ein. Die Anfälle setzen aus, beginnen aber nach viertägiger Remission von Neuem.

3. Frau Gehrke, 59 jährige, marastische Person, hat seit 3 Tagen permanente Schmerzen in der Gegend der oberen Zahnreihe, namentlich des Eckzahns

der linken Seite. Lauter höchst cariöse Wurzeln, deren Extraction jedoch verweigert wird. Injection von ½ Gr. Morph. muriat. in der Gegend des Eckzahns;
es tritt Uebelkeit, dreimaliges Erbrechen, Kopfschmerz, zuletzt Schlaf ein. Am
folgenden Morgen bedeutende Erleichterung, die bei Entlassung der Pat. (nach
8 Tagen) noch anhält.

4. D., Instrumentenmacher, 28 Jahre, leidet seit mehreren Jahren an
Neuralg. infraorbitalis dextra. Die Anfälle sind nicht typisch, treten besonders
bei Witterungswechsel auf und halten oft Tage lang an. Die während eines
Anfalls gemachte Injection von ½ Gr. Morph. muriat. am For. infraorbitale bewirkt fast momentan bedeutende Linderung, ohne erhebliche Allgemeinerscheinungen. Der Schmerz kehrt jedoch nach 3 Tagen wieder, und wird dann durch
innere Mittel gemildert.

Neuralgieen im Gebiete des dritten Astes.

1. Sohn, Steuermann, 28 Jahre, klagt seit mehreren Tagen über Schmerzen im ganzen Gebiete des Ramus tertius (Schläfe und Unterkiefergegend) der
rechten Seite. Für gewöhnlich nur schwach und dumpf, werden die Schmerzen
durch jede Kaubewegung in hohem Maasse gesteigert. Die befallenen Theile sind
etwas geröthet und öfters der Sitz von Zuckungen; Salivation findet nicht statt.
Druck am For. mentale ruft den Schmerz in exquisiter Weise hervor. Nach Injection von ⅓ Gr. Morph. muriat. an der Austrittsstelle des Mentalis mehrtägige,
sehr erhebliche Remission, namentlich an Ort und Stelle, während in der Schläfe
der Schmerz in verringertem Grade fortbesteht und selbst in die Stirngegend
hineinzieht; Druck auf den Supraorbitalis ist nicht schmerzhaft. Am vierten Tage
neue Injection von ½ Gr. Morph. muriat. am For. mentale; fast blitzähnliche
Wirkung auf den eben bestehenden Anfall, auch Kaubewegungen unmittelbar
nachher vollkommen schmerzlos. Seitdem bleiben die Schmerzen in Unterlippe
und Kinn ganz fort; auch die Neuralgie des Auriculo-temporalis wird durch drei
Injectionen im Laufe der nächsten acht Tage dauernd beseitigt.

2. Ein 46jähriger Arbeitsmann leidet seit mehreren Monaten an Schmerzen, die über die untere Zahnreihe und Schläfengegend ausstrahlen und ohne bestimmten Typus exacerbiren, ohne aber jemals ganz auszusetzen. Wegen der für
Zahnschmerz gehaltenen Affection hat Pat. sich bereits zwei cariöse Backzähne
der leidenden (rechten) Seite extrahiren lassen, empfindet aber den Schmerz jetzt
gerade an der Stelle der ausgezogenen Zähne am stärksten. Injection von ½ Gr.
Morphium bewirkt sofort und ohne üble Erscheinungen Linderung, die fast
14 Stunden anhält, ebenso mehrere folgende Injectionen; da Pat. sich aber nur
sehr unregelmässig behufs Wiederholung des Verfahrens einfindet, so wird dasselbe mit Anwendung innerer Mittel vertauscht.

3. Ein 43jähriger Schornsteinfeger hat bereits vor 2 Jahren einmal in Folge
von Zug an Schmerzen in der linken Gesichtshälfte gelitten, die nach mehreren
Wochen spontan vorübergingen. Seit gestern Abend empfindet Pat. äusserst heftige Schmerzen längs des unteren Randes der Mandibula, sowie auch in Ohr und
Schläfe der linken Seite. Cariöse Zähne, die jedoch nicht schmerzen; leichte Röthung in der Gegend des Masseter; kein Speichelfluss. Der Schmerz namentlich
seit einer Stunde so violent, dass Pat. laut aufschreit und stöhnt. Injection von
⅓ Gr. Morph. muriat. in der Schläfe. Nach wenigen Stunden grosse Müdigkeit,

Taumel beim Versuch zu gehen; nach einer halben Stunde ist Pat. (unter Anwendung von analepticis) wieder gehfähig; der Schmerz vollkommen fort; die Pupille eng, jedoch reagirend. Am Abend des nächsten Tages kehrt der Schmerz wieder, ist jedoch minder heftig; am folgenden Vormittag neue Injection mit demselben günstigen Erfolge, ohne die Allgemeinerscheinungen. Später hat sich Pat. nicht wieder vorgestellt.

4. Wamp, Arbeitsmann, 45 Jahre, leidet seit 4 Jahren an Neuralgie im Gebiete des Mentalis und Alveolaris inf. der linken Seite. Entstehung unbekannt. Vor 2 Jahren ließ sich Pat. des Leidens wegen den Eckzahn und 3 Backzähne extrahiren; jetzt tobt der Schmerz in den beiden noch erhaltenen (übrigens vollkommen gesunden) Backzähnen und am Mundwinkel. Anfälle mehrmals täglich, von kurzer Dauer, durch Kau- und Sprechbewegungen hervorgerufen. Am 15. März d. J. erste Injection; viertägige Besserung. Am 19. März zweite Injection, am 26. März dritte und am 2. April vierte mit stets mehrtägigem Erfolge. Bis zum 18. Juni wurden im Ganzen 21 Einspritzungen gemacht; die zuletzt auf einen kleinen Bezirk in der Nähe des Mundwinkels eingeengten Schmerzen sind seitdem nicht wiedergekehrt.

5. Bei einem 27 jährigen, poliklinisch behandelten Patienten hatten wiederholte Injectionen von ¼ Gr. Morphium ebenfalls günstigen Erfolg; derselbe entzog sich jedoch nach kurzer Zeit der Behandlung.

6. Ein Oberjäger der hiesigen Garnison hat bereits vor 3 Jahren nach Erkältung einen heftigen neuralgischen Anfall im Gebiete des dritten Trigeminus-Astes auf der rechten Seite gehabt, der nach 3 Tagen spontan vorüberging. Gegenwärtig besteht der Schmerz seit mehreren Stunden mit unerträglicher Heftigkeit in der ganzen sensiblen Ausbreitung des dritten Astes (in der Haut des Ohrs, der Schläfe und des Unterkiefers), besonders vor dem Ohrläppchen, wird durch Kauen gesteigert und ist mit Röthung und leichten Zuckungen in der betreffenden Gesichtshälfte verbunden. — Injection von ¼ Gr. Morphium an der vom Pat. hervorgehobenen Stelle, vor dem Ohre; nach kaum einer Minute empfindet Pat. bereits deutliche „Lösung" des Schmerzes, der sich im Laufe des Abends vollständig verliert und seitdem auch nicht wiedergekehrt ist.

7. Wiedemann, Stellmacher, 32 Jahr alt, leidet an einer Neuralgie des 3. Astes, wegen deren er sich bereits vor 5 Wochen 3 Zähne vergeblich ausziehen ließ: der fast permanente Schmerz ist über den ganzen sensiblen Bezirk des ramus III., und zwar ausschließlich über diesen, verbreitet. Aetiologie unbekannt. — 24. December: Injection von ¼ Gr. Morphium hinter dem ramus mandibulae; Schwindel, Ohnmacht, Myosis: nach 1 — 2 Stunden wiederholtes Erbrechen, Uebelbefinden; nach Genuss von schwarzem Kaffee Besserung. Bis zum 31. Dec. war ein Recidiv nicht eingetreten und Patient ganz schmerzfrei; seitdem habe ich denselben nicht wieder gesehen.

8. Frau S., 65 Jahre alt, eine sehr schwächliche und anämische, durch Gemüthsbewegungen in der letzten Zeit vielfach erschütterte Person, hatte, angeblich nach Extraction eines cariösen Backzahns mit Splitterung am Alveolarrand und nachfolgender Ablösung eines kleinen Sequesters, eine Neuralgie sämmtlicher Hautzweige des 3. Trigeminusastes auf der rechten Seite bekommen. Dieselbe war, als ich die Behandlung übernahm, bereits von einem anderen Arzte seit mehreren Wochen mit subcutanen Injectionen behandelt worden. Nar-

cotica innerlich gewährten fast gar keine Erleichterung. Die Schmerzanfälle
traten ohne bestimmten Typus, meist bei Bewegungen des Mundes, beim Sprechen,
Kauen u. s. w. sehr intensiv ein. Am 16. August während eines Anfalls Injection von ⅓ Gr. in der Schläfengegend; nach wenigen Minuten Beruhigung,
Schlaf; Nacht gut. Am Abend des 17. Aug. nur leichter Schmerz in der rechten Kieferhälfte, besonders bei Gähnen und längerem Sprechen; Injection hinter
dem angulus mandibulae: in der Nacht und am folgenden Tage völlige Euphorie.
Am Abend des 18. Aug. auf Wunsch der Patientin, obwohl der Schmerz nicht
wiedergekehrt ist, neue Injection in der Schläfengegend. Die nächsten Tage
bis zum 27. Aug. völlig schmerzfrei, so dass Injectionen nicht vorgenommen zu
werden brauchten. Erst am 27. Aug. — also nach zehntägiger Pause —
wieder eine leichte Recrudescenz; Injection von ¼ Gr. hinter dem Angulus mandibulae mit fast momentanem Effecte. Am 28. und 29. Aug. abendliche Paroxysmen, durch Injectionen vorübergehend gemildert; am 31. Aug. mussten zwei
Injectionen (von je ¼ — ⅓ Gr.), Morgens und Abends, ausgeführt werden;
ebenso an jedem der darauffolgenden Tage bis zum 6. September. — Darauf
wieder erhebliche Milderung des Zustandes im Allgemeinen und Seltenerwerden
der Anfälle; nur noch von Zeit zu Zeit einzelne Injectionen (am 10., 14., 17., 24.
September u. s. w.). — Mitte October war eine vollständige Heilung noch nicht
erzielt, der Zustand hatte sich jedoch wesentlich erträglicher gestaltet als früher,
und vermochte Patientin namentlich mit Zuhülfenahme kleiner Opiatdosen innerlich die Nächte, sowie auch den grösseren Theil des Tages fast schmerzlos zu-
zubringen.

Im Ganzen wurden also unter den aufgeführten 17 Fällen
mindestens 4 (vielleicht auch noch mehr, da bei einzelnen die
Dauer des Erfolges zweifelhaft ist) mit Hülfe der Injectionsbehandlung für nachweisbar längere Zeit völlig von ihren neuralgischen Beschwerden befreit, d. h., wenn man will, „radical
geheilt" — bei allen übrigen aber gute palliative Wirkung —
Linderung der Paroxysmen und längere Intermissionen von zwei
bis zu zehn Tagen — auf diese Weise erzielt. Es liegt in der
Natur des Leidens, namentlich wenn dasselbe leichteren Grades
ist und Patienten aus den ärmeren Volksklassen davon befallen
werden, dass die Kranken sich einer klinischen Behandlung in
der Regel nicht unterziehen, überhaupt ihren Geschäften nachgehen, sich allen Schädlichkeiten exponiren und die regelmässige Wiederholung der Injectionen verabsäumen. Hierdurch
wird nicht nur die Beobachtung sehr erschwert, sondern auch
die Statistik der Erfolge wesentlich verschlechtert; denn es unterliegt wohl kaum einem Zweifel, dass mancher Fall durch
consequenten Fortgebrauch der Injectionen geheilt werden könnte,
während dieselben, vereinzelt und unregelmässig applicirt, ein
nachhaltiges Resultat nicht zu äussern vermögen.

Ueber das Verhältniss der Morphium-Injectionen zu anderen therapeutischen Agentien und namentlich zur Nervendurchschneidung verweise ich auf die allgemeinen Bemerkungen am Schlusse dieses Abschnittes.

Hemicranie.

Es scheint am Zweckmässigsten, die Hemicranie an dieser Stelle im Anschluss an die Gesichtsneuralgieen einzuschalten, obwohl über die Stellung derselben im Verhältniss zu den eigentlichen Neuralgieen wohl gestritten werden kann. Da das Leiden stets anfallsweise und oft typisch auftritt, so wären die narcotischen Injectionen besonders als Palliativmittel, zum Coupiren des Anfalls, auch hier indicirt; jedoch lässt sich deswegen von ihnen hier weniger erwarten, als z. B. bei Prosopalgie, weil ein bestimmter Nervenast als Sitz der Schmerzen nicht nachweisbar ist, der günstige örtliche Einfluss des Narcoticums also wegfällt. (Ich kann mich wenigstens der, u. A. von Lebert getheilten Ansicht, dass die Migraine eine Neuralgie der Verzweigungen des Ramus ophthalmicus sei, nicht anschliessen).

Der erste Schriftsteller, der sich über die Morphium-Injectionen bei Migraine äussert, ist v. Graefe; er sagt (p. 72): „Gegen die gewöhnliche Migraine lässt sich ebenfalls von den Morphium-Injectionen, je nach den Umständen an der Schläfe oder längs des Supraorbitalnerven verrichtet, einiger Nutzen erzielen. Allerdings ist derselbe nach der Individualität und den Ursachen äusserst wandelbar, wie überhaupt alle gegen dieses Leiden bezweckten Arzneiwirkungen." —

Nächstdem sahen auch Pletzer, Boone, Sämann, Sander und Fischer von den Morphium-Injectionen bei Migraine nicht ungünstigen Erfolg; Ersterer erklärt sogar, dass die hypodermatische Methode alle gepriesenen Palliative hier übertreffe. Saemann musste in einem Falle von Hemicranie die Morphiumdosis wiederholt steigern, um den gewünschten Effect zu erzielen. — Ruppauer (l. c. pag. 66—69) berichtet über zwei Fälle von Migraine, die mittelst Injectionen von Liq. Opii behandelt wurden.

Der erste betraf eine 40jährige, anämische Dame mit regelmässig in dreiwöchentlichen Pausen wiederkehrenden Anfällen, die nach einer sechsmaligen Wiederholung der Injection (in das Zellgewebe des Nackens) 23 Wochen fortblieben. In Zeit von 14 Monaten erneuerten sich dieselben nur zweimal und wichen hier ebenfalls dem gleichen Verfahren. In dem zweiten Falle, mit nicht typisch auftretenden Paroxysmen, blieb der 45jährige Patient nach dreimal in kurzen Zwischenräumen wiederholter Injection von 25 — 30 Tropfen Liq. Opii bis zu Ende der Beobachtung schmerzfrei.

Mastodynie.

Hiffelsheim (l. c.) sah in einem Falle von Neuralg. mammae durch die subcutanen Morphium-Injectionen Linderung der Schmerzen und endliche Heilung.

Ich selbst beobachte seit nahezu 3 Jahren folgenden Fall, der wegen der ungemeinen Hartnäckigkeit des Leidens und der colossalen Dosen, zu denen zuletzt gegriffen werden musste, einer ausführlicheren Mittheilung werth scheint.

Frl. B., 20 Jahre alt, unregelmässig menstruirt, übrigens gesund, will vor zwei Jahren an der rechten Brusthälfte, unterhalb der Mamma, einen Stoss erlitten haben, ohne Sugillationen u. s. w. aber mit bedeutender Schmerzhaftigkeit, die in wochenlangen Pausen, besonders nach körperlicher Anstrengung wiederkehrte. Vor 3 Wochen, 8 Tage vor Eintritt der Menses, traten nach anhaltendem Vorüberbeugen des Rumpfes plötzlich heftige, durchschiessende Schmerzen in der rechten Brustdrüse auf, die mit Exacerbation und Remission stundenlang anhielten und sich anfangs in mehrtägigen Intervallen wiederholten. — Der objective Befund ist durchaus negativ. Beim fünften Anfalle, der mit ungewöhnlicher Vehemenz bereits andauert, wird ¼ Gr. Morph. acet. oberhalb der Brustdrüse injicirt. Nach 10 Minuten Nachlass der Schmerzen, leichte Uebelkeit, später Narcose. Am folgenden Tage neuer Anfall, der auch über die rechte Schultergegend und den Arm ausstrahlt; Wiederholung der Injection mit demselben Erfolge — Der Eintritt der Menses ohne Einfluss auf Häufigkeit und Intensität der Anfälle, die fast täglich schon in den Morgenstunden wiederkehrten, aber durch die Injection jedesmal sehr rasch gemässigt wurden.

Im weiteren Verlaufe zeigte sich eine auf Druck empfindliche Stelle an der Wirbelsäule, in der Gegend des letzten Cervical- und ersten Brustwirbels; später wurde dieselbe nach Angabe der Patientin auch spontan schmerzhaft. Es wurden Blutegel und Schröpfköpfe wiederholt daselbst applicirt, auch mehrere sehr heftige Schmerzanfälle in der Brust und Arm konnten durch Injectionen von ¼ Gr. Morphium (so weit war allmälig gestiegen) im Nacken, neben der schmerzhaften Stelle, coupirt werden. Nach einigen Wochen verlor sich jedoch die Schmerzhaftigkeit im Nacken und auch die Injectionen daselbst zeigten sich wirkungslos, weshalb zu den früheren Einspritzungen an der Brustdrüse selbst zurückgekehrt wurde.

Die Zeit verminderte nicht, sondern steigerte in diesem Falle immer mehr die Heftigkeit der neuralgischen Schmerzen, die allmälig fast permanent wurden und, ohne die fortwährende Palliativbehandlung mit Injectionen, die Patientin fast zu jeder Thätigkeit unfähig machten. Indessen so segensreich die Injectionen in diesem Falle wirkten und so wenig dieselben durch irgend welche anderweitigen Agentien (namentlich durch innere Anwendung der Narcotica, ferner durch Eis, Compression u. s. w.) ersetzt werden konnten, indem nach jedem derartigen Versuche auf dringendes Begehren der Kranken stets wieder zu der Injectionsbehandlung zurückgekehrt wurde — so reducirte sich doch einerseits die Dauer der Palliativwirkung auf immer kleinere Zeiträume (3 — 4 Stunden) und musste daher die Einspritzungen zwei- oder selbst dreimal am Tage wiederholt werden; andererseits war selbst dieser relativ unbedeutende Erfolg nur mit stets gesteigerten und zuletzt wahrhaft enormen Dosen des Narcoticums zu erzielen. Es wurde bis zu 2 Gr. Morphium pro dosi gestiegen, welche Gabe keine irgend erheblichen Intoxicationsphänomene hervorbrachte. Versuchsweise wurde eine Zeit lang das Morphium mit dem Extr. Opii vertauscht, welches jedoch auch bei relativ geringerer Dosis nicht Besseres leistete, als das Morphium, und daher ebenfalls schliesslich zu 7 — 8 Gr. pro dosi, übrigens ohne nachtheilige Folgeerscheinungen, injicirt wurde.

_ Leider vermag ich, da die Patientin in der letzten Zeit die Injectionen bald durch diesen, bald durch jenen Arzt an sich ausführen liess, die Gesammtzahl derselben nicht genau zu bestimmen: doch dürfte sich diese nach einer ausserordentlich gelinden Schätzung mindestens auf mehr als 1200 belaufen, und ist somit dieser Fall auch wegen des Ausbleibens übler örtlicher Folgen bei der so enormen Häufung und raschen Aufeinanderfolge der Injectionen innerhalb eines nur kleinen Hautbezirks wohl zu bemerken (vgl. Theil I, Cap. 2). —

In einem zweiten, noch recenten Falle von Neuralg. mammae in puerperio, der erst seit Kurzem mit subcutanen Morphium-Injectionen behandelt wird, ergaben letztere bisher eine sehr günstige palliative Wirkung. —

Neuralgia brachialis.

Bergson empfiehlt in seiner trefflichen Monographie der Brachial-Neuralgieen die örtliche (endermatische und hypodermatische) Anwendung der Opiate.

Einen Fall, in dem subcutane Morphium-Injectionen grossen Nutzen gewährten, berichtet Dujardin-Beaumetz.

Derselbe betraf eine 42jährige Frau mit seit einem Monat bestehender Neuralgia brachialis sin. aus unbekannter Veranlassung. Vom 3. Juli bis zum 13. August wurden fast täglich in Injectionen (von 2 — 3 Ctgrmm. einer Lösung von 1 : 20) an verschiedenen Stellen des Armes vorgenommen und zuletzt völlige Heilung erzielt. (Atropininjectionen waren vorher ohne Erfolg angewandt worden.)

Auch Fischer und Lorent sahen von den Injectionen wesentliche Erfolge, Sander nach einer Einspritzung völlige Heilung. Ruppaner beobachtete in einem Falle von Cervicobrachial-Neuralgie, wo die Schmerzen schon „seit vielen Jahren„ bestanden, nach zwei Injectionen eine solche Besserung des Zustandes, dass die noch gelegentlich auftretenden, sehr gelinden Schmerzanfälle keinen Vergleich mit den früheren Beschwerden aushielten. Ebenso enthält die allg. Wiener med.

Ztg. (1866 Nr. 1.) einen Fall von circumscripter Neuralgie des Vorderarms nach einem Aderlass, in welchem durch subcutane Morphium-Injectionen Besserung erzielt, die Behandlung aber nicht anhaltend genug fortgesetzt wurde.

Ich habe ebenfalls in 6 Fällen von Neuralgieen im Gebiete des plexus brachialis, in denen meist äussere Veranlassungen (Druck auf die Nerven, Verletzungen u. s. w.) nachweisbar waren, von den Morphium-Injectionen gute und selbst bleibende Erfolge gesehen.

1. In dem ersten Falle, bei einer 21jährigen, sehr anämischen und an Tuberculosis pulmonum leidenden Patientin hatten die besonders über dem Acromion und dem M. deltoides empfundenen, jedoch auch nach der Achselhöhle, nach Brust und Oberarm ausstrahlenden Schmerzen, die oft auch mit Herzklopfen und Stichen bei der Respiration verbunden waren, ihre nächstliegende Veranlassung wahrscheinlich in einer von Zeit zu Zeit recidivirenden Schwellung der axillaren Lymphdrüsen, deren eine sogar in Abscedirung überging und längere Zeit eiterte. Dennoch wirkten auch hier Injectionen von Morphium, theils in der Fossa supraclavicularis, theils an Schulter und Oberarm in der Nähe der schmerzhaftesten Punkte entschieden sehr vortheilhaft, und bewirkten nach und nach eine fast völlige Beseitigung der neuralgischen Symptome trotz des noch fortbestehenden Causalleidens.

2. Bei einem 46jährigen Tagelöhner wurden die über Schulter und Oberarm verbreiteten, bei jeder Bewegung sehr heftigen Schmerzen, denen keine materielle Veranlassung zu Grunde lag, ebenfalls durch Morphium-Injectionen vorübergehend sistirt; jedoch fand eine fortgesetzte Behandlung nicht statt.

3. Bei einem 28jährigen kräftigen Kutscher wurde die entschieden rheumatische, linksseitige, seit 8 Tagen bestehende Cervicobrachialneuralgie nach erfolglosem Gebrauche von Tinct. Jodi und Schröpfköpfen durch Morphium-Injectionen sehr erheblich gebessert. Nach der dritten Einspritzung stellte sich der (ambulatorisch behandelte) Patient nicht wieder vor.

4. Frau Ahrens, 23 Jahre. Neuralgie und motorische Functionsstörung im Gebiete des linken N. medianus in Folge eines Messerstiches, der vor vier Wochen den inneren Rand des Biceps an der Gränze des unteren Oberarmdrittels getroffen. Die in der ganzen Hautausbreitung des N. medianus ausstrahlenden Schmerzen wurden durch wiederholte Injectionen vollständig beseitigt, während auch die Motilität unter Anwendung von Inductionsströmen sich ungeschwächt wiederherstellte.

5. Bei einem Patienten (Zornow), wo wegen eines Aneurysma traumaticum der Ellenbeuge die Art. brachialis am Oberarm unterbunden werden musste, wurden die nach der Ligatur zurückbleibenden, ebenfalls im Gebiete des Medianus ausstrahlenden Schmerzen durch Morphium-Injectionen (zweimal täglich) in sehr wirksamer Weise gemildert.

6. Frau S., 49 Jahre alt, von schwächlicher Constitution und mit Rheumarthritis chron. in verschiedenen Gelenken behaftet. Seit längerer Zeit (ohne objectiv nachweisbare Veranlassung) bestehende, bes. dem Verlaufe des N. ra-

dialis folgende Schmerzen im rechten Arm, die fast typisch in den Abendstunden exacerbiren; Behandlung mit Tinct. Jodi, Vesicantien u. s. w. erfolglos. Am 28. Aug. (Abends) Injection von ¼ Gr. Morph. muriat. an der Umschlagstelle des Radialis am Oberarm. Fast augenblickliche (nach kaum 1½ Minuten) Sistirung der sehr heftigen Schmerzen, leichte Mattigkeit, Schlaf, anderthalbtägige völlige Euphorie. Wiederholung der Injectionen am 30. Aug., 1. Sep. und 3. Sept., zuletzt mit etwas gesteigerter Dosis (½ Gr.), worauf Muskelzittern, allgemeines Schwindelgefühl u. s. w., jedoch nur sehr vorübergehend eintraten. Seitdem erfolgte bis gegen Ende des Monats — also fast 4 Wochen hindurch — kein Recidiv; über das fernere Befinden der Patientin fehlt es an Nachricht.

Scapulalgie.

Von Neuralgieen im Gebiete der Scapulanerven (N. suprascapularis und dorsalis scapulae) habe ich zwei Fälle beobachtet, die beide nach erfolgloser Anwendung von Vesicantien, Schröptköpfen, Tinct. Jodi u. s. w. durch Morphium-Injectionen gebessert wurden, sich aber nach kurzer (nur ambulatorischer) Behandlung nicht wieder vorstellten. Die Injectionen wurden theils in der seitlichen Halsgegend am vorderen Rande des Cucullaris, theils in der Fossa supraspinata und dem Orte der incisura scapulae vorgenommen.

Neuralgia intercostalis.

Schon Wood benutzte bei Intercostal-Neuralgieen die Injectionen mit Erfolg; ebenso Oppolzer in einem mit morbus Brightii und Pyelitis complicirten Falle. Codrescu empfiehlt (nach Béhier) das Verfahren besonders bei den im Verlaufe von Lungentuberculose auftretenden symptomatischen Intercostal-Neuralgieen. Unter 6 in dieser Weise behandelten Fällen kehrte nur zweimal der Schmerz wieder, während in den übrigen Fällen 1 oder 2 Injectionen zu seinem Verschwinden genügten. — Ruppaner behandelte ebenfalls 2 Fälle mit glücklichem Erfolge: in dem ersten, wo das Leiden rheumatischen Ursprungs zu sein schien, bestand 3 Wochen nach der zweiten Injection noch kein Recidiv; in dem anderen, wo die Neuralgie mit Dysmenorrhoe im Zusammenhang stand, genügte eine Injection in Verbindung mit Ferrum citricum innerlich zu völliger Herstellung.

Sander und ein Ungenannter (in der Lancet 1864, l. c.) empfehlen die Injectionen auch bei der mit Herpes Zoster verbundenen neuralgia intercostalis, und Ersterer sah dieselbe bereits nach einer einzigen Einspritzung schwinden; ebenso

Erlenmeyer. Ich konnnte in einem, ambulatorisch behandelten Falle dieses günstige Resultat nicht bestätigen.

Ein 27jähriger Schuhmacher litt seit 5 Tagen an Herpes Zoster mit heftiger Intercostalneuralgie in der Gegend der unteren Rippen, woselbst zahlreiche, zum Theil frische Bläschen-Eruptionen sich vorfanden. Eine Injection von $1/_3$ Gr. Morphium (am unteren Rippenrande) linderte den Schmerz nicht, vielmehr war derselbe angeblich gerade in der Gegend der Injectionsstelle am lästigsten, während Einreibungen von Ung. Zinci baldigen Nachlass herbeiführten.

Cardialgie.

Bei „Gastralgicen", Magenkrämpfen u. s. w. sahen **Pletzer**, **Sämann** und **Fischer** von Morphium-Injectionen gute Erfolge. **Erlenmeyer** erzielte in einer Reihe von Fällen selbst sofortige Heilung. Ich habe in zwei Fällen reiner, nicht von Structurveränderungen der Magenwandungen abhängiger Cardialgie nur vorübergehenden Nutzen von den — in der regio epigastrica vorgenommenen — Einspritzungen gesehen.

1. Frl. H., 41 Jahre alt, von anämischem Aussehen, leidet seit mehreren Jahren an cardialgischen Schmerzen, die paroxysmenweise ohne Regelmässigkeit auftreten, nach Brust, Rücken und Lendengegend hin ausstrahlen und öfters mit Aufstossen und Erbrechen endigen. Die Aufälle kommen fast jeden Tag oder selbst mehrere Male am Tage; die Intervalle sind schmerzfrei, die Verdauung ungestört, Magengegend auf Druck nicht empfindlich; ausser leichter Flatulenz und Verstopfung keine weiteren Beschwerden. Carlsbader Brunnen und Mag. Bismuthi mit sehr vorübergehendem Erfolge gebraucht. — Am 28. Aug. Nachmittags 5 Uhr Injection von ¼ Gr. Morph. acet. in der Regio epigastrica eben im Beginn eines Anfalls. Der Schmerz hört nach kaum 5 Minuten auf; Pat. will sich entfernen, ist aber kaum wenige Schritte gegangen, als sie von einer fast ohnmachtähnlichen Müdigkeit überfallen wird; nur mit Mühe gelangt sie nach Hause. Schlaf bis zum folgenden Morgen; Remission bis zum Nachmittag, dann neuer Anfall, jedoch minder heftig, mehr nach der linken Lumbalgegend hin ausstrahlend, während die Injectionsstelle fast ganz verschont bleibt. Am 30. Aug. Injection einer gleichen Dosis in der Gegend der letzten Rippe linkerseits. Völlige Euphorie bis zum folgenden Mittag; dann Wiederkehr des Schmerzes, der jetzt vorwiegend die rechte Seite befällt. Leichte Besserung nach Application eines Sinapismus; Würgen und schleimiges Erbrechen. Am 2. September steigerte sich der Schmerz wieder während des Gehens; am Nachmittag Injection an der schmerzhaftesten Stelle (rechts); grosser Schwindel und Hinfälligkeit, und nach einer halben Stunde Schlaf bis gegen 9 Uhr. Die Nacht und der folgende Tag schmerzfrei. — Die Behandlung mittelst Injection wurde dann noch von einem anderen Arzte lange Zeit hindurch mit gutem Erfolg fortgesetzt, eine definitive Heilung jedoch nicht erreicht.

2. **Marie Rasmus**, 22 Jahre alt; Cardialgie aus unbekannter Veranlassung (gleichzeitig Hysterie, chronischer Uterinalcatarrh und Hernia ventralis).

Der innere Gebrauch der Opiate zeigte sich den cardialgischen- Beschwerden gegenüber ganz resultatlos.

Die erste Injection von ⅛ Gr. Morphinm, am 28. 8. (Abends um ½8 Uhr) gemacht, hatte hier ebenfalls sehr wenig Wirkung. In der Nacht fast gar kein Schlaf; die Schmerzen verlieren sich erst gegen Morgen. Am 4. 9. Injection von ¹/₆ Gr. Vormittags; keine Narcose, nur Müdigkeit; die Schmerzen hören nicht ganz auf, ziehen aber mehr nach Schultern und Brust hin. Am Nachmittag Erbrechen. Abends um 7 Uhr neue Injection von ⅛ Gr. — Remission nach einer halben Stunde; um 9 Uhr Schlaf, der die ganze Nacht dauert; am Morgen völlige Euphorie. Nachmittag wieder ein sehr heftiger Anfall; rasche Linderung bei Injection von ⅛ Gr., ohne Spur von Narcose. Der Anfall dauert bis zum folgenden Morgen.

Ich verzichte darauf, den weiteren Verlauf genau zu beschreiben, und erwähne nur, dass noch 23 Morphium-Injectionen gemacht wurden, die meist eine mehrstündige Linderung bewirkten. Nachdem bis zu ½ Gr. Morphium vorgeschritten war, wurde das Mittel ausgesetzt und an seiner Stelle Atropin, ebenfalls mit palliativem Erfolge, subcutan injicirt.

Enteralgie.

Hierher gehören die wenigen, bisher in der Literatur bekannt gewordenen Fälle von Colica saturnina, die mit Morphium-Injectionen behandelt wurden. Béhier, Bois und van Geuns wollen durch dieses Verfahren Heilung bewirkt haben. Ausführlicher berichtet Hermann über zwei Fälle, in denen ein sehr glänzendes Resultat erzielt wurde, und die ich hier kurz anführe.

1. Ein 17jähriger Anstreicher leidet seit 4 Tagen an heftigem Grimmen um den Nabel herum und Drang zum Stuhlgang. Der Schmerz so heftig, dass Pat sich windet und laut aufschreit. Bauchdecken hart, Puls verlangsamt. Injection von ⅛ Gr. Morphium oberhalb des Nabels. Der Schmerz hört sogleich auf; keine allgemeinen Symptome. Nach einer Stunde Rückkehr des Schmerzes; neue Injection mit demselben Erfolge. Nach einer Stunde dritte Injection. Bei Wiederkehr des Schmerzes wird statt der Einspritzungen stündlich ⅛ Gr. Opium (sechsmal hinter einander) gegeben, jedoch ohne den geringsten Nachlass; hierauf dieselbe Dosis noch sechsmal. 24 Stunden nach der ersten innerlichen Verabreichung, nachdem sich bereits ein geringer Sopor eingestellt, lassen die Schmerzen nach und kehren auch nicht wieder; Patient verlässt nach 2 Tagen geheilt das Spital.

2. Im zweiten Falle wurde etwas über ⅛ Gr. Morphium pro dosi in der Umgebung des Nabels injicirt. Noch während der Einspritzung (es wurden zwei Spritzen hinter einander gefüllt) entsteht Schwindel im Kopf, Mattigkeit, Schläfrigkeit. Der Erfolg eclatant; der Schmerz hört sogleich auf, Patient schläft ein,

erwacht zwar nach 3 Stunden, der Schmerz kehrt jedoch erst nach 12 Stunden zurück. Neue Injection mit derselben Wirkung. Die Einspritzung wird bei Erneuerung der Schmerzen auf Bitten des Kranken noch mehrmals wiederholt, und nach 3 Tagen wird Patient vollkommen gesund aus dem Spital entlassen.

Coccygodynie.

Bei dieser, ihrem eigentlichen Sitze nach dunkeln Affection versuchte Wolliez sowohl Morphium- als Atropininjectionen ohne Erfolg. Der Fall betraf ein 18jähriges Mädchen, bei dem freilich alle sonstigen Mittel ebenfalls versagten. — Dagegen stellt Scanzoni die subcutanen Morphium-Injectionen auch hier an die Spitze der örtlich wirkenden Mittel; narcotische Suppositorien, Eis, Sitzbäder u. s. w. können dieselben nach ihm nicht ersetzen.

Neuralgia lumbalis.

Sander sah eine Lumbo-Abdominal-Neuralgie nach drei Einspritzungen verschwinden. Auch Sommerbrot beobachtete bei Neuralgieen des Plexus lumbalis günstige Erfolge.

Ischias.

Wood, Bonnar, Hunter und Rynd erhielten bei Ischias von Injection der Opiate die besten Erfolge. — Semeleder bestätigte die schnelle, schmerzstillende Wirkung in einem Falle von Ischias rheumatica; hier wurden zuweilen, wenn die Spritze in Unordnung war, Morphiumpulver innerlich substituirt: der Kranke empfand die Allgemeinwirkung, allein die örtliche Schmerzstillung blieb weit zurück, trotz der viel grösseren Dosis. — Scholz erwähnt zweier, ebenfalls mit Glück behandelter Fälle — Jarotzky und Zülzer bewirkten in einem Falle durch zwei Injectionen dauernde Heilung.

Derselbe betraf einen 60jährigen, an Paralysis agitans leidenden Invaliden. Es wurde ½ Gr. Morphium nach hinten und innen vom Trochanter major eingespritzt. Die Linderung erfolgte schon nach ¼ Stunde; nach ca. einer Stunde allgemeine, sehr tiefe, achtzehnstündige Narcose. Nach dem Erwachen war die Ischias fast verschwunden, recidivirte jedoch nach einigen Tagen; die Procedur wurde, und nun mit dauerndem Erfolg, wiederholt.

Hermann sah ebenfalls nach 4 Einspritzungen Heilung erfolgen.

Bei einem seit 8 Tagen an Ischias erkrankten Schuster wurden erst 3 Wochen lang die gebräuchlichen Curmethoden angewandt: der Effect war fast null; die

Schmerzen waren dieselben und vom Gehen war überhaupt keine Rede. Injection zwischen Tuber ischii und Trochanter; Aufhören des Schmerzes nach
einigen Minuten; am folgenden Tage ging Patient im Zimmer herum. — Am
folgenden Tage zweite Injection mit demselben Erfolg; nach 4 Tagen noch eine
dritte und nach 24 Stunden eine vierte, worauf kein Recidiv mehr folgte.

Oppolzer empfiehlt neben anderen örtlichen und allgemeinen Mitteln auch Injectionen von Morphium oder Atropin
bei Behandlung der Ischias; ebenso Lebert, Bardeleben und
Andere. — Rosenthal spricht sich über die Wirkung der
subcutanen Injectionen bei dieser Neuralgie folgendermassen aus:
„Subcutane Injectionen von Morphium erwiesen sich bei symptomatischer Ischias als ein wirksames Verfahren, um die Heftigkeit der Exacerbationen abzustumpfen. Selbst hochgradige
Beschwerden wurden hierdurch für eine längere Weile zum
Schweigen gebracht, in einzelnen Fällen die nächtlichen Paroxysmen (ohne deren Wiedereintritt abzuwarten) zurückge-
drängt, oder wenigstens deren Intensität auf das Maass der Er-
träglichkeit herabgesetzt, und dadurch ein Theil der Nachtruhe
dem Leidenden gerettet. Bei idiopathischen Neuralgien von
besonderer Heftigkeit hatten wohl eine Reihe (20—30) Injectionen die Affection nicht gebannt, allein die ausserordentliche
Empfindlichkeit der Nerven wurde wenigstens soweit beschwichtigt, dass im weiteren Verlauf zur Anwendung der Electricität
oder eines anderen Heilverfahrens mit mehr Aussicht auf Erfolg geschritten werden konnte."

Unter den von Rosenthal mitgetheilten Fällen von Ischias
ist namentlich einer bemerkenswerth.

Es handelte sich um eine 40jährige Frau, wo die (linksseitige) Ischias gleichzeitig mit Carcinoma uteri bestand und von letzterem abhängig schien. Die besonders nächtlich exacerbirenden Schmerzen wurden durch Morphium-Injectionen
stets beschwichtigt. Die Kranke starb später an Dysenterie, und bei der Section
ergab sich eine Vermehrung des interstitiellen Bindegewebes der Nervenbündel
mit stellenweise eingelagerten, grossen, vielgestaltigen, ein- oder zweikernigen
Krebszellen. —

Pletzer sah in einem Falle radicale Heilung, giebt jedoch
(nach weiteren Erfahrungen) den Strychnin-Injectionen bei
Ischias den Vorzug. — Sander beobachtete ebenfalls bei Ischias
wesentliche Besserung und Heilung; in Bezug auf einige Fälle,
wo das Verfahren ohne Erfolg blieb, hebt er hervor, dass es
sich hier wahrscheinlich um eine sympathische (durch Becken-

geschwulst etc. bedingte) Ischias gehandelt habe und die Unwirksamkeit der Injectionen somit gerade zur Sicherung der
Diagnose in dieser Beziehung beitragen könne.

Günstige Resultate berichten ferner Lorent, Erlenmeyer,
Nieberg, Schneevogt, Sommerbrot und Dujardin-
Beaumetz. Letzterer bewirkte bei Ischias rheumatica eines
35jährigen Mannes durch 10 Injectionen, an hintereinander folgenden Tagen gemacht, definitive Herstellung. Dagegen sah
Schwarz die Dauer des Leidens durch wiederholte Injectionen
nicht abgekürzt werden, während endermatische Anwendung
der Narcotica und Dampfbäder bessere Dienste leisteten.

Ueber zwölf Fälle von Ischias, die mit Opium-Injectionen
behandelt wurden, berichtet Ruppaner (l. c. pag. 85—102).
In 8 Fällen erfolgte Heilung, in den übrigen mehr oder minder
bedeutende Besserung; zweimal wurde wegen Eintritts belästigender gastrischer Symptome zu anderweitigen Verfahren (Atropin-Injectionen, Irritantien) übergegangen.

Ich selbst habe in 13 Fällen von meist idiopathischer (sog.
rheumatischer) Ischias Injection von Morphium oder Extr. Opii
mit zum Theil sehr befriedigendem Erfolge in Anwendung gezogen. In anderen Fällen zeigte sich dagegen das Leiden ausserordentlich hartnäckig und die Wirkung der Injectionen nur
sehr vorübergehend, und halte ich es daher für gerechtfertigt,
gerade bei diesem so häufigen Leiden etwas ausführlicher zu
verweilen, um Illusionen zu verhüten, welche in der Praxis
gewiss recht oft keine Bewährung finden dürften.

1. Brook, Kaufmann, 34 Jahre, von kräftiger Constitution, leidet seit
März 1863 an Ischias auf der rechten Seite, die plötzlich nach Erkältung (Zugluft auf einem Bahnhofe) entstanden sein soll. Die Schmerzen treten anfallsweise
auf, folgen dem Verlaufe des Cutaneus femoris post. und des Suralis; Haupt-
schmerzpunkte in der Gegend des Tuber ischii und am Malleolus externus.
Dampfbäder waren bisher ohne allen Nutzen; seit Kurzem gebraucht Patient
auch Electricität (Inductionsstrom) und Heilgymnastik. Am 20. August (Vormittags 9 Uhr) Injection von ¼ Gr. Morphium in der Nähe der incisura ischiadica.
Besserung bis zum Nachmittag; keine Narcose. Am folgenden Morgen Injection
von ¼ Gr. an derselben Stelle; gleich darauf merkliche Erleichterung, die Remission hält bis zum folgenden Mittag an; auch bei Bewegung weniger Schmerz
als gewöhnlich. Auch jetzt keine Narcose, nur leichtes Schwindelgefühl und
„Dröhnen" im Kopfe. Am Nachmittag des 21. 8. beginnt der Schmerz wieder,
jedoch fast ausschliesslich an der äusseren und vorderen Seite des Unterschenkels,

und verschwindet nach Injection von ⅛ Gr. am Capitulum fibulae. Neue Injectionen mit gleichem (mehrstündigen bis eintägigen) Nutzen am 23., 24., 26., 27· und 29. August. Von jetzt ab wurde 4 Wochen hindurch der constante Strom täglich, jedoch ohne Erfolg, angewendet. Schliesslich wurde das Ferrum candens applicirt, und Patient reiste 3 Wochen später, mit noch eiternder Brandwunde, wesentlich gebessert, in seine Heimath. Patient stellte sich später als völlig ge-. heilt vor, ohne dass er inzwischen eine andere Kur angewendet hätte.

2. Ewert, Arbeiter, 40 Jahr, nicht sehr kräftiger Mann, jedoch sonst gesund, war bereits im November und December 1862 wegen einer frischen Ischias rheumatica dextra clinisch behandelt worden; nach Anwendung von Vesicantien, Kalium jodatum, Dampfbädern, Electricität, wurde er am 19. 12. gebessert entlassen. Am 12. Juni 1863 kehrte Patient in sehr verschlimmertem Zustande zurück; nachdem er sich bis vor 5 Wochen ganz wohl befunden, haben die Schmerzen plötzlich, während des Gehens, erst im linken, dann im rechten Oberschenkel begonnen, und sind besonders links ausserordentlich heftig, das Gehen jetzt ganz unmöglich. Exacerbationen meist Abends und Nachts; die Gegend der Incisura ischiadica auf beiden Seiten bei Druck schmerzhaft, abwechselnd auch die Punkte am Trochanter major, Caput fibulae und Malleolus externus. Nachdem zwei Wochen hindurch Electricität und Dampfbäder erfolglos versucht, wird am 28. 6. (Abends) ⅛ Gr. Morphium in der Gegend der linken Incisura ischiadica eingespritzt. Der Schmerz verliert sich sehr bald, es tritt Schlaf bis zum Morgen ein; nach dem Erwachen ist der Schmerz auf der linken Seite vollständig verschwunden, rechts zwar ebenfalls vermindert, doch nicht ganz aufgehoben.

(Es wurden in diesem Falle die Tastkreise beiderseits bestimmt. Vor der Injection am Orte der Einspritzung links 48, rechts 50 Millimeter — eine Viertelstunde darauf, bei schon eingetretener günstiger Wirkung, links 55 — 58, rechts 52 — am folgenden Morgen beiderseits 50 — 51 Mm.).

Am 30. 6. kehrt der Schmerz auch links wieder; neue Injection von ⅛ Gr. links mit gleichem Erfolge.

Am 2. 7. Abends 8 Uhr Injection, diesmal rechts am Trochanter; erhebliche Remission auf dieser Seite, die 3 Tage anhält. In der Nacht vom 5. zum 6. Juli wieder stärkere Schmerzen. Am Abend des 6. Juli Injection von ¹/₃ Gr. links; Schlaf nach 1½ Stunden, die ganze Nacht hindurch, beim Erwachen völlige Analgesie. Es tritt eine längere Pause ein; links verliert sich der Schmerz total, während rechts leichte Residuen zurückbleiben. Am 4. 7. ist der Schmerz rechts zwischen Tuber ischii und Trochanter wieder sehr heftig, wird aber durch Injection von ¹/₃ Gr. nach wenigen Minuten sistirt. Neue Injectionen am 15., 17., 18. und 21. Juli, stets nur auf der rechten Seite, da links der Schmerz ganz fortbleibt. Auch rechts tritt nach der letzten Einspritzung während einer vierzehntägigen Beobachtungszeit eine erhebliche Exacerbation nicht mehr ein, und Patient wird daher am 5. August entlassen.

3. Kasch, Schiffer, 50 Jahre alt, muskulöser Mann, seit zehn Tagen mit Ischias postica sinistra behaftet. Schmerz hauptsächlich in der Glutäengegend, nach der äusseren und hinteren Seite des Femur ausstrahlend; bisherige Behandlung mit Vesicantien erfolglos. Am 27. Juni hypodermatische Injection von ⅛ Gr. Morphium an der Austrittstelle des Ischiadicus. Am 1. Juli kommt Pat. wieder; die Schmerzen haben seit der Einspritzung bedeutend abgenommen, eine

eigentliche Exacerbation hat nicht mehr stattgefunden. Neue Injection von gleicher Dosis. Am 7. Juli stellt sich Patient wieder vor; er hat seit der zweiten Injection gar keinen Schmerz mehr gehabt und vollkommen unbehindert seinem Beruf nachgehen können. Aus Vorsicht wird noch eine dritte Einspritzung an derselben Stelle gemacht. Auch nach 4 Wochen war ein Recidiv nicht erfolgt.

4. Joseph Nehls, Arbeitsmann, 46 Jahr, leidet seit einem Jahre an neuralgischen Schmerzen, die besonders an der vorderen und inneren Seite des Oberschenkels ihren Sitz haben, also den Hautausbreitungen des Cruralis (Cutaneus femoris medius und internus) entsprechen. Beim Husten ist der Schmerz besonders lebhaft und wird auch beim Niedersitzen sehr gesteigert. Eine Hernie ist nicht vorhanden. Injection von $\frac{1}{4}$ Gr. Morph. muriat. in der fossa ileopectinea bewirkt nach 10 Minuten Sistirung der Schmerzen bei leichter Mattigkeit, Uebelkeit und Brechneigung; eine Viertelstunde darauf geht Patient ohne Beschwerden nach Hause. Wiederholung der Procedur am fünften Tage darauf hat denselben Erfolg; da Patient sich jedoch zu unregelmässig einstellt, so wird später zur Anwendung der Vesicantia volantia und des Kalium jodatum innerlich übergegangen. Die Neuralgie verliert sich unter dieser Behandlung in Zeit von 7—8 Wochen ziemlich vollständig.

5. Frau Raabe, 26 Jahr alt, von sehr anämischem Aussehen, ist wegen Insufficienz und Stenose der Aortenklappen in clinischer Behandlung, und mit einer Neuralgia brachialis sin. behaftet, wofür eine aneurysmenartige Gefässerweiterung und Druck auf den Plexus brachialis als ätiologisches Moment angenommen wird. Seit 3 Tagen hat sich ausserdem eine Ischias post. sin. bei der Patientin entwickelt, deren Veranlassung eine rheumatische (Erkältung beim Besuche des Gartens) gewesen zu sein scheint. Die Schmerzen treten paroxysmenartig auf und folgen besonders dem Verlauf des Cutaneus femoris post., auch die Glutäengegend ist schmerzhaft. Am Abend des 10. Juli wurde eine Injection von $^1/_2$ Gr. Morphium hinter dem Trochanter major gemacht, die jedoch keinen Erfolg hatte; es trat weder erhebliche Schmerzlinderung noch Schlaf ein — vielleicht weil in der benutzten Flüssigkeit sich schon viel Morphium aus der Lösung geschieden hatte. Am Vormittag des 12. Juli neue Injection von $\frac{1}{4}$ Gr. in der Nähe der incisura ischiadica. Nach $1\frac{1}{4}$ Stunden tritt Schlaf ein, der eine Stunde anhält; beim Erwachen völlige Analgesie, dagegen Uebelkeit und Brechneigung; den ganzen Tag über leichte Somnolenz. Am Abend gegen 8 Uhr stellt sich wieder etwas Schmerz ein, der sich jedoch spontan verliert. Erst am 16. Juli eine neue, heftigere Exacerbation; es wird ein thalergrosses Vesicans hinter dem Trochanter major applicirt und nach Eröffnung der Blase $\frac{1}{4}$ Gr. Morphium in Pulverform eingestreut, was jedoch weder eine narcotische noch örtlich schmerzstillende Wirkung zur Folge hat; ebenso wird durch mehrmalige Wiederholung dieser Procedur in den nächsten Tagen kein Nutzen erzielt, weshalb zur Anwendung der Injection zurückgekehrt wird. Am Mittag des 23. Juli Einspritzung von $\frac{1}{4}$ Gr. Morph. muriat.; nach einer Stunde bemerkbare Remission, jedoch den ganzen Tag über heftiger Kopfschmerz, Uebelkeit, zweimaliges Erbrechen, kein Schlaf. Gegen Abend beginnt der Schmerz wieder mit unverminderter Heftigkeit, und wird durch eine Chloroform-Inhalation nur für mehrere Stunden gemildert. Wegen der übeln Erscheinungen der Morphiumwirkung werden weiterhin Injectionen von Atropin,

welche von der Patientin besser ertragen werden und etwas dauerhafteren Erfolg zeigen, bei ihr angewendet.

6. Herr U., Gutsbesitzer aus Rügen, ein kräftiger Mann und früher stets gesund, leidet seit $5\frac{1}{2}$ Monaten an einer Ischias auf der linken Seite, über deren Veranlassung nichts bekannt ist. Der anfallsweise, besonders Abends exacerbirende Schmerz, der übrigens nie ganz verschwindet und durch Husten, Niedersetzen, Aufstehen nach dem Sitzen und längeres Gehen in hohem Maasse gesteigert wird, hat seinen Sitz theils an der Glutäengegend, theils au der hinteren und äusseren Seite des Oberschenkels, an der Wade und der äusseren Seite des Unterschenkels; als besonders schmerzhaft werden einige Punkte in der Mitte der Glutäen, hinten und aussen vom Trochanter major, an der Kniekehle, dem Caput fibulae und in der Mitte der Wade bezeichnet. Eisen und Terpenthin innerlich, Vesicantien, Dampf- und Schwefelbäder haben nicht das Geringste geleistet. Am 4. Februar Injection von $1\frac{1}{2}$ Gr. Extr. Opii (gr. iij einer Lösung von Extr. Opii und Aq. dest. aa) zwischen Trochanter und Tuber ischii. Der vorher sehr heftige Schmerz lässt fast unmittelbar nach der Einspritzung erheblich nach, und kehrt auch während der eine Stunde darauf unternommenen mehrstündigen Heimreise des Patienten nicht wieder. Bis zum 10. Tage besteht völlige Analgesie; alsdann kehrt der Schmerz, jedoch in milderer Form, zurück, so dass Patient, sehr entzückt von dem Erfolge der ersten Injection, sich behufs regelmässiger Wiederholung derselben in die Klinik aufnehmen lässt. Am Abend des 16. 2. Injection von 2 Gr. Extr. Opii an derselben Stelle. Der Schmerz verschwindet bis auf ein leichtes Brennen an der Stichstelle sehr rasch; nach einer Stunde tritt Schlaf ein, während dessen Patient öfters durch ein eigenthümliches (auch schon nach der ersten Einspritzung bemerktes) Gefühl von Jucken und Prickeln in der Haut, namentlich im Gesichte, incommodirt wird. Am Morgen, nach Genuss von etwas Kaffee, einmaliges Erbrechen. Während des Tages völlige Analgesie; Patient klagt jedoch über Appetitlosigkeit und leichte Benommenheit, die sich erst gegen Abend verlieren; der Stuhlgang ist nicht retardirt. Im Laufe des folgenden Tages erneuert sich der Schmerz etwas an der äusseren Seite des Oberschenkels bis zum Knie, während er in der Umgebung der früheren Stichstelle verschwunden ist. Am Abend (8 Uhr) Injection von $1\frac{1}{2}$ Gr. Extr. Opii etwas unterhalb und nach hinten vom Trochanter major; nach kaum einer Stunde Schlaf, der die ganze Nacht über mit flüchtigen Unterbrechungen anhält. Am nächsten Vormittag ist Patient noch etwas matt, aber ganz schmerzfrei, Erbrechen ist nicht wieder eingetreten, Puls und Appetit normal. — Fünf Tage hindurch bleiben die Schmerzen völlig fort, obwohl Patient sich bereits viele Bewegung macht, auch weitere Spaziergänge ausserhalb zurücklegt. Am Abend des 24. 2. veranlasst ein sehr leichtes und unbedeutendes Recidiv des Schmerzes in der Wade und äusseren Seite des Unterschenkels, nach längerem Gehen, noch einmal zur Injection von nur 1 Gr. Extr. Opii in der Kniekehle, worauf ruhiger Schlaf und nach dem Erwachen völlige Euphorie eintritt. Nach fast vierzehntägiger Beobachtung, während deren sich keine Spur von Schmerz mehr einfindet, wird Patient am 7. 3. aus der klinischen Behandlung entlassen. Einen Monat später hatte kein Recidiv stattgefunden.

7. Ein vielbeschäftigter Arzt (Dr. B.) hatte bereits im Laufe des letzten Jahres zweimal längere Zeit hindurch mit Anfällen von Ischias postica

(dextra) zu kämpfen, als deren Veranlassung er selbst eine varicöse Erweiterung der den Plexus ischiadicus umspinnenden Venen und Druck auf den ersteren betrachten zu müssen glaubte. Diese Annahme fand in dem Vorhandensein ausgedehnter varicöser Hautvenenerweiterungen an der leidenden Extremität und gleichzeitiger abdomineller Störungen eine nicht unerhebliche Stütze. Das erste Mal wich die Ischias in Zeit von 9 Wochen unter localen Blutentziehungen, und dem curmässigen Gebrauche von Sal thermarum Carolinense; das zweite Mal wurde sie durch subcutane Morphium-Injectionen (die letzte am 31. Dec. 1864) innerhalb 4 Wochen beseitigt. Darauf verschwand das Uebel gerade 7 Monate hindurch und kam am 31. Juli 1865 zum dritten Male, und zwar mit grösserer Heftigkeit als je, von Neuem zum Ausbruch. Patient hatte nur Ruhe und vermochte seinen Berufsgeschäften nur nachzukommen, wenn ihm täglich zweimal, Morgens und Abends, Injectionen einer ziemlich bedeutenden Morphiumdosis gemacht wurden. Seinem Wunsche und den von ihm gemachten Selbstbeobachtungen gemäss wurde nämlich jedesmal $\frac{1}{4} - \frac{1}{3}$ Gr. in der Wadengegend (in der Ausbreitung des Cutaneus surae ext.) und eine gleiche Quantität an der hinteren Fläche des Oberschenkels (Cutaneus femoris post.) oder in möglichster Nähe des Ischiadicusstammes selbst — im Ganzen also $\frac{1}{2} - \frac{2}{3}$ Gr. pro dosi — subcutan injicirt. Die Injectionen hatten fast regelmässig, namentlich in der Wade, eine relativ beträchtliche Blutung aus den stark erweiterten venösen Capillaren der Cutis zur Folge. Der Eintritt des narcotischen Effects wurde von dem Patienten nach einem sehr kleinen Zeitintervalle (1 — 1½ Minuten) regelmässig in der früher schon geschilderten Weise sehr deutlich beobachtet, und erstreckte sich die schmerzlindernde Wirkung nach der Morgeninjection (um 8 Uhr) bis zum Anfang des Nachmittags, nach den Abendinjectionen fast bis zum Morgen, so dass Patient sich im Ganzen unter dieser Palliativbehandlung in einem sehr erträglichen Zustande befand, und nur wenn einmal durch irgend eine Veranlassung die Injection ausgesetzt werden musste, von sehr stürmisch wiederkehrenden Schmerzanfällen geplagt wurde. Bei consequenter Anwendung der Injectionen und intercurrenter Application von Schröpfköpfen verschwand das Leiden auch diesmal wieder in Zeit von 8 — 9 Wochen, und es stellte sich hierauf eine fast viermonatliche Pause ein, die erst ganz vor Kurzem durch ein neues Recidiv wieder unterbrochen wurde. Auch diesmal zeigen sich die Injectionen in gleicher Weise palliativ wirksam.

8. Frau Z., eine sehr corpulente, funfzigjährige, ebenfalls mit Abdominalstörungen und hochgradigen Varicositäten am Ober- und Unterschenkel behaftete Dame, mit seit einem halben Jahre bestehender, rechtsseitiger Ischias; permanente, besonders Abends exacerbirende Schmerzhaftigkeit mit vorzugsweisem Sitz in der Ausbreitung des Cutaneus femoris post. und in den Wadenästen des Peronaeus, bis zum Malleolus ext. abwärts; Schmerzpunkte leicht constatirbar. Erste Injection ($^1/_4$ Gr.) am 8. Aug., Vormittags, an der Durchtrittstelle des Ischiadicus; leichte Narcotisation, bedeutender Schmerznachlass, so dass Pat. weit besser als sonst während des Tages sich bewegen und herumgehen kann; am Abend auf ihren Wunsch neue Injection (von gleicher Dosis) an derselben Stelle; Erbrechen. Am folgenden Morgen früh ein sehr heftiger Anfall, durch die Injection sogleich coupirt; da Pat. aber während des Tages gegen das Verbot längere Zeit vor der Thür auf einer kalten Bank sitzend zubringt, erfolgt gegen

Abend ein sehr stürmischer neuer Anfall. Injection an diesem, sowie an den beiden darauffolgenden Abenden mit stets günstigem Erfolge. Seitdem bleiben die Schmerzen weg, obwohl Pat. sich am 12. 8. einer neuen Schädlichkeit (durch Uebersiedelung in ein anderes Domicil) aussetzt. Die Injectionen werden nicht wieder erneuert und Pat. reist am 25. 8., nach 14tägigem vollständigem Wohlbefinden, in ihre Heimath.

9. Bei einer sehr marastischen älteren Dame (Frl. S.) trat die ebenfalls rechtsseitige Ischias im Gefolge eines Carcinoma uteri auf, welches wahrscheinlich auch mit Carcinomen der retroperitonäalen Lymphdrüsen complicirt war. Die Injectionen hatten einen günstigen, jedoch nur mehrere Stunden anhaltenden palliativen Effect und mussten in der Regel selbst 3 mal täglich wiederholt werden, so dass im Ganzen über 2 Gr. Morphium täglich injicirt wurden, wobei Pat. noch etwa die gleiche Dosis daneben innerlich zu verbrauchen pflegte! —

10 — 13. Die übrigen Fälle betrafen ambulatorisch behandelte Kranke mit rheumatischer Ischias, bei denen durch die Injectionen zwar eine Besserung erzielt wurde, die Behandlung aber nicht anhaltend genug fortgesetzt wurde. In einem Falle währte die Besserung nach der ersten Injection 14 Tage, in den übrigen nur einen Tag oder einige Stunden. —

Im Ganzen wurden somit von 13 Fällen 4 gänzlich geheilt, und zwar ein frisch entstandener durch 3 Injectionen, drei schon veraltete (worunter eine bilaterale) durch 4 — 9 Injectionen. In den übrigen Fällen bewirkten die Injectionen nur eine palliative Erleichterung von verschiedener Dauer; doch konnte in 4 Fällen allerdings die Behandlung nicht mit der nöthigen Consequenz durchgeführt werden, und in einem fünften handelte es sich wahrscheinlich um eine durch krebsige Neubildung veranlasste symptomatische Ischias. In einem Falle zeigte sich nach dem Aussetzen der Injectionen bei Anwendung des Ferrum candens gegen die sehr hartnäckige Neuralgie ein etwas besserer Erfolg, während dagegen von den Vesicantien, Dampfbädern, der Electricität, dem Kalium jodatum u. s. w. ein den Morphium-Injectionen auch nur annähernd gleicher Erfolg niemals beobachtet wurde.

Neuralgia cruralis.

Bei Crural-Neuralgieen sahen Lorent und Ruppaner (letzterer in 2 Fällen) gute Resultate. Ich habe in einem, ambulatorisch behandelten Falle durch die Injectionen jedesmal ein- bis viertägige Besserung herbeiführen können.

Allgemeine Bemerkungen über die Wirkung der Opium- und Morphium-Injectionen bei Neuralgieen.

Fragen wir, nach dieser Uebersicht, welche Rolle die Morphium-Injectionen in der Behandlung der Neuralgieen spielen, und wie sie sich anderen therapeutischen Agentien gegenüber verhalten, so lässt sich unser Urtheil, den vorliegenden Erfahrungen gemäss, in folgenden Sätzen zusammenfassen:

1. Die Morphium-Injectionen wirken als das beste, fast nie versagende Palliativmittel bei idiopathischen wie bei symptomatischen Neuralgieen. — Es ist bekannt, wie wenig wir in der Behandlung dieser Leiden auf die narcotischen Mittel verzichten können, weil sie, bei der so häufigen Ohnmacht den causalen Momenten gegenüber, vor Allem die Indicatio symptomatica erfüllen, die quälende Schmerzempfindung vermöge ihrer Wirkung auf das Gehirn mildern oder beseitigen. In dieser Beziehung leisten die Injectionen unstreitig viel mehr, als der innere Gebrauch der Narcotica, da die Allgemeinwirkung auf das Nervensystem und die davon abhängige Schmerzlinderung durch sie viel zuverlässiger, rascher und vollkommener erreicht wird; bei Neuralgieen mit peripherischer Basis verringern sie aber ausserdem noch den zum Gehirn hingelangenden Reiz, indem sie durch ihre locale Wirkung die Erregbarkeit (und Leitungsfähigkeit?) der peripherischen Nerven direct alteriren. Es kann also keinem Zweifel unterliegen, dass in Hinsicht auf den palliativen Effect die Injectionen vor der inneren Anwendung der Narcotica unbedingt den Vorzug verdienen. Mit ihnen zu vergleichen sind in dieser Beziehung allenfalls nur die Chloroform-Inhalationen, die aber viele anderweitige Inconvenienzen mit sich führen und namentlich in der Privatpraxis oft ganz unausführbar sind, wie ich wohl nicht näher zu erläutern brauche. Die Anwendung der Kälte, der Compression und selbst des electrischen Stroms als symptomatischer Mittel, zur Bekämpfung der neuralgischen Paroxysmen, kann sich mit den Injectionen durchaus nicht messen, da bei jenen die Wirkung viel unsicherer, schwankender und im günstigsten Falle bei Weitem langsamer auftritt, und fast niemals so langdauernde Remissionen zu Stande kommen, wie

man sie unter dem Gebrauche der Morphium-Einspritzungen beobachtet.

2. Die Injectionen können bei idiopathischen, namentlich bei frisch entstandenen Neuralgieen peripherischen Ursprungs, mögen dieselben das ganze Gebiet eines Nervenstammes oder auch nur einzelne Aeste desselben umfassen, Radicalheilnng herbeiführen. — Zum Verständniss dieser Wirkung liefert uns der örtliche Einfluss der Narcotica auf sensible Nerven den Schlüssel, indem, wie wir sahen durch jede auf einen sensibeln oder gemischten Nervenstamm gerichtete Einspritzung eine Abnahme der Empfindung in dem ganzen zugehörigen Hautbezirk, somit eine Herabsetzung der Erregbarkeit, und wahrscheinlich auch der Leitungsfähigkeit, aller sensibeln Fasern desselben erzielt wird. Die Injectionen erfüllen daher, ausser der Indicatio symptomatica, auch die Indicatio morbi, indem sie, in entsprechenden Intervallen wiederholt, die Erregbarkeit und Leitung in den sensibeln Fasern auf die Dauer so weit herabsetzen, dass auch bei fortwirkender peripherischer Ursache der zur Schmerzempfindung nöthige Erregungsgrad nicht mehr zu den Nervencentren fortgepflanzt werden kann. Hieraus ergiebt sich die Möglichkeit einer Heilung bei peripherischen Neuralgieen selbst ohne Berücksichtigung der Indicatio causalis, wie dies auch aus einigen der mitgetheilten Fälle deutlich hervorgeht. Jedoch ist diese Wirkung der Injectionen viel ungewisser und seltener, als die palliative. Unter den von mir behandelten 44 Fällen sind nur 9 Radicalheilungen durch Anwendung der Injectionen — ein Verhältniss, welches sich freilich viel günstiger gestalten würde, wenn die Methode überall lange und regelmässig genug hätte durchgeführt werden können.

3. Aus dem Vorhergehenden folgt, dass die Injectionen, von so grosser Wichtigkeit sie auch bei der Behandlung der Neuralgieen überall sind, doch weder von der Berücksichtigung der Indicatio causalis dispensiren, noch auch andere, durch die Erfahrung bestätigte Verfahren und specifisch wirkende Mittel ausschliessen können. — Es wäre Anmassung, wollte ich entscheiden, welche aus der grossen Menge der, namentlich bei rheumatischen Neuralgieen gerühmten Spe-

cifica, den ersten Platz einnehmen, nur beiläufig führe ich daher an, dass ich von der Electricität und der Sol. Fowleri, in typisch verlaufenden Fällen vom Chinin verhältnissmässig die besten Erfolge gesehen habe, während ich den Vesicantien, dem Kalium iodatum, dem Ol. Terebinthinae, dem Eisen, den Dampf- und Schwefelbädern Gleiches nicht nachrühmen kann. Jedoch bin ich weit entfernt, auch diesen und anderen Mitteln in speciellen Fällen ihre Indication zu bestreiten.

Bei Neuralgieen mit centraler Grundlage kann natürlich nur die calmirende Wirkung der Narcotica auf das Centralorgan in Betracht kommen. Freilich ist auch hier eine „Heilung“, d. h. eine Beseitigung der nach der Peripherie reflectirten Schmerzempfindung, nicht undenkbar, indem bei dauernd verminderter Erregbarkeit der sensibeln Centralapparate ein noch fortwirkender, gleich starker Reiz natürlich nicht mehr den gleichen Grad abnormer Empfindung hervorruft; doch wird hier noch viel mehr als bei peripherischem Sitze des Uebels die Erfüllung der Causal-Indication obenan stehen. —

4. Die Neurotomie oder Neurectomie und die übrigen in Anwendung gebrachten operativen Verfahren (Carotis-Unterbindung, osteoplastische Kiefer-Resection bei der Prosopalgie! Amputation, sogar Exarticulationen im Schulter- und Hüftgelenk* bei Neuralgieen der Extremitäten!) können nur als das ultimum refugium in Frage kommen in den verzweifelten Fällen, wo alle Mittel im Stich lassen, und die Kranken von ihren Schmerzen auch um den Preis einer nicht unbedenklichen oder selbst verstümmelnden Operation Befreiung verlangen. Jedoch ist wohl zu bemerken, dass auch diese eingreifenden und gefährlichen Verfahren höchst wahrscheinlich in den seltenen Fällen, wo durch die Injectionen kein (palliativer) Nutzen erzielt wird, ebenfalls ohne Erfolg bleiben.

So sah Gherini in einem Falle von Neuralgie des Handrückens, wo die verschiedensten localen Mittel ohne Resultat angewandt waren, die Neuralgie auch nach Amputation des Vorderarms im Stumpf recidiviren: subcutane Injection und die Resection des N. radialis blieben ebenfalls fruchtlos. (Vgl. unten „Atropin“). Nélaton (soc. de chir. vom 22 Juni 1864, cf. gaz. des höp.

---

*) Letztere Operationen sind u. A. von Gherini, Tyrrel, Bransby, Cooper, Mayor wegen Neuralgieen in neuerer Zeit ausgeführt worden! —

Juli, 77) erzählt einen Fall von Zona mit Ischias, wo er „nach vergeblicher Anwendung aller schmerzstillenden Mittel" die Resection des N. ischiadicus (3 Ctm.) ausführte. Sofortige Bewegungs- und Gefühlslähmung; nach 6 Wochen jedoch Rückkehr des Schmerzes, der immer heftiger und auch durch subcutane narcotische Injectionen nicht gebessert wurde.

Jedenfalls dürfte durch die ausgezeichnete palliative Wirkung der Injectionen die Zahl derjenigen Fälle, welche eine operative Hülfe in Anspruch nehmen, sehr erheblich zusammenschrumpfen. Abgesehen von gefährlicheren oder selbst verstümmelnden Operationen, die gewiss gar nicht oder nur in höchst exceptionellen Fällen zu rechtfertigen sind, dürfte selbst die Neurotomie und Neurectomie überall da kaum indicirt erscheinen, wo die Injectionen, und andere Mittel, einen günstigen, wenn auch nur vorübergehenden Effect zeigen; denn es ist nicht zu vergessen, dass diese keineswegs ganz gefahrlosen (und bei gemischten Nerven überdies mit nachfolgender Lähmung drohenden) Eingriffe doch ebenfalls nur einen temporären Nutzen haben, und Recidive, namentlich bei centraler Ursache der Neuralgieen, fast nie ausbleiben. Haben doch einzelne Stimmen (Wagner) sich sogar dahin ausgesprochen, dass die Neurectomie nur als ein kräftiges Alterans auf das Nervensystem wirke; und Bardeleben sah Neuralgieen des zweiten und dritten Trigeminus-Astes nach Resection des Ramus frontalis zeitweise verschwinden!*)

Das hier in Betreff der Morphium-Injectionen Bemerkte gilt im Allgemeinen vorausgreifend auch von den Injectionen des Atropins, Coffeins, Aconitins und anderer ähnlich wirkender Narcotica. Nachdem ich also hier meine Meinung über die Wirkung narcotischer Injectionen kurz ausgesprochen, will ich nicht verhehlen, dass andere Autoren, wie z. B. Béhier und Courty, sich über die definitive Heilung der Neuralgieen durch subcutane Injectionen, besonders von Atropin, günstiger äussern, als in Vorstehendem geschehen ist. Ich werde auf diese Ansichten bei Besprechung der Atropin-Injectionen noch etwas näher eingehen, glaube jedoch, die Entscheidung über diesen Punkt zahlreicheren eigenen und fremden Erfahrungen überlassen zu müssen.

---

*) Tageblatt der 38. Vers. deutscher Naturforscher und Aerzte (1863) Nr. 3. Vgl. auch Chirurgie (5te Aufl.) II. pag. 310.

Schliesslich sei noch als Curiósum die Ansicht von Lafargue erwähnt, dass bei Neuralgieen nicht allein das eingespritzte Narcoticum, sondern der mit der Injection (oder Inoculation) verbundene Einstich an sich beruhigend wirke, indem
er dem „aufgehäuften und condensirten Nervenfluidum" einen
Abzug eröffne.

Es erinnert dies an die alte Empfehlung der Acupunctur,
von der freilich neuerdings wieder W. Craig (Med. Times
and Gaz. 1864, Nr. 74) bei Nenralgia facialis momentanen und
selbst dauernden Erfolg gesehen haben will. Ich selbst konnte
in einzelnen, bei Ischias gemachten Versuchen ein derartiges
Resultat niemals wahrnehmen, wie auch Einspritzungen destillirten Wassers an Stelle der narcotischen Flüssigkeit sich mir
und Anderen stets erfolglos erwiesen.

b. Hyperkinesen (spastische und convulsivische Neurosen).

Hunter, l. c). Hermann, l. c. — Brown-Séquard (Wintrich med.
Neuigkeiten f. pract. Aerzte, 62. Nr. 47). — Levick, amer. journal of
med. sc. N. F. LXXXV. p. 40. — Neudörfer, Handbuch der Kriegs-
chirurgie 1864) p. 332. — v. Graefe, l. c. p. 73 ff. — Sander, l. c. —
Vogel, bad. Correspondenzblatt, 1862, 24. — Erlenmeyer, l c —
Fronmüller, l. c. — Saemann, l. c. — Remak, med. Centralztg.
1864. — Neudörfer, feldärztl. Ber. in Langenbeck's Archiv, VI.
Heft 2, p. 526. — Bardeleben (4te Aufl.) IV, p. 632. — Ruppaner,
l. c. p. 163 ff.

Der gewöhnlichen Eintheilung folgend berücksichtige ich
in diesem Abschnitt ausser den eigentlichen peripherischen
Krämpfen auch die Motilitätsneurosen mit nicht localisirbarer
anatomischer Grundlage: Tetanus, Epilepsie, Eclampsie, Chorea,
Tremor artuum u. s. w. — Es liegen auf diesem Gebiete erst
relativ wenige Erfahrungen vor, da andere Narcotica (Atropin,
Woorara) bei den fraglichen Zuständen im Ganzen mehr cul-
tivirt worden sind als das Opium.

Peripherische Krämpfe.

Reflexkrämpfe im Gebiete des N. facialis. (Blepharospasmus. Krampf einzelner Gesichtsmuskeln.)

v. Graefe hat zuerst auf die wichtige Rolle, welche die
Morphium-Injectionen bei gewissen Formen von Reflexkrämpfen

am Auge spielen, ausführlich hingewiesen. Der Blepharospasmus, welcher Hornhautentzündungen begleitet oder nach Ablauf derselben zurückbleibt, sowie der nach Verletzungen des Auges, eingedrungenen fremden Körpern u. s. w: auftretende Lidkrampf können durch Injectionen längs des N. supraorbitalis gelindert und sogar in geeigneten Fällen radical geheilt werden, so dass auch hier oft die Neurotomie überflüssig gemach wird. Bei der spontanen, auf das ganze Gebiet des Facialis und noch weiter irradiirenden Form von Blepharospasmus, die von bestimmten sensibeln Nervenpunkten (Druckpunkten) aus sistirt wird, nützen die Morphium-Injectionen nur palliativ, machen aber auch hierdurch die bei dieser lästigen Krampfform sonst angezeigte Operation weniger dringend, resp. selbst entbehrlich.

Auch Remak erwähnt die Injectionen als nützlich bei Reflexkrämpfen, die von Entzündung der Oberfläche des Auges und der Lider herrühren.

Der gütigen Mittheilung meines ehemaligen Collegen, Herrn Dr. Schirmer in Greifswald, verdanke ich die beiden folgenden Fälle von Blepharospasmus, von denen namentlich der erste ein erhöhtes Interesse in Anspruch nimmt.

1. Ein 20jähriger, kräftiger Student leidet seit 5 Jahren an Conjunctivitis granulosa, die bereits vielfach mit Cauterisationen und localen Blutentziehungen behandelt worden ist, stets im Mai recidivirt und bis in den October hinein anhält. Noch im vorigen Jahre wurde modificirter Lapis energisch angewandt, ohne dass das Leiden darum früher aufhörte. Bei Wiederkehr desselben im Mai d. J. fand sich die Conjunctiva palp. mit Narben durchzogen, sonst aber hyperämisch, ohne deutliche Granulationen; Secretion schleimig, so dass am Morgen die Cilien verklebt sind; Subconjunctivalinjection nicht vorhanden. Patient giebt an, besonders Morgens äusserst lichtscheu zu sein, so dass er nach dem Erwachen zwei Stunden bedarf, um seine Augen gebrauchsfähig zu bekommen. Sobald seine Lidränder berührt werden, empfindet er so starkes Jucken, dass er die Lider zusammenkneift und stark reiben muss. Zuerst bloss Umschläge von Aq. plumbi, Bestreichung der Lidränder mit öligen Substanzen, blaue Brille. Erfolg minimal. Ebenso nützen Einreibungen von Ung. Bellad in die Schläfe nichts, auch Tauchen nur ganz vorübergehend. Constitution ohne Anhaltspunkte für die Therapie. — Es wurden nun Injectionen von Morphium, abwechselnd in beide Schläfen und einen Tag um den anderen, zu $\frac{1}{3}$ Gr. pro dosi gemacht. Nach 11 Injectionen konnte Pat. ohne heruntergelassene Rouleaux schlafen und 10 Minuten nach dem Erwachen seine Augen gebrauchen, auch mit blauer Brille im Sonnenschein spazieren gehen. Die Lider waren bei Weitem weniger empfindlich, der catarrhalische Zustand ziemlich derselbe. Nach 30 Injectionen blieb der Blepharospasmus den ganzen Sommer hindurch verschwunden;

die von Zeit zu Zeit recidivirende, leichte Conjunctivitis wurde durch Zinklösung gebessert.

2. Frau P., eine kräftige wohlbeleibte Person in der Mitte der dreissiger, litt nach dem letzten Wochenbette seit einem Jahre an atypisch, besonders des Nachts, auftretenden Zuckungen des linken Orbicularis palpebrarum, die oft so schmerzhaft waren, dass Pat. Nachts wehklagend umherging. Das Auge gesund, völlig normal fungirend. 10 Morphium-Injectionen (in der Schläfe, jeden dritten Tag wiederholt) bewirkten völlige Beseitigung des Krampfes.

Ich selbst habe kürzlich einen Fall von aus vernachlässigter Conjunctivitis catarrhalis resultirendem Blepharospasmus beobachtet, gegen welchen die wegen gleichzeitiger Ischias am Ober- und Unterschenkel vorgenommenen Morphium-Injectionen nicht den mindesten Effect zeigten. Ich erwähne diesen Fall nur als einen Beweis, dass die Localität der Einspritzung vielleicht auch bei Reflexkrämpfen von nicht minderem Belang ist, als bei den früher geschilderten neuralgischen Affectionen. —

Bei den mit Tic douloureux verbundenen (reflectorischen?) Formen von Tic convulsif sah Erlenmeyer von den Morphium-Injectionen, wenn auch keine Heilung, doch die beste Linderung. — Dr. Schirmer beobachtete einen Fall von klonischem, sehr schmerzhaftem Krampfe der den Mund bewegenden Muskeln bei einer 68jährigen Frau, welcher jedesmal bei Berührung des Löffels u. s. w. eintrat und die Patientin daher nicht wenig belästigte. 5 Morphium-Injectionen hoben das Uebel, jedoch trat schon nach 14 Tagen ein Rückfall ein, der 10 neue Injectionen erforderlich machte. Seit 4 Monaten besteht dauernde Heilung.

Tic convulsif.

Bei dem eigentlichen (nicht reflectorischen) Tic convulsif sah Lorent von den Morphium-Injectionen zu $1/6 - 2/3$ Gran keine andere Wirkung, als Abkürzung der Anfälle. Sander sah nach Morphium- und Atropininjectionen die Krämpfe sogar heftiger und häufiger werden (vgl. Strychnin).

Stottern.

Saemann wandte die Injectionen bei einer 25jährigen, anämischen Dame an, die seit 3 — 4 Jahren an hochgradigem Stottern litt. Die laryngoscopische Untersuchung ergab nur Blässe der Schleimhaut. Eine zuerst aus Versehen gemachte

Injection von ¹/₂₀ Gr. Strychnin (in der Gegend des Schild-
knorpels) steigerte das Uebel; ¹/₃ Gr. Morphium am nächsten
Tage führte Schlaf und auffallende Erleichterung des Sprechens
herbei, die nach 8 Injectionen (mit je 2 Tagen Zwischenraum)
noch zugenommen hatte und 3 Wochen später noch deutlich
bemerkt wurde.

**Reflexkrämpfe an den Extremitäten. (Myospasmen
nach Amputationen).**

Zu den Reflexkrämpfen gehören höchst wahrscheinlich die
besonders in Amputations-Stümpfen, jedoch auch
nach rein traumatischen Verletzungen, Quetschun-
gen, complicirten Fracturen u. s. w. auftretenden
Myospasmen. Gegen dieses oft äusserst lästige, den Hei-
lungsprocess störende Phänomen habe ich in 3 Fällen von tiefer Femur-Amputation, wo dasselbe besonders lebhaft hervortrat, die subcutanen Morphium-Injectionen mit entschiedenstem
Erfolg in Anwendung gezogen. Nicht nur wurde durch die in
möglichster Nähe des Cruralnerven und des M. ileopsoas, dicht
unter dem Lig. Poupartii vollführten Einspritzungen den Kranken rasche Beruhigung und Schlaf verschafft, sondern es blieben auch die allnächtlichen, sehr quälenden und schmerzhaften
Zuckungen im Stumpf in der auf die Injection folgenden Nacht
vollständig weg, und wurden bei späterer vereinzelter Wiederkehr durch neue Injectionen bald dauernd beseitigt.

Tetanus. Trismus.

Bei traumatischem Tetanus scheint zuerst Hunter
die Injectionen von Opiumlösung empfohlen zu haben. Ruppaner berichtet über zwei mit Opium-Injectionen behandelte
Fälle, die zwar beide tödtlich verliefen, in denen aber eine
vorübergehende Ruhe und Erleichterung auf die Einspritzungen
unmittelbar folgte. — Neudörfer wandte während des schles-
wigschen Feldzuges in 3 Fällen von Tetanus das Morphium
subcutan an, und zwar in grossen Dosen wiederholt (in einem
Falle innerhalb 24 Stunden 3 Gran). Diese 3 Fälle verliefen
jedoch, ebenso wie alle übrigen Fälle von Tetanus mit Ausnahme eines einzigen, tödtlich.

Ich hatte ebenfalls in demselben Feldzuge während eines

Aufenthaltes in den Flensburger Lazarethen Gelegenheit, über die Wirkung subcutaner Morphium-Injectionen bei Tetanus einige Beobachtungen zu machen. Nach schon ausgebrochenem allgemeinen Tetanus konnte auch durch wiederholte Injection starker Morphiumdosen in der Regel der letale Ausgang nicht abgewandt werden; jedoch wurden fast in allen Fällen längere Remissionen bis zu 6.- oder 8 stündiger Dauer durch dieselben erzielt. Die auf einmal eingespritzte Quantität betrug bis zu ⅔ Gran. In einzelnen glücklich abgelaufenen Fällen kam es nur zu Trismus, der ohne Ausbruch allgemeiner Krämpfe mehrere Tage oder selbst Wochen lang anhielt. Wieviel hierbei auf Rechnung der Therapie und speciell der Injection zu setzen war, muss ich freilich dahingestellt lassen.

Sander sah in einem Falle von traumatischem Tetanus keinen Erfolg. Auch Lorent fand in einem (l. c. p. 18) ausführlich mitgetheilten Falle die Injectionen gegen den Trismus unwirksam, jedoch palliativ nützlich. Bei einem zweiten Kranken war der Ausgang derselbe. Dagegen hatte bereits früher Vogel in einem mehrfach interessanten Falle von Tetanus traumaticus völlige Heilung erfolgen sehen, die wohl zum grossen Theile auf Rechnung der Injectionen gesetzt werden konnte.

Ein 5jähriger Knabe wurde in Folge einer Verletzung (Lappenwunde) des rechten Ringfingers im Laufe der 3. Woche vom Tetanus befallen. Die vom 3. Tage ab eingeschlagene Behandlung (Opium und Extr. cannabis indicae, protrahirte Bäder) führte keine Besserung herbei; der Zustand war am 8. Tage der Erkrankung noch völlig derselbe. Nunmehr wurden subcutane Injectionen von Morphium (¹/₂₀ Gr., jeden zweiten Tag um ¹/₂₀ Gr. gesteigert) instituirt, und zwar an verschiedenen Stellen, je nachdem die Klagen des Kranken sich vorzugsweise auf diese oder jene Region bezogen (Herzgegend, Halsnicker, Radialseite des Vorderarms u. s. w.). Die erste Injection bewirkte eine 3 stündige Ruhe, mit jeder Steigerung der Dosis verlängerte sich die Zeit der Muskelerschlaffung und Ruhe um je 3 Stunden, so dass nach ½ Gr. der Knabe während 12 Stunden sich wie ein Gesunder fühlte. Die Wirkung trat fast momentan ein und zeigte sich besonders eclatant nach der Localität der Einspritung: so konnte z. B. nach Injection an der Radialseite des kranken Vorderarms der Arm leicht bis über das Haupt bewegt, nach Injection über dem Halsnicker der Mund um einen Zoll weiter geöffnet werden als vorher. Am 9. Tage seit Anwendung der Injectionen hatten die Muskelschmerzen fast vollständig aufgehört; der Junge konnte sich ohne fremde Beihülfe im Bette auf die Seite drehen; nur Nacken und Kreuz waren noch steif. Es wurden noch 3 Injectionen von je ¹/₁₂ Gr. am Nacken und zweimal über dem Kreuzbein gemacht; an den Zwischentagen bekam Pat. Extr. cannabis mit Chinin und jeden 2. oder 3. Tag ein

Bad mit Kali caust. (3 ij). Am 14. Tage konnte Pat. aufsitzen und ass mit grossem Appetit, und bei der letzten Besichtigung (am 36. Tage) war die Genesung vollständig.

Einen zweiten Fall von traumatischem Tetanus, der unter Anwendung von Morphium-Injectionen geheilt wurde, hat Herr Dr. Kober, zeitiger Assistenzarzt der medicinischen Klinik in Greifswald, beobachtet, und mir die folgende Mittheilung desselben gestattet.

Franziska R., 38 Jahre alt, von schwächlicher Constitution, anämischem Aussehen, wurde im August 1865 von einem Hunde gebissen. Sie erhielt drei gerissene Wunden deren grösste eine Länge von 2″ hatte, an der rechten Wade. Nath, Anwendung von Eisumschlägen; die Wunden eiterten zwar, schickten sich jedoch in Zeit von 10 Tagen in erfreulicher Weise zur Heilung an; die Granulationen waren von schönem Aussehen. Alles ging gut, als Pat., die bis jetzt das Bett gehütet hatte, nunmehr bei Nachlass der Schmerzen das Bett verliess, und sich einer heftigen Erkältung aussetzte, indem sie fast unbekleidet bei offener Thür an dem weit geöffneten Fenster sitzend und mit den Füssen an einer Kinderwiege schaukelnd gefunden wurde; die Beine waren ganz bloss und die Wunde nur mit einem dünnen Läppchen bedeckt. Schon am folgenden Tage (dem 11. der Behandlung) klagte Pat. über ein ansteigendes Angstgefühl von der Herzgegend nach dem Halse; die Untersuchung der inneren Organe, der Allgemeinzustand ergab keine Abnormität. Am folgenden Tage wiederholte sich die Klage, das Gefühl im Halse steigerte sich, Pat. vermochte kaum zu schlucken; Oeffnen des Mundes gelang mit Leichtigkeit. Auch am 3. Tage dieselben Klagen; schlechter Schlaf; ⅕ Gr. Morphium. Am 4. Tage Klagen über Schmerz in den Kiefermuskeln, das Oeffnen des Mundes ging aber noch gut von Statten, contrahirte Muskelstränge nicht wahrzunehmen. Pulvis Doweri. — Am 5. Tage ausgesprochener Trismus: Pat. vermochte die Zähne nur so weit zu öffnen, dass man mühsam einen Löffel dazwischen führen konnte. Trotz Darreichung der Narcotica, innerlich und in Clystiren, Einwickelung in nasse Decken, energischer Diaphosese nahm der Trismus von Tag zu Tag zu: nach kaum 48 Stunden war der Mund vollständig geschlossen, so dass Getränk nur durch drei Zahnlücken mit ausserordentlicher Schwierigkeit eingeführt werden konnte; Pat. hatte dabei guten Appetit, so dass sie selbst unter den grössten Anstrengungen kleine Portionen concentrirter Bouillon durch die Zahnlücken einschlürfte. Der Kopf wurde immer unbeweglicher; Nackenschmerzen, der tonische Krampf verbreitete sich weiter abwärts über alle Muskeln des Rumpfes, namentlich die Bauchmuskeln, und auch auf die Oberschenkel, die sich derart contrahirten, dass Pat. fast das Kinn mit ihren Knieen berührte; vollständiger Opisthotonus, der paroxysmenweise auftrat, bedeutend erschwerte Respiration, Pulsbeschleunigung, vollkommen freies Sensorium. Unter diesen Umständen wurde zur methodischen Anwendung der subcutanen Morphium-Injectionen geschritten. Am ersten Tage 4 Injectionen zu je ⅕ Gr., noch ohne Erfolg; am folgenden Tage gleiche Injectionszahl mit Steigerung der Einzeldosis auf ⅕ Gr. — seitdem von Tag zu Tag Steigerung in Zahl und Dosis der Injectionen, so dass zuletzt 6 Gr. Morphium pro die in dieser Weise beigebracht wurden, und Pat. viele Stunden, selbst den halben Tag über in tiefster Narcose verharrte. Der Effect war ein sehr günstiger, indem nach den grossen Dosen nicht nur zeitweise Schlaf und Beruhigung eintrat, das Sprechen sogar möglich wurde, soudern auch die Anfälle sehr an Häufigkeit verloren und zuletzt ganz ausblieben. In Zeit von drei Wochen erfolgte vollständige Heilung.

Von rheumatischem Trismus beobachtete Lorent einen Fall, der mit grosser Schmerzhaftigkeit der drei letzten Rückenwirbel, Anodynie der vorderen und seitlichen Rumpfgegend und Convulsionen verbunden war. Subcutane Injectionen von Morphium (wie auch von Atropin) brachten wohl Ruhe und Erleichterung, hatten aber auf den Trismus keinen sichtlichen Einfluss. Erst Vesicantien und Chinin bewirkten, nach starken Schweissen, Genesung.

Bei Trismus neonatorum habe ich in mehreren Fällen zur Anwendung der Morphium-Injectionen Gelegenheit gehabt, jedoch keine eclatante Wirkung von denelben gesehen. In dem ersten Falle, bei einem 5 Tage alten Knaben, wurde wenige Stunden nach dem Auftreten der ersten Erscheinungen des Trismus eine Injection von $\frac{1}{30}$ Gr. in der Schläfengegend gemacht; der Tod erfolgte 8 Stunden nach der Injection unter allgemeinen Convulsionen, ohne dass Schlaf und Nachlass eingetreten war.

In dem zweiten Falle handelte es sich um einen 9 tägigen, kräftigen Knaben, der bis zum Tage vorher noch gesund gewesen war, und die Brust genommen hatte; seitdem hatte man etwas Milch noch mit dem Löffel einflössen können. Gegenwärtig bestand Contractur in den Armen, namentlich in den Fingerbeugern; die Kiefer, fest zusammengepresst, lassen sich nur wenig von einander entfernen; die Stirn gerunzelt; Respiration ruhig Ein warmes Bad erfolglos. Am Abend des 30. August um 10 Uhr Injection von $\frac{1}{20}$ Gr. Morphium in der linken Schläfe. Nachlass der Erscheinungen; es tritt Schlaf ein, um 2 Uhr Morgens erwacht das Kind jedoch wieder unter allgemeinen Krämpfen und der Exitus letalis erfolgt zwischen 4 und 5 Uhr.

In einem dritten Falle wurden 2 Tropfen Tinct. Opii simpl., in einem vierten $\frac{1}{24}$ Gr. Morphium sebcutan injicirt; die Kinder starben beide ebenfalls noch im Laufe des Tages. (Ebenso in noch mehreren anderen Fällen, die in der greifswalder geburtshülflichen Poliklinik zur Behandlung kamen).

Epilepsie und Eclampsie.

Bei der Epilepsie empfahl Brown-Séquard Injectionen von Morphium und Atropin zusammen ($^{1}/_{4}$ Gr. Morphium und $^{1}/_{60}$ Gr. Atropin). Ich habe bei einem Epileptischen von den im Beginne des Anfalls selbst vorgenommenen Morphium-Injectionen (zweimal $^{1}/_{3}$ Gr.) keinen Nutzen gesehen; erst die Chloroform-Narcose führte eine Beendigung des Anfalls herbei, der dann in den folgenden 14 Tagen nicht wiederkehrte.

Bei einer Eclampsia post partum mit rasch auf einander folgenden Anfällen machte Hermann eine Morphium-Injection an der inneren Fläche des Vorderarms. Etwa 2 Minuten nach der Injection trat noch ein heftiger Anfall auf, der 4 — 5 Secunden dauerte: in der Nacht noch zwei „Mahnungen", worauf die Erscheinungen fortblieben. — Auch Sander bediente sich der Injectionen (am Oberarm) mit Nutzen; ebenso Scanzoni und Lehmann.

Chorea.

Bei Chorea empfehlen Hunter und Levick die Injectionen; Letzterer will bei einer 17jährigen Schwangeren durch Injectionen von Laudanum (2 mal täglich), gleichzeitig mit Ferrum subcarb. innerlich, völlige Heilung erzielt haben.

Hysterische Convulsionen.

Sander widerräth bei Hysterischen die Injectionen gänzlich, weil durch die Unbeständigkeit der Erscheinungen die Wahl des Stichortes sehr erschwert werde und auch häufig sehr stürmische Allgemeinerscheinungen in Folge der Einspritzung auftreten. Fronmüller hingegen, der einen fixen Schmerz an den untersten Hals- und obersten Rückenwirbeln als pathognomonisch für Hysterie betrachtet, sah nach Injection in der Gegend dieser Wirbel (unter Umständen nach voraufgeschickter örtlicher Blutentziehung) die krampfhaften Erscheinungen völlig verschwinden.

Bei einer 21jährigen, unverheiratheten Dame, die von Zeit zu Zeit an äusserst heftigen hysterischen Convulsionen litt —, so heftig, dass sie sich einmal angeblich während eines Anfalls durch Muskelzug eine luxatio humeri zugezogen hatte — injicirte ich im Beginne des Anfalls ½ Gr. Morphium an der von Fronmüller angegebenen Stelle, und da diese Dosis gänzlich wirkungslos blieb, noch einmal ½ und endlich ⅓ Gr. in Zeit von einer halben Stunde — im Ganzen also beinahe 1 Gr. — Nach der letzten Dosis trat einige Beruhigung ein; jedoch kehrten Stimm- und Athemkrämpfe, wie auch die clonischen Zuckungen der Glieder in kurzen Intervallen noch einige Male zurück, und es erfolgten weder Narcose noch anderweitige Morphium-Effecte: — ein Zeichen der bedeutend herabgesetzten Empfänglichkeit gegen dieses Narcoticum, wie man sie gerade bei Hysterischen zur Zeit der Anfälle und auch bei anderweitigen Krampfzuständen so oft findet.

Tremor artuum. Clonische Zuckungen der Extremitätenmuskeln.

In einem mehrfach merkwürdigen Falle von Tremor (paralysis agitans?) erwiesen sich mir die Morphium-Injectionen gänzlich erfolglos und bewirkten dieselben eher eine vorübergehende Verschlimmerung des Zustandes.

Dr. K., 49 Jahre alt, practischer Arzt in S., zog sich vor 8 Jahren eine Luxation des rechten Humerus zu, indem er in den Wagen von einer Rampe aus steigen wollte, in welcher lockere Steine sich ablösten, und dabei zwischen die Räder fiel. Die Reposition war leicht, ohne Chloroform. Es blieb Schwäche und Zittern im Arm zurück, letzteres Anfangs unbedeutend und nur nach Anstrengung, allmälig jedoch so zunehmend, dass Pat. vor anderthalb Jahren nicht mehr zu schreiben vermochte. (Gleichwohl hat er noch immer practicirt und alle Verordnungen in der Apotheke persönlich ausgerichtet). Es wurden Anfangs spirituöse Einreibungen, 1857 Wiesbaden, Electricität, (Rotationsapparat), 1859 Moorbäder in Franzensbad, 1860 Wassercur, 1861 Wildbad, 1862 römische Bäder und der constante Strom (70 Sitzungen) ohne jeden Nutzen angewendet; das Zittern wurde im Gegentheil stets schlimmer, und verbreitete sich fast über alle Muskeln des Körpers.

Status praes. am 23. 7. 1863: Heftiges Zittern beider Arme und Beine, welches beim Sprechen, beim Essen, kurz bei jeder Willensintention entsteht oder zunimmt. Auch am Rumpfe lassen sich undulirende Bewegungen der Muskeln erkennen. Der Kopf steht fest. Bei Erregung wird das Zittern so heftig, dass die Füsse mit einem klappernden Geräusch gegen den Boden schlagen: ebenso die Hände, wenn sie auf einem harten Gegenstand aufliegen. Es ist gleich, ob Patient sitzt oder steht; während des Schlafes ist Ruhe. Pupillen etwas weit jedoch gut reagirend; leichte Myopie. Aussehen gesund; alle Functionen ohne Störung.

Am 30. Juli Application des Ferrum candens im Nacken. Seit dem 8. August Belladonna innerlich (¼ Gr pro dosi, dreimal täglich). Der Zustand war, so ange die Eiterung dauerte, etwas gebessert, namentlich an den unteren Extremitäten; dann aber wurde das Zittern wieder sehr heftig. Beiderseits starke Mydriasis.

Am 22. Aug. Injection von ¼ Gr. Morphium im Nacken, auf der rechten Seite (nach aussen von der, durch das Ferrum candens markirten Stelle). Nach 7 Minuten Verengerung der rechten Pupille, normale Reaction; links tritt die

Verengerung etwas später ebenfalls ein. Gleichzeitig ein ausserordentlich heftiger Anfall von Tremor, namentlich im rechten Beine und in der rechten Hand, während die linke Seite sich weniger betheiligt. Auf dem Wege nach Hause bekommt Patient Schwindelgefühl, Uebelkeit, und, zu Hause angelangt, Erbrechen; worauf nach einer Stunde Schlaf eintrat. Das Zittern war nach Angabe des Patienten den Rest des Tages hindurch (von 5 Uhr Nachmittags ab) seltener und schwächer als sonst, an dem folgenden Tage aber im Gegentheil stärker als je, obwohl die Erscheinungen der Morphiumwirkung sich erst nach mehr als 24 Stunden gänzlich verloren. Application einer Fontanelle und innerer Gebrauch von Zinc. sulf. blieben ohne Wirkung.

Am 3. Sept. wurde die Einspritzung wiederholt, und zwar mit etwas schwächerer Dosis ($\frac{1}{4}$ Gr. Morphium). Trotzdem traten wieder sehr heftige Erscheinungen der Morphiumwirkung hervor, und es wurden die Anfälle gleich von Anfang an offenbar nicht nur nicht gemildert, sondern eher gesteigert; auch die folgenden Tage brachten entschieden keine Mässigung der Beschwerden. Unter diesen Umständen wurde von einer Fortsetzung des nutzlosen, für den Kranken nur quälenden Verfahrens Abstand genommen. Bald darauf reiste derselbe ungeheilt in seine Heimath, und habe ich seither nichts weiter von ihm erfahren.

. Der gütigen Mittheilung des Herrn Dr. Schirmer verdanke ich das folgende Referat über einen von ihm behandelten (diagnostisch dunkeln) Krankheitsfall, wobei gegenüber den wahrscheinlich central hervorgerufenen, clonischen Muskelzuckungen die Injectionen mit anscheinend günstigem Erfolge angewandt wurden.

Frau C., 64 Jahre alt, hat seit länger als 20 Jahren an schmerzhaften Wadenkrämpfen gelitten, welche zuletzt durch häufige Abreibungen mit kaltem Wasser dauernd beseitigt wurden. Drei Jahre später wurde Patientin von einer allgemeinen Abspannung und Kraftlosigkeit befallen, so dass sie nur mit grosser Ueberwindung zeitweise ihr Bett verliess. Ihre Hauptklage war dabei neben der Schwäche eine plötzlich auftretende Angst und Herzklopfen; Gemüthszustand sehr deprimirt; Fieber nicht vorhanden, ein primär erkranktes Organ konnte nicht aufgefunden werden. (Herz normal). Eisen- und Jodpräparate ohne allen Erfolg, nur kalte Bäder und Abreibungen nützten, so dass nach 3 monatlicher Dauer das Uebel wich. Der Sommer verlief ganz gut. Im vorletzten Herbst wieder grosse Schwäche, und als neue Erscheinung Muskelzuckungen, welche vorzüglich des Nachts plötzlich auftreten, indem P. wie aus einem ängstlichen Traume erwacht: dieselben betreffen besonders die Adductoren beider Seiten und sind so schmerzhaft, dass Pat. wiederholt während des Nachts ärztliche Hülfe in Anspruch nimmt. Innere Mittel auch jetzt erfolglos, Einreibungen von Ol. Hyoscyami coct. und Ung. Opii puri mit vorübergehendem Nutzen. Dadurch wurde der krankhafte Zustand gemildert, dauerte jedoch den ganzen Winter hindurch bis zum Frühjahr. Im Frühjahr und Sommer wurden bei leidlichem Wohlbefinden täglich kalte Wannenbäder und Abreibungen gebraucht; dennoch kehrten im Herbst die alten Zufälle — und mit noch verstärkter Heftigkeit — wieder. Die clonischen Zuckungen hielten oft 1—4 Stunden lang an; Abreibungen, Senf-

teige, narcotische Unguente, das Auflegen schwerer Sandsäcke u. s. w. gewährten keine Hülfe. Bei Untersuchung der Wirbelsäule ergab sich eine schmerzhafte Stelle links neben den Dornfortsätzen der 8 — 10. Dorsalwirbel.   15 hypodermatische Injectionen von Morphium (pr. ¼ — ⅓ — ½), Abends an der genannten Stelle ausgeführt, beseitigten das Uebel vollständig. Pat. gab an, sich am
Tage der Injection jedesmal viel kräftiger im Rücken zu fühlen, und verlangte
stets dringend nach der Wiederholung. Seitdem sind jetzt 8 Monate verflossen,
und trotz des Winters sind die clonischen Zuckungen, wie auch die sonstigen
Symptome nicht wiedergekehrt; die Kranke befindet sich vielmehr ausnehmend
wohl, ist fortdauernd ausser dem Bette, und vermag ihre Wirthschaft allein zu
besorgen und ihre erkrankte Tochter zu pflegen.

Allgemeine Bemerkungen über die Wirkung der Opium- und Morphium-Injectionen bei Hyperkinesen.

Nach meinen eigenen und der Mehrzahl der vorstehend
erwähnten fremden Beobachtungen glaube ich mich im Allgemeinen zu dem Urtheil berechtigt, dass bei den meisten
Formen der spastischen und convulsivischen Neurosen das Opium und Morphium auch in subcutaner
Anwendung eine erhebliche Wirkung nicht zu äussern vermögen. Es lehren dies nicht nur die therapeutischen
Thatsachen, welche beispielsweise beim Tetanus die Wirkung
des Morphium als eine relativ weit weniger günstige heraus-
stellen, als die des Atropin oder Woorara; sondern es spricht
hierfür schon von vorn herein die Betrachtung der physiologischen und toxischen Wirkungen der genannten Substanzen bei
Menschen und Thieren. Alle Experimentatoren (Charvet,
Kölliker, Hoppe, Albers, Claude Bernard u. s. w.)
sahen unter der Anwendung toxischer Opium- und Morphiumdosen, sowohl bei kaltblütigen als warmblütigen Thieren, die
heftigsten Convulsionen und einen dem Strychnin ähnlichen
Tetanus entstehen. Nach den neuesten Untersuchungen von
Malkiewicz[*]) können wir sogar die Entstehungsweise der
Krämpfe bei der Strychnin- und Opiumvergiftung als eine wesentlich analoge betrachten, indem in beiden Fällen die cere-
bralen Hemmungsapparate der Reflexaction durch das Gift deprimirt oder gelähmt werden. Zu dem gleichen Ergebniss führen

---

[*]) Henle und Pf. Zeitschr. 1864, p. 230.

auch die am Menschen beobachteten Intoxicationserscheinungen. Erst kürzlich war ich Zeuge einer acuten Morphiumvergiftung (durch 1½ Gr. reines Morphium), welche durch den paroxysmenweise auftretenden, heftigsten Trismus und Opisthotonus völlig das Bild eines traumatischen oder Strychnin - Tetanus darbot.

Der Opiumtetanus vernichtet allerdings nach Kölliker durch Ueberanstrengung die Reizbarkeit der motorischen Nerven und Muskeln; indessen ist diese Wirkung doch nur eine secundäre und therapeutisch wohl nicht zu verwerthen. Sind nun auch die Erscheinungen geringerer Opiumdosen hiervon wesentlich verschieden, und haben wir auch sogar in der oben erwähnten schwächenden Einwirkung auf die Recti interni des Auges ein scheinbar entgegengesetztes Beispiel, so sahen wir doch auch andererseits wieder durch das Morphium erhöhte Contractionszustände im Tensor chorioideae einleiten, und in einem Falle von Morphium - Injection bei Prosopalgie Trismus und Krämpfe der Halsmuskeln entstehen.

Anders verhält es sich, wo die krampfhafte Erregung peripherischer motorischer Nerven nur eine secundäre ist, wo dieselbe reflectorisch in Folge primär gesteigerter Erregung von Empfindungsfasern zu Stande kommt, und man also hoffen darf, durch ein auf die letztern herabstimmend wirkendes Mittel, auch den pathischen Zustand in den zugehörigen Bewegungsnerven zur Norm zuzurückführen.

Die Reflexkrämpfe, namentlich diejenigen, bei welchen sich peripherische, krampfhemmende oder krampferregende Druckpunkte feststellen lassen, bilden eine unbestreitbare Domaine der Morphium - Injectionen, und liefern, wie dies die schönen Beobachtungen v. Graefe's ergeben, die günstigsten Resultate. Die oft besprochene Lokalwirkung auf sensible Nerven ist es, welche hierbei vorzugsweise in Betracht kommt Wir müssen dem Opium eine derartige sedirende Wirkung auf die sensible Sphäre entschieden zugestehen, während wir ihm eine solche bezüglich der motorischen Apparate ebenso entschieden absprechen, und in dieser Einschränkung dem einst berühmten Satze John Brown's: „minime hercule opium sedat", noch heut seine Gültigkeit wahren.

Was Virchow*) bei der ausgebrochenen Hydrophobie
hervorhebt, dass nämlich das Nervensystem bei dieser Krankheit die grösste Widerstandsfähigkeit gegen die narcotischen
Substanzen erlangt, gilt wahrscheinlich in ähnlicher Weise
vom Tetanus, von der Epilepsie und Eclampsie, den hysterischen Convulsionen — vielleicht von allen Krampfformen,
die auf die basalen Hirntheile und die Med. obl. als ihren ge-
meinschaftlichen Ausgangspunkt zurückweisen; und es ergiebt
sich hieraus ein weiterer Umstand, welcher die Wirkung der
Opium - Injectionen bei den genannten Krankheiten in hohem
Grade beeinträchtigt. Bezüglich des Tetanus kann allerdings
die reflectorische Entstehungsweise in vielen Fällen, namentlich
von traumatischem Tetanus, kaum bezweifelt werden, und es
dürften gerade diese Fälle sich für die Opium- oder Morphium-
Injectionen noch am meisten eignen, vorausgesetzt dass man die
locale Wirkung des Opiats auf sensible Nerven berücksichtigt,
und die Einspritzung demgemäss nicht auf irgend einem neu-
tralen Terrain (Schläfe, Arm) — sondern auf dem direct oder
in seinen Endfasern bei der Verletzung betheiligten sensibeln,
resp. gemischten Nervenstamm selbst vornimmt. Da in derartigen Fällen von Wund - Tetanus die Durchschneidung des
Hauptnervenstammes am verletzten Gliede (Pecchioli, Lar-
rey, Murray, Colles, Alquié, Gherini und Andere) einen
glücklichen Erfolg gehabt hat, so möchten statt dieses immerhin eingreifenden und gefährlichen, ausserdem nicht überall anwendbaren und mit nachträglicher Lähmung drohenden Verfahrens die Injectionen, in der obigen Weise zur localen
Erregbarkeits-Verminderung benutzt, sich zu weiteren Versuchen
empfehlen. Nur müsste man hier vor grossen Dosen und
rascher Wiederholung der Injection nicht zurückschrecken.
Auch in den (relativ seltenen) Fällen von Epilepsie, wo die
Anfälle durch Neurome, Narben, die auf einen Nervenstamm
drücken u. s. w. unterhalten werden, lässt sich von fortgesetzter
Anwendung der Morphium - Injectionen möglicherweise einiger
Erfolg erwarten, indem zwar nicht die peripherische Ursache
gehoben, aber die Erregungsfähigkeit (und Leitung) in den zugehörigen sensibeln Nerven mit der Zeit abgestumpft wird.

---

*) Zoonosen (spec. Path. und Th. Band II. p. 385).

2) Krankheiten der Nervencentra.

Ich bespreche unter dieser Rubrik auch diejenigen Fälle,
wo die Centraltheile erst secundär, in Folge toxischer Veränderungen der Blutmischung, befallen werden: also namentlich
die Vergiftungen durch Alkohol (Delirium tremens), Atropin,
Hyoscyamus, Strychnin, Digitalin u. s. w., nnd die Pyämie.
Ausserdem beziehen sich die vorliegenden Beobachtungen auf
nervöse Agrypnie, auf gewisse Formen der psychischen Störung,
und auf Meningitis cerebro-spinalis.

Delirium tremens.

Hunter, l. c.; ausserdem lancet, 12. Dec. 1863, p 675 nnd Nr. 24, Juni
1865. — Semeleder, l. c. — Ogle, british med. journal 1861. —
Hardiwick, med. Times and gaz. 1863. Elliot, l. c. — Lumniczer,
Centralz. 1864, 57. - Lorent, l. c. — Ruppaner, l. c. (p. 132 ff.). —

Hunter injicirte bei Delirium tremens Morphium in das
Zellgewebe des Nackens Er rühmt das Verfahren hier ganz
besonders, da vom Magen aus häufig keine Arznei absorbirt
werde, und sah davon sehr günstige und schnelle Wirkung,
schon nach wenigen (5—30) Minuten Abnahme der Muskeler-
regung, sowie der Respirations- und Pulzfrequenz, demnächst
Narkose und Schlaf eintreten. — Ogle sah nach Injection von
1 Gr. Morphium in das Zellgewebe des Arms Genesung eintreten. — Semeleder erzählt einen Fall, wo der Patient nach
dem Einnehmen von 18 Gr. Opium sich weigerte, innerliche
Medicin zu nehmen; er erhielt in einzelnen Gaben von je
40 Mgrmm. binnen 3 ½ Tagen 280 Mgrmm. (= ²/₃ Gr.) Morphium
eingespritzt, bis Schlaf und damit das Ende der Erscheinungen auftrat. Pat. starb jedoch später an Pneumonie. Elliot und Lumniczer sprechen sich ebenfalls günstig aus: letzterer bezieht sich
namentlich auf Fälle, wo bei Potatoren das Delirium tremens nach
erlittenen schweren Knochenverletzungen zum Ausbruch kam. Bei
5 derartigen Kranken bewirkte er durch je 2 malige Injection von
¹/₆ Gr. stets die gewünschte Beruhigung. Hardiwick empfiehlt
nach vorheriger Erfüllung der causalen Indicationen Morphium
entweder innerlich oder subcutan. Dagegen ertheilt Lorent
der letzteren Application besonders in frischen Fällen den Vorzug, wo durch die maniakalische Form der Störung das Ein-

geben der Arzneien erschwert, oft unmöglich gemacht ist. Es
wurde mit ⅓ Gr. begonnen und bis zu ½ Gr. gestiegen, letztere Dosis auch wiederholt (in Zwischenräumen von einer
Stunde) verabreicht. In mehreren Fällen bewirkten schon Injectionen von ½ Gr. am ersten oder zweiten Tage Schlaf und
Ruhe, während in anderen Fällen die Wirkung später und erst
nach viel grösserer Dosis, zuweilen erst nach gleichzeitiger in-
nerlicher Anwendung von Opiaten, auftrat.

Ruppaner berichtet über 4 Fälle von Delirium tremens:
in allen hatten die Injectionen (von 1 Gr. Morphium oder
30 Tropfen Liq Opii 'comp.) eine entschieden günstige Wirkung, indem nach ¼ — ½ Stunde Beruhigung und Schlaf erfolgte; die Operation musste jedoch stets noch ein- oder zweimal im Laufe der nächsten Stunden und Tage wiederholt werden,
um einen bleibenden Effect herbeizuführen. Sämmtliche Fälle
endeten in Genesung. — Ich habe zweimal bei Delirium tremens die Morphium-Injectionen versucht, jedoch in beiden
Fällen erst nach wiederholter Anwendung grösserer Dosen eine
soporifiricende Wirkung gesehen.

Ein 40jähriger, musculöser Eisenbahnarbeiter kam bereits zum dritten Male
wegen Delirium tremens in Behandlung. Zwölf Gran Opium (Tinct. theb.) innerhalb 24 Stunden innerlich gereicht, waren ohne Erfolg. Der Puls voll und beschleunigt, 112 in der Minute. Am Abend nm 9 Uhr wurde ½ Gr. Morph.
muriat., eine halbe Stunde darauf nochmals ¼ Gr. in der Schläfengegend injicirt, ohne dass während der Nacht in den Erscheinungen sich etwas änderte.
Auch die Pulsfrequenz schwankte nur in sehr geringem Grade, nahm sogar in
Folge der lebhaften Muskelanstrengung zeitweise noch etwas zu (108—120); die
Respirationsfrequenz war während der kurzen Erschöpfungspausen immer noch
erhöht, 32 in der Minute. Am folgenden Tage wurden noch drei Injectionen
von je ½ Gr. Morphium, theils in der Schläfe, theils im Nacken gemacht, im
Ganzen also 1½ Gr. innerhalb 24 Stunden injicirt, worauf am Nachmittag gegen
3 Uhr Schlaf mit tiefer, stertoröser Respiration, Pulsverlangsamung (92) und
vermehrter Hautsecretion eintrat, der bis zum folgenden Morgen fast ununterbrochen anhielt.

In dem zweiten Falle, wo ein Erysipelas gangraenosum der Hand und des
Vorderarms sich bei einem senilen · Individuum mit Delirium tremens complicirt
hatte, waren ebenfalls 6 Gr. Opium bereits im Laufe eines Nachmittags erfolglos
gegeben. Zwei Injectionen von je ½ Gr. bewirkten während der Nacht Schlaf;
am folgenden Morgen somnolenter Zustand mit unregelmässiger, stertoröser Respiration, Cyanose, einzelnen clonischen Zuckungen der Gesichts- und Armmus-
keln. Unter Anwendung von Reizmitteln (Campher, Benzoe) erfolgte Besserung
und endlich völlige Herstellung. — In mehreren seitdem zur Behandlung gekomme-

nen Fällen habe ich, gestützt auf die Empfehlung von L. Meyer[*]), unter Ver-Vermeidung aller Narcotica das exspectative Verfahren mit nicht ungünstigem Resultate in Anwendung gezogen.

Atropinvergiftung.

B. Bell, Bericht an die Edinb. med. surg. soc., 1857.   v. Graefe, l. c. —
v. Schmied, Monatsbl. f. Augenheilk.(II. p. 158, Mai 1864. — Rezek,
allg, Wiener med. Z. 1864, 30. — Körner, berl. kl. Wochenschr., II.
16: 1865. — Nieberg, Journ. f. Kinderkrkh. 1865, H. 7 u. 8, p. 52. —
Erlenmeyer, l. c. und berl. kl. Wochenschr. 1866, Nr. 2.

Gegen die mehr oder minder erheblichen Erscheinungen der Atropin-Intoxication, welche gerade bei hypodermatischer (aber auch bei endermatischer) Anwendung dieses Alcaloids nicht selten beobachtet werden, empfahl zuerst Bell antidotische Injectionen von Morphium und sah von denselben in 2 Fällen einen sehr raschen und günstigen Erfolg. Verschiedenen Autoren (Béhier, Courty, Macnamara, Seaton, und Anderen) gelang die Beseitigung toxischer Erscheinungen der Atropinwirkung auch bei innerer Darreichung der Opiate[*)]. — Weiterhin hat namentlich v. Graefe die hypodermatische Einspritzung von Morphium als das rascheste und sicherste Antidot gegen die acute und chronische Atropin-Vergiftung hingestellt. In mehreren Fällen, wo die Patienten aus Versehen die zu Tropfwässern verordneten Atropinlösungen verschluckt hatten, wich der Besorgniss erregende Zustand einer oder zweien Morphium-Injectionen schneller und sicherer, als irgend einer anderen Therapie. Die besonders quälende Ischurie verlor sich in einem Falle bereits wenige Minuten nach der Morphium-Injection theilweise und nach einer Viertelstunde vollkommen; auch die enorme Steigerung der Pulsfrequenz um 40—60 Schläge und selbst darüber, wie sie bei Atropin-Injectionen vorkommt, wurde zuweilen schon in 10 Minuten auf die Hälfte und in einer Stunde gänzlich reducirt.

Zuweilen kommen bei häufigen Instillationen von Atropin Vergiftungen vor, indem das Mittel durch die Thränenpunkte

---

[*]) Vgl. Tagebl. der 40. Vers. deutscher Naturforscher und Aerzte, (1865) Nr. 6.

[**]) Umgekehrt sahen Preston, Lucas und Anderson, ferner Blondlau, Lindsay und Andere bei Opiumvergiftungen nach innerer Anwendung von Belladonna Heilung eintreten.

fortgeführt und theilweise verschluckt wird. Wo in diesen
Fällen die Weglassung der Instillationen aus örtlichen Gründen
(z. B. wegen einer bedrohlichen Iritis) nicht thunlich ist, empfiehlt sich das Nachschicken einer Morphium - Injection; das
Atropin wird bei Tage instillirt und Abends die Einspritzung
gemacht. Auch gegen die chronische, beim Fortgebrauch der
Atropin-Instillationen eintretende Vergiftung, welche sich besonders durch allgemeine erethische Schwäche und Daniederer-
liegen der Assimilation ankündigt, fand v. Graefe die Morphium-Injectionen, vor dem Schlafengehen angewandt, von guter
Brauchbarkeit, obwohl sie hier wahrscheinlich durch den inneren Gebrauch zu ersetzen wären.

Rezek bestätigt ebenfalls, dass er die nach Atropin-Injectionen eintretenden alarmirenden Erscheinungen (u. A. fortwährend en Harndrang) durch Morphium-Injection „so zu sagen
momentan“ habe verschwinden sehen. Die gleiche Beobachtung
habe ich u. A. kürzlich bei einer an Prosopalgie aller Aeste
des rechten Trigeminus leidenden Dame gemacht, wo schon
nach Injection von $\frac{1}{48}$ Gr. in der Schläfe die Erscheinungen
der Atropin-Intoxication in bedenkenerregender Weise auftraten.
Die Kranke warf sich in völliger Bewusstlosigkeit im Bette hin
und her und hatte von Zeit zu Zeit furibunde Delirien; dabei
wurden die Glieder und auch der Kopf von convulsivischen
Stössen erschüttert. Die Pupillen waren mässig erweitert, der
Puls klein, etwas beschleunigt (88 in der Minute). Ich injicirte sogleich $\frac{1}{3}$ Gr. Morphium an der Schläfe, in unmittelbarer Nähe der ersten Injectionstelle. Der Erfolg war ein
frappanter; die Zuckungen hörten nach kaum 3 Minuten auf
und nach 10 Minuten verfiel die Kranke in einen festen, ruhi-
gen Schlaf mit tiefer, stertoröser Respiration. Die Pulsfrequenz
war auf 68 heruntergegangen. Beim Erwachen (8 Stunden
nach der Injection) zeigten die Pupillen beiderseits normale
Dimensionen; Intoxicationserscheinungen waren nicht mehr
vorhanden.

Neuerdings haben besonders v. Schmied, Körner, Nieberg und Erlenmeyer interessante Heilungsfälle von Atropinvergiftung durch Morphiuminjectionen veröffentlicht.

v. Schmied behandelte einen Mann in mittlerem Alter, bei dem nach
$\frac{1}{4}$ - $\frac{1}{8}$ Atropin die Erscheinungen acuter Vergiftung auftraten. Pat. kniete im

Bette mit vorübergebeugtem Oberkörper, wühlte in furchtbarer Aufregung angst-
voll in den Kissen umher, bewegte lallend die Lippen und die geschwollene,
zwischen den Zähnen liegende Zunge. Der Blick stier, Kopf brennend heiss,
Gesicht livid, die oberflächlichen Venen strotzend gefüllt; Mydriasis maxima
ohne Reaction, Puls voll, 130, Drang zum Harnlassen, grosse Empfindlichkeit in
der Blasengegend, Erectionen, erotische Bewegungen des Oberkörpers u s. w. —
Aderlass und kalte Umschläge ohne Erfolg; daher nach einer Stunde Injection
von $^1/_3$ Gr. Morph. acet. in der Schläfe. Nach 10 Minuten vollkommene Ruhe,
kleinerer (doch nicht verlangsamter) Puls; clonische Krämpfe der oberen und
unteren Extremitäten (rasche Pro- und Supination mit Adduction des Vorderarms, Muskelzittern der Beine); Sprache deutlicher. Nach ¼ Stunden Puls so
klein, dass man Wein gab, der leicht geschluckt wurde; Abgang von Urin und
Fäcalmassen. Die Morphiumwirkung hielt eine Stunde an, dann wurden die
wachen Intervalle stärker, Unruhe bei leisestem Geräusch, der Puls hob sich
wieder. Neue Injection von ¼ Gr. (nach 2 Stunden) in der Schläfe. Schon
nach 7 Minuten absolute Ruhe, Puls 120, nur Druck auf die Blasengegend er-
weckt den schlafenden Kranken. Respiration normal; Puls nach 2 Stunden 119.
Pat. erwacht, um 3 mal ohne Beschwerde zu uriniren, erkennt auch seine Umgebung, schläft dann wieder abwechselnd ein, redet auch zuweilen irre; Pupillen
noch erweitert, grosser Durst (Eispillen). Abends und Nachts Schlaf, nur unterbrochen durch Urinlassen und viermalige Stuhlentleerung; Zuckungen in den
Extremitäten noch am folgenden Tage von dem Patienten gespürt; Puls am Morgen 55, grosse Mattigkeit, Trockenheit im Schlunde u. s. w. — Nach Verengerung der linken Pupille durch Calabar konnte Pat. sofort lesen, die rechte
Pupille, sich selbst überlassen, blieb bis zum 5. Tage erweitert. —

Fall von Körner. — Ein 25jähriges Mädchen von kräftiger Constitution
hatte um 1½ Uhr 1 gr. Atrop sulf verschluckt. Bald grosse Angst und Unruhe, Hei_
serkeit, unverständliche Sprache, Bewusstlosigkeit; clonische Krämpfe in Gesicht
und Extremitäten; Augen geschlossen, Mydriasis maxima, Puls 130 (enorm klein),
Respiration röchelnd, 16 — 18 in der Minute. Um 3 Uhr Emeticum aus Cupr.
sulf., kalte Umschläge ad Caput, Essigclystier, schwarzer Kaffee. Erbrechen;
im Uebrigen keine Veränderung des Zustandes Gegen 5 Uhr (durch Dr. Cohn)
Injection von ¼ Gr. Morph. sulf. über dem rechten Auge; der Puls sinkt nach
10 Minuten auf 100, steigt nach 10 Minuten auf 120 und bleibt so den Abend.
Nach ¼ Stunde Reflexbewegungen auf lautes Anrufen und Kneipen, Athmen
weniger stertorös, fibrilläre Zuckungen in Kau- und Brustmuskeln; der mit dem
Catheter entleerte Harn ist atropinhaltig. — Amm. carb. zu 10 Gr. stündlich. Von 6¼ Uhr ab allmälige Wiederkehr des Bewusstseins, Nachlass der
Krämpfe etc. — Nachts guter Schlaf, am folgenden Tage nur noch Pupillen-
erweiterung, Schlingbeschwerden und seltenere leichte Zuckungen in den Füssen;
Puls und alle übrigen Functionen normal.

Fall von Nieberg. — Einem 16jährigen, an Cataracta traumatica und
Amblyopie leidenden Mädchen war eine Atropinlösung (gr. β auf ℥ j) zum Einträufeln verschrieben; der Vater des Mädchens instillirte demselben die ganze
Quantität auf einmal. Das Mädchen befand sich Anfangs anscheinend wohl, ass
mit Appetit, konnte aber bald nicht mehr schlucken und musste Alles wieder
aus dem Munde herausnehmen; beide Pupillen enorm erweitert. Nachdem eine

grosse Tasse starker schwarzer Kaffee genommen war, ging sie ins Freie, fing
aber hier bald an zu taumeln und wild umher zu blicken, gab hastig verkehrte
Antworten; Gesicht und Lippen wurden heiss, blauroth, die Besinnung schwand
immer mehr, Atbem und Puls immer rascher. Kalte Umschläge ohne Effect;
innere Mittel (Tinct. Opii, Aether acet etc.) vermochte Pat. nicht zu schlucken.
Einspritzung von 8 -- 9 Gr. einer Morphiumlösung (von Gr. j auf 3 j) im Nacken
und bei eintretender Wiederverschlimmerung noch 6 Gr. an derselben Stelle und
zwei Injectionen auf der Brust; darauf Schlaf, Puls und Respiration verlangsamt,
Gesicht blasser, Kopf weniger heiss.   Erwachen nach 1½ Stunden; Pat. ruhiger,
vermag zu schlucken und in Begleitung des Vaters im Garten umherzugehen.
Besinnung noch immer mangelhaft, Kopfschmerz und Schwindel; Nachts ruhiger
Schlaf, am Morgen erwacht Pat. ganz wohl und kräftig, so dass sie den weiten
Rückweg zu Fuss machen konnte.

Erlenmeyer fasst den von ihm behandelten Fall kurz folgendermassen zusammen: „Nach dem Genusse von fast zwei Gran Atropin traten die gewöhnlichen Erscheinungen auf, die sich bis zur völligen Sprach- und Bewusstlosigkeit
steigerten und den Tod erwarten liessen. Sinapismen, kalte Kopfüberschläge,
Erbrechen durch Reizung des Pharynx, starke Essigclystire und häufigere Injectionen von Morphium ins Zellgewebe brachten doch eine Besserung hervor,
die allmälig in Genesung überging. Es ist keinem Zweifel unterworfen, dass
hier lediglich die subcutanen Injectionen des Morphium die Genesung ermöglicht
haben." —

An die therapeutische Verwendung von Morphium und
Atropin knüpfte sich in neuester Zeit eine lebhafte Contraverse
über die antagonistischen Wirkungen der genannten Substanzen
auf den Organismus. Diese Frage bietet physiologisch unstreitig
ein hohes Interesse dar, ist jedoch für die Therapie, wie mir
scheint, nur von geringem Belange, indem es keineswegs darauf
ankommt, dass beide Mittel sich in jeder Beziehung antagonistisch verhalten, sondern dass durch das eine gewisse besonders
gefahrdrohende Symptome des anderen in wirksamer Weise be-
kämpft und zur Norm zurückgeführt werden. Hierfür aber
dürfte die therapeutische Erfahrung mindestens in Betreff der
Verwendung des Morphium bei Belladonnavergiftung den vollständigen Beweis geliefert haben. Was die physiologische Seite
der Frage betrifft, so halte ich dieselbe durch die bisherigen
Versuche noch nicht definitiv für erledigt. Gegen die Annahme
eines antagonistischen Verhaltens sind in neuester Zeit namentlich Camus (gat. hebd. 1865 Nr. 32.) und Onsum (Central-
blatt 1864 Nr. 40. Schmidt's Jahrbücher 1865, 12. p. 288)
zu Felde gezogen; ihre Resultate schliessen jedoch die Möglichkeit einer antagonistischen Einwirkung auf gewisse Theile

des Nervensystems keineswegs aus, indem z. B. Onsum selbst angiebt, dass bei Morphiumvergiftung die peripherischen Nerven und Muskeln reizbar bleiben, das Rückenmark nicht leitungsfähig ist — Atropin dagegen die peripherischen Nerven lähmt bei intacter Leitung durch das Rückenmark. Ueberdies ist die Behauptung von Onsum, dass Morphium (im Gegensatze zu Opium) ohne Krämpfe unter rein paralytischen Erscheinungen tödte, entschieden unrichtig, wie ich mich selbst durch zahlreiche Versuche an Kaninchen und Hunden vielfach überzeugt habe. Meine eigenen Beobachtungen am Menschen stimmen ganz mit den Ergebnissen von Erlenmeyer überein, wonach sich Morphium und Atropin in Bezug auf die narcotisirende Wirkung und die Pupille als Antidota verhalten, während sie in Bezug auf Sensibilität, secretorische Functionen und Herzaction einen derartigen Gegensatz nicht darbieten. (In Betreff des ebenfalls antagonistischen Einflusses auf den Accommodationsapparat vgl. oben pag. 102).

Hyoscyamus - Vergiftung.

Rezek (Allg. Wiener med. Zeitung 1864 No. 30) hat zwei interessante Fälle von antidotischer Wirkung der Morphium-Injectionen bei Hyoscyamus-Vergiftung mitgetheilt, die in einem Auszuge hier folgen mögen:

1. Ein 3½jähriger Knabe hatte vor 4 Stunden eine unbekannte Quantität unreifer Bilsenkrautsamen gegessen. Kurz darauf war er eingeschlafen und nach halbstündigem Schlaf unter Krämpfen erwacht, die sich nach und nach über Extremitäten und Rumpf ausbreiteten. Bei der Untersuchung war Pat. völlig bewusstlos, das Gesicht dunkel geröthet, Athem beschleunigt, die Halsvenen pulsirend, Temperatur sehr erhöht, die Pupillen stark erweitert; in kürzeren Intervallen traten Stösse in Händen und Füssen auf, die von einem lauten Geheul des Kranken begleitet waren. — Eine Gabe von einer halben Drachme Ipecacuanha (die aber nur zum Theil geschluckt wurde, weil das Schlingen behindert war) rief kein Erbrechen hervor; dagegen Tannin (in Wasser gelöst) zweimal. Die Magen-Contenta enthielten weisse Samenkörner und grüne Pflanzentheile. Jedoch trat nach dem Erbrechen noch bedeutende Verschlimmerung ein, die Convulsionen wurden heftiger, Opisthotonus, die Respiration kurz, krächzend, stridulös, äusserste Dyspnoë, Cyanose. Blutegel und kalte Einwickelungen blieben ohne Erfolg; die Tracheotomie wurde nicht gestattet. In der Verzweiflung griff R. zu einer Morphium-Injection (¼ Gr.) in der vorderen Halsgegend. Schon nach 5 Minuten wurden die Krämpfe seltener; nach 10 Minuten schlief und athmete Pat. so ruhig, als wäre nichts vorgefallen. Nach 6 Stunden Erwachen; die Convulsionen traten zwar wieder auf, aber in immer längeren Intervallen, der Glottis-

Krampf ebenfalls viel milder. Das Bewusstsein vorhanden. Pat. genoss etwas
Milch und war seitdem ausser aller Gefahr. Die nächsten 8 Tage noch etwas
Hitze und Nachts zuweilen Krampfhusten, dann völlige Reconvalescenz.

   2. Einen ähnlichen Fall beobachtete R. 14 Tage darauf bei einem 1½jähri-
gen Knaben. Derselbe wurde erst nach 6 Stunden gebracht; Convulsionen u. s. w.
wie oben, jedoch die Respiration unbehindert. Sogleich Injection von ¼ Gr.
Morphium. Pat. wurde bedeutend ruhiger, hatte aber noch von Zeit zu Zeit
schwache Zuckungen, weshalb nach einer halben Stunde noch ¼ Gr. injicirt
wurde. Darauf ruhiger Schlaf. Die Erscheinungen kehrten nicht wieder, und
nach zwei Tagen war auch dieser Patient völlig genesen.

Strychnin - Vergiftung.

   In einem von Burow jun. beobachteten, durch Woorara
geheilten Falle von Strychninvergiftung (vgl. das 17. Cap.)
zeigte sich die einmalige Injection von ¼ Gr. Morphium völlig
erfolglos. Dagegen soll, nach Erlenmeyer, Dr. Schulte
in Bochum von den Morphium-Injectionen eine sehr gute Wirkung beobachtet haben.

Digitalin - Vergiftung.

   Erlenmeyer sah in einem Falle, wo nach Digitalinin-
jection heftiges, langdauerndes, krampfhaftes Erbrechen eingetreten war, nach vergeblichem Gebrauche erregender Mittel
unter Anwendung der Morphiuminjectionen sehr rasche Besserung (vgl. Cap. 18).

Chloroform - Intoxicationen.

   An die Alcaloidvergiftungen reihe ich einige Bemerkungen
über einen in gewissem Sinne analogen Zustand, nämlich über
die nach Chloroform - Inhalationen oft längere Zeit, (selbst zwei
bis drei Tage hindurch) zurückbleibenden Erscheinungen des
Rausches, des quälenden Schwächegefühls und allgemeinen
Uebelbefindens mit heftigem Kopfschmerz, Brechneigung und
häufig wiederholtem Erbrechen. Es findet sich dieser im höchsten Grade peinliche, oft auch für den Arzt sehr unwillkommene
Zustand besonders bei sehr eretuischen Individuen, namentlich
wenn die Chloroform-Narcose behufs Vornahme einer grösseren
Operation, Anlegung von Verbänden u. s. w. längere Zeit unterhalten werden musste, wie ich denn Patienten gesehen habe,
die zwei Stunden und darüber fast unausgesetzt chloroformirt

waren und während dieser Zeit 4—5 Unzen Chloroform inha-
lirt hatten.

Gegen diesen Zustand habe ich in einer Reihe von Fällen
(im Ganzen etwa 20) die Morphium-Injectionen in Anwendung
gezogen, und zwar im Allgemeinen mit sehr befriedigendem
Resultate. Bei den meisten trat nach Injection von $\frac{1}{8}$ — $\frac{1}{5}$ Gr.
Morphium ein mehrstündiger, erquicklicher Schlaf ein, mit wel-
chem alle die üblen Nachwirkungen des Chloroforms aufhörten,
namentlich das Erbrechen, der Kopfschmerz, die ohnmachtähnliche Mattigkeit vollständig verschwanden. In einzelnen Fällen
wurde dieses Resultat erst nach einer zweiten Einspritzung erreicht; und nur in 3—4 Fällen schienen die Injectionen gar
keinen Effect zu haben, wenigstens die von dem Chloroform
herrührenden Erscheinungen in keiner Weise zu beeinflussen. —
Beiläufig bemerke ich noch, dass in den hier besprochenen Fällen die Injection erst 2½—12 Stunden nach dem Aussetzen der
Chloroform-Inhalationen verrichtet wurde; dass dieses Verfahren
also nichts mit der durch Nussbaum empfohlenen, auch von
mir mehrfach angewandten Verlängerung der Chloroform-Anästhesie durch narcotische Injectioen zu thun hat.

Pyämie.

Bei pyämischen Zuständen empfiehlt Billroth (Wund-
fieber und Wundkrankheiten, v. Langenbeck's Archiv II. p.
441) Morphium-Injectionen als reizmilderndes Mittel, namentlich
wenn das Opium bei innerer Anwendung ausgebrochen wird,
wie es bei einzelnen Kranken auch ohne besondere Veranlassung der Fall ist.

Nervöse Agrypnie.

Wo die Schlaflosigkeit von einer gesteigerten peripherischen Erregung sensibler Nerven (Schmerz) abhängt, sind die
Morphium-Injectionen natürlich das beste Specificum schon
dadurch, dass sie rascher als fast irgend ein anderes Mittel den
Schmerz lindern oder beseitigen und somit die Möglichkeit des
Schlafes herbeiführen. Ob auch da, wo eine abnorme Erregung
des Gehirns durch vermehrten Zufluss von arteriellem Blut,
wie in fieberhaften Krankheiten, die Schlaflosigkeit herbeiführt,
die Morphium-Injectionen diese Ursache beseitigen, indem sie

die Circulation verlangsamen und eine grössere Venosität des
Blutes veranlassen (Hunter), muss einstweilen dahingestellt
bleiben; die Injectionen wirken hier jedenfalls viel unsicherer,
und es kommt gewiss neben der allgemeinen Wirkung auf
den Kreislauf auch die örtliche Schmerzstillung häufig mit in
Betracht.

In Fällen von einfacher Schlaflosigkeit, ohne nachweisbare
organische Veranlassung, sowie bei den von Hysterie und psychischer Aufregung abhängigen Formen sahen Ruppaner (l.
c. pag. 130—132) und Elliot günstige Erfolge. Verhaege
will einen schlaflosen Hypochonder mit 4 Injectionen von
$^2/_7$ — $^4/_7$ Gr. Morph. acet. in 1—2 tägigen Zwischenräumen nicht
blos von seiner Schlaflosigkeit, sondern auch von seiner Hypochon-
drie geheilt haben! — Beispiele und Belege zu den beiden ersteren
Categorieen finden sich im Vorhergehenden und Folgenden in
grosser Zahl, so dass es nicht nöthig erscheint, hier speciell
darauf zu verweisen.

Psychosen.

In der Therapie der Psychosen spielen die Morphium-Injectionen nach der Ansicht einiger Autoren eine nicht unwich-
tige Rolle. Hunter machte zuerst auf den Nutzen derselben
bei maniakalischen Zuständen aufmerksam, wo das Schlingen
erschwert sei oder verweigert werde. Er beobachtete auch hier
sehr rasche Abnahme der Pulsfrequenz, sogar von 120 auf 80,
und Narcose. In Fällen von Melancholie und Manie bei Potatoren (in Verbindung mit Delirium tremens) gelang es ihm,
durch Injection von Morphium innerhalb weniger Minuten das
geistige Aequilibrium so herzustellen, dass der Patient sofort
im Stande war, seiner Beschäftigung nachzugehen. — Lorent
bedient sich der Injectionen bei Gemüthsdepressionen, bei Melancholie mit Präcordialangst, und sah davon auch in solchen
Fällen noch Nutzen, wo die innere Anwendung grösserer Gaben von Opiaten im Stich liess. Bei zwei männlichen und einer
weiblichen Kranken, die mit Melancholie im Irrenhause aufgenommen waren, bewirkten zwei Injectionen täglich (zu $^1/_3$ bis
$^1/_2$ Gr.) nach ein bis vier Wochen erhebliche Beruhigung, so
dass man das Morphium entbehren konnte, worauf unter dem
Gebrauche von Bädern und sonstiger Behandlung baldige Re-

convalescenz folgte. Vorzüglich indicirt sind die Injectionen,
nach Lorent, da wo durch Sitophobie und Vergiftungswahn
jedes Einnehmen von Medicamenten erschwert ist; ferner auch
nach Selbstmordversuchen, wo die Kranken aus Depression oder
Erbitterung über den vereitelten Versuch ebenfalls der Anwendung innerer Mittel widerstreben. Dagegen sind sie bei hysterischer Melancholie, bei Tobsucht (maniakalischen, von organischen Gehirnleiden ausgehenden Aufregungen) von geringerer
Wirkung; im letzteren Falle tritt wohl zuweilen eine mehrstündige Ruhe ein, die Aufregung kehrt jedoch in gleicher Intensität wieder. Gegen die bei unvollkommenem Delirium tremens
oder nach demselben vorkommende Präcordialangst und Hallucinationen zeigen sich die Morphium-Injectionen sehr wirksam.

In ähnlicher Weise äussert sich auch Erlenmeyer, der
jedoch dem Opium bei innerer Anwendung im Ganzen den
Vorzug giebt. „Wenn der Kranke aber die Arznei verweigert
und man nicht eben die Introduction durch die Schlundsonde
vorzieht, so ist durch die subcutane Injection des Morphium
immer schon ein Erfolg zu erzielen, der ganz erfreulich ist —
Die Dosis kann bei Seelengestörten immer höher gegeben werden, ohne dass nachtheilige Folgen entstehen. Die Einstichstelle kann beliebig gewählt werden." —

Bei den verschiedenen Zuständen der Hysterie und Hypo-
chondrie hält Pletzer die Injectionen einer vielfachen Anwendung für fähig. „Der Arzt hüte sich nur, dass seine Freigebig-
keit in Ausübung derselben nicht gleichen Schritt halte mit
der Sehnsucht vieler dieser Kranken." (Ueber den zweifelhaften
Nutzen bei hysterischen Convulsionen vgl. p. 139).

Meningitis cerebrospinalis.

Traube, Vhdlg. der berl. med. Ges. (deutsche Klinik, 1863, 20). — Bois,
l. c. p. 19. — Lorent, l. c. pag. 15. — Niemeyer, die epidemische
Cerebrospinal-Meningitis, p. 71. — Ziemssen u. Hess, deutsches Archiv
f. cl. Med. I. p. 453. — Thomas und Neynaber, im Tagebl der Na-
turforscheverers., 1865, Nr. 2.

In einem Falle von Meningitis spinalis mit Schmerzen im
Kreuz und in den unteren Extremitäten wurden von Traube
hypodermatische Einspritzungen von Morphium an den nates
applicirt. Die Schmerzhaftigkeit wurde zwar momentan beschwichtigt; im Allgemeinen war jedoch der Zustand nach den

Injectionen stets schlechter als vorher, und zeigte sich eine noch grössere Erregbarkeit der Sensibilität; nach dem Aussetzen der Injectionen waren die Schmerzintervalle grösser und freier, als beim Gebrauche derselben. Nach Traube hängt dies mit der Wirkung zusammen, welche das Opium überhaupt bei acuten entzündlichen Krankheiten äussert, weshalb seine Anwendung bei diesen im Allgemeinen zu verwerfen ist.

Bois führt dagegen einen Fall von Meningitis cerebrospinalis an, wo eine Injection von 8 Ctgrmm. Morph. muriat. sogleich die sehr schmerzhaften Convulsionen beseitigte, und die Kranken in tiefen Schlaf versetzte. Lorent sah bei chronischer Meningitis spinalis die excentrischen Schmerzen nach der Injection zeitweise schwinden. —

Nach Niemeyer wurden bei der Meningitis cerebrospinalis epidemica in Rastadt und Carlsruhe als Palliativ gegen die grosse Unruhe und Iactation der Kranken in einzelnen Fällen subcutane Morphium-Injectionen vorgenommen. „Bei manchen Kranken schien der beabsichtigte Erfolg wenigstens für kurze Zeit erreicht zu werden." — Ziemssen und Hess benutzten bei der in Rede stehenden Krankheit das Morphium sowohl subcutan als per os, Ersteres namentlich bei heftigen Exacerbationen, wo es wegen der unerträglichen Leiden des Kranken auf eine rasche Wirkung ankam. Sie sahen davon niemals Nachtheil, dagegen so ausgezeichnete palliative Wirkung, dass es neben der Kälte als das unentbehrlichste Agens bei der Behandlung der Meningitis erschien. — Auf der letzten Naturforscher-Versammlung äusserte sich Thomas für, Neynaber gegen die Injectionen. —

---

3) Krankheiten der Muskeln.

v. Jarotzky und Zülzer, l. c. — Sander, l. c, — Erlenmeyer, l. c.

Hier ist besonders der acut auftretende, schmerzhafte Muskelrheumatismus (die Myalgia rheumatica) zu erwähnen. Jarotzky und Zülzer wandten in einem Falle von Lumbago das Morphium hypodermatisch an. Die Injection hatte jedoch keinen nennenswerthen Erfolg; es wurde durch

ein Vesicans mit nachfolgender Einstreuung von Morphium mehr
geleistet. Auch mir haben sich in 4 Fällen von Lumbago nur sehr
unwesentliche und rasch vorübergehende Erfolge von Anwendung der Injectionen ergeben.

Dagegen sah Sander Muskelrheumatismen viermal unter
den Injectionen in so kurzer Zeit heilen, dass er geneigt ist,
eine (durch seröse Ausschwitzung in den Nervenscheiden bedingte) „Neuralgie der Muskelnerven" als causales Moment bei
dieser Affection anzunehmen. Auch Erlenmeyer, der die
Injectionen in mehreren Dutzend Fällen anwandte, sah nach 3,
4, höchstens 6 Injectionen nicht nur eine Abnahme des Schmerzes, sondern auch Zunahme der Muskelcontractionen eintreten.
Bei Psoitis sah Sander von den Injectionen ebenfalls günstige Erfolge.

Versuchsweise habe ich in der letzten Zeit öfters bei Contracturen, welche im Gefolge chronischer Gelenkleiden zurückblieben, sowie bei spastischem Pes varus und equinus Injectionen von Morphium in möglichster Nähe der entsprechenden Muskelnerven gemacht — jedoch niemals eine Erschlaffung und Entspannung der verkürzten Gebilde auch in
solchen Fällen herbeiführen können, wo es sich in der That um
rein musculäre Contracturen handelte und der Widerstand derselben in der Chloroform-Narcose leicht auf das allervollstän-
digste überwunden werden konnte.

4) Krankheiten der Respirations- und Circulations-Organe.

v. Jarotzky und Zülzer, l. c. — Waldenburg, Vhdlg. d. Ges. f. Heilk.
(berl. cl. Wochenschr., 1864, 20); Med. Central-Ztg. 1864, 1. und 2. —
1865, 14 — Südeckum, l. c. — Bois, l. c. — Lorent, l. c. —
Pletzer, l. c. — Kirkes, med. Times and Gaz., 1863, 20. — Sommerbrot, med. Presse 1865, 46. — Erlenmeyer, l. c. — Tobold.
chronische Kehlkopfskrankheiten, p. 129.

Neurosen des Kehlkopfs. (Hyperästhesie der Kehlkopfschleimhaut. Hysterischer Krampfhusten. Tussis convulsiva.)

Bei den Sensibilitätsneurosen des Larynx (Krampfhusten,
nervöser Kehlkopfschmerz) sah Tobold zwar die günstigsten

Erfolge von Anwendung des constanten Stromes — auch wiederholte Morphium-Injectionen zeigten jedoch in einzelnen Fällen eine nachhaltige Wirkung. Ich konnte in dem folgenden Falle von nervöser Hyperaesthesia laryngis und beginnender Lungentuberculose von den Morphium-Injectionen eine
überraschend günstige Wirkung beobachten.

Engel, Kaufmann, 24 Jahre alt, war bis vor 1½ Jahren vollkommen gesund, stammt aber aus phthisischer Familie. Seit jener Zeit stellten sich wiederholte Catarrhe, leichte Ermüdung und Abnahme der Kräfte, Störung des Schlafs
durch Husten, zuletzt gänzlicher Appetitmangel und Abmagerung bei ihm ein,
ohne colliquative Erscheinungen. Oertlich empfand Patient besonders Tag
und Nacht quälenden Kitzel im Halse, wo er daher auch den Sitz seiner Leiden
und die Ursache des beständigen Hustenreizes vermuthet. Nur einmal will Pat.
eine kleine Haemoptysis (etwa einen halben Theelöffel voll Blut) gehabt haben;
sonst wenig crude, durchsichtige Sputa. In der letzten Zeit traten Febricitatio-
nen mit hectischem Character (abendliche Erhöhung der Temperatur und Pulsfrequenz) auf und Pat., der sonst noch seinen Geschäften nachgegangen war,
fühlte sich so schwach, dass er nicht mehr das Zimmer verliess. Die physica-
lische Untersuchung ergab bei dem blassen, hagern Patienten mit leicht paraly-
tischer Thoraxformation nur eine schwache Dämpfung in der linken Fossa supraspinata, und unbestimmte, etwas verlängerte Exspiration in beiden Lungenspitzen,
sonst nichts Abnormes. Die von Herrn Sanitätsrath Tobold in Berlin ausge-
führte laryngoskopische Untersuchung lieferte einen durchaus negativen Befund,
indem sich nur leichte Anämie der Schleimhaut, jedoch keine catarrhalischen
oder gar ulcerativen Processe im Kehlkopf herausstellten, die als Ursache der
höchst lästigen Halsbeschwerden gedeutet werden konnnten.

Morphium innerlich, bis zu ⅓ Gr. pro dosi, war auf diese Beschwerden ohne
Einfluss, hob namentlich weder den Hustenreiz, noch die daraus entspringende
Schlaflosigkeit, sondern schien vielmehr die nervöse Erregung des Kranken zu
steigern.

Es wurde nun am 1: Januar, um 1 Uhr Mittags, ¼ Gr. Morphium am Halse
zur Seite des Kehlkopfes subcutan injicirt. Nach 10 Minuten stellten sich leichte
Betäubungserscheinungen ein, die jedoch rasch vorübergingen; dann folgte ein
sehr erheblicher Nachlass der beschriebenen Symptome, und Pat. schlief fast die
ganze Nacht hindurch ohne alle Störung, was ihm seit langer Zeit nicht vergönnt
gewesen war. Auch an den folgenden Tagen war die Besserung eine sehr er-
kennbare; namentlich war der Hustenreiz nicht, wie früher, fast permanent, sondern trat nur in einzelnen, von einer Viertelstunde bis zu einer Stunde dauernden Anfällen und mit sehr verminderter Heftigkeit auf, so dass Patient eine baldige Wiederholung der Procedur begehrte.

Diese fand denn auch mehrmals in geeigneten Zwischenräumen statt, und der
Effect ist im Ganzen höchst überraschend. Patient klagt jetzt gar nicht mehr
über unangenehme Sensationen im Halse; er hustet wohl noch, aber viel weniger
als sonst; der Auswurf ist ebenso gering. Der Schlaf ist ungestört, der Appetit
gut, der Kräftezustand sichtlich besser, der Puls kaum noch in den Abend-

tunden leicht beschleunigt. Patient, der seit der ersten Injection (vor zwei Monaten) das Zimmer noch nicht verlassen hat, ist doch den ganzen Tag auf, in viel besserer Stimmung, und mit zerstreuenden Arbeiten beschäftigt. Die Behandlung war während dieser Zeit, mit Ausnahme der Injectionen, eine rein diätetische. — Beständen nicht die obenerwähnten, wenn auch leichten Erscheinungen von Infiltration in beiden Lungenspitzen noch fort, so könnte man sich in Hinblick auf das jetzige Befinden des Kranken den günstigsten Hoffnungen für ihn überlassen.

Bei hysterischem Krampfhusten sah Tilanus von den Injectionen ebenfalls gute Erfolge.

Während einer ungewöhnlich heftigen und langdauernden Keuchhustenepidemie wurden in der greifswalder medicinischen Policlinik u. A. auch mehrere Versuche mit Morphium-Injectionen gemacht. Die Resultate waren im Allgemeinen negativ; eine Besserung war nur so lange zu bemerken, als die durch das Morphium hervorgerufene allgemeine Narcose anhielt. Bei 3 Kindern unter $1/2$ Jahr wurde $1/20$ Gr. Morphium in der Nähe des Larynx injicirt; bei einem derselben trat in Folge dessen 36 stündiger Schlaf ein.

Asthma nervosum. Chronischer Catarrh und Lungenemphysem.

Bei dem gewöhnlichen Asthma sahen Kirkes, Waldenburg, Schneevogt und Erlenmeyer von den Morphium-Injectionen günstige (palliative) Erfolge — zum Theil in Fällen, wo alle anderen Mittel den Dienst versagten. Pletzer fand in einem derartigen Falle das Coniïn wirksamer.

Waldenburg beobachtete ferner sehr gute Wirkung bei einem an morbus Brightii mit asthmatischen Anfällen von der furchtbarsten Heftigkeit leidenden Manne. Die stärksten Opiumdosen innerlich liessen im Stich, während $1/2$ Gr. Morphium subcutan (in der Herzgrube) binnen einer Minute festen, mehrere Stunden andauernden Schlaf hervorbrachte; ebenso jede folgende Injection, wobei bis zu $3/4$ Gr. gestiegen wurde.

Bei einem an Emphysem und starkem Catarrh nebst nächtlichen Erstickungsbeschwerden leidenden Manne von 35 Jahren injicirten Jarotzky und Zülzer $3/4$ Gr. Morphium auf der Mitte des Sternum. Nach wenigen Minuten zeigten sich Erscheinungen der Morphiumwirkung; nach $1/2$ Stunde sechsstündiger, erquickender Schlaf, worauf die bisherige grosse Dyspnoe fortblieb.

Auch Lorent fand bei dem von Lungenemphysem abhängigen Asthma die Injectionen sehr nützlich, indem augenblicklich Beschwichtigung der Dyspnoe und nächtlicher Schlaf durch dieselben bewirkt wurde. Dagegen ging auch hier Pletzer nach anfänglichem Gebrauche des Morphium zum Coniin über.

Pleuritis und Pleuropneumonie.

Günstige Erfolge bei den genannten Krankheitszuständen werden von Südeckum, Bois, Sacmann, Sommerbrot, Lorent und Erlenmeyer berichtet.

Südeckum erwähnt einen, auf der Gerhardt'schen Clinik behandelten Fall von Pleuritis, bei dem Morphium-Injectionen, wegen der heftigen Schmerzen gemacht, eine regelmässige Besserung zur Folge hatten. Die Schmerzen wurden bei Abends vorgenommenen Injectionen gelinder und hörten in der Nacht ganz auf, erneuerten sich jedoch am folgenden Tage.

Auch ich habe in einem Falle von Pleuropneumonia sinistra bei einem 15 jährigen Knaben wiederholt Injectionen von Morphium ($\frac{1}{8}$ — $\frac{1}{8}$ Gr,) in den schmerzhaften, unteren Intercostalräumen an der Seitenwand des Thorax gemacht. Nach Abends vollzogener Einspritzung schlief Patient die Nacht ruhig, und konnte, was sonst kaum möglich war auf der erkrankten Seite liegen, wodurch die Dyspnoe wesentlich gemildert wurde; der cyclische Verlauf des Leidens wurde durch die Injectionen in keiner Weise verändert, und das Fieber auch nicht vorübergehend, wie ich anfangs gefürchtet hatte, erhöht.

Bei bedeutenden pleuritischen Exsudaten, sowie auch bei Pneumothorax, wo wegen Compression der einen Lunge heftige Dyspnoe besteht, und dieselbe noch durch die Unmöglichkeit, auf der erkrankten Seite zu liegen, wesentlich gesteigert wird, dürften die Morphium-Injectionen, in angemessenen Abständen wiederholt, eine wichtige palliative Bedeutung gewinnen und den Zustand der Patienten sehr viel erträglicher gestalten.

Lorent sah auch bei der von Empyem abhängigen Dyspnoe die Injectionen erfolgreich.

Tuberculose.

Bei der gewöhnlichen chronischen Miliartuberculose habe ich in einigen Fällen, wo der quälende Hustenreiz und die

vorhandenen pleuritischen Stiche, sowie die Schlaflosigkeit, zur
Anwendung der Narcotica nöthigten, die innere Darreichung
derselben mit den subcutanen Injectionen von Morphium vertauscht. Wie zu erwarten, tritt die Abnahme der so belästi-
genden Symptome nach den Injectionen rascher und sicherer
zu Tage; und es scheinen mir dieselben hier auch den Vortheil
zu bieten, dass man wegen der seltenen Wiederholung und der
langsamer stattfindenden Gewöhnung von Seiten des Kranken
nicht zu so hohen, die Consumption beschleunigenden Gaben
der Opiate zu greifen braucht.

In ähnlicher Weise äussert sich auch Lorent; er machte
die Injectionen (zu $\frac{1}{6}$ — $\frac{1}{4}$ Gr.) in zahlreichen Fällen, auch
bei den letzten Stadien der Tuberculose, auf der Brust, in der
Gegend des Pectoralis major oder im Scrobiculus cordis. „Wenn
die schwer leidenden Phthisiker die Wirkung des Morphium in
Injectionen kennen gelernt haben, so verlangen sie bald die
Wiederholung und fühlen sehr wohl, dass das Morphium, hypodermatisch injicirt, mehr leistet, als die innerlich genomme-
nen Pulver, sowohl als schlafmachendes Mittel, als auch zur
Beruhigung des Hustens". (Ueber die Anwendung der Inter-
costalneuralgieen der Phthisiker vgl. oben „Neuralgieen").

Organische Herzkrankheiten. Angina pectoris.

Bei dem gewöhnlich als Angina pectoris bezeichneten
Symptomencomplex, welcher häufig im Gefolge organischer
Herzkrankheiten (Hypertrophie und Erweiterung, Klappenfehler
des Herzens) auftritt, bewährt sich nach Lorent kein anderes
Mittel zur Beseitigung des qualvollen Zustandes so sehr, als
die Morphium-Injectionen. Er berichtet in dieser Beziehung
zwei Fälle, wovon der eine auch hier einen Platz finden möge.

„Bei einer 71jährigen, früher dem Trunke ergebenen pastösen Frau, welche
an Erweiterung des rechten Ventrikels und an Insufficienz der Mitral- und Aortenklappen, sowie an Bronchialcatarrh und Oedem der unteren Extremitäten
mit zeitweiser Albuminurie leidet, treten mitunter mit Staunngen im Kreislaufe
derartige syncoptische Stickanfälle so heftig auf, dass die Kranke dem Verschei-
den nahe scheint. Eine Injection von $\frac{1}{4}$ Gr. Morphium in der Herzgegend bringt
in wenigen Minuten die Kranke wieder zu sich, welche im Uebrigen durch tägliche leichte Abführmittel und durch mässige Diät die Anfälle fern zu halten
sucht."

Aehnliche symptomatische Wirkung habe ich in einem

Falle von Aorten-Insufficienz mit Stenose am Ostium venosum sinistrum und totaler Herzhypertrophie beobachtet. In dem zweiten, von Lorent erwähnten Falle, der tödtlich verlief, scheint es sich nach der gegebenen Beschreibung mehr um asthmatische Anfälle bei Lungenemphysen gehandelt zu haben.— Ob auch bei den rein nervösen, nicht von organischen Herzfehlern abhängigen Formen der Angina pectoris die subcutanen Morphium-Injectionen sich nützlich erweisen, muss einstweilen, zumal wir über Sitz und Ursache dieser Neurosen nur Hypothetisches wissen, noch dahin gestellt bleiben.

5) Krankheiten der Digestionsorgane.

Südeckum, l. c. — Bois, l. c. — v. Graefe, l· c. — v. Franque, l. c.— Asbe, med Times and Gaz, 13. Dec. 1862. — Bennet, lancet, 12. März 1864. — Scholz, l. c. — Hunter, med. Times and Gaz., 8. Oct. 1850 und 10. Juni 1865. — Freeman, britsh med. journal, 21. Jan. 1865. — Pletzer, l. c. — Sander, l.c. — Dorent, l. c. — Codrescu, thèse (de Paris); gaz. méd., 12. Aug. 1865. — Fischer, l. c. — Nieberg, l. c. — Erlenmeyer, l. c.

Neurosen des Digestionstractus. (Singultus. Gastralgie. Colik.)

Einen raschen Erfolg der Morphium-Injectionen beobachtete Lorent bei Singultus in Folge von Reflexreizen in acuten und chronischen Krankheiten. Ein anhaltender Singultus bei einem an Caries pedis leidenden Manne im letzten Stadium der Krankheit wurde wiederholt durch die Injectionen beschwichtigt.

Von zwei hierher gehörigen Affectionen, nämlich von der nervösen Cardialgie und von der auf Bleiintoxication beruhenden Enteralgie, ist bereits oben bei Besprechung der Neuralgieen die Rede gewesen.

Bei frisch entstandener, rheumatischer oder nervöser Colik ohne secretorische Veränderungen der Intestinalschleimhaut zeigten sich mir die Morphium-Injectionen ($\frac{1}{8}$ — $\frac{1}{6}$ Gr. in der Gegend des Colon transv.) zweimal von entschiedenem Nutzen. Ebenso nach Hunter, Pletzer, Lorent, Nieberg und Anderen.

Elliot und Lorent empfehlen die Injectionen auch bei Gallensteincolik; namentlich beobachtete Letzterer in 3 Fällen dieses quälenden Leidens sehr gute Erfolge. „Die Kranken fühlen in der Regel die beginnende Colik, die sogleich applicirte Morphium-Injection kürzt den Anfall ab und beseitigt bald die Dyspnoe, Angst, den Brechreiz und den Schmerz." Erlenmeyer konnte bei einer an derselben Krankheit leidenden Dame die Anfälle jedesmal durch eine Injection mildern und zuweilen ganz abschneiden.

Organische Erkrankungen des Pharynx und Oesophagus. Dysphagie.

Bei Dysphagie durch tuberculöse Halswirbel-Caries, ferner auch durch krampfhaften Verschluss des Oesophagus über der Cardia sah Lorent von den Morphium-Injectionen Beruhigung der Schlingbeschwerden und eine Erleichterung des Krankheitszustandes eintreten. Auch bei Stenose durch Carcinom des Oesophagus wurden die Schlingbeschwerden lange durch die Injectionen gemässigt.

Organische Erkrankungen des Magens. (Gastritis. Catarrh. Ulcus. Carcinoma ventriculi.)

Südeckum erwähnt einen Fall von Magenbeschwerden, die (wahrscheinlich) von Ulcus ventriculi und consecutiver Dilatation des Magens herrührten, in welchem wiederholte Morphium-Injectionen bei den Schmerzanfällen anfangs gute Dienste leisteten, später jedoch im Stich liessen. Der Kranke wurde durch passende Diät und Mag. Bismuthi wesentlich gebessert.

Erlenmeyer sah bei Magen- und Darmcatarrhen Linderung des Schmerzes und Nachlass des Erbrechens.

Lorent empfiehlt die Injectionen gegen die bei Gastritis mucosa, toxica und acutem Magencatarrh in der Magengrube vorkommenden Schmerzen; ferner auch bei Ulcus rotundum „und anderen Reizzuständen des Magens", wo sie sowohl den Schmerz beruhigen, als auch die in Folge von Reflexreiz eintretende Brechneigung beschwichtigen. Er benutzte die Injectionen auch als Prophylacticum zur Abstumpfung des Magens gegen Arzneien, die leicht zum Erbrechen reizen, z. B. vor der Anwendung der Granatwurzelrinde. Ebenso lobt dieselben Nieberg bei schmerzhaften Magengeschwüren und Fischer bei Magenkrebs mit Cardialgie; bei letzterem auch Freeman. Ich selbst habe in zwei Fällen von Ulcus und einem von Car-

cinoma ventriculi von den Morphium-Injectionen nur eine sehr
mässige, keineswegs constante Wirkung. gegen die Schmerzhaftigkeit und das Erbrechen beobachtet — wobei aber theilweise vielleicht zufällige und mehr individuelle Verhältnisse im
Spiel waren. Dagegen bewährten sich mir die Einspritzungen
bei schmerzhaften acuten Magencatarrhen öfters mit Nutzen.

**Organische Erkrankungen des Darmcanals. (Enteritis. Catarrh und
Tuberculose. Carcinoma recti. Innere Einklemmung. Hernien.)**

Bei verschiedenen Erkrankungen und Krankheitssympto-
men des Darms (Verstopfung, Ileus, Enteritis, Colik u. s. w.)
empfiehlt Hunter, nachdem er anfangs in diesen Fällen der
Application per rectum den Vorzug gegeben hatte, die Anwendung der Injectionen.

Gegen die bei einfach catarrhalischen Zuständes des Darms
auftretenden (namentlich aestiven) Diarrhoeen habe ich in 4 Fällen versuchsweise statt der inneren Anwendung adstringender
Mittel Opiate in Form der hypodermatischen Injection applicirt.
Da wir von der Art und Weise, in welcher die stopfende Wirkung des Opium zu Stande kommt, nichts Sicheres wissen, und
es namentlich zweifelhaft erscheint, ob die Beschränkungen der
Secretion und Transsudation von irgend welcher örtlichen Einwirkung oder nur von dem allgemeinen Einfluss auf die Thätigkeit der Gefässnerven abhängen: so hielt ich es für nicht
unmöglich, auch bei dieser Applicationsweise das gewünschte
Resultat zu erzielen, zumal da die primäre Reizung der Schleimhaut durch das eingebrachte Medicament wegfällt und die Chancen für die Resorption günstiger sind. In der That war der
Erfolg wenigstens bei drei Versuchen ein sehr befriedigender;
die Durchfälle blieben schon nach einer, resp. nach zwei im
Laufe eines Tages gemachten Injectionen für längere Zeit, einmal sogar dauernd fort, und die vorher sehr lästigen Colik-
schmerzen verloren sich vollständig. Natürlich sind diese wenigen Fälle nicht geeignet, um allgemeine Schlüsse oder therapeutische Indicationen darauf zu begründen; sie haben vielmehr
nur den Werth eines Experiments in dem oben angedeuteten
Sinne. Zur Injection benutzte ich bei einer Kranken das Extr.
Opii, bei 3 Patienten die Tinct. Opii simplex in der früher erwähnten Form und Dosis. Der Ort der Einspritzung schien

ohne Belang; es wurde bald die Regio epigastrica, bald die
Ileocōcal- und selbst die Lumbalgegend gewählt.

Gegen die von Darmtuberculose abhängigen, profusen Durchfälle bei einer 20jährigen, mit ausgebreiteter Lungentuberculose
behafteten Frau erwiesen sich, nachdem Acid. tannicum und
Opiate innerlich den Dienst versagten, auch subcutane Injectionen von Tinct. Opii völlig erfolglos; jedoch wurden die von
der Peritonäulreizung herrührenden Schmerzen bei den Entlee-
rungen dadurch etwas gemildert.

Nach Codrescu (der seine Versuche auf der Clinik von
Béhier anstellte) hängt bei den Diarrboeen der Phthisiker der
Erfolg wesentlich von den Fortschritten der Cachexie ab: bei
den terminalen colliquativen Durchfällen haben die Injectionen,
auch wiederholt, kein Resultat — aber in günstigeren Fällen
genügten 2 Injectionen (von je 25 Tropfen einer Sol. 1 : 100,
Fossa iliaca), um eine Diarrhoe auf 6 Tage zu sistiren, die bis
dahin den Opiumclystiren, dem Plumbum acet., Bismuth nitr.
u. s. w. getrotzt hatte.

Pletzer erwähnt 2 Fälle von Mastdarmkrebs, in denen
die Patienten sich selbst mehreremale täglich Injectionen machten, „und ihre schweren Leiden durch dieselben auf ein sehr
erträgliches Maass reducirten". Er lobt ferner die Injectionen
bei inneren Einklemmungen und Hernien. Ich selbst habe in
mehreren Fällen von unbeweglichen (accreten) Hernien, Bruch-
sackentzündung, sowie namentlich bei einer veralteten, über
faustgrossen, nur theilweise reponibeln Nabelhernie überraschende Erfolge gesehen. In dem letzteren Falle, wo bei der
schon einmal durch Herniotomie operirten, äusserst marastischen
Kranken die Einklemmungserscheinungen seit einigen Tagen in
bedrohlichster Weise bestanden und jede innere Medication wegen des beständigen Erbrechens unmöglich war, erzielten häufig
wiederholte Injectionen von Opium (bis zu 3 Gr. pro dosi, in
Form von Tinct. oder Extr. Opii) in Verbindung mit Eisappli-
cation und Excitantien einen allmäligen Nachlass aller Krank-
heitssymptome und in Zeit von 5 Tagen völlige Heilung.

**Symptomatisches Erbrechen. Hyperemesis gravidarum. Seekrankheit.
Brechdurchfall. Cholera nostras und Cholera vera.**

Wir haben bereits im Vorstehenden eine Reihe von Krank-

heitszuständen kennen gelernt, in welchen sich die Morphium-
oder Opium-Injectionen gegen Brechreiz und symptomatisches
(reflectorisches) Erbrechen in der wirksamsten Weise bewährten: so bei Chloroformintoxication, bei Neurosen und verschiedenartigen organischen Erkrankungen der Digestionswege,
besonders bei inneren Einklemmungen und Hernien. Das Gleiche
werden wir noch in Betreff des von Peritonäalreizen und von
einzelnen Genitalleiden (namentlich Uterusaffectionen) abhängigen Erbrechens in den folgenden Abschnitten darthun. Hier
mögen indessen noch einige andere, ihrer Aetiologie nach zweifelhafte Zustände Erwähnung finden, bei welchen die schätzbare symptomatische Wirkung der Injectionen nach dieser Seite
hin ebenfalls zu günstigen Erwartungen berechtigt.

Beim Erbrechen der Phthisiker theilt Codresou seine, unter Béhier gemachten Beobachtungen mit. Eine — in der
Regio epigastrica gemachte — Injection von 15 Tropfen (einer
Morphiumlösung von 1 : 100) genügte, um das Erbrechen auf 6,
zuweilen auf 10 – 12 Tage zu sistiren; bei der zweiten, dritten
Injection kehrte das Erbrechen in kürzeren Intervallen wieder,
z. B. in einem Falle erst nach 10, dann nach 6, endlich nach
4 Tagen. Diese Abnahme der Wirksamkeit beruht, nach
Codrescu, theils auf der Gewöhnung, theils auf der fort-
schreitenden Schwäche der Kranken. — Ich kann, nach einem
erst kürzlich beobachteten Falle, den günstigen Erfolg im Ganzen bestätigen, musste aber weit häufiger (zweimal am Tage,
zu $1/4 — 1/3$ Gr.) die Injection vornehmen.

Auch bei der von „Wurmreiz" herrührenden Brechneigung
scheinen die Injectionen Einiges zu nützen. Sander erwähnt
einen Fall, wo bei einer Frau „in Folge des Reizes von Spul-
würmern" das Morphium vom Magen aus sofort wieder erbro-
chen wurde, nach einer Injection aber die Schmerzen aufhörten, so dass Pat. am nächsten Tage Santonin zu nehmen im
Stande war.

Bei dem hartnäckigen Erbrechen der Schwangeren wandten
v. Franque und Sander die Injectionen mit Erfolg an; ich
habe dieselben bei diesem Zustande in einem Falle minder
wirksam gefunden. Auch gegen Seekrankheit glaubt Bennet
von den Morphium - Injectionen einen Nutzen erwarten zu
können.

Bei Brechdurchfällen, wo innere Mittel theils wieder ausgeworfen, theils in unsicherer Weise resorbirt werden, misst
v. Graefe den Morphium-Injectionen unter Umständen eine
lebensrettende Wirksamkeit bei. Ashe sah in 2 Fällen mit
ausgesprochenen Erscheinungen der Cholera nach einmaliger,
resp. zweimaliger Injection von gutt. 15 Liq. Morphii acet. in
die Bauchhaut schnelle Genesung eintreten. Ich glaube, gestützt auf·diese, allerdings nur spärlichen Analogieen, die Injectionen wohl auch für die Behandlung der epidemischen (asiatischen) Cholera in Vorschlag bringen zu dürfen. Ob es sich
besser empfehlen wird, Morphium oder (nach der Ansicht
von Althaus) Opium mit Chinin einzuspritzen, muss das
Experiment lehren; die Injection selbst aber scheint mir
aus aprioristischen Gründen bei der in Rede stehenden
Krankheit vor jeder inneren Medication, die wegen des Erbrechens und der Verdünnung durch das massenhafte Trans-
sudat meist eine vergebliche sein muss, bei Weitem den
Vorzug zu verdienen. Der von unbekannter Seite (Volks-
zeitung vom 27. August 1865) erhobene Einwand, dass wegen der darniederliegenden Circulation und Resorption ein
Erfolg der Einspritzung nicht zu gewärtigen sei, scheint mir
in keiner Weise stichhaltig. Selbstverständlich wird es sich
darum handeln, die Injectionen möglichst früh, jedenfalls im
ersten Stadium der Cholera vorzunehmen, und es ist auf diesem Stadium bekanntlich die Resorption in Folge der copiösen
Darmtranssudationen eine so ausserordentlich gesteigerte, dass
mit grösster Energie aus den Parenchymen und den interstitiellen Geweben Flüssigkeiten aufgenommen und selbst pathologische Ergüsse zum Verschwinden gebracht werden. Erst
hierauf beruhen ja der mangelnde Turgor der Haut, der Schwund
des Unterhautzellgewebes und andere, den Eintritt des stadium
algidum verkündende Erscheinungen. Im letzteren selbst, wenn
bei ausgebildeter Eindickung und Eintrocknung der Blutmasse
die deletäre Wirkung auf den Circulationsapparat sich geltend
gemacht hat, wird freilich Niemand mehr von den subcutanen
Injectionen Hülfe erwarten.

Peritonitis.

Bei den verschiedensten Formen diffuser oder circumscripter Peritonitis sind von Bois, Lorent, Pletzer und Erlenmeyer günstige Erfahrungen gesammelt worden. Lorent rühmt die Morphium-Injectionen (1—3mal täglich) zur Linderung des Zustandes bei Peritonitis tuberculosa, Peritonitis ex perforatione, ferner nach inneren Einklemmungen, Verschluss des Darms durch carcinomatöse Neubildung u. s. w. — Pletzer namentlich bei puerperaler Peritonitis, Erlenmeyer sowohl bei dieser als bei der in Folge von tuberculösen Darmgeschwüren auftretenden circumscripten Entzündung. — Auch in dem folgenden, auf der greifswalder geburtshülflichen Clinik beobachteten Falle von circumscripter puerperaler Peritonitis und Endometritis zeigte sich eine einzige Morphium-Injection von überraschender Wirkung.

Die 21jährige Johanna Stade wurde am 17. Mai d. J. zum ersten Male entbunden. Am 20. Mai ein Schüttelfrost; der Leib besonders links schmerzhaft; Lochien fötid und sparsam; zahlreiche Puerperalgeschwüre. Die Empfindlichkeit des Leibes nahm fortdauernd zu, blieb aber ganz auf die linke Seite beschränkt. Blutegel an der schmerzhaftesten Stelle (eine Handbreit über dem Lig. Poupartii) applicirt, schafften nur vorübergehende Erleichterung. Der Leib war etwas aufgetrieben; die fortwährend, namentlich in den Abendstunden sehr erhöhte Temperatur (39—40° C.) wurde durch Chinin nicht herabgesetzt. Am Abend des 6. Juni Temperatur 40,4. Injection von ¼ Gr. Morphium an der schmerzhaftesten Stelle. — Während der Nacht sehr guter Schlaf; am folgenden Morgen Schmerzen gering, Temperatur 38, am Abend 38,2. Am 8. Juni Temperatur 37, Abends 37,2; Schmerzen nicht mehr vorhanden. Am 13. Juni wurde Pat. als geheilt entlassen.

(Besonders auffällig ist hier das plötzliche Herabgehen der Temperatur, von der es allerdings mehr als zweifelhaft, ob sie mit der Morphium-Injection in einen directen Zusammenhang zu bringen ist.)

— — — — — —

6) Krankheiten der Harn- und Geschlechtsorgane.

Bois, l. c. — Scholz, l. c. — v. Franque, l. c. — Elliot, l. c. — Lorent, l. c. — Bennet, l. c. — Semeleder, l. c. — Sander, l. c. — Pletzer, l. c. — Erlenmeyer, l. c. — Tilt, Handbuch der Gebärmutter-Therapie, deutsch, Erlangen 1864, p. 52. — Dujardin-Beaumetz, gaz. des hôp., 1864, 138. — Friedreich, Virchow's

Archiv XXIX. p. 312. — Poppel, Monatsschr. f. Geburtsk. 1863, Mai. — Auer, bair. Intelligenzbl. 1864, 7. — Lebert, berl. cl. Wochenschrift 1866, 11.

Chronische Nephritis. Colica renalis.

Lorent fand die Injectionen bei parenchymatöser Nephritis von günstiger Wirkung gegen den in Folge der „urämischen" Gehirnreizung auftretenden Kopfschmerz und Brechreiz. Bei Nierensteincolik fanden Elliot, Erlenmeyer und auch ich die Injectionen zur Behandlung der Anfälle sehr werthvoll.

Bei einer 31 jährigen, unverheiratheten Dame mit häufigen Anfällen von Nierencolik in Folge von Pyelitis calculosa wurden die äusserst intensiven, nach der Blase und dem rechten Schenkel ausstrahlenden Paroxysmen durch Injectionen von Morphium ($\frac{1}{4}$ Gr.) oder Atropin in der Lumbal- und Sacralgegend meistens sehr rasch gemildert und entschieden verkürzt. Die Kranke begab sich nach eingetretener Besserung ihres Allgemeinzustandes zum Gebrauche einer Thermalcur nach Carlsbad.

Cystitis. Blasencatarrh. Prostatitis und strictura urethrae.

Bei Cystitis erreichten Bois und Lorent günstigen Erfolg; Letzterer namentlich bei chronischem Blasencatarrh zur Beseitigung der schmerzhaften Empfindungen am Blasenhalse und in der Urethra. Ebenso Erlenmeyer in zwei Fällen chronischer Prostata-Entzündung, welche öftere Anwendung und längeres Liegenlassen des Catheters erforderten, das mit grossen Schmerzen für die Kranken verbunden war.

Gegen die schmerzhaften Reizzustände der Harnröhre in Folge von chronischer Blennorrhoe und dadurch bedingter Stenose, sowie auch gegen die von Stricturen abhängige Dysurie zeigten sich mir Morphium-Injectionen (am Damm oder auch an anderen Stellen vorgenommen) von frappanter, wenngleich natürlich nur vorübergehender Wirkung. Wahrscheinlich dürfte sich denselben auch in der Palliativbehandlung der Blasen- und Harnröhrensteine ein sehr ergiebiges Terrain darbieten.

Orchitis, epididymitis. Varicocele.

Sehr empfehlenswerth fand ich die Morphium-Injectionen zur Linderung der Schmerzhaftigkeit in zahlreichen Fällen von

Orchitis (sowohl rheumatischer als auch traumatischer, durch Contusion u. s. w. veranlasst) und von rheumatischer oder virulenter (im Gefolge von Urethralblennorrhoen, ulcera mollia u. s w. auftretender) acuter Epididymitis. Sie zeigten sich in diesen Fällen, in Verbindung mit ruhiger Lage und wiederholten Blutentziehungen, als das schätzenswertheste Palliativ, und ermöglichten bei mehreren Patienten erst die Application eines comprimirenden Heftpflasterverbandes, die vorher der Schmerzen wegen nicht ausgeführt werden konnte. Auch Erlenmeyer sah in mehreren Fällen von Hodenentzündung von der subcutanen Injection an der inneren Seite des Schenkels augenblickliche Linderung der Schmerzen. Minder wirksam (und meist von sehr flüchtigem Effecte) erschienen mir die Injectionen gegen die von hochgradiger Varicocele abhängigen Beschwerden, namentlich gegen die Neuralgia testis. (Die Einspritzung wurde in diesen Fällen im Verlaufe des Samenstranges vorgenommen).

Chronische Uterinleiden (Dysmenorrhoe, Menstrualcolik, chronische Metritis u. s. w.)

Nach Lorent bewirkten bei Menstrualcoliken, wie bei den mit chronischer Metritis und Lageveränderungen complicirten neuralgischen Schmerzen Injectionen von $\frac{1}{6} - \frac{1}{4}$ Gr. Morphium jedesmal Linderung. Bei den verschiedenen Formen der Hysterodynie sahen ferner Elliot und Bennet sehr günstige Erfolge. Ersterer machte die Injectionen an den verschiedensten Körperstellen. Bennet empfiehlt Einspritzungen in der Präcordialgegend, und vindicirt denselben den Vorzug vor der inneren Darreichung oder Anwendung in Clystiren, weil bei letzteren üble Zufälle, namentlich Verdauungsstörungen, häufiger auftreten. Zum Beweise der günstigen Wirkung werden 4 Fälle mitgetheilt:

1) Heftiger Uterinschmerz nach Menstruationsstockungen. Auf 30 Tropfen einer Lösung von gr. ix in ℥ij in $\frac{1}{2}$ Stunde Heilung. Am nächsten Morgen Wiederkehr der Menses.

2) Uterinschmerz mit Hysterie. Heilung und Besserung des Allgemeinbefindens.

3) Allgemeine und Gesichtsneuralgie, grosse Irritabilität, nach einem schweren Wochenbett vor 3 Jahren zurück-

geblieben. Gleichzeitig am Collum uteri entzündliche Ulcerationen. Das Touchiren derselben veranlasste stets heftige Neuralgieen; wurde jedoch gleich nachher eine Injection gemacht, so blieben die Schmerzen aus. Heilung nach öfterer Wiederholung.

4) Sporadische Neuralgie; 24 Tage lang mit Injectionen behandelt, stets 18- bis 15stündige Besserung. Zuletzt Heilung mit Besserung des Allgemeinbefindens.

Bois wandte bei Dysmenorrhoe und bei drohendem Abortus Morphium-Injectionen mit Erfolg an. — Ich habe von denselben in zwei Fällen chronischer parenchymatöser Metritis eine entschieden gute, palliative Wirkung gesehen. In dem einen Falle, bei einem 22jährigen anämischen Mädchen, waren die Beschwerden hauptsächlich durch die gleichzeitig vorhandene Retroversion bedingt; in dem zweiten, bei einer etwa 40jährigen Frau, die vor zwei Jahren eine schwere Zangengeburt durchgemacht hatte, bestand ein leichter Grad von Senkung und Anteversion. Gegen die in beiden Fällen sehr lebhaften, auch mit Hysterie verbundenen Schmerzen leisteten Morphium-Injectionen am Unterleib oder an der inneren Schenkelfläche mehr, als Blutentziehungen im Kreuz oder an der Portio vaginalis. — (Tilt bespricht in seinem trefflichen Handbuche der Gebärmutter - Therapie die Morphium - Injectionen ebenfalls, scheint jedoch im Ganzen den narcotischen Einspritzungen in die Scheide oder den Mastdarm den Vorzug zu geben.

Carcinoma Mammae.

Bei Carcinoma Mammae beobachtete Semeleder nach kurzer Zeit (15 Minuten) Linderung der Schmerzen durch Morphium - Injectionen.

In einem mir zur Beobachtung gekommenen Falle von exulcerirtem Scirrhus der linken Brustdrüse bei einer 55jährigen, noch wohlgenährten Frau zeigte sich das Einstreuen von Morphium in die ulcerirten Stellen des Carcinoms nutzlos und nur unnöthig schmerzhaft, während hypodermatische Injectionen in der Umgebung der Brust, aber im Bereich der gesunden Haut, baldige Schmerzlinderung und allgemeine Narcose zur Folge hatten. Der Tumor wurde bald darauf auf operativem Wege glücklich entfernt.

Auch bei mehreren wegen zu grosser Ausbreitung des Processes nicht mehr operirbaren Fällen von Brust- und Lymphdrüsencarcinom zeigten sich mir Injectionen von Morphium oder Opium zur zeitweisen Erleichterung der Kranken geradezu unentbehrlich. Ebenso constatirte Sander bei secundärem Carcinom der Supraclavicular- und Axillardrüsen (nach Exstirpation eines Brustkrebses) eine 30stündige Wirkung der Injection; und Erlenmeyer behandelte eine Frau mit Carcinom der linken Mamma, welche „den Schmerz nicht aushalten und nicht schlafen konnte, wenn nicht täglich eine Morphium-Injection gemacht wurde".

Carcinoma uteri et vaginae.

Eine gleiche palliative Verwendung finden die Injectionen bei Carcinomen des Uterus und der Vagina, nach den Erfahrungen von Scholz, v. Franque, Lorent, Dujardin-Beaumetz. Nach Letzterem wurden die in der Lumbalgegend ausstrahlenden Schmerzen bei Carcinoma uteri einer 62jährigen Frau durch die Morphium-Injectionen stets prompt und selbst für die Dauer von 1 — 2 Tagen wesentlich gemildert; doch erlag die Kranke sehr bald unter zunehmender Cachexie und urämischen Erscheinungen. — Ich habe ebenfalls bei einem von der Portio vaginalis ausgegangenen und nach theilweiser Exstirpation auf die vordere Scheidenwand übergreifenden, mit furchtbarer Verjauchung und Perforation in die Blase verbundenen Cancroid, nachdem wahrhaft colossale Opiumdosen (über 4 Gr.!) erfolglos blieben, durch Injection von $^1/_3$ — $^2/_3$ Gr. Morphium in der Schläfe noch vorübergehende Remissionen und Schlaf bewirkt; der letale Ausgang liess freilich nicht lange auf sich warten.

Krampfwehen.

Eine eigenthümliche und wie es scheint, sehr erfolgreiche Verwerthung fanden neuerdings die Morphium-Injectionen bei gewissen Anomalien des Geburtsvorgangs, namentlich bei spastischen Stricturen und Krampfwehen. Pletzer. Poppel, Auer und bgsonders in jüngster Zeit Lebert berichten über die Anwendung dieser Methode. Pletzer sah die krampfhaften Wehen nach einer Injection schweigen.

Poppel machte bei spastischer Strictur des äusseren Mutter-
mundes während der Eröffnungsperiode mehrmals mit Erfolg
Injectionen von ¼—¼ Gr. Die Wirkung trat schnell ein,
hielt jedoch nicht lange an, so dass die Einspritzung nach 1
Stunde wiederholt werden musste: was aber, um das Leben
des Kindes nicht zu gefährden, nur 3—5mal geschah. Poppel
erwähnt, dass Prof. Hecker auch bei sehr schmerzhaften, langdauernden Nachwehen die Injectionen mit grossem Vortheil
anwandte.

Lebert machte, in Gemeinschaft mit Dr. Fuhrmann,
Versuche auf der Gebäranstalt des Geh.-Rath Betschler in
Breslau in der Absicht, die Wirkung der Morphium-Injectionen
auf die Schmerzen beim normalen Geburtsact und bei Krampfwehen zu erforschen. Es wurden pro dosi 15—20 Tropfen einer
Lösung von gr. ij Morph. muriat. auf ʒj injicirt, und die Injection nöthigenfalls nach einer Stunde wiederholt; dieselbe
wurde an der Innenfläche des Vorderarms vorgenommen. Am
besten macht man die Einspritzung zu derjenigen Zeit, wo der
Muttermund (bei einer Weite von ½—1″) sich in progressiv
zunehmender Erweiterung befindet und die Wehen anfangen,
heftigere Schmerzen hervorzurufen: jedoch sind die Einspritzungen auch auf einem früheren Stadium bei sehr heftigen Schmerzen und Krampfwehen nicht ausgeschlossen, namentlich wenn
in Folge der letzteren der Muttermund eine harte, rigide Beschaffenheit annimmt und die Erweiterung sehr langsam stattfindet. Die Wirkung der Injection manifestirte sich schon nach
einer Viertelstunde durch bedeutende Milderung der Schmerzen; die Wehenthätigkeit wird dabei weder verlangsamt, noch
vermindert, mit Ausnahme der Krampfwehen; das Durchschnei-
den des Kopfes ist viel weniger schmerzhaft. Meistens erfolgte
nach ¼—½ Stunde Ruhe, Schläfrigkeit, auch ruhiger Schlaf,
und eine Herabsetzung der Pulsfrequenz um 4—8 in der Minute; niemals Ekel oder Erbrechen: Kopfschmerz wurde, wenn
er bestand, öfters gehoben. — Lebert führt 7 Beispiele an,
in Betreff deren ich auf den citirten Originalartikel verweise.
Es sei nur noch bemerkt, dass gegenüber diesen Ergebnissen
des berühmten Clinikers sich wohl die aus theoretischen Gründen geschöpfte Hypothese von Breslau als gänzlich unhaltbar
herausstellt, wonach das Morphium sich hinsichtlich des Ein-

flusses auf den Uterus dem Atropin antagonistisch verhalten und somit hindernd oder verzögernd auf die Eröffnung des unteren Uterinsegments einwirken sollte (Wien. med. Presse 1866, Nr. 3. — vgl. u. „Atropin").

Graviditas extrauterina.

Friedreich theilt einen in mehrfacher Beziehung interessanten Fall von (wahrscheinlicher) Extrauterin-Schwangerschaft mit, der durch Morphium-Injectionen zu einem günstigen Ausgange geführt wurde. Die Kranke hatte eine Geschwulst in der rechten Beckenhälfte, die innerhalb 14 Tagen von Hühnerei- bis zu Faustgrösse wuchs und auch vom Scheidengewölbe aus fühlbar war; die Uterushöhle beim Sondiren leer. Die grosse Empfindlichkeit kindlicher Organismen gegen Morphium brachte Friedreich auf den Gedanken, dieses Mittel in Form von Injectionen zur Tödtung des Foetus zu benutzen. Zwischen Spritze und Nadel eines Pravaz'schen Instruments wurde eine 6" lange, metallene Röhre eingeschaltet und die Nadel wie eine Uterussonde gekrümmt. Es wurde $1/16$ Gr., am folgenden Tage $1/7$, an den beiden folgenden je $1/6$ Gr. injicirt. Die bedeutenden Schmerzen in der Geschwulst nahmen sofort nach der Injection ab; der Tumor verkleinerte sich schon in den ersten Tagen merklich und wurde bald ganz unempfindlich. Nach 4 Wochen hatte derselbe nur noch die Grösse einer Wallnuss; das Fieber wich vollständig, die Pulsfrequenz sank von 76—84 auf 48—52, eine allgemeine Morphium-Wirkung trat nicht ein. — Friedreich knüpft an diesen Fall die Bemerkung, dass sich auch für die Behandlung anderer Geschwülste von dieser Methode Vortheil erwarten liesse. Wir werden hierauf in einem späteren Capitel zurückkommen.

---

7) Krankheiten der Knochen und Gelenke.

Semeleder, l. c. -- Jarotzky und Zülzer, l. c. — Scholz, l. c. — Südecknm, l. c. — Fronmüller, Memorab. 1864, 10. — Sander, l. c. — Kreuser, Würt. Correspondenzbl. 1865, 31. — Nieberg, l. c. - Erlenmeyer, l. c. — Bericht über die siebente Jahresvers. des Central-Vereins deutscher Zahnärzte 1865, p. 18—22. — Ruppaner, l. c. p 140 ff. —

Zahnkrankheiten.

In mehreren Fällen von Zahnschmerz machte Semeleder die Injectionen mit Erfolg unter die Backenschleimhaut oder die Schleimhaut des Zahnfleisches.

Hermann injicirte bei einem seit 8 Tagen an cariösem Zahnschmerz leidenden Manne in das Zahnfleisch der oberen rechten Zahnreihe. Nach einigen Minuten hörten die Schmerzen auf und kamen nicht wieder; allgemeine Erscheinungen traten nicht ein. — In einem zweiten Falle war die Wirkung ähnlich.

Jarotzky und Zülzer sahen in zwei Fällen von rheumatischem, resp. cariösem Zahnschmerz nach Injection von ⅛ Gr. Morphium in das Zahnfleisch fast augenblickliche Remission, ohne allgemeine Erscheinungen.

Ich habe in etwa zehn Fällen von Odontalgie bei Caries Morphium-Injectionen applicirt, wo entweder die Kranken (sämmtlich dem weiblichen Geschlechte angehörig) die Extraction des cariösen Zahnes verweigerten, oder nach anderweitig vorgenommenen Extractionen der Schmerz durch Quetschung des Zahnfleisches, Splitterung am Alveolarrande u. s. w. nachträglich unterhalten wurde. In einem Falle war der seit 3 Tagen bestehende Schmerz nach dem Einsetzen eines künstlichen Zahnes (äusserer Schneidezahn des linken Oberkiefers) aufgetreten. Nachdem ich zweimal die Injection in das Zahnfleisch selbst gemacht hatte, kam ich später davon zurück, da sich diese Procedur als verhältnissmässig sehr schmerzhaft herausstellte, und injicirte nun immer unter die Wangenhaut, in möglichster Nähe des erkrankten Zahns. Ich kann, auf diese allerdings nicht zahlreichen Fälle hin, das Verfahren in den Fällen, wo der Schmerz einen hohen Grad von Heftigkeit erreicht und durch die gewöhnlichen Palliativmittel (Cataplasmen, Watte mit Chloroform u. dgl.) nicht gemildert wird, angelegentlich empfehlen. Die Linderung tritt fast momentan ein, und ist meist eine anhaltende, so dass nur selten eine Wiederholung der Injection oder eine anderweitige Therapie erforderlich wird.

In der 7. Jahresversammlung deutscher Zahnärzte (Leipzig) hielt Dr. Klare einen Vortrag „über die Anwendung der subcutanen Injectionen und ihre Verwerthung bei Zahnkrankheiten", in welchem er den Injectionen als Palliativmittel bei

Zahnschmerz, Wurzelhautentzündungen, Caries u. s. w. im Allgemeinen das Wort redet, ohne sich jedoch, wie es scheint, auf
eigene Erfahrungen zu beziehen.   In der darauffolgenden De-
batte sprachen sich von den anwesenden Mitgliedern Scheff,
Brunsmann, Adelheim, Reinhart, Floerke wesentlich
zu Gunsten der Injection aus.   Scheff, Brunsmann und
Floerke haben die Einspritzungen auch zum Theil in das
Zahnfleisch vorgenommen; Ersterer sah jedoch davon in zahlreichen Fällen niemals einen Erfolg und erklärt dies aus der
Armuth des Zahnfleisches an Nerven, zumal solchen, die mit
der Pulpa in näherer Verbindung ständen.   Dagegen beobachtete Brunsmann jedesmal einen Effect, wenn er die Einspritzung
nicht am Rande des Zahnfleisches, sondern unter dasselbe oder
in der Höhle der Wurzelspitze (nach Klare „an der Ueber-
gangsstelle der Backenschleimhaut auf den Kieferfortsatz") machte.

Entzündung der Knochen und Gelenke.

Semeleder erwähnt einige Fälle von acuter und chronischer Entzündung und Eiterung grösserer Gelenke, ferner zwei
Fälle von Entzündung der Ossa tarsi et metatarsi, bei denen
das Verfahren günstigen Erfolg hatte. — Scholz wandte es in
zwei Fällen von Schwellung und grosser Schmerzhaftigkeit in
der Gegend der Hals-, resp. Lendenwirbelsäule (bei Tuberculose
derselben?), ferner in einem Falle von wochenlanger Schmerzhaftigkeit und Unbrauchbarkeit des linken Kniegelenkes ohne
nachweisbare organische Veränderung mit Erfolg an. — Hermann sah bei einer Coxitis nach der Injection dreistündige,
völlige Analgesie eintreten; dagegen konnten Jarotzky und
Zülzer, ebenfalls in einem Falle von Coxitis, keinen nennenswerthen Erfolg wahrnehmen. — Südeckum beschreibt zwei
Fälle von unbestimmten Schmerzen im Knie- resp. im Hüftgelenk; im ersten Falle wich der Schmerz nach einer Morphium-Injection, im letzteren hatte dieselbe keinen Effekt. —
Sander wandte in einem Falle von Periostitis am Femur,
Fronmüller mehrmals bei chronischer Periostitis der Hand-
und Fusswurzelknochen die Injectionen mit günstigem Erfolg
an; ebenso Kreuser in einem Falle von Tumor-albusartiger
Degeneration und Contractur des Kniegelenks bei einem 18jäh-
rigen Mädchen.   Nieberg sah u. A. bei chronischen Rheu-

matismen; Hermann bei syphilitischen Tophi; Erlenmeyer bei Fracturen, Luxationen, Panaritien, Caries u. s. w. sehr günstige Wirkung. — Besonders hervorzuheben sind die Erfolge, welche Ruppaner durch Einspritzungen von Liq. Opii sowohl bei acuten und chronischen Rheumatismen, als auch bei „rheumatischer Gicht" erzielte. Zwei Indicationen sind, nach ihm, bei diesen Zuständen wesentlich zu erfüllen: einmal die Beseitigung der im Gelenk oder in der Nähe desselben empfundenen Schmerzen, sodann die Bekämpfung des (fieberhaften) Allgemeinleidens; ersterer Indication kann nur die subcutane, nicht aber die innere Anwendung der Opiate in Wahrheit entsprechen.

Ich habe bei den verschiedenartigsten Knochen- und Gelenkerkrankungen — Entzündungen mit ihren Ausgängen, acuten Rheumatismen, Neubildungen und Verletzungen u. s. w. — meist veranlasst durch ungenügende innere Wirkung der Opiate, abwechselnd mit diesen die Morphium-Injectionen in Anwendung gezogen. In einem verzweifelten Falle von Coxarthrocace bei einem 24jährigen Manne, dessen schon früher gedacht wurde, liessen nach vergeblicher innerer und endermatischer Application der Narcotica schliesslich auch die Injectionen im Stich; der Fall endete bald darauf letal. Aehnlich verhielt es sich in einem zweiten Falle vorgeschrittener Hüftgelenkscaries mit grossen Senkungsabscessen bei einem 20jährigen Mädchen, der ebenfalls tödtlich verlief. — Günstigere palliative Erfolge zeigten die Morphium-Injectionen in einem Falle von acuter traumatischer und in einem von chronischer Kniegelenksentzündung, wo allerdings der Nachlass der Schmerzen mit auf Rechnung der sonstigen Localtherapie (Kälte, Gypsverband u. s. w.) gesetzt werden musste, und in einem Falle von Pes planus mit chronischer Entzündung und grosser Schmerzhaftigkeit in den Fusswurzelknochen bei einem 30jährigen Arbeiter. Hier leisteten die theils an der Sohle, theils am Fussrücken gemachten Injectionen entschieden mehr, als die sonst angewandten Mittel (Tinct. Jodi, Vesicantien).

Zwei Fälle betrafen Caries der Wirbelsäule. Bei einer 29jährigen, seit dem 15ten Jahre an Spondylitis lumbalis leidenden und furchtbar heruntergekommenen Frau mit bedeutenden Congestionsabscessen, Paraplegie und ausgedehntem Decu-

bitus, die an enorme Opiumdosen gewöhnt war und bis zu
60 Tropfen Tinct. Opii simpl. auf einmal verbrauchte, konnten
$\frac{1}{2} - \frac{2}{3}$ Gr. Morphium, in der Lendengegend applicirt, nur momentan die Schmerzen besänftigen und die schreiende und stöh-
nende Patientin etwas beruhigen; der Ausgang war bald darauf letal.

Bei einem noch in Behandlung befindlichen 8jährigen Knaben mit Entzünduug der untersten Hals- und oberen Rückenwirbel, mit Senkungsabscessen unterhalb der linken Scapula,
Parese der unteren Extremitäten und Lähmung des Detrusor
vesicae waren die Injectionen durch die heftigen, sowohl spontan, als auch bei Bewegung in den gelähmten Extremitäten auftretenden Schmerzen indicirt. Ich spritzte hier mehrmals $\frac{1}{12}$
bis $\frac{1}{8}$ Gr. Morphium theils an der Schläfe, theils in der Umgebung der erkrankten Wirbel abwechselnd ein; die letztere
Application schien im Ganzen etwas mehr zu leisten, jedoch
war das Resultat überhaupt ein sehr schwaches, obwohl üble
Erscheinungen in Folge der Injectionen nicht auftraten.

Ich erwähne ferner einen Fall von Necrose am Femur, wo
nach Erweiterung bestehender Fistelöffnungen mittelst Einlegen
von Laminaria digitata heftige Schmerzen auftraten, die durch
Morphium-Injection in der Umgebung fast augenblicklich coupirt
wurden, und eine doppelte, quer verlaufende Fractur der Tibia
durch Auffallen einer schweren Last, wo die fulminanten, nach
dem Fussrücken und den Zehen hin ausstrahlenden Schmerzen
durch Injectionen theils in der Gegend der Bruchstellen, theils
auf den N. cruralis ebenfalls erheblich gemildert und dem
Kranken so die ersehnte Nachtruhe verschafft wurde, während
die innere Anwendung von Opiaten nur einen höchst mangelhaften Erfolg hatte.

Palliativ sehr wirksam zeigte sich mir die locale Anwendung subcutaner Morphium-Injectionen auch ferner bei bedeutenden Callusgeschwülsten, syphilitischen Periostosen der Tibia
und des Humerus, sowie bei Osteosarcomen zur Bekämpfung
der oft furchtbar heftigen, theils örtlichen, theils excentrisch
ausstrahlenden Schmerzen, welche von Compression der Nerven, Einbettung derselben in die Geschwulstmasse u. s. w.
herrührten. Ich beobachtete in derartigen Fällen öfters bis

zu drei Tagen verlängerte, entschiedene Remissionen, welche durch kein anderes Verfahren erreicht wurden.

8) Augenkrankheiten.

Auf diesem Gebiete sind durch die schöne, einer vierjährigen reichen Erfahrung entsprossene Arbeit v. Graefe's die Indicationen für die hypodermatische Anwendung des Morphium so klar, präcis und erschöpfend festgestellt, wie es seither noch bei keiner anderen Krankheitsgruppe möglich gewesen ist. Wir haben die am Auge vorkommenden Neuralgieen und Reflexkrämpfe, welche die Anwendung des Verfahrens indiciren, bereits früher betrachtet, und erörtern nun kurz die übrigen, hierher gehörigen Affectionen. v. Graefe empfiehlt die Morphium-Injectionen unter folgenden Verhältnissen:

1) Kurz nach Verletzungen des Auges, die von sehr heftigen Schmerzen gefolgt sind, besonders bei den durch Nervenentblössung so schmerzhaften Epitelialverlusten der Hornhaut. Diese Schmerzen werden durch eine Morphium - Injection (an der Schläfe) fast mit Sicherheit sofort gelindert, und dadurch eine Mitursache consecutiver Entzündung beseitigt, zugleich der öfters zurückbleibenden Hyperästhesie der Cornea vorgebeugt. Auch bei anderen Verletzungen (Contusionen, perforirenden Wunden durch fremde Körper) nützen die Injectionen gegen die oft wüthenden Schmerzen viel mehr, als die Anwendung localer Blutentziehungen und der Kälte, welche beide ausserdem leicht Schaden anstiften können; namentlich wird durch Blutegel der Eintritt eiteriger Entzündung eher befördert als inhibirt.

2) Nach Augenoperationen, wenn kurz darauf heftige Schmerzen ausbrechen. Wo mechanische Reizursachen (z. B. Vorfall kleiner Corticalfragmente in die vordere Kammer, Andrängen einzelner Linsenpartieen gegen die Iris) nachweisbar sind, haben die Injectionen oft eine überraschende Wirkung. Dagegen sind sie kurz nach der Lappenextraction nicht unbedingt zu empfehlen, weil sie öfter als der innere Gebrauch von Morphium Uebelkeit und Erbrechen hervorrufen.

3) Bei der, viele Ophthalmieen begleitenden Ciliarneurose,
so bei Iritis, glaucomatöser Chorioiditis, manchen Keratitisfor-
men u. s. w. Um einen glaucomatösen Anfall noch vor der
Operation möglichst zu reduciren, giebt es kein wirksameres
Mittel, als eine starke Morphium-Injection. Bei glaucomatös
erblindeten Augen, wo eine Operation nicht mehr statthaft,
bleibt die innere Anwendung von Morphium, auch massenhaft
wiederholt, häufig erfolglos, während das hypodermatische Verfahren noch wirksam ist. Auch eröffnet die Injection häufig
den Weg für andere Mittel, z. B. bei Iritis, wenn die heftigen
Schmerzen und deren reflectorische Wirkung auf den Orbicularis und die Thränenabsonderung sich der Aufnahme des Atropin widersetzen. — v. Graefe macht hier auf den Werth der
narcotischen Behandlung bei entzündlichen Augenaffectionen
überhaupt in beherzigungswerthen Worten aufmerksam. Bei der
spontanen Mydriasis wurde eine bestimmte therapeutische Wirkung nicht erzielt, obwohl eine solche a priori, der physiologischen Opium-Myosis wegen, nicht unwahrscheinlich war. Auch
bei Hyperästhesia Retinae hatten die Morphium-Injectionen keinen nennenswerthen Erfolg: die reflektorische Erregung des
Orbicularis nimmt wohl etwas danach ab; auf die subjectiven
Lichterscheinungen scheint jedoch eine therapeutische Wirkung
nicht stattzufinden. —

Dies die interessanten Beobachtungen v. Graefe's, die
ich aus eigener Erfahrung, allerdings in einer beschränkten Anzahl von Fällen, lediglich bestätigen kann. In zwei Fällen, wo
nach Entfernung kleiner, in die Hornhautsubstanz eingedrunge-
ner Körper (Eisensplitterchen) noch Schmerzen zurückblieben,
und in einem dritten, wo durch Anprallen eines gusseisernen,
rothglühenden Hartmeissels Perforation der Cornea und Luxation der Linse bewirkt worden war, leisteten die Morphium-
Injectionen die beste palliative Hülfe; ebenso auch gegen die
äusserst heftigen Schmerzen, welche den Ausgang eitriger Kerato-
Iritis in Phthisis begleiteten. Ferner habe ich sie nach Augen-
Operationen verschiedener Art (Iridectomie, Operatio strabismi,
besonders in drei Fällen von Enucleatio bulbi) mit dem besten
Erfolge angewandt; sie auch nach Cataract-Extraction zu appliciren, wurde ich durch dasselbe Bedenken, wie v. Graefe,
verhindert.

In einigen Fällen, wo Atropin-Instillationen nur zu dia-
gnostischen, nicht zu therapeutischen Zwecken gemacht worden
waren, habe ich, um die lästige Mydriasis vielleicht abzukür-
zen, Injectionen von Morphium ($\frac{1}{8} - \frac{1}{6}$ Gr.) in der Nähe des
atropinisirten Auges nachgeschickt. Die bezüglichen Versuche
wurden im Ganzen an 7 Personen und 2 — 10 Stunden nach
der Atropin-Instillation angestellt. So häufig nun das Morphium subcutan injicirt, bei normaler Pupillenweite Myosis
hervorruft: so gelang doch die Verengerung der durch Atropin künstlich erweiterten Pupille nur in höchst unbefriedigender Weise. Nur bei zweien der obigen 7 Patienten, war 6,
resp. 9 Stunden nach der Injection (10 und 16 Stunden nach
der Atropin-Instillation) eine leichte Verengerung zu bemerken,
und es mochte hier wohl die Menge der ins Auge gelangten
Atropinlösung eine schwächere gewesen sein. Bei den übrigen
Patienten war nach länger als 12 Stunden noch keine Spur von
Erfolg wahrnehmbar, so dass die später (im Laufe des zweiten
oder dritten Tages) eintretende Verengerung wohl nicht mehr
auf Rechnung der Morphium-Injection gebracht werden konnte.

Bei einem an Caries der letzten Hals- und obersten Brust-
wirbel leidenden Knaben, wo seit beinahe 14 Tagen eine permanente Mydriasis auf dem rechten Auge, ohne Zweifel durch
Reizung des sympathischen Iriscentrums in der betreffenden
Rückenmarkshälfte, bestand, hatten die zu anderen Zwecken
gemachten Morphium-Injectionen in der Nähe der erkrankten
Wirbel und in der Schläfe ebenfalls nicht den geringsten myo-
tischen Erfolg*). Es scheint hieraus hervorzugehen, dass das
Morphium seine myotische Wirkung weniger durch Schwächung
der in der Bahn des Hals-Sympathicus verlaufenden Spinal-
Fasern, als durch einen erregenden Einfluss auf die vom Oculo-
motorius kommenden Irisnerven entfaltet. Diese Erklärung
würde mit der von v. Graefe angenommenen, vorzugsweisen
Erregung der beim Accommodationsakt thätigen (hauptsächlich
circulären) Fasern des Tensor chorioideae durch das Opium im
Einklange stehen.

---

*) Diesen Fall habe ich in Band III. der greifswalder medicinischen Bei-
träge ausführlich beschrieben.

Uebrigens dürfte die Anwendnng der subcutanen Injectionen von Morphium zur Erzielung myotischer Effekte durch das
jetzt überall zu erhaltende Calabar, von dessen prompter Wirkung bei Atropin-Mydriasis auch ich mich häufig überzeugt
habe, vollkommen entbehrlich geworden sein.

9) Verletzungen und Entzündungen äusserer Theile.

Scholz, l. c. — Saemann, l. c. — Sander, l. c. — Humphry, med.
Times and Gaz 13. Aug. 1864. — v. Bruns, dent. Clinik, 1864, 48. —

Scholz sah bei Otitis mit Abscessbildung um den äusseren Gehörgang, Saemann ebenfalls bei Otitis ext. und int.
nach Morphium-Injection Linderung der Schmerzen und Abnahme der Entzündungserscheinungen eintreten. — Sander
empfahl die Injectionen nach schweren Verletzungen; v. Graefe
(wie schon erwähnt) nach Verletzungen des Auges; v. Bruns
wandte sie nach der Ovariotomie an. Dagegen erklärt sich
Humphry gegen die innere oder hypodermatische Anwendung von Opium nach Operationen — eine angeblich in
England vielfach geübte Praxis — und befürchtet namentlich
eine gefährliche Schwäche und Enervation in Folge der Seda-
tiva. Ich selbst habe theils bei frischen traumatischen Verletzungen und spontan aufgetretenen Entzündungen äusserer
Organe, theils zur Beseitigung des nach Operationen zurückbleibenden Wundschmerzes die Injectionen häufig und mit entschiedenstem Vortheil in Anwendung gezogen.

In einem Falle von Quetschung und partieller Gangrän
mehrerer Zehen des rechten Fusses bei einem 28jährigen Arbeiter durch eine Dreschmaschine, wo die heftigen perpetuir-
lichen Schmerzen auch im Wasserbade und bei innerer Anwendung von Opiaten nicht nachliessen, bewirkte ich durch Injectionen von ⅙ Gr. Morph. muriat. am Fussrücken baldige Linderung und Narcose.

Bei einem 21jährigen, schwächlichen Eisenbahnarbeiter, der
eine Quetschung und Gangrän der rechten grossen Zehe (durch
Ueberfahren) erlitten hatte und bei dem deshalb die Exarticu-

latio hallucis gemacht werden musste, wurde nach dreitägiger
völliger Schlaflosigkeit und brennenden Schmerzen in der Wunde,
die auch trotz des permanenten Wasserbades fortbestanden, durch
Injection von ¹⁄₆ Gr. Morphium in möglichster Nähe der Wunde
ebenfalls Hülfe geschafft; schon nach einer Viertelstunde trat
Schlaf ein, und die Schmerzen kehrten in gleichem Maasse
nicht wieder.

Ebenso erwiesen sich in einem Falle von Incarnatio unguis
vor operativer Beseitigung des Uebels, und bei einer vernachlässig-
ten, in ausgebreitete Zerstörung übergegangene Phlegmone ten-
dinum der Hand und des Vorderarms bei einem sehr dekrepi-
den, 55jährigen Manne die Morphium-Injectionen, in der Umgebung des leidenden Theils ausgeführt, von grossem palliativen
Nutzen. Bei einer durch Eindringen einer Mistgabel in die
Planta pedis veranlassten Stichwunde, wo der sehr heftige
Schmerz und die im Fusse auftretenden Zuckungen fast das
Zustandekommen von Tetanus befürchten liessen, wurden diese
bedenklichen Symptome durch wiederholte Injectionen von Morphium sehr bald beseitigt.

Bei einer 45jährigen Frau, die nach Resection eines grossen
Theils der Mandibula wegen Carcinoms in einen Zustand grosser
psychischer Aufregung verfiel und durch Nichts zu beruhigen
war, wurde die innerlich gegebene Tinct. Opii sofort wieder
ausgewürgt oder ausgebrochen, und daher zur Anwendung der
Morphium-Injectionen übergegangen, die auch hier vollständig
den gehegten Erwartungen entsprachen.

. Ich erwähne noch einen Fall von Tumor cavernosus und
zwei von grösseren Lympdrüsengeschwülsten in der seitlichen
Halsgegend, wo die Morphium-Injectionen ebenfalls sehr vortheilhaft wirkten. In einem dieser Fälle, bei einem 17jährigen
tuberculösen Mädchen, waren die äusserst heftigen, reissenden
Schmerzen namentlich durch Compression des äusseren Gehör-
ganges von den vor und hinter demselben liegenden, enormen
Drüsenpacketen bedingt. Eine Injection von ¹⁄₄ Gr. Morphium
in der Schläfe wirkte. bereits nach einer Minute beruhigend und
hatte einen so vollständigen und glänzenden Erfolg, dass Pat.,
die sich anfangs gegen das Verfahren sträubte, am anderen Morgen erklärte, sie habe einen solchen gar nicht für möglich gehalten und sich der Wiederholung der Procedur nun gern unterzog.

Ausgezeichnet bewährte sich die Methode endlich nach
ausgedehnten Resectionen und Exstirpationen des Ober- und
Unterkiefers, namentlich während der ersten Tage, wo von der
inneren Darreichung ganz abgestanden werden musste, und durch
die öfters wiederholte subcutane Application jedesmal Linderung
der Schmerzen, allgemeine Beruhigung der Patienten und Schlaf
hervorgebracht wurden. — Das von Humphry geäusserte theo-
retische Bedenken ist, wenigstens in solcher Allgemeinheit ausgedrückt, kaum zutreffend, da in vielen Fällen keineswegs die
verminderte, sondern gerade die abnorm gesteigerte Erregung
des Nervensystems nach grösseren chirurgischen Eingriffen eine
Quelle der übelsten Zufälle abgiebt, denen man durch frühzei-
tige und consequente Anwendung der Narcotica am sichersten
vorbeugt.

---

10) Anwendung der Morphium-Injectionen behufs localer und allgemeiner Anästhesirung.

Eine wichtige und vielversprechende Verwerthung der Morphium-Injectionen bietet sich durch die Möglichkeit, mittelst
derselben die Sensibilität in einzelnen Hautprovinzen vorwiegend
herabzusetzen und selbst die Empfindlichkeit minder oberflächlich gelegener Theile direct zu influenziren. Diese Möglichkeit
kann nach den übereinstimmenden Ergebnissen physiologischer
und therapeutischer Beobachtung kaum noch geläugnet werden.
Die Morphium-Injectionen vermindern die normale Erregbarkeit
sensibler Nerven an Ort und Stelle eben so gut, wie die pathologisch erhöhte; und es liegt daher der Gedanke nahe, ihren
Einfluss zur Verminderung der örtlichen Schmerzempfindung
bei operativen Eingriffen, namentlich leichterer Art, zu benutzen.
Es würde dadurch in geeigneten Fällen ein zweckmässiges
Surrogat für die nicht immer statthafte, zeitraubende und ohne
Assistenz nicht durchführbare Anwendung der Chloroforminha-
lation gegeben. Die Beobachtungen hierüber stehen jedoch
noch sehr vereinzelt da, und es kann daher noch nicht mit
Sicherheit entschieden werden, ob die durch Morphium-Injectio-
nen bedingte Erregbarkeitsabnahme stark genug ist, um bei

schmerzhaften Operationen dem gesteigerten Reiz das Gleichgewicht zu halten, und somit eine genügende locale Anästhesirung hervorzurufen.

Semeleder hat die ersten Versuche der Art mitgetheilt;
diese betrafen eingehende Aetzungen mit Silbersalpeter bei scro-
phulösen Geschwüren, bei Caries und Necrose oberflächlicher
Knochen. Der Erfolg soll günstig gewesen sein; doch fehlt es
hier an Anhaltspunkten für die specielle Beurtheilung. Etwas
mehr lässt sich aus den beiden Fällen bei Jarotzky und
Zülzer entnehmen.

Von einer Fricke'schen Pflastereinwickelung wegen blennorrhoischer Epididymitis wurde ½ Gr. Morphium an der Wurzel des Scrotum injicirt. Die nach
einer Viertelstunde gemachte Einwickelung geschah ohne alle Schmerzäusserung;
keine allgemeine Narkose. Spätere Wiederholung der Einwickelung, ohne Injection, war sehr schmerzhaft.

Bei einer 28jährigen Frau wurde die Extraction des Nagels der grossen
Zehe ausgeführt, nachdem eine Viertelstunde vorher ½ Gr. Morphium in der Mitte
der Innenfläche der ersten Phalanx injicirt worden war. Die Auslösung geschah
unter sehr geringen Schmerzen, die deutlich auf der äusseren Seite der Zehe
grösser waren, als auf der inneren; augenscheinlich war also an ersterer Stelle
die Nervenleitung weniger beeinträchtigt, als an der letzteren.

In dem letzteren Falle wäre der etwas zweideutige Erfolg
vielleicht eclatanter gewesen, wenn man die Einspritzung an
einer dem Centrum näher gelegenen Stelle, resp. auf den Haupt-
nervenstamm des Gliedes gemacht hätte, um möglichst alle in
Betracht kommenden Nervenfasern der Morphiumwirkung zu
unterwerfen.

Aehnliche Beobachtungen sind von Walker, Lorent und
Erlenmeyer gemacht worden. Ersterer injicirte in einem
Falle von incarcerirter Hernia cruralis 1 Gr. Morphium zur
Erleichterung der Taxis. Es folgte vollständige Ruhe des Patienten ohne Schmerz und Erbrechen, und nach einigen Stunden gelang die Reduction vollkommen. Lorent benutzte die
Injectionen bei Cauterisation grösserer Brandwunden mit Höl-
lensteinlösung oder beim Gebrauche von Sol. Plenkii; die
Schmerzempfindung wurde zwar nicht ganz beseitigt, war aber
doch mässiger und von kürzerer Dauer. Dasselbe giebt Erlenmeyer an, der mit Recht bemerkt, dass ein günstiger Erfolg nur bei kleineren Operationen zu erwarten und die anästhesirende Wirkung der Injectionen auch nicht entfernt mit der

Chlo₁oform - Narcose zu vergleichen sei. Ich habe ebenfalls in
Fällen von ausgedehnter Cauterisation sinuöser Drüsengeschwüre
(exulcerirter Bubonen) mit Kali causticum, sowie einmal bei
galvanocaustischer Zerstörung spitzer Condylomwucherungen
mittelst des Porcellanbrenners und bei Aetzungen der tracho-
matösen Conjunctiva mit modificirtem Lapis die prophylacti-
schen Injectionen nützlich gefunden.   Zur Illustrirung ihrer
Wirksamkkeit mag das folgende Beispiel genügen.

Ein 31jähriger Dachdecker befand sich wegen eines weichen Schankers
und in Suppuration überg'gangener Inguinalbubonen rechterseits in Behandlung.
Der Drüsenabscess war am 6. Juli geöffnet worden; die in ein grosses sinuöses
Geschwür verwandelte Incisionswunde wurde am 14. Juli mit Kali causticum
geätzt, wobei Pat. tumultuarische, den ganzen Vormittag anhaltende Schmerzen
empfand. Am 19. Juli wurde ¼ Gr. Morphium in der Umgebung der Wunde
subcutan injicirt, und 25 Minuten darauf (nachdem das brennende Gefühl an der
Stichstelle sich verloren hatte) die Aetzung der Ränder und des Grundes in der
ganzen Ausdehnung der 2 Zoll langen Wunde wiederholt. Pat. hatte während
der Cauterisation selbst einige, jedoch im Vergleich unerhebliche Schmerzen;
nach 5—10 Minuten verloren sich dieselben vollständig, was Pat. verwundert spontan
mittheilte, ohne von dem vorgängigen Zwecke der Injection in Kenntniss gesetzt
zu sein. Es kam übrigens nur zu leichter Müdigkeit und Schwere in den Gliedern, nicht zu allgemeiner Narkose.

Vergleichen wir die subcutanen Morphium - Injectionen mit
den übrigen Verfahren, welche man versuchsweise namentlich
an äusseren Theilen angewandt hat, um eine locale Anästhesirung bei Operationen und dergleichen hervorzurufen, so sind hier
zu nennen: 1) die Nervencompression; 2) die Anwendung der
Kälte; 3) die örtliche Application der sogenannten anästhetischen Mittel.

Ueber die, namentlich von Moore zu diesem Zwecke versuchte Nerven-Compression liegen noch zu wenige Erfahrungen
vor; jedenfalls ist dieses Verfahren schwer und überhaupt nicht
an allen Stellen ausführbar, und für den Kranken in hohem
Grade belästigend.

Wichtiger ist die Anwendung der Kälte (Eis, Schnee oder
Eis in Verbindung mit Salz im Verhältniss von 2:1 u. dgl.).
Wittmeyer (Deutsche Klinik 1862, Nr. 21, 27, 30, 31) will
davon Wirkung selbst auf tiefer gelegene Theile beobachtet
haben. Duckworth und Davy (Edinb. med journal, Juli
1862) sahen unter Anwendung eines Gemisches von Salz und

gestossenem Eise bei Eröffnung eines entzündeten Schleimbeutels
nach 10 Minuten, bei Operation einer eingeklemmten Hernie
und Exstirpation eines Lipoms an der innern Schenkelseite
nach 15 Minuten völlige locale Anästhesie eintreten, ohne andere Nebenerscheinungen als etwas Beissen und Röthe der Haut;
die Operation war durchaus schmerzlos. (Freilich ist nicht zu
vergessen, dass die genannten Operationen überhaupt nicht gerade zu den sehr schmerzhaften gehören, und dass auf die Individualität des Kranken viel ankommt.)

Was die örtliche Anwendung der Anästhetica anbetrifft, so
fand Wittmeyer bei zahlreichen Versuchen Aether hydrochlo-
ricus chloratus, Liquor hollandicus, Cloroform, Amylen, Schwefeläther in absteigender Linie wirksam; jedoch wirkt keines
dieser Mittel sicher, und ausserdem entwickeln dieselben nach
Eintritt der anästhetischen Wirkung einen solchen deletären
Einfluss auf die Haut, dass man von ihrer Anwendung abstehen
muss. Am wenigsten gilt dies noch von dem Schwefeläther,
dessen Wirksamkeit freilich auch am geringsten; in sehr hohem
Grade dagegen vom Chloroform. Duckworth und Davy
wandten auch das Chloroform in Dampfform, ferner Ammoniak-
dampf, gleiche Theile von Liq. Amm. fortissimus und Wasser
und gleiche Theile von Chloroform und Acid. acet. glaciale zur
localen Anästhesirung an; letztere Mittel nützten gar nichts und
mussten wegen ihrer Schmerzhaftigkeit bald entfernt werden,
während Chloroformdampf allerdings nach 10 — 15 Minuten
örtliche Verminderung der Sensibilität hervorbrachte. Auch
Simpson empfiehlt den Chloroformdampf bei Uterinkrebs und
ebenso die locale Anwendung der Kohlensäure bei schmerzhaften Geschwüren. Mit letzterer soll jedoch in Würzburg ein
tödtlich verlaufener Fall vorgekommen sein. Richardson
fand neuerdings Irrigationen mit Aether (in Staubform) zur
localen Anästhesirung wirksam. Ich sah bei Operationen, die
in pariser Spitälern gemacht wurden, auch von diesem Verfahren
nur einen relativ schwachen Effect. Uebrigens muss von der örtlichen Application der meisten dieser Anästhetica, namentlich
bei Operationen, abgesehen von ihrer Schmerzhaftigkeit, schon
der Umstand zurückschrecken, dass die dadurch bedingte örtliche Irritation leicht heftige Entzündungen und nachträgliche
Störungen des Wundverlaufs herbeiführen könnte.

Somit bleibt denn eigentlich als das einzige Vertrauen erweckende örtliche Anästheticum, ausser den subcutanen Injectionen, nur die Kälte übrig, über deren anästhesirende Eigenschaften jedoch ebenfalls erst wenige exacte Beobachtungen vorliegen. Ausserdem ist Eis nicht überall zur Hand, sein Ersatz
durch künstliche Kältemischungen jedenfalls sehr mangelhaft,
seine Application umständlich und an manchen Körperstellen
schwer ausführbar, die Wirkung langsamer, so dass wir den
Injectionen auch ihm gegenüber gewisse Vorzüge einräumen
müssen.

Locale Anästhesirung des Larynx.

Bekanntlich ist zur Zeit noch kein Mittel entdeckt, wodurch es gelänge, die Empfindlichkeit der Larynxschleimhaut
gegen den Reiz eingeführter Instrumente u. s. w. in irgend genügender Weise zu moderiren. Tiefe Chloroformnarkose wirkt
gar nicht auf die Pharynxpartie, und die bei behinderter Respiration und gestörter Expectoration sich ansammelnden Schleim-
massen in den Luftwegen, vorzugsweise im oberen Kehlkopfs-
raum, verhindern ausserdem noch die freie Inspection in den
Larynx. Das neuerdings von Riemslagh empfohlene Bromkalium, die Alauninhalationen mittelst des Pulverisateurs, das
wiederholte Einführen des Spiegels, der Aetzschwämmchen u. s. w.
führen entweder gar nicht oder nur sehr langsam zum Ziele.
(Tobold, Lehrbuch der Laryngoskopie, Berlin 1863, p. 81).
Auch die neuerdings von Bernatzik empfohlene, mit dem
Pinsel aufzutragende Composition aus Morph. muriat., Spir.
vini ana $3\,j$, Chlorof. 3β erwies sich, nach Türk, erst bei der
sechsten Wiederholung wirksam, verursachte aber vorher heftige Schmerzen, Husten und Vomituritionen.

Wie wichtig es wäre, ein rascher und zuverlässiger wirkendes Mittel zu besitzen, ergiebt sich aus folgenden Worten
von Tobold (l. c. p. 73): „So lange wir ein locales Anaestheti-
cum nicht besitzen, und so lange es nicht gelingt, eine sich auch
auf die Rachengebilde erstreckende Narkose herzustellen, um beliebig längere oder kürzere Zeit mit Instrumenten im Rachen-
und Kehlkopfraum verweilen zu können, werden blutige Operationen im Larynx von der Mundhöhle aus zu den schwierig-

sten und subtilsten auf dem Gebiete der operativen Chirurgie gehören."

Es veranlasste mich dies, auch hier einen Versuch mit den subcutanen Morphium-Injectionen zu machen, zumal da es nicht unthunlich erschien, wenigstens dem Ramus internus des Laryngeus superior in der Gegend seiner Durchtrittsstelle durch die Membrana hyothyreoidea möglichst nahe zu kommen, und dieser Nerv die Schleimhaut des oberen Kehlkopfraums und der Stimmbänder vorzugsweise versorgt. Die Gelegenheit bot sich mir in folgendem Falle:

Bürschel, Schullehrer, 35 Jahre, sonst gesund, seit 1½ Jahre mit zunehmender Heiserkeit behaftet. Als Ursache derselben ergiebt sich bei laryngoskopischer Untersuchung ein erbsengrosser, nicht gestielter, sondern mit breiter Basis aufsitzender Polyp von blassweisslicher Farbe, der von der hinteren Hälfte des rechten wahren Stimmbandes aus in die Glottis respiratoria hineinragt. Pat., der die Spiegel-Untersuchung ganz ausgezeichnet verträgt, macht dagegen das Einführen von Instrumenten (Aetzmittelträger, Mathieu'sche Polypenzange) absolut unmöglich, indem bei jeder Berührung, ja bei blosser Annäherung des Instruments, Hustenreiz entsteht und die Glottis respiratoria sich krampfhaft schliesst. Am 13. Sept. (Vormittags 9 Uhr) wurde an der oben beschriebenen Stelle jederseits ¼ (im Ganzen also ½) Gr. Morph. muriat. subcutan eingespritzt. Nach einer halben Stunde, als leichte allgemeine Erschlaffung und Abspannung ohne einen höheren Grad von Narkose eingetreten war, wurde Pat. laryngoskopirt. Es liessen sich nun die genannten Instrumente leicht und ohne jede Reaction einführen, und man konnte das linke Stimmband, ja sogar den Polypen selbst mehrere Secunden hindurch mit denselben in Berührung bringen, ohne dass Husten oder krampfhafter Glottisschluss eintrat. Der in der That überraschende Erfolg wurde durch mehrmalige Wiederholung des Versuchs bestätigt. Etwa eine Stunde später trat Schlaf ein; auch noch am Nachmittage hatte Pat. das Gefühl von Müdigkeit und Schwäche. — Am folgenden Morgen, 21 Stunden nach der Injection, wurde eine neue Untersuchung vorgenommen; diesmal war das Einführen der Zange, auch des Aetzmittelträgers wieder ganz unmöglich. Am Abend um 7 Uhr neue Injection, Dosis und Localität wie gestern; bei der schon nach 15 Minuten begonnenen Untersuchung wiederum sehr günstiges Resultat: man kann beide Stimmbänder längere Zeit mit der Zange berühren, den Polypen sogar momentan zwischen die Branchen fassen, denen er freilich sofort wieder entgleitet. Die Anästhesie hielt auch am folgenden Morgen (um 9 Uhr) noch an. Die Fortsetzung der Versuche wurde durch die am 16. Sept. erfolgte Abreise des Patienten verhindert.

Der in diesem Falle offenbar erzielte Erfolg wurde auch von Herrn Dr. Benneke, damaligem Assistenzarzte der medicinischen Clinik, constatirt, der jedoch bei Wiederholung der Injectionen an sich selbst nur einen minder befriedigenden Effect wahrnehmen konnte. In der Folge wurden von Tobold noch wiederholte Versuche mit den Injectionen angestellt, und führten dieselben (nach persönlich erhaltener Mittheilung) zu dem Resultate, dass zwar die Empfindlichkeit der oberen Kehlkopfpartie in der Mehrzahl der Fälle nach der Einspritzung etwas herabgesetet sei, eine für Operationen genügende Anästhesirung jedoch auch durch dieses Verfahren nicht herbeigeführt werde.

Verlängerung der Chloroform-Anästhesie.

Nussbaum, Aerztl. Intelligenzbl, 10. Oct. 1863. — Salva, Gaz. méd. de Paris, 26 März 1864. — Rabod, l'union 1864, 28. —

Prof. Nussbaum in München machte vor drei Jahren die theoretisch und praktisch gleich merkwürdige Entdeckung, dass die hypodermatische Anwendung der Narcotica, speciell des Morphium, bei noch bestehender Chloroform-Narkose im Stande ist, den eigenthümlichen Zustand des Central-Nervensystems, wie er durch Chloroform-Inhalationen vorübergehend erzeugt wird, und damit auch die Anästhesie, mehrere (6—12) Stunden, je nach der Grösse der Morphiumgabe festzuhalten — vielleicht so lange, wie die narkotische Wirkung des Morphium selbst dauert[*]). In folgenden vier Fällen hat Nussbaum den Beweis dieses eigenthümlichen Verhaltens gefunden:

1. Exstirpation eines Carcinoms am Halse; zur Beseitigung der Schmerzen nach der Operation, welche eine völlige Präparirung des Plexus cervicalis erfordert, wird noch während der Narkose ein Gran Morphium injicirt. Pat erwacht nicht, wie gewöhnlich, aus dem Chloroformrausche, sondern schläft, ganz ruhig athmend, 12 Stunden ununterbrochen, und zwar so fest, dass Nichts ihn erwecken kann: er erträgt Nadelstiche, Incisionen, Anwendung des Ferrum candens u. s. w. ohne jede Reaction. Schliesslich erwacht er aus diesem tiefen Schlafe, gerade wie aus der Narkose.

2. Resection des Oberkiefers; der Kranke hatte vorher einen Gran Morph. acet. ohne schlafmachende Wirkung eingespritzt bekommen; nach der in Chloroform-Narkose gemachten Injection schlief er 8 Stunden hindurch bei völliger Gefühllosigkeit und ruhiger Athmung; Puls nach Zahl und Rhythmus regelmässig.

---

[*]) Nach einer Angabe in Schuchardt's Zeitschr. 1865 (H. 2. pag. 163) soll in England von diesem Verfahren bereits früher Anwendung gemacht worden sein. — Von Schuh wurden Belladonna-Clystire zu gleichem Zwecke empfohlen.

3. und 4. Aehnliche Beobachtungen nach Injection von ½ Gran Morphium bei einer 50jährigen Frau und bei einem 7jährigen Knaben; Schlafdauer 5, resp. 6 Stunden. —

Auf der chirurgischen Klinik des Hrn. Geh. Rath Barde-leben in Greifswald bot sich mir mehrfach Gelegenheit, das Nussbaum'sche Verfahren bei langdauernden Operationen in Anwendung gebracht zu sehen. Die Fälle, in welchen dies geschah, waren zwei Resectionen des Unterkiefers, eine Perinäoplastik, und eine durch Nachblutung aus der zurückgezogenen Art. spermatica sehr in die Länge gezogene Exstirpation eines carcinomatösen Testikels. Es wurden ½, resp. ⅓ Gr. Morphium eingespritzt; eine mehrstündige Verlängerung der Chloroform-Narcose, wie sie Nussbaum beschreibt, wurde jedoch nur in einem einzigen Falle erzielt, während es sich in den übrigen höchstens um einen sehr vorübergehenden und keineswegs sicher verbürgten Effect handelte. — Auch in einem anderweitigen, auf der medicinischen Klinik beobachteten Falle hat sich mir die in Rede stehende Wirkung der Morphium-Injectionen nicht bestätigt. Es betraf eine noch jugendliche, an Insufficienz und Stenose der Aortenklappen leidende Patientin, welche allabendlich Anfälle von ausserordentlich heftiger Stenocardie hatte, und seit einem halben Jahre jede Nacht einmal, auch wohl mehrmals chloroformirt wurde, da dies allein ihr eine rasch vorübergehende Erleichterung verschaffte. In der letzten Zeit kam Patientin gewöhnlich schon nach 10 bis 15 Minuten wieder zu sich, und zum Gefühl ihrer Schmerzen. Ich spritzte ihr nun, während die Narkose noch unterhalten wurde, ⅓ Gr. Morphium in der rechten Schläfengegend ein. Pat. schlief anfangs tief und ruhig, erwachte jedoch nach kaum 15 Minuten, und es liess sich auch in dem weiteren Verhalten ein Unterschied gegen frühere Abende nicht wahrnehmen. —

Der freundlichen Mittheilung des Hrn. Dr. Bartscher, dirigirenden Arztes am Marien-Hospital in Osnabrück, verdanke ich den Bericht über einen von ihm beobachteten Fall, in welchem unter Anwendung des Chloroforms und gleichzeitiger Morphium-Injection plötzlicher Tod eintrat, und den ich seines grossen Interesses halber vollständig wiedergeben zu müssen glaube.

„J. M., ein 58jähriger, schlecht genährter, doch relativ gesunder Bauer, consultirte mich im vorigen Jahre wegen eines fibrösen Nasenrachenpolypen. Die rechte Nase war unförmlich ausgedehnt, der Vomer nach links gedrängt, hinter der Uvula ragt ein fester, vielfach zackiger Polyp in die Nasenhöhle hinab. Deglutition und Respiration wesentlich erschwert. Da es mir mit allen möglichen Polypenschnürern nicht gelang, des Stieles, welcher die ganze Innenfläche der Lamina int. des rechten Proc. pterygoides einnahm, habhaft zu werden, so war ich genöthigt, zur osteoplastischen Resection des rechten Oberkiefers zu schreiten Nachdem der Kranke mittelst 3 Drachmen Chloroform narcotisirt war, injicirte ich ihm 1 Gr. Morphium acet. in das Zellgewebe des rechten Oberarms. Ein Schnitt durch Nase und Philtrum, dann vom oberen Winkel dieses Schnittes über den unteren Augenhöhlenrand bis zum Proc. frontalis des Jochbeins legten den Oberkiefer frei. Die Stichsäge liess ich alsdann von der Fossa spheno-maxilaris aus schräg durch den Proc. zygomaticus des Oberkiefers gegen den Proc. palatinus wirken; letzterer wurde angesägt, der so resecirte Oberkiefer mittelst eines Hebels emporgehoben, wobei der Proc. palatinus in der Schnittlinie völlig durchbrach — Periost und Schleimhaut der Mundhöhlenfläche aber unversehrt blieben. Der Polyp konnte jetzt in seiner ganzen Ausdehnung leicht entfernt werden, indem ich den Stiel mittelst des Meissels von der Lamina int. des Proc. pterygoides löste. Die Blutung war fast null und liess sich durch einige kalte Schwämme leicht stillen. Der Oberkiefer liess sich leicht und schön wieder einpassen und mit 3 Näthen fixiren; der Hautlappen wurde genau vereinigt und ein gelinder Druckverband angelegt. — Pat. war beim Nähen des Hautlappens aus seiner Narcose soweit erwacht, dass er geführt in sein Zimmer gehen konnte, sich beim Umkleiden half, dann selbst ins Bette stieg. Er schlief etwa eine Stunde ruhig: als nun schnarchende Respiration eintrat und Pat. nicht zu erwecken war, wurde ich gerufen. Der Kranke bot das Bild eines Sterbenden; er lag auf dem Rücken mit etwas geöffnetem Munde, blassgelbem kalten Gesichte, kalten Händen und Füssen, kleinem langsamen Pulse, durchweg sehr niedriger Temperatur. Alle möglichen Manoeuvres zur Wiederbelebung wurden angewandt: künstliche Respiration, Rollen des Körpers von einer Seite zur andern, Faradisation der Nn. phrenici u. s. w. — letzteres Verfahren schien am meisten zu nützen, doch war es nicht im Stande, die 11 Stunden nach der Operation eintretende Lungenlähmung zu verhüten. Die Section ergab kein Blut in den Bronchien, der Lunge und dem Magen; es hatte keine Nachblutung stattgehabt, welche, in die Luftwege gelangt, als Ursache der Lungenlähmung hätte angesehen werden können. Chloroformgeruch war nicht zu entdecken. Die beiden Venae cavae, auch das rechte Herz, waren mit dicklichem Blute erfüllt. Lungen und Herz waren, wie dies auch die vorherige Untersuchung ergeben hatte, normal".

Es dürfte in diesem Falle — für dessen Mittheilung, wie ich glaube, die Wissenschaft Hrn. Dr. Bartscher dankbar sein muss — die Frage entstehen, ob der Tod durch das Chloroform allein oder durch Zusammenwirken des letzteren mit dem Morphium bedingt war? Diese Frage ist schwierig zu ent-

scheiden, da characteristische Erscheinungen der Morphium-
Intoxication zwar nicht angegeben werden, solche aber auch
unter den vorliegenden Umständen kaum erwartet werden konnten: wir wissen ja aus zahlreichen anderweitigen Erfahrungen,
wie sehr durch gleichzeitige Action zweier different wirkender
toxischer Substanzen die Symptome derselben modificirt und in
fast unkenntlicher Weise entstellt werden. Vielleicht hätte der
Befund in den inneren Organen (acute Fettdegeneration u. s. w.)
für die Entscheidung noch einigen Anhalt zu liefern vermocht.
Jedenfalls mahnt der mitgetheilte Fall zur grössten Vorsicht in
der Anwendung des Nussbaum'schen Verfahrens und zur
sorgfältigsten Ueberwachung der Kranken während der ganzen
Dauer der dadurch hervorgerufenen Narcose; auch dürfte es
nicht gerathen sein, die von Nussbaum empfohlenen grossen
Dosen (1 Gr. Morphium!) in Anwendung zu bringen. Herr
Dr. Bartscher bemerkt, dass er vor und nach dem beschriebenen Falle noch öfter das Nussbaum'sche Verfahren anwandte und insofern guten Erfolg davon sah, als er die Kranken mit wenig Chloroform bis zu einer Stunde in Narcose erhielt; doch injicirte er nie wieder 1 Gr., sondern stets nur
$\frac{1}{8}$ — $\frac{1}{6}$ Gr. pro dosi, und liess bei zu früh wiederkehrendem
Bewusstsein die Inhalationen, sowie nöthigenfalls auch die Injection wiederholen. —

Versuche an Thieren.

Um die von Nussbaum entdeckte Thatsache noch weiter
zu verfolgen, unternahm ich gleich nach dem Bekanntwerden
derselben einige darauf gerichtete Versuche an Kaninchen, wobei das Chloroform durch Schwefeläther ersetzt wurde. Zunächst wurde bestimmt, wie lange die Thiere bei einfacher
Aetherisation, ohne nachfolgende Injection, in dem vollkommen
gefühllosen Zustande verharrten. Die Aether-Inhalation wurde,
sobald dieser Zustand eingetreten war (was meist schon nach
einer Minute der Fall war) sofort unterbrochen. Es zeigte sich,
dass bei dieser Anstellung des Versuchs der Zustand völliger
Anästhesie sehr rasch, durchschnittlich schon nach 3—4 Minuten, wieder verschwand, die Thiere sich ermunterten und auf
äussere Reize reagirten. Wurde dagegen unmittelbar nach Ein-
tritt der Aethernarkose eine Injection von $\frac{1}{6}$ — $\frac{1}{4}$ Gr. Morph.

acet. gemacht, so wurde das Stadium völliger Anästhesie unverkennbar etwas verlängert, jedoch niemals über eine Dauer
von 9 — 13 Minuten hinaus. Alsdann kehrte die Reaction auf
Sinneswahrnehmungen und mechanische Reize allmälig wieder:
aber die Thiere machten keine spontane Bewegungen und ver-
sanken, sobald der gegebene Impuls aufhörte, in den früheren
lethargischen Zustand, der in gleicher Intensität 2 — 3 Stunden
nach Beginn des Versuchs anhielt.

Zur Erläuterung dienen nachstehende Versuche.

I. Grosses, weibliches Kaninchen.

4 h 6.   Beginn der Aether-Inhalationen.

4 h 7.   Völlige Anästhesie, Schlaf mit ruhiger Respiration. — Aussetzen
der Inhalationen.

4 h 9.   Allmälige Wiederkehr des Gefühls; das Thier reagirt bereits
schwach auf Sinneswahrnehmungen, spitzt die Ohren beim Klopfen
auf den Tisch u. s. w.

4 h 10. Reaction auf mechanische Reize (Kneifen u. s. w.).

4 h 11. Erste spontane Bewegungen.

II. Dasselbe Kaninchen.

5 h 16. Aetherisation begonnen.

6 h 17. Schlaf und völlige Anästhesie. Injection von ½ Gr. Morph. acet.
in der Gegend der unteren Rippen.

5 h 36. Das Thier reagirt bereits wieder auf Reize, versinkt jedoch gleich
wieder in Betäubung. Die Pupillen verengern sich auf Lichtreiz.

6 h 43. Noch ganz soporöser Zustand. Keine spontanen Bewegungen;
bei Kneifen, Stechen u. dgl. jedoch lebhafte Reaction.

6 h 45. Ebenso.

7 h 30. Das Thier kommt allmälig mehr zu sich und macht auch wieder
spontane Locomotionsbewegungen.

III. Grosses weibliches Kaninchen.

4 h 12. Aetherisation.

4 h 13. Anästhesie vollständig. Aussetzen der Inhalationen.

4 h 16. Das Thier ist schon wieder erwacht und munter, zeigt Schmerzempfindung und Reaction auf äussere Reize.

IV. Dasselbe Kaninchen.

5 h 23. Aetherisation.

5 h 24. Schlaf und Anästhesie. Injection von ½ Gr. Morph. acet. in der
Oberbauchgegend.

5 h 30. Keine Reaction auf Reize; Pupillen sehr weit, reactionslos.

5 h 34. Das Thier zeigt bereits beginnende Reaction, macht jedoch keine
automatische Bewegung.

5 h 36. Reaction deutlicher; Verengerung der Pupillen bei Lichteinfall.

7 h 48. Das Thier ist noch ziemlich betäubt, macht jedoch wieder einige spontane Bewegungen und verharrt nicht mehr in der gegebenen Lage.

Obwohl diese Versuche insofern nicht mit den Beobachtungen Nussbaum's übereinstimmen, als eine Verlängerung des anästhetischen Zustandes durch die Injectionen nicht auf Stunden, sondern nur auf Minuten erzielt wurde, so spricht dies doch nicht gegen die Tragweite der Nussbaum'schen Entdeckung beim Menschen. Es scheint, als ob Thiere, und speciell Kaninchen, zu diesen Experimenten weniger geeignet seien, weil sie zu schnell aus der Narkose wieder erwachen, so dass eine volle und genügende Resorption des injicirten Morphium bis zu diesem Zeitpunkte noch nicht erzielt sein kann. Möglicherweise ist der Zustand der Centralorgane bei der Aethernarkose einer solchen Einwirkung des Morphium auch weniger günstig, als bei Anwendung des Chloroforms.

Für diese Annahme spricht das etwas abweichende Resultat einiger Versuche, die von der Soc. de méd. de Versailles an chloroformirten Hunden angestellt wurden, und über die Salva berichtet. Es wurden nach eingetretener Chloroform-Anästhesie 5 — 6 Mgrmm. ($^2/_{25}$ — $^{12}/_{125}$ Gr.) Morph. muriat. eingespritzt. Bei dem ersten Hunde bewirkte Chloroform allein nur eine 19 Minuten dauernde Anästhesie, während dieselbe bei nachträglicher Morphium-Injection (wovon jedoch die Hälfte verloren ging) 36 Minuten anhielt. Noch eclatanter war der Unterschied bei dem zweiten Versuchsthier, einer Hündin: hier bewirkte Chloroform allein 10 — 12 Minuten Schlaf und eine halbstündige Anästhesie, während bei Hinzunahme der Morphium-Injection die Anästhesie einmal 87 Minuten, das zweite Mal sogar 5 Stunden und 44 Minuten anhielt. Hier war also, falls die Anästhesie wirklich zu dieser Zeit noch eine vollständige war, was bei Thieren bekanntlich immer sehr schwer zu beurtheilen, die Verlängerung derselben durch die Injectionen von viel längerer Dauer, als bei meinen Versuchen — freilich auch die Dauer der allein durch die Inhalationen erzeugten Anästhesie um ein Entsprechendes grösser, als bei den ätherisirten Kaninchen.

Weitere Beobachtungen müssen die Thatsachen, um die es
sich hier handelt, erst völlig sicherstellen, und namentlich darüber entscheiden, ob die Wirkung constant und unter welchen
Modalitäten sie stattfindet. Dies einstweilen vorausgesetzt, haben wir hier nur die practische Anwendbarkeit der Entdeckung,
ihre Tragweite in Beziehung auf die operative Chirurgie noch
kurz zu betrachten. — Ein Verfahren, welches uns in Stand
setzt, die Chloroform-Anästhesie bedeutend zu verlängern, ohne
die Chloroformwirkung selbst zu potenziren oder andere üble
Nebenerscheinungen zu veranlassen, ist gewiss in vielen Fällen
auf dem Operationstisch von hohem Werthe. Es ist nichts Sel-
tenes, dass während einer lang dauernden Operation der Patient, zu früh für ihn selbst und für den Operateur, wieder erwacht, und die Inhalationen wegen Eintritts beunruhigender
Symptome nicht fortgesetzt werden dürfen, so dass der Rest der
Operation in halber oder gar keiner Betäubung vollendet wird.
Dies liesse sich vermeiden, wenn man bei voraussichtlich sehr
zeitraubenden, schwierigen und schmerzhaften Operationen gleich
nach eingetretener Anästhesie die Einathmungen unterbräche
und eine Injection nachschickte — In einer zweiten Reihe von
Fällen handelt es sich um gleichfalls zum Theil längere und
schmerzhafte Operationen, bei denen man wohl vorher den Patienten chloroformiren, während des Operirens selbst jedoch die
Inhalationen nicht gut fortsetzen oder von Neuem aufnehmen
kann, z. B. bei Operationen in der Mund- und Rachenhöhle,
Kiefer-Resectionen oder Exstirpationen u. s. w. In einer dritten
Reihe dürfte die Indication dadurch gegeben werden, dass man
auch nach Vollendung der Operation den Kranken aus irgend
welchem Grunde noch längere Zeit in Anästhesie zu erhalten
wünscht — sei es, um den Eintritt der Schmerzen und der
entzündlichen Reizung zu verzögern, oder um sofort einen fixi-
renden Verband anzulegen, wie bei Gelenksresectionen u. s. w.
In diesen Fällen ist der angegebene Zweck durch ein fortge-
setztes Chloroformiren oft gar nicht oder nur unter anderweitigen Gefahren zu erreichen; der Ersatz durch narkotische Injectionen wäre daher auch hier von unläugbarem Werthe.

Zehntes Capitel.

Die sogenannten Nebenalcaloide des Opium: Narcein, Codein, Thebain und Narcotin.

1) Narcein.

Durch die schönen Experimental-Untersuchungen von Claude-Bernard über die Alcaloide des Opium (comptes rendus t. LIX. Nr. 9., 29. Aug. 1864) ist neuerdings die Aufmerksamkeit besonders einem derselben, dem Narcein zugewandt worden. Bernard fand bekanntlich, dass letzteres Mittel, seiner soporificirenden Wirkung nach, allen anderen Opium-Alcaloiden (auch dem Morphium) vorangeht, während es hinsichtlich der excitirenden (krampfmachenden) Wirkung zu den übrigen gewissermassen einen Gegensatz bildet. Es ist das einzige, welches, in toxischer Dosis gegeben, ohne Convulsionen tödtet; die damit vergifteten Thiere sterben mit erschlafften Muskeln. — Der Narceinschlaf unterscheidet sich ausserdem, nach Bernard, wesentlich von dem Morphiumschlaf durch seine tiefe Ruhe und die mangelnde Excitabilität für Geräusche, sowie durch die verschiedene Art des Erwachens. Es fehlen hier die Erscheinungen der Paralyse und die intellectuellen Störungen, die das Erwachen vom Morphiumschlaf noch längere Zeit überdauern; die Thiere kehren vielmehr unmittelbar nach dem Erwachen ohne Zeichen des Uebelbefindens in ihren Normalzustand wieder.

Therapeutische Anwendung von dem Narcein machten zuerst Debout und Béhier: ersterer innerlich, letzterer auch hypodermatisch. Béhier (gaz. hebd. 1864, 43) gab von dem Mittel 3 — 20 Ctgrmm. innerhalb 24 Stunden, ohne üble Nebenerscheinungen, als eine zeitweise Suspendirung der Harnexcretion bei Dosen von mehr als 5 Ctgrmm. — Er behandelte damit 14 Kranke, worunter 12 an Tuberculose, einer an Durchfall, eine an Ovarialtumor mit circuscripter Peritonitis litten, und sah von dieser Therapie im Allgemeinen sehr günstige Wirkung, namentlich bei den Phthisikern Abnahme des quälen-

den Hustenreizes und Auswurfs, sowie sanften, aber leisen, leicht
zu unterbrechenden Schlaf eintreten.

Ich habe demnächst zahlreiche Versuche mit dem Narcein
angestellt und darüber bereits an einem anderen Orte (Deutsches Archiv f. clinische Medicin, Bd. I. p. 55) ausführlicher
berichtet; ich will hier nur dasjenige, was die hypodermatische
Anwendung dieses Mittels betrifft, kurz resumiren. Das (von
E. Merck in Darmstadt bezogene) Narcein ist ziemlich schwer
löslich und es ist dies ohne Zweifel ein Umstand, welcher der
subcutanen Application desselben hindernd im Wege steht. Ich
benutzte für diesen Zweck eine Lösung von Narceini muriat.
gr. j in Aq. dest. 3 j, aus welcher jedoch bald ein Theil des
Salzes herauscrystallisirt und durch Säurezusatz oder Erwärmen
vor jedesmaligem Gebrauche in Lösung erhalten werden muss;
concentrirtere Lösungen sind nicht anwendbar, und ebenso ist
das reine Narcein, da dasselbe sich erst in circa 375 Theilen
Wasser löst, hier ganz unverwendbar. Möglicherweise giebt das
Narcein mit anderren Säuren löslichere Salze, worüber mir zur
Zeit noch keine Erfahrungen vorliegen.

Die Dosis betrug bei der Injection ¹/₆ — ¹/₄ — ¹/₂ Gr. —; um
einen einigermassen sicheren narcotischen Effect hervorzurufen,
muss man ungefähr doppelte Gaben wie vom Morphium anwenden, während für die bloss calmirende und antodynische Wirkung meist auch kleinere Dosen genügen. Fast niemals verursacht das Mittel bei dieser Art und Weise der Anwendung
üble Nebenerscheinungen (Kopfschmerz, gastrische Störungen
u. s. w.) wie sie entsprechende Morphiumgaben so häufig hervorrufen. Leichte Zeichen örtlicher Irritation beobachtete ich
nur einmal; bei einer Patientin mit sehr zarten, blassen Haut-
decken zeigte sich nach jeder der (im Gesicht vorgenommenen)
Injectionen eine ödematöse Anschwellung mässigen Grades, ohne
Röthung, um die Stichstelle herum, die erst nach 24 — 48 Stunden wieder verschwand und eine circumscripte, knotige, ziemlich empfindliche Induration nachliess.

Unter den physiologischen Erscheinungen der Narceinwir-
kung tritt nächst den Narkotisationsphänomenen der Einfluss
auf die Pulsfrequenz am meisten hervor; und zwar besteht
derselbe (umgekehrt wie beim Atropin) in einer primären Verminderung der Pulsschläge mit gleichzeitiger Schwächung

der Blutwelle, worauf zuweilen eine leichte Beschleunigung folgt. Die Abnahme der Pulsfrequenz ist ausgesprochener als beim Morphium, und nie geht derselben eine primäre Steigerung vorher, wie es namentlich nach Injectionen von Morphium ziemlich häufig der Fall ist. Selten beträgt übrigens die Abnahme bei Anwendung der besprochenen Dosen mehr als 12 — 16 Schläge in der Minute, und bei Gesunden oft weniger. Die Frequenz der Athemzüge wird zuweilen vorübergehend etwas vermindert, in anderen Fällen dagegen vermehrt, und die Hauttemperatur sah ich einmal in 20 Minuten um 0,2 ° C. sinken, meist jedoch unverändert bleiben und niemals zunehmen.

Beispiele. I. 25jähriger Mann. Vor der Medication Puls 70, Resp. 16, Temp. 36,7. Injection von $^1/_6$ Gr am linken Oberarm.

Nach	1	Minute	Puls	64	
-	2	Minuten	-	64	
-	3	-	-	64	
-	4	-	-	60	
-	5	-	-	60	
-	6	-	-	60	
-	7	-	-	64	
-	8	-	-	64	Resp. 15
-	9	-	-	72	
-	10	-	-	72	
-	15	-	-	72	
-	20	-		72	Resp. 15, Temp. 36,7
-	25	-	-	72	
-	30	-	-	72	
-	60	-	-	72	

II. 20jähriger Mann. Vor der Medication Puls 84, Resp. 19, Temp 37,0. Dosis wie oben.

Nach	1	Minute	Puls	72
-	2	Minuten	-	68
-	3	-	-	68
-	4	-	-	72
-	5	-	-	72
-	6	-	-	72
-	7	-	-	72
-	8	-	-	80

Nach   9 Minuten Puls 88
- 10 -   - 80 Resp. 23
- 15 -   - 80
- 20 -   - 84 Temp. 36,8
- 25 -   - 80
- 30 -   - 72
- 35 -   - 80

Der rapide, fast momentane Eintritt der pulsvermindernden Wirkung ist, namentlich bei subcutaner Anwendung des Mittels, keine Seltenheit. In einem dritten Falle sank die Pulsfrequenz in einer Minute von 88 auf 72, in einem vierten in 2 Minuten von 72 auf 60.*) In einem Falle von Lebercirrhose mit hochgradigem Ascites und Oedem der Bauchdecken, wo in Folge der Dyspnöe die Respirationsfrequenz sehr vermehrt (42) und die Pulsfrequenz dem entsprechend auf 102 gestiegen war, sank letztere nach Injection von ¼ Gr. Narcein auf 88, während die Respirationsfrequenz keine Veränderung zeigte.

Auf die sensiblen Nervenendigungen der Haut wirkt das Narcein in analoger Weise, wie andere Narcotica (Morphium, Atropin, Coffein), und zwar sowohl direct bei örtlicher (hypodermatischer) Anwendung, als indirect, von den Centralorganen aus, bei innerem Gebrauche. In letzterer Form ist der Erfolg jedoch wesentlich unvollkommener. Bei Tastsinnsprüfungen, die mit Hilfe des Sieveking'schen Aesthesiometers angestellt wurden, zeigte sich das Spatium der ungewissen Empfindung, innerhalb dessen die Cirkelspitzen bald einfach, bald doppelt zur Wahrnehmung kamen, fast regelmässig vergrössert, ohne dass aber die Grenze der (constant) einfachen Wahrnehmung wesentlich hinausgerückt war. Näher hierauf einzugehen unterlasse ich, da die Verhältnisse gegen andere Narcotica keine wesentlichen Differenzpunkte darbieten.

Die Wirkung auf Harnorgane, welche Béhier dem Narcein zuschreibt, habe ich bei den von mir angewandten Dosen nicht bestätigen können; auch ergaben wiederholt angestellte quantitative Messungen der absoluten Harnmenge keinen bemerkenswerthen Unterschied zwischen denjenigen Tagen, an

---

*) Ich habe ausserdem dieses Phänomen auch an Fröschen, nach subcutaner Injection des Mittels, in sehr exquisiter Weise beobachtet.

denen Narcein genommen, und denen, an welchen damit pausirt wurde.

Endlich sei noch bemerkt, dass ein myotischer Effect, wie er dem Morphium namentlich bei subcutaner Injection zukommt, bei dem Narcein nicht beobachtet wird. Weder beim Menschen noch bei Thieren (Kaninchen, Frösche) zeigte dasselbe, innerlich, hypodermatisch, oder auch direct in das Auge geträufelt, eine myotische Wirkung. —

Die therapeutischen Resultate lieferten für die sedirende und hypnotische Wirkung des Mittels vielfache Beweise. Abgesehen von den specifischen Neurosen wurde dasselbe als Sedativum und Soporificum bei Krankheitszuständen der verschiedensten Art in Anspruch genommen, nämlich: Gelenkentzündungen (des Hütt-, Knie- und Ellbogengelenks), Phlegmonen (an der Hand, am Vorderarm und am Perinaeum) Augenentzündungen (Iritis, pannöse Keratitis, Conjunctivalblennorrhöe mit Phthisis corneae), Orchitis, Epididymitis blennorrhoica, Cystitis und Pericystitis, Ulcus ventriculi und Lebercirrhose: ferner nach Verletzungen (Kopfwunde, Fracturen der Tibia, der Rippen und des Oberarms) und nach Operationen (amputatio femoris, resectio genu, Exstirpation käsiger Cervicaldrüsen, Staphylorrhaphie mit Uranoplastik). In fast allen diesen Fällen, wo örtliche Reizzustände mit bedeutender Schmerzhaftigkeit oder allgemeine Aufregung die Narcotisation forderten, bewirkte das Narcein, in den früher angegebenen Dosen, baldigen Schmerznachlass, meistens auch Schlaf von 4—5-, selbst 9 stündiger Dauer. Dieser war ruhig, tief, ununterbrochen, das Erwachen frei; niemals waren üble Nebenerscheinungen oder toxische Wirkungen zu bemerken. — Obwohl das Morphium gewiss in unzähligen Fällen dieselben Dienste leistet, lässt sich dies doch keineswegs im Allgemeinen mit Bestimmtheit behaupten. Unter den von mir mit Narcein behandelten Fällen sind nicht wenige, in denen das Morphium vorher versucht, aber durchaus nicht vertragen oder seiner Unwirksamkeit halber verlassen wurde, während das Narcein auch in diesen Fällen sehr günstig wirkte. Ich will nur einige derselben hier kurz anführen.

Bei einer jungen Frau (Klockow), die wegen Maschinenverletzung am Oberschenkel amputirt war, konnte durch Morphium weder innerlich noch subcutan in grossen Gaben Narkose erzielt werden, während Narcein-Injectionen ($\frac{1}{4}$ Gr.) am Oberarm dieselbe leicht und vollständig herbeiführten.

Ein an Syndesmitis granulosa mit Pannus und stets recidivirender Iritis leidender Arbeiter (Zielesch) empfand von den Morphium-Injectionen nach öfterer Wiederholung derselben (und in Verbindung mit Atropin, Purganzen, örtlichen Blutentziehungen) keine Erleichterung der äusserst heftigen Supraorbitalschmerzen. Narcein ($\frac{1}{4}$ Gr. in der Schläfe injicirt) bewirkte sehr bald Remission und vollständige Nachtruhe, so dass Pat. spontan angab, noch keine Nacht so gut zugebracht zu haben wie diese.

Diese Fälle, die sich noch leicht vermehren liessen, ergeben zur Genüge, dass das Narcein als schmerzstillendes und schlafmachendes Mittel ein schätzenswerthes Surrogat für das Morphium gewährt und in allen Fällen, wo letzteres seiner Nebenwirkungen wegen unbrauchbar ist, demselben substituirt zu werden verdient.

Von Neuralgieen habe ich erst wenige Fälle (Hemikranie, Neuralg. supraorbitalis, Neuralgie des 3. Trigeminusastes und Neuralg. cruralis) mit Narcein zu behandeln Gelegenheit gehabt; doch zeigte dasselbe auch hier zum Theil eine in der That überraschende Wirkung. Besondere Erwähnung verdient folgender Fall von inveterirter, äusserst heftiger Prosopalgie, wo die Narceininjectionen nicht bloss palliative, sondern entschieden curative Bedeutung erlangten:

Frl. Caroline D., 32 Jahre alt, früher gesund, leidet seit einem Jahre an Trigeminus-Neuralgie des 3. Astes der linken Seite. Die Aetiologie ist dunkel, da weder locale noch constitutionelle Momente oder äussere Gelegenheitsursachen u. s. w. vorliegen; Pat. ist, obwohl gracil, doch ohne auffällige Zeichen von Anämie und ohne Spuren von Hysterie. Der Schmerz soll zuerst im 1. Backzahn aufgetreten sein, der, ohne carlös zu sein, extrahirt wurde; gegenwärtig sind auch die übrigen Backzähne, obwohl gesund, Sitz der Schmerzen, die ausserdem über den ganzen Verbreitungsbezirk des N. alveolaris inf. (namentlich des mentalis) und des Ramus temporalis ausstrahlen. Die Abgangsstelle des letzteren vom Stamme des Inframaxillaris und die Anstrittsstelle des Mentalis sind auf Druck in hohem Grade empfindlich. Der Lingualis ist frei, Geschmackswahrnehmung und Speichelsecretion beiderseits ohne Differenz. Die Schmerzen sind permanent, machen aber Exacerbationen, die atypisch bald täglich, bald einen Tag um den anderen, oder selbst in mehrtägigen Intervallen auftreten. und oft bis zu 12 Stunden andauern; Umhergehen in freier Luft, Kälte steigern dieselben, Kau- und Schluckbewegungen sind ohne Einfluss. Die verschiedensten Mittel (Vesicantien, Arsenik, Morphium, Belladonna, Chinin u. s. w.) sind mit gar keinem oder ässerst flüchtigem Erfolge seit Jahresfrist angewandt worden. Am 15. April (8 Uhr Abends) Injection von ¼ Gr. Narcein möglichst nahe dem Stamm des Inframaxillaris, nach der inneren Seite des Unterkieferastes. Anschwellung und lebhaftes Brennen an der Stichstelle (S. O.), das durch kalte Umschläge gemässigt wird, dann ruhiger Schlaf bis zum Morgen. Pat. erwacht aus demselben völlig schmerzfrei und fühlt sich auch den Tag über so wohl, dass sie am Nachmittag bei ziemlich kalter Witterung, und unverschleiert, ausgeht; in Folge dessen tritt noch während des Gehens (um 5 Uhr) ein Anfall ein, der jedoch nur eine halbe Stunde dauert und einen leichten Schmerz in der Unterlippe, sowie in der Gegend der unteren Zahnreihe zurücklässt, während die Ausbreitung des Temporalis vollkommen verschont bleibt. Neue Injection in der Gegend des Eckzahns; Erscheinungen wie oben, sehr bald Nachlass und guter Schlaf. Den folgenden Tag über volle Euphorie; Mundwinkel noch geschwollen, bei der Berührung empfindlich. Erst am Nachmittag des 18. April (wiederum nach dem Ausgehen) ein neuer Anfall; der Schmerz localisirt sich fast ganz in der Gegend des For. mentale. Eine dritte Injection an der genannten Stelle noch während des Anfalls beseitigt denselben fast momentan; auch hier wieder Oedem, nachträgliche Induration, die erst nach mehreren Tagen verschwindet. Seit dieser dritten Injection sind die Schmerzen vollständig fort; Pat. erfreut sich eines ihr selbst unbegreiflichen Wohlbefindens und geht, um dasselbe auf die Probe zu stellen, im ärgsten Zug auf dem Corridor spazieren, ohne nachtheilige Folgen zu empfinden. Die um diese Zeit erwarteten Regeln sind etwas retardirt, was Erscheinungen leichter Kopfcongestion (Ohrensausen, Kopfschmerz u. s. w.), jedoch keine Wiederkehr der Neuralgie zur Folge hat. Gebrauch von Pilulae aloeticae ferratae; Eintritt der menses. Am 4. Mai reist Patientin, die nun nicht länger zu halten ist, nach dreiwöchentlicher Behandlung in ihre Heimath.

Zwei Monate darauf hatte ich Gelegenheit die Patientin wiederzusehen. Die Neuralgie war während dieser ganzen Zeit nicht wiedergekehrt; allein es war ein eigenthümlicher Umstand eingetreten, nämlich eine Parese einzelner Mundwinkeläste des linken Facialis, besonders der zum Orbicularis tretenden Zweige, so dass der Mund auf dieser Seite nicht völlig geschlossen werden konnte und genossene Getränke leicht wieder herausliefen. Auch die electrische Contractilität war hier vermindert, im übrigen Facialis dagegen intact. Sensibilitätsprüfungen ergaben, dass in der nächsten Umgebung des Mundwinkels (an der zweiten Injectionsstelle), sowie an der Wange bis zum Angulus mandibulae hin, und um den Austrittspunkt des Mentalis (dritte Injection) fast complete Anästhesie bestand. An der Schläfe, Oberlippe, sowie in der ganzen rechten Gesichtshälfte war die Sensibilität völlig unverändert. -- Ob die angegebenen Erscheinungen, die ich in keinem anderen Falle beobachtete, auf einer directen Verletzung von Nervenästen bei den Injectionen beruhen oder mit den auf die letzteren folgenden Localaffectionen in Zusammenhang zu bringen sind, wage ich nicht zu entscheiden. —

Günstige palliative Effecte zeigte das Narcein, subcutan

angewandt, auch in zwei Fällen von Neuralg. supraorbitalis
und cruralis, dagegen blieb dasselbe bei hartnäckiger Hemicranie fast erfolglos.

Auf die motorische Sphäre wirkt, wie wir sahen, das Morphium nur in geringerer Weise ein, und es hat dasselbe daher
bei Motilitätsneurosen (ausser bei Reflexkrämpfen) einen
minder wichtigen Einfluss. Das Narcein lässt seinem physiologischen Verhalten nach einen antispasmodischen Effect a priori
weit sicherer erwarten, als das Morphium. In dem folgenden
Falle von hysterischen Convulsionen und spastischer
Contractur leistete das Narcein in der That sowohl palliativ
zum Coupiren der Anfälle als auch zu radicaler Beseitigung
derselben wesentliche Dienste, während das vorher ebenfalls
versuchte Morphium im Stich liess. —

Sophie W., unverh., 20 Jahre alt, sonst gesund, hat bereits wiederholt
zuletzt vor 2 — 3 Jahren) an hysterischen Convulsionen gelitten. Seit 6 Wochen
sind dieselben wieder ziemlich heftig, treten ohne typischen Character, oft mehrmals am Tage auf und befallen hauptsächlich die linke Körperhälfte sowie die
Gesichtsmuskeln, namentlich Kau- und Zungenmuskeln, theils in Form stossweise
auftretender klonischer Zuckungen, theils in mehr tonischer Form, mit fest zwischen die Zahnreihen gepresster Zunge, lallender Sprache, Aufstossen, sehr for-
cirter Respiration, vollem und beschleunigtem Pulse. Sensibilität und Reflexaction sind dabei vermindert. Den Anfällen geht gewöhnlich Beklemmung,
Schmerz in der Regio epigastrica und Erbrechen vorher; öfters folgt auch Erbrechen auf den beendeten Anfall, selten Schlaf. Seit sechs Wochen besteht in
Folge der Anfälle eine permanente Contractur an dem linken Unterschenkel der Patientin, indem durch spastische Contraction der zur Achillessehne zu-
sammentretenden Muskeln und der Flexores digitorum der Fuss in die Stellung
eines pes equinus versetzt ist. Die Kranke tritt nur mit der Fussspitze auf;
die an der vorderen Seite des Tibiotarsalgelenks einwirkenden Muskeln sind durch
das Uebergewicht ihrer Antagonisten in erzwungener Unthätigkeit und Pat. kann
daher willkürlich weder den Fuss in Dorsalflexion versetzen noch die Zehen
extendiren, während die Muskeln auf den elektrischen (inducirten) Strom noch
ganz ungeschwächte Reaction zeigen.

Pat. kam am 1. April in Behandlung; es wurden derselben hinter einander
am 2., 3. und 4. April Morgens Injectionen von ⅓ Gr. Morphium (und zwar auf
den N. tibialis in der Kniekehle) gemacht, um vielleicht eine Relaxation der von
diesem versorgten Muskeln zu veranlassen und gleichzeitig die Wiederkehr der
Krämpfe zu verhüten. Eine Stunde nach der dritten Injection (am 4. April,
Vorm. 10 Uhr) traten jedoch die Anfälle ein, worauf noch während derselben
eine Injection von ¼ Gr. Narcein an derselben Stelle vorgenommen wurde.
Nach drei Minuten hörten die krampfartigen Stösse im Gesicht und im linken
Arm auf; die Pulsfrequenz sank um 12 Schläge und es trat Schlaf mit tiefer

stertoröser Respiration ein. Derselbe dauerte bis ½1 Uhr. Die Anfälle kehren im Laufe des Tages nicht wieder. — (Wegen Verstopfung Pillen aus Extr. Aloes und Coloc.).

5. April. Um ½1 Uhr Erbrechen; Uebelkeit, Schmerz in der Magengegend, jedoch kein Anfall. — Im Laufe der beiden folgenden Tage je einmal Erbrechen, doch ohne dass sich ein Anfall entwickelt. Von da ab bis zum 22. April (also 14 Tage) vollständige Euphorie.

20. April. Wegen Retardation der menses (seit 8 Tagen) Pilulae aloeticae ferratae.

22. April. Am Nachmittag Erbrechen; Abends 8 Uhr ein Anfall mit gewöhnlichen Prodromen (Beklemmung, Schmerz in der Magengegend etc.) — Während des Anfalls Iujection von ¼ Gr. Narcein in der Regio epigastrica; sofortiger Nachlass, nur noch einzelne Stösse; nach 6 Minuten Aufhören des Anfalls, Wiederkehr von Gefühl und Sprache, dann Schlaf.

23. April. Am Morgen um 5 Uhr, Convulsionen, ebenso am Nachmittag um 3 Uhr (nach vorgängigem Erbrechen). Am Abend 10 Uhr wiederum Erbrechen und beginnender Anfall (Singultus, Stösse im Gesicht und den Extremitäten), der durch Injection von ½ Gr. Narcein in der Regio epigastrica coupirt wird. Die contrahirten Muskeln erschlaffen nach der Injection merklich und man kann den Fuss ohne Schwierigkeiten (wie sonst nie) in die normale Stellung zurückführen.

24. April. Nachm. 4½ Uhr Erbrechen; Injection von ¼ Gr. Narcein. Kein Anfall; am Abend völliges Wohlbefinden.

25.—27. April. An jedem Tage einmal Erbrechen. Innerer Gebrauch von Sal thermarum Carol. —

10. Mai. Das Erbrechen und die Krampfanfälle sind nicht wiedergekehrt. Bei der Entlassung hat sich die spastische Contractur der Fussbeuger völlig verloren, so dass Pat. beim Gehen jetzt fast mit der ganzen Plantarfläche auftritt und den Fuss sowie auch die Zehen willkürlich zu strecken im Stande ist.

(Zehn Monate darauf war eine Wiederkehr der Contractur nicht eingetreten, während anderweitige hysterische Erscheinungen fortdauerten.)

——————

Neuerdings hat auch Erlenmeyer (die subcutanen Injectionen, 3. Aufl. p. 50) das Narcein subcutan mit sehr günstigem Erfolg in Anwendung gezogen. Er bedient sich entweder einer Lösung von gr. ß in Spir vini rectificatiss., Glycerini ana. ʒ j, Acidi acet. gtt. j — oder von gr. ij in Spir. rectificatiss. ʒ iiß, Glycerini ʒ iiiß, Acidi acet. gtt. iij — die aber beide vor der Anwendung erwärmt werden müssen. Nach einer ausgedehnten Benutzung bei Neuralgieen, krampfhaften Zuständen, bei Krankheiten der Respirationsorgane, der Harn- und Geschlechtsorgane, der Muskeln und Knochen äussert sich

Erlenmeyer im Allgemeinen dahin, dass das Narcein „in seiner schmerzstillenden und beruhigenden Wirkung in keinem Falle hinter dem Morphium zurückblieb, dass es aber in vielen Fällen besser ertragen wurde als das Morphium, und dass es in einzelnen Fällen dasselbe bedeutend an Wirksamkeit übertraf". So namentlich bei krampfhaften Zuständen. Bezüglich der Anwendung bei Respirationskraukheiten glaubt Erlenmeyer die — auch von mir bemerkte — obstipirende Wirkung hervorheben zu müssen.

2) Codein.

Mit diesem Alcaloid, welches nach den Angaben der meisten Autoren bei Thieren narcotisch wirkt, jedoch (nach Claude Bernard) in weit schwächerem Grade, als das Morphium, während Ozanam (Comptes rendus, 5. Sept. 1864) ihm eine „gemischte" (abwechselnd excitirende und beruhigende) Einwirkung zuschreibt, sind therapeutisch erst wenige Versuche angestellt worden. Marcé (gaz. de Paris 1864, 764) empfiehlt dasselbe bei Neuralgieen. Erlenmeyer injicirte eine Lösung von gr. j auf Aq. dest. ʒ ij subcutan, jedoch ohne besondere Erfolge.

3) Thebaïn und Narcotin.

Mit diesen beiden Substanzen, die nach Claude Bernard, sowie auch nach Ozanam zu den wesentlich „excitirenden" Bestandtheilen des Opium gehören*), habe ich am Menschen Injectionen vorgenommen, deren Ergebnisse ich ihrer Gleichartigkeit wegen im Folgenden zusammenstelle. Beide-Alcaloide erhielt ich aus dem chemischen Institut in Greifswald crystallisirt und bereitete von demselben mit Hülfe von Salzsäure eine Lösung in Aq. dest. in gleichem Verhältniss, wie sie bei subcutaner Injection von Morphium in Anwendung kam (gr. jv auf ʒ j).

---

*) Albers behauptet dagegen (nach Versuchen an Fröschen) das Narcotin wirke direct beruhigend, die Sensibilität abstumpfend. Derselbe Autor lässt auch das Narceïn Krämpfe erregen. Ich kann diese Divergenz der Ansichten nur einer Verschiedenheit des benutzten Präparates zu schreiben.

Die Wirkung beider Alkaloide zeigt sich als eine zunächst Puls beschleunigende, Temperatur und Respirationsfrequenz erhöhende — Eigenschaften, die jedoch dem Thebain in höherem Grade zukommen, als dem Narcotin; letzteres erscheint überhaupt als der relativ unwirksamere der beiden Körper. Vom Thebain wurde mit $\frac{1}{5}$ Gr. begonnen und (nach öfterer Wiederholung bei demselben Kranken) bis zu $\frac{1}{3} - \frac{2}{3}$ Gr. injicirt. Das Thebain rief ein heftigeres (jedoch rasch vorübergehendes) Brennen an der Stichstelle hervor, als das Narcotin; üble örtliche Erscheinungen traten bei beiden Substanzen nicht ein. Einige Beispiele mögen die Wirkungen beider Mittel, namentlich in Hinsicht auf die Pulsfrequenz, illustriren:

1. Kosbold, 54jähriger Mann (Amputation beider Unterschenkel wegen Frostgangrän). Injection von $\frac{1}{5}$ Gr. Thebain an der Innenseite des Oberarms.

Vor der Injection Puls 78. Nachher: nach 1 Minute 80, nach 2 Min. 61, nach 3 Min. 96, nach 4 Min. 98, nach 5 Min. 96, nach 10 Min. 100, nach 25 Min. 96. Die Respirationsfrepuenz stieg von 22 auf 27. Es traten weder Schlaf, noch Intoxicationserscheinungen ein.

2. Lorenz, 60jähriger Mann (Amputation des Unterschenkels wegen chronischen Geschwürs, in der Heilung begriffen). Injection von $\frac{1}{4}$ Gr. Thebain am Oberarm.

Vorher: Puls 68; Temper. 37,3; Respiration 18. Nachher: nach 1 Minute Puls 72, nach 2 Min. 76, nach 3 Min. 76, nach 4 Min. 84, nach 5 Min. 80, nach 6 Min. auch 80 — nach 10 Min. 86, nach 15 Min. 84. Die Temperatur war in 15 Min. auf 37,6 — die Respirationsfrequenz auf 21 — 23 gestiegen. Pat. schlief in der folgenden Nacht besser als sonst (wo er keine Narcotica genommen hatte; Intoxicationserscheinungen traten nicht auf; ein gleichzeitig bestehender Durchfall blieb unverändert.

3. Schreiber (Resection im Hüftgelenk wegen Caries; 26jähriger Mann). Injection von $\frac{1}{4}$ Gr. Thebain am Oberarm.

Vorher: Puls 102; nachher: nach 1 Min. 108, nach 2 Min. 108, nach 3 Min. 110, nach 4 Min. 114 — nach 9 Min. 118, nach 20 Min. 126, nach 35 Min. 114. Die Respirationsfrequenz stieg von 28 auf 30 (in 4) und auf 34 (in 20 Minuten). Der Puls wurde mit wachsender Frequenz zugleich kleiner, blieb jedoch regelmässig.

Da nach 3 Stunden eine schlafmachende Wirkung noch nicht erfolgt war, so injicirte ich nochmals $\frac{1}{4}$ Gr. Thebain, an derselben Stelle. Auch nach dieser zweiten Injection stellte sich kein Schlaf ein; dagegen wurde eine mässige Erweiterung und trägere Reaction beider Pupillen nach 10 Minuten beobachtet.

Diese letztere Erscheinung wurde auch in zwei anderen Fällen von Injection stärkerer Thebaindosen wahrgenommen, und scheint die von Ozanam aufgestellte Behauptung zu rechtfertigen, dass das Thebain besonders auf den Cervicodorsaltheil

des Rückenmarks einwirke. Direkt in das Auge gebracht, bewirkte das Mittel in mehreren Fällen zunächst eine Verengerung und darauf folgende geringe Erweiterung der Pupille.

4. Penz, 17jähriges Mädchen (Exstirpation eines Lipoms am Unterschenkel). Die Geschwulst war mit der Sehnenscheide der Mm. peronaei fest ver-
wachsen, so dass ein Theil der letzteren mit entfernt werden musste. Wegen
heftiger, auf die Operation folgender Schmerzen, die durch Druckverband, Eis
u. s. w. nicht gelindert wurden, Injection von ⅓ Gr. Narcotin auf den N. peronaeus am Cap. fibulae.

Puls vorher 104. Nachher: nach 2 Min. 116, nach 3 Min. 118, nach 4 Min.
116, nach 5 Min. 124, nach 10 Min. 108, nach 15 Min. 108, — nach einer
Stunde 96, nach 2 Stunden 68. Es war Abnahme der Schmerzen und zuletzt
Schlaf eingetreten, welcher letztere etwa 3 Stunden anhielt. Nach Verlauf dieser Zeit erwachte Pat. von Neuem unter sehr heftigen Schmerzempfindungen,
und es wurden dieselben nun durch eine Morphium-Injection in nachhaltigerer
Weise gemildert.

5. Holtz, 40jähriger Mann (Exarticulation der Hand wegen Zermalmung
durch Maschinengewalt). Starker Potator, bei dem Injectionen bis zu ¼ Gr. Morphium erfolglos blieben. Versuchsweise wurde daher das Narcotin substituirt
und ⅓ Gr. desselben an der Innenseite des Oberarms injicirt.

Puls vorher 84, stieg nach 3 Minuten auf 102 — nach 20 Minuten 92 —
nach 45 Min. 78. Es trat nur ein halbstündiger Schlaf ein; keine Intoxicationserscheinungen. — Am folgenden Abende Injection von ⅓ Gr. an derselben Stelle;
Puls steigt von 92 bis auf 104 in 5 Minuten; kein Schlaf, während der Nacht
grosse Aufregung, Delirien. Ebenso in der folgenden Nacht bei Anwendung einer
gleich starken Narcotindosis. Veränderungen der Pupille traten bei diesem, sowie bei anderen mit Narcotin behandelten Patienten nicht ein.

Um die antodynische Wirkung beider Mittel zu erproben,
wurden mit denselben auch in zwei Fällen von Neuralgieen
(Prosopalgie, Ischias) Versuche angestellt, welche jedoch gänzlich negativ ausfielen. Bei einer an Prosopalgie leidenden Dame
wurden allerdings durch das Narcotin die üblen Nebenwirkungen vermieden, welche stärkere Morphium-Injectionen bei ihr
fast regelmässig zur Folge hatten, dafür aber der, wenigstens
im Anfange sehr sichere palliative Nutzen des Morphiums auch
nicht einmal annähernd erreicht. Weder hier noch in dem
Falle von (rheumatischer) Ischias liess sich ein Einfluss der
wiederholten Thebain- oder Narcotin-Injectionen auf Dauer und
Intensität der Anfälle wahrnehmen. — Es scheint somit, als
ob eine hypnotische sowohl als antodynische Wirkung beiden
Mitteln entweder gar nicht oder doch nur in minimaler Weise,
jedenfalls unendlich viel schwächer als dem Morphium, zukommt,

und es dürfte daher auch die therapeutische Verwerthung dieser beiden Opium-Alcaloide nach dieser Richtung hin schwerlich irgend welchen Nutzen versprechen. Ob dieselben dagegen umgekehrt als Reizmittel durch ihre, die Herzthätigkeit und Respiration primär steigernde Wirkung eine Bedeutung erlangen können, wage ich nach den bisherigen Versuchen noch nicht zu entscheiden.

Elftes Capitel.

Atropin.

Präparat und Dosis. Von den Belladonnapräparaten ist fast ausschliesslich das Atrop. sulf. zu hypodermatischen Injectionen benutzt worden; von einigen Autoren (Scholz, Saemann) auch das — angeblich milder wirkende — Atrop. valerianicum.*) Die Angaben hinsichtlich der Dosirung schwanken auch hier, wie beim Morphium, innerhalb erheblicher Gränzen und sind daher mit derselben Vorsicht aufzunehmen.

Es injicirten beispielsweise:

Béhier (nach Goudry und Jousset) 1—6 Mgrmm. = $^1/_{125}$—$^{12}/_{125}$ Gr.

Courty 2 Mgrmm. — 1 Ctgrmm. = $^4/_{125}$—$^4/_{25}$ Gr.

Fournier (ungefähr) 4 Mgrmm. = $^8/_{125}$ Gr.

Dupuy (ebenso) 5 Mgrmm. = $^2/_{25}$ Gr.

Trousseau 5 — 10 Mgrmm. = $^2/_{25}$ — $^4/_{25}$ Gr.

Richard $^3/_{25}$ — $^3/_{20}$ Gr.

Cadwell $^1/_{24}$ — $^3/_{24}$ Gr.

Pletzer $^1/_{30}$ — $^1/_{20}$ Gr.

Sander $^1/_{24}$ — $^1/_{20}$ Gr.

Lorent $^1/_{25}$ — $^1/_{18}$ Gr.

Ruppaner $^1/_{20}$ Gr.

Rezek $^1/_{20}$ Gr.

---

*) Die Wirkung der Baldriansäure kann — da letztere sich alsbald zerlegt, und bei der ohnehin minimalen Dosis — nicht in Betracht kommen.

Oppolzer $\frac{1}{100}$ — $\frac{1}{20}$ Gr.

Hunter $\frac{1}{60}$ — $\frac{1}{2}$, Gr.

Südeckum $\frac{1}{60}$ Gr.

v. Graefe $\frac{1}{60}$ — $\frac{1}{12}$ Gr.

Scholz $\frac{1}{20}$ Gr.

Bell $\frac{1}{12}$ — $\frac{1}{4}$ Gr.

Neudörfer $\frac{1}{20}$ — $\frac{1}{10}$ Gr.[*])

Es ist jedoch zu beachten, dass mehrere der genannten Autoren nach Anwendung der Maximaldosen sehr erhebliche Vergiftungserscheinungen erhielten, und dass nach v. Graefe $\frac{1}{30}$ und $\frac{1}{24}$ Gr. bei den meisten Individuen bereits Wirkungen hervorbringen, „welche ein bedächtiger Practiker nicht gern überschreitet“.

Auch von Richard wurden nach Injection von $\frac{1}{4}$ Gran Vergiftungssymptome beobachtet. Rezek sah dieselben nach $\frac{1}{20}$ Gr. auftreten, Lorent bei einem an Lungentuberculose leidenden jungen Mädchen sogar nach $\frac{1}{120}$ Gr., in anderen Fällen nach $\frac{1}{30}$ — $\frac{1}{8}$ Gr.; Béhier nach 2 — 6 Mgrmm. (= ca. $\frac{1}{31}$ — $\frac{1}{10}$ Gr.), andere Autoren ebenfalls nach sehr verschiedenen Dosen, so dass es schwierig sein dürfte, hierin ein bestimmtes Maximum für die subcutane Anwendung des Atropin zu statuiren. —

Ich benutzte gewöhnlich eine Lösung von Atrop. sulf. gr. iv in Aq. dest. Unc. j, und injicirte davon $\frac{1}{60}$ — $\frac{1}{24}$ Gr. Atropin, d. h. 2—5 Gr. der Lösung, entsprechend 6—15 Theilstrichen des Instruments. Ich habe nach diesen Dosen, so oft auch die gewöhnlichen Erscheinungen der Atropinwirkung eintraten nur einmal schwere und Bedenken erweckende Zufälle folgen sehen. In einzelnen Fällen, wo durch häufigeren Gebrauch eine Gewöhnung stattgefunden hatte, wurde auch mit der Dosis zu $\frac{1}{15}$, und selbst zu $\frac{1}{12}$ Gr. ohne Schaden gestiegen, letztere Dosis jedoch niemals überschritten.

---

*) Wenn eine Angabe von Boissarie (Gaz. des hôp. 1864 Nr. 54) richtig wäre, so hätte dieser Autor ca. $\frac{1}{1800}$ Gr. Atropin injicirt und dadurch sogar anhaltende Intoxicationserscheinungen hervorgerufen! Er will nämlich 12 Tropfen einer Lösung von 0,05 Ctgrmm. (= $\frac{1}{123}$ Gr.) in 20 Grmm. Aq. dest. (= 5½ 3) eingespritzt haben. Ueber den angeblichen Effekt s. u. —

Was die physiologische Wirkung der Atropin-Injection betrifft, so ist hier vor Allem der Effekt auf die Circulation sehr rasch und auffallend. Es war dies auch bei den Versuchen an Thieren der Fall, welche Botkin (Virchow's Archiv XXI. 1. 2. p. 83. 1862) anstellte. Bei Fröschen wird die Herzaction sofort verlangsamt, das Herz von Blut ausgedehnt; bei vollständiger Vergiftung sanken die Pulsationen von 80 auf 40 und selbst 20 in der Minute. Bei Säugethieren (Hunden, Kaninchen) tratt statt der Verlangsamung eine bedeutende Beschleunigung und Abschwächung des Pulses ein; der mittlere Seitendruck in der Carotis des Hundes sank von 66—67. sogleich auf 30—20 am Manometer von Setschenow, und stieg nach 10 Minuten wieder auf 60.

Nach Injection mässiger Atropindosen beim Menschen treten die Veränderungen der Circulation fast momentan ein, und zwar ist das erste Symptom constant eine mehr oder minder erhebliche Zunahme der Pulsfrequenz. v. Graefe sah bei $^1/_{30}$ und $^1_{24}$ Gr. Pulsfrequenz von 130—140 Schlägen auftreten, und selbst mehrere Stunden auf dieser Höhe verbleiben. Nach Hunter wird das Herz fast augenblicklich erregt, schlägt stärker und schneller; der Puls wird eine Zeit lang voller und stärker. Bei einem Patienten mit Ischias stieg der Puls von 83 in 3 Minuten auf 96; bei Wiederholung der Injection an demselben Patienten von 60 in 8 Minuten auf 96. Bei einer Patientin bei Prosopalgie stieg die Frequenz von 80 in 5 Minuten sogar auf 120; in einem zweiten Falle von Ischias von 60 in 2 Minuten auf 72.

Ist die Dosis zu gross, so wird der Puls bald klein, unregelmässig und selbst seltener als normal. Die Respiration wird zuweilen kurz und beschleunigt.

Ich habe bei einem 41jährigen, an Conjuctivitis granulosa leidenden Kranken folgendes Verhalten der Pulsfrequenz nach Atropin-Einspritzung ($^1/_{48}$ Gr.) beobachtet: Vor der Injection 68; nach der Injection, von 5 zu 5 Minuten, 80, 108, 112, 114, 108, 108, 104 — nach einer Stunde 92 — nach zwei Stunden 88.

Bei einem zweiten, 33jährigen, an demselben Uebel leidenden Patienten war das Verhalten folgendes: Vor der Injection 72; 5 Minuten nach derselben 108, dann von 5 zu 5 Minuten 100, 96, 96, 80, 78, 84, 80, 76.

Bei einer 26jährigen Patientin mit Ischias war der Puls
vor der Injection 84; 5 Minuten nach derselben (bei $^1/_{40}$ Gr.)
92, dann 102, 104, 104, 104, 100, 104 — nach einer Stunde 120 —
nach zwei Stunden 108 — nach vier Stunden 84. Bei derselben Patientin ein andermal vorher 86; nach der Injection 88,
118, 124, 120, 116, 100 — nach zwei Stunden 96.

Der Pulsfrequenz entsprechend sah ich die Körpertempera-
tur unter dem Einflusse des Atropins um $^1/_2$ — $^9/_{10}$ ° C. vorübergehend zunehmen. Bei dem ersterwähnten Kranken stieg dieselbe von 37,6 in einer halben Stunde auf 38,1 — bei dem
zweiten von 37 auf 37,8 °. Die Respirationsfrequenz war, trotz
der enormen Vermehrung der Pulszahl, nur unbedeutend erhöht[*]). —

Auch ich beobachtete, dass bei gesteigerter Frequenz der
Puls vorübergehend voller und stärker wurde; es stimmt also
in dieser Beziehung das Verhalten beim Menschen offenbar nicht
mit den Resultaten der Thierversuche von Botkin überein,
wonach die Herzthätigkeit stets geschwächt, der Blutdruck herabgesetzt wird.

Unter den sonstigen Erscheinungen der Atropinwirkung sind
die constantesten, fast nie ausbleibenden: Trockenheit und Gefühl von Kratzen im Halse, mit Schlingbeschwerden, und Mydriasis. Letztere tritt meistens schon nach 15 — 30 Minuten,
auch wohl noch früher, auf, ist jedoch immer nur eine mittlere
indem niemals weder das Maximum der möglichen Pupillenweite,
noch völlige Unbeweglichkeit der Iris erzielt wird; auch verschwindet die Wirkung gewöhnlich schon innerhalb eines Tages. Nach von Graefe hat das Einträufeln einer äusserst ab-
geschwächten Atropinlösung ($^1/_{20}$ — $^1/_{30}$ Gr. auf eine Unze) in
den Conjunctivalsack durchschnittlich einen stärkeren mydria-
tischen Effekt, als die stärksten hypodermatischen Dosen, die ·
sich ohne Bedenken empfehlen lassen.

Nicht selten leidet die Verdauung, theils wegen der mit
dem Schlingakt verbundenen Beschwerden, theils indem völlige
Appetitlosigkeit entsteht. Diese Erscheinungen gehen jedoch

---

[*]) Wahrscheinlich hat die Veränderung der Pulsfrequenz ihren Grund in
einer specifischen Wirkung des Atropins auf den N. vagus, womit auch das constante Vorkommen der Halserscheinungen übereinstimmt.

rasch vorüber. Dysurie oder Ischurie habe ich niemals auftreten sehen.

Die Wirkung auf das Nervensystem und das Allgemeinbefinden unterliegt grossen individuellen Verschiedenheiten. Während nach v. Graefe der Zustand bei den Patienten höchst unbehaglich war, so dass sie die Wiederholung perhorrescirten, nach der sie beim Morphium immer neues Verlangen hatten — habe ich umgekehrt einzelne Fälle gesehen, wo die (weiblichen) Kranken das Morphium gar nicht vertrugen, sich dagegen beim Gebrauche des Atropins verhältnissmässig wohl fühlten. — Eine eigentlich narkotische Wirkung sieht man nur selten; häufiger die Erscheinungen sensorieller Erregung, Kopfschmerz, Schwindel, leichte Hallucinationen und selbst Delirien. Nach Hunter wirkt das Atropin als ein Stimulans, nicht als ein Sedativum auf das Gehirn; sein erster Einfluss auf Herz und Lungen prädisponirt nicht zum Schlafen, es wirkt vielmehr nur indirect, indem das Sensorium betäubt wird, auch narkotisirend. Der Schlaf tritt bei offenen Augen, oft unter eigenen vagen Handbewegungen, bei tiefer, ruhiger, nicht stertoröser Respiration und vermehrter Pulsfrequenz ein. — Oefters hat das Atropin im Gegentheil längere Schlaflosigkeit zur Folge.

In einem Falle von Neudörfer, wo $^1/_{10}$ Gr. Atropin injicirt wurde, entstanden zuerst Röthung und Gedunsenheit des Gesichts, Trockenheit der Haut, der Zunge und des Halses (auffallenderweise keine Mydriasis); weiterhin furibunde Delirien von 12stündiger Dauer und 18stündiger Sopor mit tiefem Röcheln und Schnarchen. Noch nach 3 Tagen war das Bewusstsein nicht ganz klar, der Pat. gab zuweilen verkehrte Antworten.

Leichtere oder schwerere Intoxicationserscheinungen wurden von Bell, Béhier, Courty, Richard, Lorent und Scholz ebenfalls beobachtet. Bell beseitigte dieselben, wie schon erwähnt, durch subcutane Injectionen von Morphium; ebenso v. Graefe, Lorent und ich selbst in einem (bereits in Cap. 9. beschriebenen) Falle; andere Autoren (Béhier, Courty) auch durch innere Darreichung von Opium.

Eigenthümlich und wohl ziemlich vereinzelt ist die Behauptung Trousseau's, dass bei subcutaner Application stärkere Atropindosen vertragen würden, als vom Magen aus, so

dass z. B. 5—10 Mgrmm. hypodermatisch minder heftig wirkten, als 1—2 Mgrmm. bei innerer Darreichung.

————

Soll man die Atropin-Injectionen überhaupt therapeutisch
anwenden? Hermann verwirft sie „weil er eine Radicalheilung davon nicht erwarte und für eine palliative Behandlung
kein Mittel anwenden wolle, wo Tropfen über Leben und Tod
zu entscheiden hätten". Hiergegen ist nun zu sagen, dass
schwerere Intoxicationserscheinungen bei den Atropininjectionen
doch im Ganzen zu den Seltenheiten gehören, dass man derselben, auch wo sie mit anscheinender Vehemenz auftraten, bisher doch in allen Fällen mit Leichtigkeit Herr geworden ist,
und wahrscheinlich bei grösserer Vorsicht in der Dosirung und
Berücksichtigung der individuellen Verhältnisse die Zahl derartiger Fälle sich auf ein Minimum wird zurückführen lassen.
Die bei mittleren Gaben gewöhnlich auftretenden Nebensymp-
tome des Atropin aber sind im Allgemeinen keineswegs bedroh-
licher oder auch nur für den Kranken belästigender als beim
Morphium, dessen Injectionen ja ebenfalls in einzelnen Fällen
zu erheblichen Störungen Veranlassung gaben.

Auch v. Graefe urtheilt über die Atropin-Injectionen im
Ganzen sehr ungünstig, und vindicirt ihnen namentlich für
ophthalmiatrische Zwecke „nur eine sehr beschränkte Bedeutung". Andere Autoren (Bell, Béhier, Courty) geben dagegen den Atropin-Injectionen vor dem Morphium den Vorzug,
und behaupten, dass sie von jenen bessere Resultate gesehen
haben.

Auch Sarmann, Fronmüller, Lorent und ich selbst
sahen öfters von dem Atropin Nutzen, wo das Morphium unwirksam blieb oder seine Wirksamkeit sich erschöpft hatte.
Einer besonderen Gunst erfreute sich die Anwendung der Atropin-Injectionen von jeher bei französischen Practikern, die denn
auch zum Theil die angeblichen Vorzüge dieses Mittels und
sein Verhältniss zum Morphium näher zu formuliren bemüht
waren. Salva (und in ähnlicher Weise Bricheteau, bull. de
thér. LXVIII) will das Atropin besonders in solchen Fällen
angewandt wissen, wo eine schmerzhafte oder krampfhafte

Affection mit bestimmter Localisirung besteht, daher bei Gelenkrheumatismen, Neuralgieen, Tetanus u. s. w. — dagegen Morphium überall „wo der Schmerz das Hauptsymptom bildet."*) Eine derartige Unterscheidung ist gewiss ebenso irrationell als practisch unbrauchbar.

Solchen Widersprüchen gegenüber lassen wir am besten die Thatsachen selbst sprechen. Aus ihnen wird sich ergeben, ob den Atropin-Injectionen glückliche Erfolge überhaupt zukommen, und ob sie das Morphium auf bestimmten Gebieten an Wirksamkeit übertreffen.

1) Krankheiten der peripherischen Nerven.

a. Neuralgieen.

Bell, l. c. — Béhier, l. c. — Courty, l. c. — Cadwell, Med. Times March 17., 1860. — Oppolzer, l. c. und Wiener Med. Halle II. 21, 1861. — Lebert, l. c. — Wolliez, l. c. — v. Graefe, l. c. — Südeckum, l. c. — Hunter, l. c. — Gaudry, des injections de sulfate d'atropine dans le traitement des névralgies (thèse de Paris) 1863 — Erlenmeyer, l. c. — Rezek, l. c. — Saemann, l. c. — Sander, l. c. — v. Franque, Wien. Med. Halle, 1864 Juni, V. 27. — Gherini, ann. univ. CLXXXVIII, p. 74, April 1864. — Duverney, l'union 1864, 86. p. 141. — Lorent, l. c. — Jonsset, l. c. p. 90—101. — Ruppaner, l. c. — Seidel, Jenaische Zeitschr. f. Med. II, 1865.

Bell wandte bei Neuralgieen, in Fällen, wo Morphium-Injectionen versagten, das Atropin noch mit glücklichem Erfolge an. — Béhier berichtet über 32 Fälle von eigentlichen Neuralgieen (18 von Ischias, 9 von einfacher, 3 von complicirter Neuralgia intercostalis, 1 von Prosopalgie, 1 von Neuralg. brachialis), wo die Atropin-Injectionen einen eclatanten und schnellen Erfolg gehabt haben sollen. Die neuralgischen Schmerzen wurden stets beseitigt, und es trat in einer grossen Anzahl von Fällen, wo die Injectionen hinreichend oft wiederholt wurden, auch Heilung ein. — Courty der anfangs mit Morphium, dann mit Atropin experimentirte, giebt dem letzteren, namentlich bei Neuralgieen, den Vorzug, und will durch dasselbe in einer grösseren Anzahl von Fällen Radicalheilung bewirkt haben. — Oppolzer empfiehlt Atropin-Injectionen bei Inter-

---

*) Auch in der gaz. méd. de Paris (1865, 10.) wird dieselbe Ansicht reproducirt.

costalneuralgie und bei Ischias; in einem Falle von Entzündung
des Radialnerven (knotiger Anschwellung desselben am Oberarm
mit periodischen Schmerzen, die auch durch Druck auf den
Oberarm hervorgerufen wurden) blieben Chinin, Sol. Fowleri,
Colchicum, Jod und Ungt. cin. erfolglos, und erst wiederholte
Injectionen von Atropin hoben den Schmerz und die Verdickung
des Nerven.

Wolliez sah bei einer Neuralgia lumbo-sacralis den
Schmerz nach Atropin-Injection fast vollständig verschwinden;
auch bei einer Neuralgia cervico-brachialis rühmt er dieselbe;
bei Coccyodynie fand er sie; ebenso wie das Morphium, erfolglos. — v. Graefe stellte bei Neuralgieen ebenfalls Versuche
mit Atropin an, die jedoch negativ ausfielen. In einem Falle
atypischer hartnäckiger Supraorbitalneuralgie schien ihm aus
dem combinirten Verfahren der Atropin-Injectionen mit bald
nachgeschickten Morphium-Injectionen eine aus dem früheren
alleinigen Gebrauche beider Mittel nicht zu schöpfende Besserung zu resultiren; jedoch blieb der Fall in dieser Beziehung
vereinzelt. — Südeckum sah bei einem an secundärer Syphilis leidenden Manne die seit 8 Tagen bestehenden, rechtsseitigen Kopfschmerzen von wahrscheinlich neuralgischer Natur
nach einer Atropin-Injection völlig verschwinden. Bei einer
zweiten, ebenfalls syphilitischen Kranken, wo nach früherer
linksseitiger Trigeminus-Neuralgie Schmerzen in den Knochen
der rechten Gesichtshälfte auftraten, wurde am Abend $\frac{1}{60}$ Gr.
Atropin injicirt. Die Kranke schlief die Nacht, und am Morgen waren die Schmerzen verschwunden, nur das Jochbein bei
Druck noch schmerzhaft. Auch gegen die im Knie und Unterschenkel bestehenden Schmerzen wurden Atropin-Injectionen
gemacht, welche schon nach einer halben Stunde wesentliche
Besserung bewirkt haben sollen. — Hunter machte von den
Atropin-Injectionen u. A. bei Ischias und Neuralgia facialis
Gebrauch. Bei einer 60jährigen Dame, die seit 2 Jahren an
Ischias litt, und wo Morphium innerlich zwar Schlaf, aber keine
Abnahme der neuralgischen Beschwerden herbeiführte, wurde
$\frac{1}{30}$ Gr. Atropin injicirt. Darauf Hitzegefühl, Röthung der Haut,
lebhafte Träume; am folgenden Tage war der Schmerz ganz
fort, Puls 80, Zunge rein. Nach 5 Wochen war noch keine
Spur von Schmerz wiedergekehrt. Die Atropinwirkung wurde

in diesem Falle durch den inneren Fortgebrauch von Morphium nicht beeinflusst.

Gaudry (und nach ihm Jousset) berichten über eine weitere Reihe von Fällen, die auf der Abtheilung von Béhier mit Atropin-Injectionen behandelt wurden. Die Resultate waren im Allgemeinen sehr glänzend. Am hartnäckigsten zeigte sich Ischias — nach Jousset, wegen der (für die Injection ungünstigen) tiefen Lage des Nerven, doch werden auch hiervon Fälle erwähnt, die durch 2 — 4 Injectionen vollständig geheilt wurden. In einem anderen Falle gewährte dagegen die Anwendung selbst ziemlich hoher Atropindosen (3 — 6 Mgrmm.) gar kein Resultat; die Schmerzen wurden, trotz eintretender Intoxicationserscheinungen, in keiner Weise gemildert. Im Ganzen wurden (nach Gaudry) unter 39 Fällen von Ischias 19 geheilt, 14 gebessert; in 6 Fällen blieb die Behandlung erfolglos. — Intercostal-Neuralgieen jeder Art weichen, nach Jousset, den Atropin-Injectionen leicht; nach Gaudry kommen auf 36 Fälle 23 Heilungen und 10 Besserungen; der günstige Erfolg wurde meistens unmittelbar oder im Laufe eines Tages erhalten! Auch bei Gesichts-Neuralgieen, Neuralg. cruralis u. s. w., zeigten sich die Injectionen in ähnlicher Weise erfolgreich.

Rezek injicirte bei Hemicranie $\frac{1}{20}$ Gr. Atropin; ob mit Erfolg ist nicht angegeben. Sacmann sah nach Injectionen von Atrop. valerianicum ($\frac{1}{20}$ — $\frac{1}{15}$ Gr.) guten Nutzen in Fällen, wo die Wirkung des Morphium erschöpft war, während nach Sander die Wirkung des Atropin ($\frac{1}{24}$ — $\frac{1}{20}$ Gr.) sich als eine minder befriedigende herausstellte. — v. Franque berichtet über einen Fall von Mastodynie in Verbindung mit Carcinoma hepatis et ventriculi, bei einem 45jährigen Manne, wo die Atropininjectionen jedesmal sehr rasche Beseitigung der anfallsweise (unregelmässig) auftretenden Schmerzparoxysmen herbeiführten.

Gherini wandte in einem Falle von heftiger Radial-Neuralgie, die nach Amputation des Vorderarms im Stumpf recidivirte, subcutane Atropininjection ohne Erfolg an. Die Resection des N. radialis (in einer Ausdehnung von 4 Ctm.) bewirkte bei diesem Patienten ebenfalls nur momentane Erleichterung. — Duverney sah in zwei Fällen von Ischias, einem von Intercostal-Neuralgie, und einem von „neuralgischen“ Schmerzen im oberen Theile des Trapezius, im Sternocleidomastoides und Deltoides nach 2 — 4 Injectionen von gutt. 4 — 6 einer 1 pCt. Lösung stets Abnahme, und 3 Mal völliges Verschwinden der Schmerzen.

Bei Ischias wird das Atropin ferner von Richard (³/₂₃ bis ¹/₂₀ Gr.), Cadwell (¹/₂₄ — ³/₂₄ Gr.) und Lorent empfohlen. Letzterer injicirte ¹/₂₃ — ¹/₁₈ Gr. und constatirte danach einen baldigen Nachlass der Schmerzen, welche für 5 — 6 Stunden gänzlich beseitigt waren und deren Wiederkehr von Tage zu Tage geringer wurde. Die Herstellung erfolgte nach 4 bis 12 Injectionen, in Zeit von 6 — 88 Tagen. „Obwohl das Morphium die ischiadischen Schmerzen temporär vollkommen beseitigt und durch die besondere Wirkung auf den Schlaf für den Kranken meistens auch angenehmer ist, so scheint das Atropin doch intensiver und wirklich curativ zu wirken, während das Morphium bei der Ischias oft mehr als ein Palliativum erschien. Auch trat in reinen Fällen die Genesung beim Atropin schneller ein". — In einem, ausführlich mitgetheilten Falle von Neuralg. cervico-brachialis bewirkte auch die abwechselnde Injection von Morphium und Atropin völlige Heilung. — Erlenmeyer glaubt in einzelnen Fällen aus dem Zustande der Pupille eine Indication für die Anwendung des einen oder anderen der beiden genannten Mittel ableiten zu können, indem er bei erweiterter Pupille Morphium, und wo dieselbe verengt war, Atropin einspritzte.

Ruppaner injicirte bei Ischias, wo Opium nur in sehr grossen Dosen (40 gutt. Liq. Opii comp.) wirkte, ¹/₃₀ Gr. Atropin, welches zwar den Schmerz ganz hob, aber unangenehme Kopferscheinungen hervorrief.

Seidel erwähnt einen Fall von Trigeminus-Neuralgie, in welchem Morphium nur wenig Einfluss zeigte, Atropin-Injectionen in grosser Dosis dagegen Zahl und Intensität der Anfälle vorübergehend herabsetzten. Der constante Strom beseitigte die Neuralgie auf 2 Monate.

Ich habe im Ganzen nur wenige Fälle von Neuralgieen mit Atropin-Injectionen behandelt — meist solche, in denen sich das Morphium alsbald oder nach einiger Zeit unwirksam zeigte.

Bei einer (zweifelhaften) Neuralgie des zweiten Trigeminusastes war ein vorübergehender Erfolg zu bemerken.

Eine 22jährige, gracile und mit Stenose des Ostium aorticum behaftete Schneiderin, Namens Papelius, litt seit 14 Tagen ununterbrochen an äusserst heftigen Schmerzen in der Gegend der Backzähne des rechten Oberkiefers. Sie hatte sich bereits drei, angeblich cariöse Backzähne der Reihe nach deshalb extrahiren lassen, als sie wegen der noch immer mit unverminderter Heftigkeit fortbestehenden Schmerzen Hülfe suchte. Es wurde $^{1}/_{12}$ Gr. Atropin in der als schmerzhaft bezeichneten Gegend des Alveolarfortsatzes injicirt. Der Puls stieg in 5 Minuten von 84 auf 110: gleich darauf glaubte Pat. einige Linderung der Schmerzen zu spüren. Die Remission soll nach der um 2 Uhr Mittags gemachten Injection bis zum Abend gewährt haben; dann recidivirte der Schmerz, verlor sich aber im Laufe der nächsten Tage spontan.

Eine 44jährige, schlecht genährte, hysterische Dame (Frau S.) litt seit über einem Jahre ohne bekannte Veranlassung an einer Neuralgia rami III. trigemini dextr. mit fast permanentem, aber paroxysmenweise gesteigertem Schmerz, der auch auf das Gebiet des Plexus cervicalis (besonders des N. occipitalis) ausstrahlt. Die Anfälle kommen meist Mittags und halten fast die ganze Nacht an, worauf erst gegen Morgen Schlaf eintritt: Sprechen und Kauen verstärkt dieselben; Pat. klagt gleichzeitig über ein Gefühl von Steifigkeit und Unbeweglichkeit im Nacken; daneben bestehen cardialgische Beschwerden und habituelle Verstopfung. Points douleureux nicht mit Sicherheit constatirbar. Nachdem eine innere Behandlung mit Chinin und Morphium, Abführmittel, kalte Douchen, Eisumschläge und die subcutane Anwendung von Morphium nur einen kaum nennenswerthen Effect gehabt hatten, wurde am 13 7. während eines heftigen Schmerzanfalles $^{1}/_{12}$ Gr. Atropin hinter dem rechten Unterkieferwinkel injicirt. Sehr bald verlor sich der Schmerz, doch entstanden nach kaum einer Stunde lebhafte Symptome der Atropinwirkung (Unruhe, Trockenheit im Munde, Dysphagie, Taumelgefühl); die ganze Nacht hindurch Unruhe und Schlaflosigkeit. Am folgenden Tage war Pat. zum ersten Male ganz schmerzfrei; dann kehrte der Schmerz wieder, jedoch zunächst nur in sehr geringem Maasse, so dass erst am 17. 7. eine neue Einspritzung erforderlich war. Es schien das Atropin, wie auch aus dem weiteren Verlaufe hervorging, in diesem Falle in der That palliativ mehr zu leisten als das Morphium: doch blieb Pat. nicht bis zu erfolgter völliger Herstellung in Behandlung.

Ein dritter Fall von Prosopalgie, in welchem das Atropin stürmische Intoxicationserscheinungen hervorrief, die zwar durch eine nachgeschickte Morphium-Injection sofort in sehr wirksamer Weise gedämpft wurden, aber von einer weiteren Anwendung des Mittels zurückschreckten, ist bereits oben (pag. 148) erwähnt worden.

In dem ebenfalls früher (pag. 114) beschriebenen interessanten Falle von hartnäckiger, Jahre hindurch anhaltender Mastodynie, wo mit der Zeit zu so bedeutenden Morphiumgaben gestiegen werden musste, wurde intercurrent auch das Atropin ($^{1}/_{12} - ^{1}/_{2}$ Gr.) örtlich versucht: indessen empfand Pat. hierbei nicht dieselbe momentane Schmerzlinderung wie beim Morphium, weshalb stets wieder zum Gebrauche des letzteren Mittels zurückgekehrt wurde.

Noch bei zwei anderen Patientinnen, von denen die eine an nervöser Cardialgie, die andere an Ischias litt, wurde wegen ungenügender Wirksamkeit der Morphium-Injectionen zum Gebrauche des Atropins übergegangen.

Bei der einen dieser Patientinnen (Rasmus, pag. 116) wurde die erste Atropin-Injection am 7. Sept., Mittags um 1 Uhr, während eines sehr heftigen Schmerzanfalls in der Magengegend gemacht Die Kranke empfand bei der Injection selbst weniger Brennen als beim Morphium. Nach einer halben Stunde waren die Pupillen erweitert, der Puls beschleunigt, die Schmerzen noch unverändert. Nachher stellten sich Trockenheit im Halse und Schlingbeschwerden ein: nach zwei Stunden Schlaf, der bis 7 Uhr Abends dauerte. Beim Erwachen erhebliche Remission. Die Injection wurde in der Folge noch oft wiederholt, und führte meist eine mehrstündige Abnahme der Beschwerden herbei; die narkotische Wirkung wiederholte sich aber nur selten, vielmehr bedurfte Patientin nach einer des Nachmittags oder Abends gemachten Atropin-Injection in der Regel noch grosser Dosen Opium innerlich, um des Nachts Ruhe zu finden.

Bei der zweiten Kranken (Raabe, pag. 124), wo die Morphium-Injectionen stets erhöhte Aufregung und längere qualvolle Uebelkeit nebst Erbrechen zur Folge hatten, war die Wirkung des Atropins eine entschieden günstige. Es traten zwar jedesmal die gewöhnlichen leichten Intoxicationserscheinungen ein, und namentlich war die Dysphagie öfters belästigend: im Ganzen jedoch befand sich die Patientin dabei sehr gut, und hatte stets längere Remissionen, deren Dauer von 3 bis zu 12 Stunden variirte, und die mit den sonstigen Symptomen des Atropins gleichzeitig verschwanden Es wurden zahlreiche Injectionen gemacht und mit der Dosis allmälig von $\frac{1}{24}$ bis zu $\frac{1}{12}$ Gr. fortgeschritten; ein nachtheiliger Einfluss der Injectionen in Beziehung auf das gleichzeitig bestehende Vitium cordis war nicht zu bemerken.

Ein zweiter Fall von Ischias betraf einen 22jährigen, schwächlichen Schneider, bei dem die Neuralgie seit 3 Wochen in Folge von Erkältung durch Zugluft bei einem Balle entstanden sein sollte. Es wurden viermal Injectionen von $\frac{1}{24}$ bis $\frac{1}{10}$ Gr. Atropin theils an der Austrittsstelle des Ischiadicus, theils an peripherischen Punkten in Zwischenräumen von 1,— 2 Tagen vorgenommen und durch dieselben eine vorübergehende Linderung ohne erhebliche Nebenerscheinungen bewirkt; später entzog sich Pat. der Behandlung —

Im Allgemeinen ergiebt sich aus den Versuchen mit Atropin-Injectionen bei Neuralgieen Folgendes: 1) Das Atropin wirkt in derselben Weise und mit fast gleicher Sicherheit palliativ, wie das Morphium, indem es vorübergehende Remissionen herbeiführt; es veranlasst bei geeigneter Dosis in der Regel keine übleren Nebenwirkungen, und wird zuweilen besser (in anderen Fällen freilich auch schlechter) ertragen; es steht aber dem Morphium nach, wo neben der örtlichen Schmerzlinderung zugleich die allgemein narkotisirende Wirkung erwünscht ist. 2) Das Atropin kann ebenfalls bei peripherischen Neuralgieen Radicalheilung bewirken; dass es dies jedoch häufiger thut, als das Morphium, muss nach den bisherigen Erfahrungen für un-

bewiesen erachtet werden. 3) Da das Atropin ein differente-
res Mittel ist als Morphium, so ist, namentlich für die Privat-
Praxis, das letztere im Allgemeinen zu bevorzugen; und es
sind daher die Atropin-Injectionen bei Neuralgieen
nur da indicirt, wo die Morphium-Injectionen entweder von vornherein nicht vertragen werden, oder
bei eingetretener Gewöhnung auf die Dauer im Stich
lassen.

b. Spastische und convulsivische Neurosen.

Tetanus.

Crane, Med. Times and Gaz. 1861, March 30. — Benoit, Bull. de thér.
LIX. p. 226, Sept. 1860. -- Fournier, Gaz. des höp. 111, 1860. —
Dupuy, Bull de thér. LVIII. p. 425, Mai 1860· Gosselin, gaz. des
höp. 7. Juni 1860. — Lorent, l. c. — Jousset, l. c. pag. 119. —
St. Cyr, Journal de méd. véterinaire prat. (Lyon) t. XVIII. p. 236. --
Deneffe, Ann. de la soc. de méd. de Grand, März 1861. — Reg. der
Thierheilk. XXV. pag. 336. —

Wie sich bei dem grossen Rufe der Belladonna als eines
vorzugsweise „krampfstilleuden" Mittels erwarten liess, hat man
von den Atropin-Injectionen auch bei Motilitäts-Neurosen, namentlich bei Tetanus, Anwendung gemacht. In dem Falle von
Crane handelte es sich um idiopathischen Tetanus; derselbe
verlief, trotz der Injectionen, letal. — Benoit injicirte bei einem
traumatischen Tetanus zuerst 14 Mgrmm. einer Lösung von
5 Ctgrmm. in 100 Grmm. Wasser, später noch einmal 7 Mgrmm.
derselben Lösung. Es trat Intoxication ein, die Starre blieb
unverändert, auch dieser Fall endete letal. — Fournier injicirte im Ganzen 80 Tropfen, und zwar viermal je 20 Tropfen
(= $^8/_{125}$ Gr.) einer 1procentigen Lösung; er sah leichte Intoxication und Genesung erfolgen. — Dupuy gab erst vom Extr.
Ballad. 50 Ctgrmm. ohne Nutzen; dann 1 Grmm. und 5 Grmm.
Tinct. Bellad. innerlich. — Die Symptome steigerten sich sämmtlich. Darauf Injection von 25 Tropfen (ca. $^2/_{25}$ Gr.) einer 1proc.
Lösung. Nach einer Viertelstunde Intoxicationserscheinungen,
heftige Delirien mit Muskelzittern, Sehnenspringen u. s. w.;
nach stundenlangem Stationärbleiben Schlaf, Aufhören der Ri-
gidität der unteren Extremitäten, Möglichkeit die Kniee zu
beugen; Opisthotonus und Trismus unverändert. Neue Injec-

tion von 15 Tropfen; geringere Intoxication, Schlaf, allmälige Genesung.

Gosselin's Fall betraf einen nach Fingeramputation (wegen Gangrän) auftretenden Tetanus, bei welchem am ersten Tage 3 Atropininjectionen von $^2/_{13}$ — $^1/_{13}$ Gr.) und am zweiten Tage ebenfalls 3 Injectionen von je $^1/_{13}$ Gr. ohne Wirkung gemacht wurden. Endermatische Anwendung von Woorara blieb ebenfalls nutzlos und es trat bereits am dritten Tage der Tod ein.

Lorent sah bei Trismus auch von hohen Atropingaben keinen Erfolg. Jousset hält das Atropin bei Tetanus für minder wirksam als das Woorara: doch bleibt es immer ein kostbares Mittel, namentlich wenn man das letztere Medicament nicht augenblicklich zur Hand hat. Die hypodermatische Application ist, wie u. A. der Fall von Dupuy beweist, der inneren Darreichung weit vorzuziehen.

St. Cyr versuchte die Atropin-Injectionen bei Pferden in 3 Fällen, jedoch ohne Erfolg. Es wurden von 5 bis zu 30 Ctgrmm. auf einmal eingespritzt; diese Dosen bewirkten nur Trockenheit des Maules, Erweiterung der Pupille, Pulsbeschleunigung und Verlangsamung der Respiration, hatten aber auf den Krampf keinen Einfluss.

Auch in der Mailänder Schule wurden Versuche mit Atropin-Injectionen bei Pferden und Eseln gemacht; es folgte zwar vorübergehende Besserung, aber keines der so behandelten (9) Thiere kam mit dem Leben davon.

Deneffe hat den kühnen Gedanken gehabt, die Atropin-Injectionen bei Tetanus nicht bloss in das Unterhautzellgewebe, sondern direkt in den von Liquor cerebro-spinalis erfüllten Raum des Canalis medullaris zu richten. Er will zwischen For. occipitale und Atlas einstechen, die Membrana obturatoria posterior und die Meningen durchstossen, und die Flüssigkeit so bei schief gehaltener Nadel abwärts in den Wirbelkanal einspritzen! Bei Kaninchen, denen künstlicher Strychnin-Tetanus erzeugt worden war, hatte die Injection fast momentane Beruhigung des Krampfes und dauernde Genesung zur Folge. Beim Menschen hat sich Deneffe bis jetzt nur durch Versuche an Leichen von der Ausführbarkeit dieses Verfahrens — einer practischen Benutzung der Bernard'schen Piqûre! — überzeugt.

Hydrophobie.

Bei Hydrophobie sind, nach Jousset, einige Versuche mit Atropin-Injectionen gemacht worden, die jedoch nicht zum Ziele

führten, obwohl der Kranke im Zustande der Atropintrunken-
heit erhalten wurde. Nach mündlicher Mittheilung des Dr. Oul-
mont (am Hôpital Lariboisiére zu Paris) ist von demselben das
Atropin bei Hydrophobie ebenfalls ohne jeden, auch nur palliativen Effect injicirt worden.

Epilepsie.

Brown-Séquard, l. c. - Scholz, l. c. — Lorent, l. c. — Erlenmeyer, l. c.

Bei Epilepsie empfahl Brown-Séquard die Injection einer
Lösung von Atropin und Morphium zusammen; der Nutzen des
Atropins besteht, nach seiner Meinung, wesentlich darin, dass
dasselbe direct zusammenziehend auf die Gefässe des Hirns einwirkt. (Man könnte wohl auf Grund verschiedener Thatsachen
daran denken, dass dem Atropin ein bestimmter Einfluss auf
das von Goltz in der Med. oblong. nachgewiesene vasomotori-
sche Nervencentrum zukommt, worüber jedoch zur Zeit noch
keine entscheidenden Versuche vorliegen.

Scholz injicirte in zwei Fällen Atropin in der Magengegend, da die Patientinnen diesen Ort als den Ausgangspunkt
des Krampfes bezeichneten. Der Erfolg scheint sehr gering gewesen zu sein. Auch Lorent sah bei Epilepsie keinen Erfolg,
räth aber zu weiteren Versuchen. — Erlenmeyer hat das
Atropin bei vielen Epileptischen injiciren lassen. „Die Resultate
dieser Behandlung waren Verminderung und Abkürzung der mit
der Epilepsie verbundenen Anfälle psychischer Störung. Einen
Einfluss auf die epileptischen Anfälle habe ich nicht nachweisen
können. Es waren aber meist veraltete Fälle und dürften daher
diese negativen Resultate Niemanden von weiteren Versuchen bei
Epilepsie abhalten“. Bei einzelnen Kranken wird bemerkt,
dass sich kurz nach der Einspritzung epileptische Anfälle einstellten.

Tic convulsiv. Blepharospasmus.

Oppolzer, Wiener Wochenbl. 1861, 6 — 8.   Sander, l. c. —
v Graefe, l. c.

Von Oppolzer wurden in einem Falle, wo die ausser den
Gesichtsmuskeln auch die rechte Schultergegend umfassenden

Zuckungen gleichzeitig mit Schmerzen in den betroffenen Theilen verbunden waren und durch Compression verschiedener Nerven (Infraorbitalis, Occipitalis major u. s. w.) sistirt werden konnten, ausser kalten Douchen auch Atropin-Injectionen angewandt. Ein Erfolg war bis zur Mittheilung nicht eingetreten. Sander sah in einem Falle, der durch Strychnin geheilt wurde, von den Atropin-Injectionen keinen Erfolg (vgl. „Strychnin"). — v. Graefe sah in einzelnen Fällen von den Atropin-Injectionen bei Blepharospasmus nur kurze, palliative Effecte; es mussten dieselben in der Regel der übeln Nebenwirkungen halber, bald ausgesetzt werden.

Krampfwehen.

Breslau, Wien. med. Presse 1866 No. 3.

Bei Krampfwehen, wo nach neueren Erfahrungen sich die Morphium-Injectionen in so hohem Grade vortheilhaft erwiesen, sind auch mit dem Atropin in jüngster Zeit von Breslau Versuche angestellt worden. Er injicirte in der Regio hypogastrica $\frac{1}{40}$ Gr. und sah in der Hälfte der Fälle sehr entschiedene Besserung des krampfhaften Zustandes, so dass nach einigen Stunden der Muttermund, der bis dahin nur 3 Ctm. weit war, sich entweder vollständig zurückgezogen hatte, oder schlaff und dehnbar der gänzlichen Erweiterung entgegen ging. Dabei zeigte sich ein völlig veränderter Character der Wehen: es traten regelmässige Pausen ein, die krampfhaften Schmerzen und die fieberhafte Aufregung der Gebährenden liessen nach, die Form des Uterus wurde gleichmässiger und die Empfindlichkeit desselben geringer; der vorliegende Theil oder die Blase rückte tiefer herab und es begann die Expulsionsperiode, so dass öfters eine Geburt in 4 — 5 Stunden und früher beendet war, bei welcher vor den Injectionen die Krampfwehen schon 24—48 Stunden bestanden, und sich höchst wahrscheinlich ad infinitum hinein verlängert hätten. — Bleibt nach 3 — 4 Stunden der Effect aus, so kann man die Injection wiederholen; eine dritte Einspritzung war bisher niemals erforderlich.

2) Krankheiten der Nervencentra.

Lorent, l. c. — Erlenmeyer, l. c. u. berl. clin. Wochenschr. 1865, Nr. 38.

Von Lorent wurde bei excentrischen Nervenschmerzen in den Extremitäten in Folge von Meningitis und Myelitis chron. und Tabes dorsalis Atropin (zu $^1/_2$, Gr.) injicirt und dadurch die Schmerzen für 8—10 Stunden beseitigt. „Nach Aussage der Kranken scheint das Atropin für diese Schmerz-empfindung nachhaltiger zu wirken als das Morphium".

Ueber die Wirkung der Atropin-Injectionen bei Geistes-krankheiten verdanken wir Erlenmeyer ausführlichere Mit-theilungen. Er bediente sich derselben mit sehr gutem Erfolge bei periodischer Tobsucht in mehreren (darunter sogar zwei veralteten) Fällen. Die Dosis betrug bis zu $^1/_8$ Gran, die Ein-spritzung wurde am Ober- oder Vorderarm, beiderseits abwech-selnd (weil sich sonst leicht kleine Verhärtungen bilden) ge-wöhnlich einen Tag um den anderen vollzogen. Die primären Erscheinungen (Mydriasis, Pulsvermehrung, Trockenheit im Halse) gingen meist schon nach einer halben Stunde vorüber; selten dauerten sie bis zum folgenden Tage. Nur einmal (bei einer sehr ängstlichen, zugleich epileptischen Dame) wurde — zur Beruhigung — ein Morphiumpulver als Gegenmittel gegeben.

Ein 17jähriger junger Mann litt an epileptischen Anfällen, die alle 17 Tage wiederkehrten und in den letzten Monaten sich in Tobsuchtanfälle mit demselben Typus umgestalteten. Nach-dem alle symptomatischen Mittel auf gewöhnlichem Wege ver-sucht waren, wurde zur Anwendung der Atropin-Injectionen geschritten. Die Tobsuchtanfälle blassten immer mehr ab und es traten keine neuen epileptischen Zufälle an Stelle derselben auf. Nach beinahe zwei Monaten wurde Patient als geheilt entlassen und blieb (bis zur Mittheilung) ohne Recidiv. — Bei einem zweiten Kranken bestanden seit 6 Jahren periodische Tobsuchtanfälle, die wahrscheinlich in Folge einer Kopfver-letzung (er war als Officier im Reiten mit dem Kopfe gegen einen Thorbalken gestossen) aufgetreten waren. Dieselben wur-den durch Ung. Tart. stib. vorübergehend gebessert, es musste jedoch die Anwendung dieses Mittels wegen zu grosser Empfind-lichkeit des Kranken ausgesetzt werden. Durch Atropin-In-

jectionen wurden auch bei diesem Patienten die Anfälle gelinder, seltener und blieben zuletzt ganz weg.

Bei anderen, noch in Behandlung befindlichen Kranken
war das vorläufige Resultat ebenfalls ein günstiges.

3) Krankheiten der Muskeln.

Béhier, l. c. — Südeckum, l. c. — Boissarie, gaz. des hôp. 1864, 54. —
Gaudry, l. c. — Jousset, l. c. — Benedikt, Wien. Med Halle
(V.) 1864. —

Béhier behandelte 11 Fälle von Muskelrheumatismus mit
Atropin-Einspritzungen; die meisten derselben wurden geheilt.

Südeckum erwähnt einen Fall, wo nach Erkältung heftige reissende Schmerzen im linken Bein auftraten. Injection
von $1/60$ Gr. Atropin bewirkte schon nach drei Viertelstunden
bedeutende Besserung; am folgenden Morgen waren die Schmerzen gänzlich verschwunden.

Ein besonderes Interesse verdient folgender, von Boissarie
publicirter Fall von hysterischer Contractur, spastischem Pes
varus, der durch Atropin-Injectionen geheilt wurde:

Frau B., 31 Jahre alt, leidet zeit 20 Jahren an hysterischen Anfällen. Im
letzten November ein sehr heftiger, 24stündiger Anfall, der eine vorübergehende
Contractur der unteren Gliedmaassen zur Folge hatte. Diese verschwand am
nächsten Tage; nur der linke Fuss behielt die Stellung eines Varus. Alle gewöhnlichen Mittel blieben erfolglos; die Deviation nahm zu, so dass man schon
an die Tenotomie dachte. Versuchsweise machte B. eine Atropin-Injection
(12 Tropfen einer Lösung von 0,05 Ctgrmm. in 20 Grmm.!) an der Austrittsstelle des Ischiadicus. Nach ½ Stunde traten Intoxicationserscheinungen auf, die
den ganzen Tag und einen Theil der Nacht anhielten: Nausea, Constriction im
Halse, Sehstörungen. Der Fuss, den bis dahin keine Traction in die normale
Lage hatte zurückführen können, liess sich nun leicht redressiren, und man konnte
keinen Sehnenvorsprung (Tibialis ant., Tendo Achillis) weiter bemerken. Die
Kranke hielt sich für geheilt und fing an zu gehen. B. verlor sie 14 Tage aus
dem Gesicht. Nach dieser Zeit war das erreichte Resultat zwar geblieben, aber
beim Gehen strebte der Fuss noch etwas in die deforme Stellung zurück, wahrscheinlich durch Schwäche der Antagonisten. Da sich nur etwas Steifheit (?) in
den verkürzten Muskeln zeigte, so wurden noch zwei Injectionen von 8., resp.
4 Tropfen derselben Lösung mit einer Zwischenzeit von 3 Tagen, und zwar an
der Durchtrittstelle des Tibialis ant. am Unterschenkel gemacht, worauf auch
die letzten Spuren der Contractur völlig verschwanden.

Gaudry (und Jousset) berichten über 18 Fälle von
„rheumatoiden Schmerzen", in denen es sich grösstentheils um

sogenannte Muskelrheumatismen gehandelt zu haben scheint. In 10 Fällen folgte der (einmaligen oder wiederholten) Injection unmittelbare Heilung, in 6 Fällen Besserung; nur zweimal zeigten sich die Einspritzungen ohne Wirkung.

Benedikt empfiehlt bei rheumatischen (und überhaupt peripherischen) Contracturen die Anwendung der Electricität und darauf folgende subcutane Injectionen von Atropin als besonders wirksam.

4) Krankheiten der Respirationsorgane. (Asthma. Emphysem.)

Courty, gaz. des hôp. 1859, p. 531. — Lorent, l. c. — Erlenmeyer, l. c.

Ein seit 4 Jahren bestehendes Asthma bei einer 54jährigen Frau wurde von Courty durch drei, in vier Tagen gemachte Injectionen am Halse, in der Nähe des Vagus und der grossen Gefässe, wenigstens für mehrere Monate vollständig beseitigt.

Lorent fand bei Emphysema pulmonum das Atropin nicht sonderlich beruhigend; die Kranken lobten dasselbe nicht. Auch Erlenmeyer sah bei zwei Asthmatikern (von denen der Eine ausserdem an periodischem Irresein litt) von den Atropin-Injectionen keine Erfolge.

5) Krankheiten der Harn- und Geschlechtsorgane.

Hospitals Tidende 19., 1860. — Pletzer, l. c. — Lorent, l. c. — Bonin, rev. thér. (union méd.) 1865. 15. IV. — Bébier, l. c.

Blasenleiden.

Bei gewissen Formen von Neurosen der Harnblase hat man von der Anwendung subcutaner Atropin-Injectionen Nutzen erwartet. Die ersten Versuche wurden in Kopenhagen bei Ischuria spasmodica gemacht. Injection von $^1/_{60}$ — $^1/_{32}$ Gr., einmal täglich; nach 8 Tagen ging der Urin von selbst ab. Pletzer sah in einem Falle von Enuresis, die Injectionen ganz erfolglos. Nach Lorent scheint das Atropin in Fällen, wo eine peripherische Innervationsstörung vorliegt, und zwar besonders „auf die Reizbarkeit des Blasenhalses und die Lähmung des Sphincter" (?) einen Einfluss zu üben, während bei Lähmung des Detrusor das Strychnin sich wirksamer erweist.

Colica renalis. Perinephritis.

In einem (bereits früher erwähnten) Falle von Colica renalis zeigten sich mir, neben den Morphium-, auch Atropin-Injectionen als Palliativa während der Anfälle nützlich. Bonin will dieselben bei einer Perinephritis mit Erfolg angewandt haben.

Spermatorrhoe

Bei Samenfluss und nächtlichen Pollutionen schien, nach Lorent, das Atropin die nächtliche nervöse Reizbarkeit abzustumpfen.

(Ein 19jähriger, blühender Handwerker, der Onanie gänzlich in Abrede stellte, erhielt neben Martialia und kalten Bädern Abends eine Injection von $^1/_{10}$ Gr. Atropin, nach welcher jedesmal Nachts der Samenabgang ausblieb, während eine Morphium-Injection diese Wirkung nicht hatte.)

Carcinoma uteri.

Béhier benutzte in einem Falle von Carcinoma uteri Atropin-Injectionen zur Linderung der Schmerzen.

(Ueber Krampfwehen vgl. S. 224).

6) Augenkrankheiten.

Die hierher gehörigen Fälle von Neuralgieen und Blepharospasmen sind bereits im Vorhergehenden erwähnt worden.

In fünf Fällen von frischer Iritis bei Patienten, die an trachomatöser oder blennorrhoischer Conjunctivitis und Pannus litten, habe ich von den Atropin-Einspritzungen sehr günstige Wirkungen beobachtet. Gegen die äusserst heftige Ciliarneurose leisteten sie viel mehr, als der ganze antiphlogistische Apparat (Blutegel, graue Salbe, und Calomel innerlich) und selbst mehr, als die Morphium-Injectionen; auch bewirkten sie meistens Erweiterung der abnorm engen Pupille, ausser wo bereits ältere Synechieen bestanden. Die Atropin-Instillationen wirkten in diesen Fällen durch Steigerung des ohnehin lebhaften Katarrhs auf die sehr empfindliche Bindehaut nachtheilig; und in einem Falle, wo der mydriatische Effekt durch eine Injection` (¹/₃₂ Gr.) nach 30 Minuten hervorgebracht wurde, konnte derselbe durch Instillation einer starken Atropinlösung überhaupt nicht erzielt werden — vermuthlich weil das Instillat durch die reichliche secretorische Flüssigkeit zu sehr verdünnt, oder mit derselben alsbald wieder eliminirt wurde. Hohe Pulsfrequenz, Trockenheit im Halse, leichte Benommenheit und Schwindel wurden zwar auch in diesen Fällen beobachtet, gingen jedoch überall sehr rasch und ohne Nachwehen vorüber.

Auch nach Extractio cataractae habe ich Atropin-Injectionen versucht, theils zur Bekämpfung der Schmerzen (da ich das Morphium hier des häufigen Erbrechens wegen scheute), theils um gleichzeitig Erweiterung der nach der Operation verengten Pupille dadurch hervorzurufen. Dieser letztere Zweck wurde jedoch nur sehr ungenügend erreicht. Die injicirte Dosis betrug ¹/₄₈ — ¹/₄₀ Gr.; die Einspritzung wurde in der Schläfe der entsprechenden Kopfhälfte gemacht, und von den Patienten ohne subjektive oder objektive Nachtheile ertragen.

7) Gelenkkrankheiten.

Neudörfer, l. c — Lorent, l. c. (pag. 29).

Ein Fall von schmerzhafter Neubildung im Kniegelenk, den Neudörfer mittheilt, ist der beobachteten Vergiftungserscheinungen wegen schon zu Anfang erwähnt worden.

Bei Rheumatismus articulorum acutus sah Lorent von den Atropin-Injectionen eine günstige, palliative Wirkung. Eine Einspritzung von ¹/₂₃ — ¹/₂₀ Gr. bewirkte für 6 — 10 Stunden eine vollständige Beseitigung der Schmerzen, welche am anderen Tage in der Regel in einer der anderen Extremitäten, wenn auch nicht so bedeutend, wiedergekehrt waren. — „In mehreren, einfachen aber keineswegs leichten Fällen waren die Schmerzen, die Exsudation in den Gelenken und die Unbeweglichkeit der Glieder nach 6 — 8 täglich einmal gemachten Einspritzungen so sehr gebessert, dass der Kranke in der Reconvalescenz erschien und man die Einspritzungen unterlassen konnte. Der

Verlauf des Gliederrheumatismus ist im Uebrigen ganz der gewöhnliche, scheint aber unter der Wirkung des Atropin abgekürzt zu werden. Aber abgesehen davon bringen die Injectionen dem Kranken eine grosse Erleichterung seines Zustandes.

9) Verletzungen.

Bei Verletzungen hat nur Béhier (in 2 Fällen von schmerzhaften Contusionen) von den Atropin-Injectionen Nutzen gesehen. . Gerade nach Verletzungen, namentlich wenn dieselben mit erheblicher Aufregung des ganzen Nervensystems einhergehen, wird man wohl das Morphium wegen seines direct narcotisirenden Einflusses im Allgemeinen bevorzugen.

Ueberhaupt dürfte es sich vom practischen Gesichtspunkte aus empfehlen, wo es sich um die Wahl zwischen Atropin und Morphium handelt und wo nicht besondere Gründe für den Gebrauch des Ersteren sprechen, überall das Morphium zu wählen: einmal seiner relativen Gefahrlosigkeit halber — ein Umstand, der namentlich für die Privatpraxis, bei ungenügender nachheriger Ueberwachung des Kranken, schwer ins Gewicht fällt; dann auch, weil es in seinen Wirkungen allseitig genauer studirt und dem Arzte, so zu sagen, besser vertraut ist. Als Indicationen für die Atropin-Injectionen ergeben sich den bisherigen Erfahrungen gemäss besonders Neuralgieen in den früher geschilderten Ausnahmefällen, und convulsivische Neurosen. Unter den letzteren dürften wieder die durch Reflex von peripherischen sensiblen Nerven aus zu Stande kommenden Formen dem Morphium mindestens eben so günstige Chancen darbieten, wogegen die durch directe (centrale oder peripherische) Erregung der motorischen Apparate entstehenden Krampfformen sich für die Anwendung des Atropin vorwiegend zu eignen scheinen. Jedoch sind die bisherigen Erfahrungen nicht zahlreich genug, um im einzelnen Falle die Indicationen für das eine oder das andere Mittel genauer zu formuliren.

Anhang:

Daturin.

Ueber das dem Atropin, wie es scheint, ähnlich wirkende (von Planta, offenbar mit Unrecht, für identisch erklärte) Alcaloid von Datura Stramonium liegt bisher nur eine einzige Beobachtung vor. Lorent injicirte dasselbe bei einem 60jährigen Kranken mit Lungenemphysem, und zwar zunächst in Form von Extr. Stramonii (gr. j auf 3 j Wasser, zu gtt. 6 — 15), welches erleichternd zu wirken schien. Nachdem mehrere schwächere Injectionen von Daturin erfolglos gewesen, wurde letzteres zu $^1/_{40}$ Gr. applicirt, welche Dosis aber einen so grossen Gefässsturm, frequente Respiration und Unbehagen erregte, dass der Kranke sich die Wiederholung der Injection verbat. Eine besondere Erweiterung der Pupillen wurde nicht beobachtet.

Zwölftes Capitel.

Coffein.

Das Coffein wandte ich in folgender Lösung an:

> Ŗ
> Coffeini puri gr. vj
> Aq. dest.
> Spir. vini ana 3 j.
> D. S.

25 — 30 Tropfen dieser Lösung enthalten einen Gran Coffein. (Will man den Weingeist vermeiden, so muss man sich einer schwächeren Solution bedienen, da 1 Gr. Coffein sich erst in einer Drachme Aq. dest., mit Hülfe eines Tropfens verdünnter Schwefelsäure oder Salzsäure, vollständig löst. — Zwei über nervösen Kopfschmerz klagende, zugleich hysterische Personen,

denen $^1/_2$, resp. 1 Gr. Coffein in der Schläfengegend injicirt
wurde, zeigten danach keine bemerkenswerthen örtlichen oder
allgemeinen Erscheinungen. Das Coffein rief anfangs ein leichtes Brennen an der Stichstelle hervor, und bewirkte später in
der Umgebung derselben Abnahme der Empfindlichkeit, namentlich des Tastgefühls, in derselben Weise wie Morphium und
Atropin. Die Pulsfrequenz wurde nur vorübergehend um 8 bis
10 Schläge vermehrt, wobei die durch die Injection gesetzte
Erregung mit in Anschlag zu bringen ist. Eine Wirkung auf
das Gehirn und die peripherischen Nerven trat in keiner Weise
zu Tage; auch die cephalalgischen Beschwerden blieben bei der
einen Patientin ziemlich unverändert, und wurden bei der andern nur unwesentlich gebessert.

In einem interessanten Falle von Neuralgia occipitalis mit
wahrscheinlich centralem Ursprung wurde dagegen durch die
Coffein-Injectionen, wenigstens im Anfang, eine erhebliche palliative Linderung erzielt.

Rütz, Arbeitsmann, 40 Jahre früher stets gesund und von kräftigem Kör-
perbau, stürzte im August 1862 von einem Leiterwagen herab, wobei er mit dem
Hinterkopf aufschlug, konnte jedoch ohne Commotionserscheinungen sogleich wieder aufstehen; es traten nur mehrtägige Kopfschmerzen ein, die von selbst wieder verschwanden. Im Laufe des Winters stellten sich Schmerzen im Hinterkopfe
ein, die anfallsweise, zuerst alle 4 — 5 Tage, auftraten und meist nur wenige
Minuten anhielten. Nach und nach nahmen die Anfälle nicht nur an Dauer
und Intensität zu, sondern wiederholten sich auch viel häufiger, zuletzt 6 — 8-,
selbst 11mal in 24 Stunden, und machten es dem Patienten ganz unmöglich,
seine Arbeit zu verrichten Erbrechen, Verstopfung u. s. w. bestanden nicht.
Locale Blutentziehungen, Vesicantien im Nacken, Ableitungen auf den Darm
waren ohne jeden Erfolg, und liess sich Patient daher (am 2. September 1863)
in die Klinik aufnehmen.

Den Anfällen gehen gewöhnlich Uebelkeit, Hitzegefühl im Kopfe und leichte
ziehende Schmerzen vorher, die von Nacken und Hinterkopf nach beiden Seiten
hin ausstrahlen. Nach kurzer Dauer dieses Zustandes bricht plötzlich der Schmerz
aus; er geht von der Höhe des Atlas nach dem Scheitel herauf, seitlich bis nach
beiden Ohren, nicht nach dem Gesichte, und ist am stärksten in der Gegend des
rechten Proc. mastoides und in der Mitte zwischen diesem und dem Atlas; unter
den von Valleix angegebenen Schmerzpunkten liess sich nur der eine, am hin-
tern untern Theile des Occiput, nachweisen, während der Cervical- und Parietal-
punkt vermisst wurde. Die Schmerzen sind so violent, dass Pat. laut aufschreit,
den Kopf mit beiden Händen im Nacken fixirt und „geschnitten“ zu werden verlangt, weil dort eine Geschwulst sitzen müsse. Pupille normal, keine Zuckungen; Gefühl von Druck und Völle im Epigastrium begleitet den Anfall. So

schnell, wie er gekommen, verschwindet derselbe nach 10 — 12 Minuten, nachdem lebhafter Schweiss ansgebrochen.

Die anfänglich eingeschlagene Behandlung mit Ableitungen im Nacken (Schröpfköpfe, Einreibung von Ungt. tart. stib. und der innere Gebrauch von Morphium (½ Gr. pro dosi) zeigte vor der Hand keinen Erfolg; Intensität und Zahl der Anfälle blieben dieselben. Am 18. Sept. Vorm. 9 Uhr wurde, nachdem in der vorhergehenden Nacht mehrere sehr schmerzhafte Anfälle stattgefunden, ½ Gr. Coffein im Nacken, zwischen Atlas und Proc. mastoides, subcutan injicirt. Der Einstich selbst rief einen Anfall hervor, der jedoch nicht sehr heftig war und nur zwei Minuten dauerte; darauf völlige Euphorie. Die locale Verminderung des Tastsinns konnte auch hier deutlich constatirt werden; später wurde das Tastvermögen an der entsprechenden symmetrischen Hautstelle ebenfalls, jedoch weit schwächer herabgesetzt. (S. Theil I.) Um 1 Uhr, während des Essens, trat ein neuer Schmerzanfall auf, der rasch vorübergeht; dann ungestörtes Wohlbefinden den ganzen Tag über, auch die Nacht frei; keine Symptome einer toxischen Wirkung. Am folgenden Tage vier Anfälle (zwei am Vor- und zwei am Nachmittag). Abends 7 Uhr Injection von ½ Gr. Coffein an der nämlichen Stelle. Nach rasch vorübergehender, zuckender Schmerzempfindung folgt Euphorie, nur leichte, rauschähnliche Benommenheit des Kopfes; Pulsbeschleunigung von 80 auf 96. In der Nacht Schlaf; auch der 15. Sept., die darauffolgende Nacht und der Vormittag des 16. September vergingen ganz ohne Anfälle — seit langer Zeit das erste Mal, dass eine so ausgedehnte Remission stattfand. Am Nachmittag des 16. Sept. traten zwei Anfälle auf, jedoch schwächer als gewöhnlich; ebenso am Morgen des 17. Sept. nach ruhiger Nacht ein ziemlich leichter Schmerzanfall. Eine neue Injection von ½ Gr. bedingte ausser leichtem Kopfschmerz in der Stirn keine weiteren Erscheinungen, und eine viertägige völlige Intermission der Anfälle bis zum 21. Sept. Dann recidivirten dieselben, und es wurde nach noch zweimaliger, fruchtloser Wiederholung der Gebrauch der Injectionen hier ausgesetzt, um zu anderen Verfahren (Vesicantien u. s. w.) überzugehen. Später auftretende Motilitätsstörungen, die sich namentlich in Parese der linken Gesichtshälfte und Verlust der Coordination bei willkürlichen Bewegungen äusserten, machten die Diagnose eines centralen Leidens, vielleicht eines Tumors im kleinen Gehirn, von dem auch die Neuralgie abhinge, mehr als wahrscheinlich.

Von anderen Autoren äussern sich über dieses Mittel nur Pletzer und Lorent. Ersterer injicirte, wie ich, Coffeinum purum (gr. iij mit Aceti conc. gtt. vj, Aq. dest. ad ℥ ij). Injectionen bis zu ¼ Gr. zeigten keine nennenswerthe Wirkung; die (stark angesäuerte) Lösung erregte beim Eintritt in die Haut bei empfindlichen Kranken ziemlich lebhafte Schmerzen, und das Coffein wurde trotz des Säurezusatzes sehr bald wieder ausgeschieden.

Lorent benutzte Coffeinum, citricum (gr. j in Glycerini gtt. XXIV), welche Lösung jedoch wegen Ausscheidung der Crystalle beim Erkalten vor jedesmaliger Anwendung wieder erwärmt werden muss. „Die Injectionen wurden in mehreren Fällen von hysterischem Kopfweh und Migraine in einer Dosis von $^1/_3 — ^2/_3$ Gr. versucht, und zwar am Kopfe applicirt. Wir sahen davon in mehreren Fällen eine Beruhigung des Schmerzes, in anderen Fällen schien die Dosis zu klein.“

Dreizehntes Capitel.

Nicotin.

Erlenmeyer (die subcutanen Inj., 3. Aufl. pag. 85) macht über Behandlung eines Tetanus durch subcutane Nicotin-Injection Mittheilung.

Schon früher will Haughton (Dubl. quarterly journal 1862) einen Tetanus durch innere Anwendung von Nicotin geheilt haben. Tyrrel sah in wiederholten Fällen Nutzen von Tabackwaschungen(!), sowie von endermatischer Anwendung einer wässerigen Tabackslösung (1 : 20) im Nacken — wobei freilich auch gleichzeitig Opium in grossen Gaben, innerlich und im Clystir, angewand wurde. (Med. Times and Gaz. 24. Sep. 1864.) Haughton's Versuche an Fröschen scheinen überdies dafür zu sprechen, dass Nicotin den durch Strychnin hervorgerufenen Tetanus aufhebt.

Zur Injection bediente sich Erlenmeyer einer Lösung von gr. $^1/_2$ in Aq. dest. 3 ij; Dosis gr. $^1_{60}$. Bei der Einspritzung zeigte sich keine Reizung der Einstichstelle. Zunächst entsteht Kälte und Blässe der Haut, vorzugsweise im Gesicht, welches sich mit Schweiss bedeckt; dann folgt Uebelkeit und Erbrechen, Schwindel, Abnahme der Sensiblität, des Druck- und Muskelgefühls, Verminderung des Schlafs und Schwäche in den unteren Extremitäten. —

Der behandelte Fall betraf einen Maschinenarbeiter, der in Folge einer tieferen Fingerverletzung, unter hinzutretender Erkältung, von tetaniformen Erscheinungen befallen wurde. „Die Krämpfe bestanden in Zähneknirschen, Rückwärtsbeugen des Kopfes tief in das Kissen, Beugung der Wirbelsäule etc. Die Muskelcontractionen blieben aber nicht constant, dauerten vielmehr gar nicht lange, sondern gingen immer in Erschlaffung über. Bis zum vollendeten Tetanus war es noch nicht gekommen".

Der Erfolg der Einspritzung war überraschend Während bis dahin die Neigung zu Krampf sich stets gesteigert hatte und entschiedener geworden war, nahm dieselbe nach der ersten Nicotin-Injection bedeutend ab, und hörte nach der zweiten (am Abend gemachten) Injection ganz auf. Die Muskeln fühlten sich in den einzelnen Paroxysmen gleich viel schlaffer an, und namentlich sank die Pulsfrequenz sehr bedeutend. Der Erfolg dürfte jedenfalls zu weiteren Versuchen auch bei ausgebildetem Tetanus auffordern.

Vierzehntes Capitel.

Aconitin.

Pletzer, l. c. — Lorent, l. c. — Erlenmeyer, l. c. — Gubler, gaz. des hop. 1864 (vgl. auch Jonsset, l. c. pag. 64).

Meine Versuche über dieses Mittel beziehen sich auf das sogenannte deutsche Aconitin, welches bekanntlich in den heimischen Officinen aus den Tubera von Aconitum Napellus dargestellt wird. Dasselbe hat auch Lorent benutzt und fand, gleich mir, nicht die von Pereira und Taylor geschilderten heftigen Wirkungen. Letztere beziehen sich ohne Zweifel auf das englische Aconitin, in dem sich nach den Untersuchungen von Husemann ein scharfer Bestandtheil rein vorfindet, welcher in dem deutschen Präparate mit dem narcotischen Princip vermischt ist. — Vielleicht kommt bei dem englischen Aconitin auch die Verunreinigung mit dem von T. und H. Smith und von Jelletet nach gewiesenen Aconellin mit in Betracht, welches mit einem früher besprochenen, krampferregenden Alcaloide des Opium (dem Narcotin) identisch zu sein scheint. Ich benutzte eine Lösung von gr. ij in Aq. dest. ℥ iiβ; hiervon wurden $1/30 — 1/15$ Gr. Aconitin pro dosi subcutan injicirt. Es hatten diese Dosen keine irgend erheblichen physiologischen Effekte; der Puls war wohl vorübergehend etwas beschleunigt, der Appetit etwas gestört, und in einem Falle beobachtete ich

auch eine leichte Mydriasis; im Uebrigen aber forschte ich ver-
gebens nach den characteristischen subjektiven Erscheinungen
in der Haut und den Schleimhäuten, den sensoriellen Störungen und den Veränderungen der Diurese. Es unterliegt wohl
keinem Zweifel, dass Injection grösserer Aconitinmengen auch
die Symptome dieser Reihe herbeigeführt hätte; bei dem gefährlichen Charakter des Mittels und den spärlichen Erfahrungen, welche über seine Wirkungsweise bisher vorliegen, wagte
ich jedoch nicht, zur Benutzung grösser Dosen überzugehen. —

Was den therapeutischen Erfolg dieser Injectionen anbetrifft, so kann ich darüber nicht viel Günstiges berichten. Bei
einem 27jährigen, sehr anämischen, an Polyarthritis chronica
leidenden Kellner der bereits längere Zeit die Tinct. Aconiti
ohne wesentlichen Erfolg gebraucht hatte, wurden auch einige
Versuche mit den Aconitin-Injectionen gemacht. Es wurde in
der Nähe der befallenen Gelenke (Hüfte, Knie- und Fussge-
lenk) $1/_{30} — 1/_{15}$ Gr. mit allmäliger Steigerung ein- oder zweimal täglich eingespritzt. Ein dauernder oder auch nur palliativer Nutzen wurde jedoch dadurch nicht geschafft; nur zuweilen bemerkte Patient bei den Exacerbationen einige Erleichterung. Der Gebrauch der Dampfbäder und die innere Darreichung von Kalium jodatum erwiesen sich in diesem Falle von
entschieden grösserem Werthe.

Bei einem 18jährigen Knechte, der aus unbekannter Veranlassung seit mehreren Monaten von Rheumatismus in der Lendengegend geplagt wurde, leisteten die Aconitin-Injectionen
nichts; jedoch blieben andere Verfahren (Elektricität, Vesicantien) hier ebenso erfolglos, und der in Verdacht der Simulation
stehende Kranke wurde später ungeheilt entlassen.

Ein 27jähriger, robuster Landmann, der an secundärer Syphilis litt und wegen Recidivs nach einer Dzondi'schen Kur
mit Jodkalium behandelt wurde, klagte seit 8 Tagen über Ohrensausen, unausgesetztes Ziehen und Reissen im rechten Ohr und
in der ganzen rechten Gesichtshälfte; objektiv war nichts nachzuweisen. Nach Injection von $1/_{24}$ Gr. Aconitin auf die als
besonders schmerzhaft bezeichnete Stelle hinter dem Angulus
mandibulae liessen die Beschwerden vorübergehend nach, ohne
jedoch ganz zu verschwinden; die Stichstelle war noch am folgenden Tage etwas empfindlich.

Ein 46jähriges Dienstmädchen (Fehlmann) litt seit 3 Tagen an acutem Gelenksrheumatismus mit starkem Fieber (39—40° C. Abends) und Localisation in beiden Knie- und Fussgelenken, sowie im rechten Hand- und Ellbogengelenk. Vinum Colchici und Opium innerlich, Einwickelungen mit Flanell und Watte ohne wesentlichen Einfluss. Wiederholte Injectionen von $^1/_{30}$ — $^1/_{15}$ Gr. Aconitin in der Nähe der betreffenden Gelenke ergaben einen anscheinend günstigen, aber vorübergehenden örtlichen Effect, indem die sowohl spontan als bei Berührung empfundenen, äusserst heftigen Schmerzen sich zum Theil mässigten; auf den Allgemeinzustand und den Verlauf der Krankheit wirkte das Mittel in keiner Weise verändernd.

Pletzer injicirte in 2 Fällen von Prosopalgie $^1/_{30}$ — $^1/_{20}$ Gr. (4 — 6 Gr. einer Sol. gr. j auf ʒ ij Wasser). Er sah jedoch nicht den mindesten Erfolg und kehrte daher zum Morphium zurück, mit dem die Patienten schon längere Zeit vor diesem Versuch behandelt waren.

Lorent gebrauchte das Aconitin subcutan bei hitzigem Gliederrheumatismus, Arthritis und Ischias, ist aber nur bei Ersterem zu einem Resultate gekommen. Es wurden Solutionen von 2 — 8 Gr. auf ʒ ij Wasser benutzt, und, nachdem die kleineren Dosen von $^1/_{30}$ Gr. sich unwirksam erwiesen, zu $^1/_{10}$, $^1/_{3}$, $^2/_{3}$, selbst $^1/_{4}$ Gran gestiegen. „Die Einspritzung wurde Morgens gemacht. Das Aconitin beseitigte jedesmal den Schmerz der Gelenke und schien den Krankheitszustand zu mildern. Die Schmerzfreiheit dauerte immer 4 — 5 Stunden an. Ausser der Beruhigung des Schmerzes konnten wir in der Pulsfrequenz, in der Hautwärme und der Respirationsthätigkeit keine Veränderung wahrnehmen. Auf den Verlauf des Gliederrheumatismus, zumal auf eine Abkürzung der Krankheit, schien das Mittel nicht zu wirken. — Als das Resultat unserer Beobachtungen glauben wir das Aconitin als ein gutes Milderungsmittel des Schmerzes, dieses so lästigen Symptoms des Gliederrheumatismus, hinstellen zu können". — Vor Anwendung des Aconitin versuchte Lorent auch Injectionen einer Lösung des Extr. aconiti spirituosum (gr. 1 auf ʒ j Wasser, zu 6—15 Tropfen); dieselben schienen bei rheumatischem Kopfschmerz Milderung zu bewirken.

Erlenmeyer gebrauchte Lösungen von gr. ij in Spir. vini, Aq. dest. ana. 3 ij, konnte jedoch keinen Erfolg wahrnehmen.

Nach Gubler erzeugt das Aconitin (welches jedoch nach der Hottot'schen Vorschrift dargestellt und somit von dem deutschen wesentlich verschieden war) zu $^1/_2$ — 1 Mgrmm. subcutan injicirt locale Reizung mit nachfolgender sedativer Wirkung in neuralgisch afficirten Körperstellen. Man darf daher nur ganz kleine Dosen anwenden, weil sonst die irritirende Wirkung über die schmerzstillende vorwaltet. (Erstere dürfte jedoch zum Theil auf Rechnung der von Gubler benutzten alcoholischen Lösung — 1 : 500 — zu setzen sein). Die mydriatische Wirkung war nicht erheblich; dagegen beobachtete Gubler abundante Diaphorese und Diurese. Bei neuralgischen und entzündlichen Schmerzen, sowie bei Angina pectoris fand er das Mittel sowohl innerlich (in Pillenform) als auch subcutan von günstiger Wirkung; doch hält er es nicht für rathsam, 2 Mgrmm. täglich (auf 4 Dosen vertheilt) zu überschreiten.

Anhang:

Colchicin.

Das Colchicin (welches sich in seinen Wirkungen mehr an die Narcotica acria, wie das Veratrin, anzuschliessen scheint) ist bisher nur einmal von Lorent, bei einem an Arthritis leidenden Kranken, zu $^1/_{10}$ Gr. subcutan injicirt worden. Dasselbe machte eine so reizende und schmerzhafte Wirkung in der Haut, dass von der Wiederholung abgestanden wurde; Puls und Respiration erfuhren keine Veränderung. (Das von Lorent injicirte Colchicin bildete eine bräunliche, ölartige Flüssigkeit — scheint, also wohl nicht das reine, als gelbes crystallinisches Pulver zu erhaltende Alcaloid gewesen zu sein).

Funfzehntes Capitel.

Coniin.

Pletzer, l. c. — Lorent, l. c. (pag 42). — Erlenmeyer, l. c. (pag 74).*)

Ich habe in einem Falle von äusserst heftigem Blepharospasmus bei chronischer Iritis und Keratitis nach vergeblicher Anwendung anderer Mittel (Arlt'sche Salbe, Morphium-Injectionen u. s. w.) auch das Coniin in hypodermatischer Form versucht, da diesem Mittel hier von Manchen eine specifische Wirkung zugeschrieben wird. Es wurde eine Lösung von gr. β in Spir. 3β, Aq. dest. $3i\beta$ benutzt und $\frac{1}{72} - \frac{1}{60}$ Gr. in der Schläfengegend oder auf den N. supraorbitalis der betreffenden Seite injicirt. Der Puls wurde nach jeder Injection rasch um 10—20 Schläge verlangsamt (wie dies auch nach innerer Anwendung des Mittels von Nega und Wertheim beobachtet worden ist). Oefters trat Schlaf und bei der stärkeren Dosis leichtes Schwindelgefühl ein. Die Besserung des Blepharospasmus war nur eine sehr vorübergehende, so dass nach 4 Injectionen von dieser Therapie Abstand genommen wurde.

Zahlreiche Versuche mit diesem Mittel sind von Pletzer, Lorent und Erlenmeyer, sowie von Dr. Busch in Ems angestellt worden.

Pletzer injicirte 4—6 Gr. einer Lösung von gr. j auf 3 ij Wasser, und berichtet darüber Folgendes: „Bei zweien an Asthma leidenden Kranken, die ich Anfangs in ihren Anfällen mit jedesmaliger Erleichterung mit Morphium-Injectionen behandelt, ging ich in letzter Zeit zum Coniin über. Bislang habe ich alle Ursache, mit diesem Wechsel zufrieden zu sein. Das Coniin scheint die beschleunigte Respiration schneller zu beruhigen, die Beklemmungen rascher zu beseitigen, als das Morphium. Der eine Kranke leidet an Emphysem, bei dem zweiten ergiebt die physikalische Untersuchung in den freien Intervallen keine Anomalie, weder am Herzen noch in den Lun-

---

*) In Betreff der physiologischen Wirkungen dieses Mittels sind die neueren Untersuchungen von Guttmann (Berl. cl. Wochenschr. 1866, 5. ff.) von besonderem Interesse.

gen; bei diesem letzteren ist die Wirkung des Coniin eine
raschere und anhaltendere, und es bedurfte bei dem letzten zur
Nachtzeit eintretenden Anfalle nur einer zweimaligen in einem
Zwischenraume von 6 Stunden wiederholten Injection von 6 Gr.
der Lösung. Bei dem an Asthma emphys. leidenden Kranken
machte ich im Verlauf von 3 Tagen 6 Injectionen der gleichen
Menge."

Lorent machte die Injectionen bei Pneumonie, in der Ab-
sicht die physiologische Wirkung des Alcaloids in Bezug auf
Respiration und Circulation zu prüfen. Die Dosis variirte von
$^1/_{30} - ^1/_2$ Gr.; die Injectionen wurden auf die Brust oder in der
Herzgrube gemacht, und zwar nur eine täglich. Die behandelten (12) Pneumoniker rühmten sämmtlich eine Abnahme der
Dyspnoe, und objectiv liess sich meist eine Stunde nach der
Einspritzung eine Abnahme der Respirationsfrequenz bei gleichbleibender Pulsfrequenz wahrnehmen; erstere sank bei 16 Injectionen um 2 — 16 Athemzüge, bei 5 Injectionen blieb sie
gleich und nur in 3 Fällen zeigte sie eine Vermehrung um
2 — 10 Athemzüge. Die Pulsfrequenz war dagegen bei 14 Injectionen gleich geblieben, bei 3 Injectionen um 8 — 24 Schläge
vermehrt, und bei 7 Injectionen um 6 — 24 Schläge gefallen.
(Die in wenigen Fällen beobachtete Steigerung der Puls- und
Respirationsfrequenz hatte ihren Grund, nach Lorent, wahrscheinlich in dem Typus des Krankheitsverlaufes; denn schon
am nächsten Tage hatte die Injeetion bei demselben Kranken
eine Abnahme der Athemzüge zur Folge. Die Injectionen wurden bei jedem Kranken in der Regel nur wenige Tage gemacht
und unterblieben, wenn im cyclischen Velaufe der Pneumonie
die Symptome des örtlichen Krankheits Processes und das Fieber nachliessen).

Bei Pleuritis fand Lorent keine Verminderung der Athemzüge. Bei Lungenemphysem dagegen verminderten sich die letzteren ziemlich constant, sowie auch die Pulsfrequenz (um 4 — 8
Schläge); auch fühlten die Kranken Erleichterung der Dyspnoe,
jedoch nicht in dem Grade, wie nach den Injectionen von Morphium. Bei Blepharospasmus und scrofulöser Photophobie wurde
von Coniin-Injectionen ($^1/_2$ Gr.) in der Schläfe keine Wirkung
beobachtet.

Erlenmeyer heilte einen Fall von Angina pectoris mit

2 Injectionen von Coniin. Er empfiehlt die letzteren bei asthmatischen Anfällen, sowie überhaupt bei Krämpfen im Gebiete der Circulations- und Respirationsorgane; ferner bei den Angstanfällen der Seelengestörten. — Lösung von gr. ij auf Spir. vini, Aq. dest. ana. ʒ ij; Dosis $^1/_{30}$ — $^1/_{15}$ Gr. — Auch er constatirte bei den genannten Dosen rasche, pulsvermindernde Wirkung.

Busch injicirte, nach einer mir freundlichst gemachten Mittheilung bis zu $^1/_{36}$ Gr. pro dosi (Sol. gr. $^1/_4$ auf Aq. dest. ʒ ij) und beobachtete alsdann narcotische Erscheinungen, die sich jedoch rasch verloren. Im Allgemeinen fand er das Mittel bei schmerzhaften Affectionen verschiedener Art viel unzuverlässiger als Morphium, zu dem er daher stets wieder zurückkehrte.

Sechszehntes Capitel.

Strychnin.

Das Strychnin ist zuerst von Béhier, demnächst auch von zahlreichen anderen Autoren subcutan injicirt worden. Gewöhnlich wurde Strychnium sulf. angewandt; auch ich bediente mich desselben, weil es löslicher ist, als das reine Strychnin oder das salpetersaure Salz. Eine Lösung von 2 Gr. Strychn. sulf. in Aq. dest. ʒ ij, wie ich sie benutzte, bleibt auch bei längerer Aufbewahrung vollständig klar. Was die Dosis anbetrifft, so injicirte

Neudörfer $^1/_{40}$ Gr.

Bois 1—8 Mgrmm = $^2/_{123}$ — $^{16}/_{123}$ Gr.

Waldenburg $^1/_{40}$ — $^1/_{23}$ Gr.

Courty (anähernd) $^2/_{23}$ — $^4/_{23}$ Gr.

Dolbeau (ebenso) $^1/_{10}$ Gr.

Pletzer $^1/_{30}$ — $^1/_{20}$ Gr.

Lorent (Strych. nitr. und muriat.) $^1/_{23}$ — $^1/_{10}$ Gr.

Lorent, (Sytrychn. acet.) $\frac{1}{16}$ — $\frac{1}{4}$ Gr.

Saemann $\frac{1}{40}$ — $\frac{1}{20}$ Gr.

Fronmüller bis zu $\frac{1}{2}$ Gr.

Ich habe $\frac{1}{16}$ — $\frac{1}{4}$ Gr. ($3\frac{1}{3}$ — $7\frac{1}{2}$ Gr. der obigen Lösung) subcutan injicirt. Während die kleineren Dosen eine erhebliche
physiologische Action nicht äusserten, brachten $\frac{1}{16}$ und $\frac{1}{8}$ Gr.
bereits Wirkungen hervor, welche eine weitere Steigerung ver-
boten: Vibrationen in den Extremitäten, wie beim Fieberfrost,
so dass die Kniee gegen ainander bewegt und die Füsse mit
klapperndem Geräusch gegen den Boden geschlagen wurden;
Ziehen und Spannung in den Kaumuskeln, Sensationen verschiedener Art in der Haut, und überhaupt erhöhte Nervosität
und Empfänglichkeit gegen äussere Reize. Auf den Puls und
die Respiration liess sich eine irgend constante Einwirkung nicht
wahrnehmen; die Hautsecretion schien etwas erhöht, die übrigen Secretionen nicht verändert zu werden.

Bois sah bei einem 6jährigen Kinde nach Injection von
8 Mgrmm. ($= \frac{16}{125}$ Gr.) Steifheit im Unterkiefer, lebhaftes
Schütteln der Glieder, Jucken im Gesicht auftreten; diese Erscheinungen wurden bei innerer Darreichung des Strychnins
erst nach 12 Mgrmm. beobachtet; ebenso bei der Application
vom Rectum aus. Bei einem 4jährigen Kinde traten schon nach
Injection von 4 Mgrmm. sehr bedenkliche Zufälle auf, die sich
jedoch bald wieder beruhigten.

Obwohl nicht ganz hierher gehörig sei doch ein Fall erwähnt, wo bei einem 50jährigen amaurotischen Manne schon
die Injection von 3 Mgrmm. in den Thränenkanal schwere Vergiftungserscheinungen veranlasste (Schüler, Gaz. de Paris, 6,
1861). Nach 3—4 Minuten zeigten sich bläuliche Blässe, krampfhafte Zuckungen, Schwindel und Neigung zum Fallen; sofort
kalte Begiessungen, Clysmen: trotzdem völlige Sprachlosigkeit,
erschwerte und unterbrochene Respiration, tetanische Erschütterungen, schmerzhafter Druck in Blase und Rectum. Nach
einer halben Stunde war Patient jedoch vollkommen hergestellt. —

Auch nach endermatischer Anwendung des Strychnin hat
man Vergiftungs-Erscheinungen beobachtet. Diese Beispiele
müssen jedenfalls bei der subcutanen Injection dieses Alcaloids
zur grössten Vorsicht auffordern; eine sorgfältige Ueberwachung

des Patienten in der auf die Einspritzung folgenden Zeit ist hier noch mehr als beim Morphium und Atropin unumgänglich.

Therapeutische Verwendung haben die Strychnininjectionen hauptsächlich bei verschiedenen Formen motorischer Schwächezustände (Paresen und Paralysen) und bei Lähmung von Sinnesnerven (Amaurose) gefunden; in vereinzelten Fällen auch bei Krämpfen und Neuralgieen.

I. Motilitätsstörungen.

A) Paralysen.

Béhier, l. c. — Courty, gaz méd. 1863, p. 686; vgl. auch bull. de l'Acad, (XXIX) p. 28, 15. u. 30. Octb. 1863 und Jousset, l. c. pag. 124. — Neudörfer, l. c. — Waldenburg, Med. Centralz. 1864, 81 und 1866, 15. — Zülzer, berl. cl. Wochenschr. 1864, 20. — Bois, gaz. méd. 1862, 52; des injections sous-cutanées 1864; vgl. Salva, gaz. méd, 26. Dec. 1863. — Dolbeau, bull. de thér. LIX. p 538, Dec. 1860; revue de thér. méd. chir. 1860, 11; vgl. Jousset; l. c. pag. 126.. — Foucher, bull. de thér. LX. p. 548, Juni 1861. — Journal f. Kinderkrkh. 1865, H. 3. und 4. — Guérsant, Allg. Wien. med. Z. 1865, 23. — Fronmüller, l. c. — Pletzer, l. c. — Saemanu, deutsche Clinik 1864, 45. — Lorent. l. c. — Ruppaner, l. c. pag. 122 -- 130. — Mader (Wiener Wochenscnr. 1866).

1) Circumscripte Formen peripherischer Lähmung.

Facialparalyse.

In 3 frischen Fällen von Facialparalyse (bei einem 56jährigen Manne, einer 25jährigen Dame und einem 22jährigen Mädchen) wurden von Courty die Strychnin-Injectionen mit grossem Erfolg in Anwendung gezogen. Es wurden 8—16 Tropfen einer Solution von 1 : 100 oder 1 : 70 längs dem Verlaufe des N. facialis, zwischen For. stylomastoides und Unterkiefer, jeden zweiten oder dritten Tag eingespritzt. Alle Muskeln erhielten in circa 10—14 Tagen, durch 3—6 Injectionen, ihre Beweglichkeit wieder; ein Recidiv trat nicht ein. Aehnliche Erfolge haben auch Pletzer (nach 7—8 Injectionen), Saemann und Lorent beobachtet. Ich selbst sah von dem Verfahren gar keinen Nutzen in folgendem Falle von rheumatischer, noch nicht veralteter Facialis-Lähmung, wo freilich auch der Inductionsstrom im Stich liess, während durch den constanten Strom schliesslich Heilung bewirkt wurde.

1. Die 20jährige Friederike S. leidet an einer Lähmung des rechten Facialis, die vor 4 Wochen plötzlich, über Nacht, entstanden sein soll. Die Pat. schlief in einem kalten Zimmer und hat angeblich auf der betreffenden Gesichtshälfte gelegen; als sie am Morgen erwachte, war der Mund nach der linken Seite verzogen, Sprache und Schlucken waren sehr erschwert, der Speichel floss anfangs stets auf der gelähmten Seite heraus. Veränderungen der Geschmacksempfindung waren nicht vorhanden. Nach Meinung der Pat. soll sich die Affection, namentlich was die Sprache und die Stellung des Mundes betrifft, schon etwas gebessert haben. — Die Erscheinungen sind die einer völligen Lähmung aller zu den Gesichtsmuskeln gehenden Aeste des rechten Facialis: die Stirn kann nicht gerunzelt, das Auge nicht vollständig geschlossen werden; Mundspalte und Nasenspitze sind nach der gesunden Seite hin verzogen; beim Sprechen zeigt sich nur in der linken Gesichtshälfte Bewegung u. s. w. Die Zunge wird gerade herausgestreckt; Gaumensegel und Uvula stehen normal; ein Unterschied in der Speichelsecretion ist jetzt wenigstens nicht mehr zu entdecken: die Lähmung muss also unterhalb der Abgangsstelle der Chorda tympani und des N. petrosus superficialis major ihren Ursprung haben. Druck in der Gegend des For. stylomastoides ist nicht schmerzhaft. Die elektrische Contractilität sämmtlicher vom Facialis versorgter Muskeln der rechten Gesichtshälfte (bei Anwendung des Inductionsstroms) ist vollständig erloschen, auch die elektromusculäre Sensibilität ist wesentlich vermindert; ein Unterschied in der cutanen Sensibilität ist dagegen nicht wahrzunehmen.

Nach den Erfahrungen von Courty versprach ich mir in diesem Falle von den Strychnin-Injectionen einen günstigen Erfolg, und wandte dieselben methodisch einen Tag um den andern, allmälig von $\frac{1}{12}$ bis zu $\frac{1}{4}$ Gr. steigend, an. Die Injection wurde auf den Stamm des Facialis am For. stylomatoides gerichtet; an den Zwischentagen wurde die Elektricität in Form der direkten und indirekten Faradisation angewandt. Die Patientin hatte nach den ersten Injectionen erhöhte Wärmeempfindung und ein Gefühl von Zuckungen in der rechten Gesichtshälfte; dasselbe durch örtliche Wirkung des Strychnins zu erklären, lag keine Veranlassung vor, da bekanntlich auch bei innerem Gebrauche die Erscheinungen öfters in den gelähmten Theilen zuerst auftreten. Nach $\frac{1}{4}$ Gr. zeigten sich die früher erwähnten Symptome, welche zu einer Verminderung der Dosis nöthigten; es wurde 3 Tage mit der Anwendung cessirt, dann mit $^1/_{14}$ Gr. begonnen und allmälig zu bis zu $^1/_{10}$ Gr. wieder gestiegen. Im Ganzen wurden 16 Injectionen gemacht und beinahe 2 Gr. Strychn. sulf. auf diese Weise verbraucht. Um es kurz zu sagen: es trat nicht der mindeste Erfolg ein; auch die gleichzeitige Faradisation war ohne Nutzen; weder die willkürliche, noch die elektrische Contractilität wurde gebessert. Es wurden nun beide Verfahren ausgesetzt, innerlich Jodkalium gegeben und äusserlich der Strom einer constanten Batterie (von 18 Dan. Elementen) angewandt, weil sich herausstellte, dass die gelähmten Muskeln auf den constanten Strom noch reagirten, während sie bei Anwendung des Inductionsstroms keine Spur von Contraction zeigten. Durch vier Wochen hindurch fortgesetzte tägliche Anwendung des constanten Stroms wurde völlige Heilung erzielt. Ein Unterschied in dem Verhalten beider Gesichtshälften ist jetzt, nach einem halben Jahre, nicht wahrzunehmen. —

Stimmbandlähmung.

Neudörfer injicirte $\frac{1}{40}$ Gran Strychnin bei Aphonie in Folge von Muskellähmung. Ausser den Schmerzen, über die etwa 10 Minuten nach der Injection geklagt wurde, trat keine Wirkung ein; die Lähmung blieb und wurde später durch Elektricität etwas gebessert. — Dagegen hat Waldenburg einen interessanten Fall von totaler, auf Lähmung der Stimmbänder beruhender Aphonie mitgetheilt, der durch Strychnin-Injectionen in kurzer Zeit vollkommen geheilt wurde:

Frl. Roth, 20 Jahre alt, wurde nach einer muthmaasslichen Erkältung Nachts von Kopfschmerz befallen, der am Tage noch fortdauerte, während die Stimme ab und zu heiser wurde. Am folgenden Morgen erwachte sie mit einer vollständigen Aphonie, die von da ab ohne die geringste Unterbrechung fortbestand. Daneben weder Husten noch Halsschmerzen; alle übrigen Functionen normal. Ein Aufenthalt in Reinerz und die Application des elektrischen Stromes hatten nicht den geringsten Nutzen. Später kam Räuspern, Trockenheit und Brennen im Halse, zuweilen trockener Husten hinzu. Die jetzt vorgenommene laryngoskopische Untersuchung ergab vollständig normales Ansehen der Stimmbänder, die sich jedoch beim Versuch, ä zu phoniren, nur träg auseinander bewegten und bei der Annäherung nie einen völligen Schluss bewirkten, sondern stets noch einen, in der Mitte $\frac{1}{2}-1'''$ breiten, bogenförmigen Spalt zwischen sich liessen. Es musste somit eine Lähmung der die Stimmritze verengernden Muskeln (cricothyreoidei) angenommen werden. Ausserdem fanden sich die Zeichen eines leichten Katarrhs. Letzterer wurde durch Inhalationen von Kochsalzlösung und Terpentin beseitigt, die Lähmung jedoch blieb unverändert. Auch die endermatische Anwendung des Strychnins ($\frac{1}{2}-\frac{1}{4}$ Gr. täglich, 3 Wochen fortgesetzt, über dem Schildknorpel) hatte nicht den mindesten Erfolg. — W. ging nun zu den Strychnin-Injectionen über, und begann am 1. Januar mit $\frac{1}{10}$ Gr. (neben dem Thyreoidknorpel). Veränderungen in dem Befinden der Patientin, dem Pulse oder an den Pupillen traten, ebenso wie bei den späteren Injectionen, nicht ein. Am Morgen nach der, am Nachmittage vorgenommenen Injection fing die Sprache — zum ersten Male seit 11 Monaten — an, etwas Klang zu zeigen. Der dazwischen tretenden Menses wegen wurde erst am 6. Januar wieder $\frac{1}{10}$ Gr. injicirt. Am folgenden Tage gleicher Erfolg. Am 7. Jan. Injection von $\frac{1}{34}$ Gr. — Abends, ca. 4 Stunden nach der Einspritzung, konnte Pat. bereits mit einer, wenn auch sehr dumpfen und barschen, doch klangvollen Stimme sprechen. Am Nachmittage des 8. Jan. wieder Injection von $\frac{1}{10}$ Gr. — Unmittelbar darauf hob sich die Stimme immer mehr und mehr, so dass sie nach einer halben bis einer Stunde vollständig laut, klar und klangvoll, wie die eines gesunden Menschen, war. Das Resultat hielt auch am folgenden Tage an, die Sprache hatte nur noch etwas Ungelenkiges, die Schallhöhe war tiefer als früher. Am 10. Jan. neue Injection von $\frac{1}{10}$ Gr. — Unmittelbar darauf wird die Sprache gelenkiger; das Gefühl der Anstrengung schwindet mehr und mehr.

Am 12. Jan. Injection von $\frac{1}{20}$ Gr. — Am 13. Abends wurde Pat. in Folge von Aufregung nnd Erkältung von einem heftigen Husten befallen und die Sprache allmälig wieder ganz heiser. Injection von $^3/_{20}$ Gr. Strychnin und Inhalation von Salmiaklösung beseitigten jedoch diese Symptome, so dass schon am 15. die Stimme wieder ganz normal war, und es seitdem auch ohne Unterbrechung blieb. Die Bewegungen der Stimmbänder erschienen beim Laryngoskopiren normal. Zur Vorsicht wurden die Einspritzungen noch am 15., 17., 24. und 29. Jan. wiederholt, so dass im Ganzen innerhalb 4 Wochen 11 Injectionen gemacht und dabei etwas über ⅓ Gr. Strychnin verbraucht wurde. Die Heilung bestand auch nach länger als einem Jahre.

Saemann erwähnt ebenfalls einen Fall von Aphonie mit Larynxcatarrh, in welchem sich nach 4 Injectionen innerhalb 8 Tagen die Sprache wieder herstellte: gleichzeitig mit jeder Injection wurde jedoch eine locale Aetzung mit Sol. arg. nitr. vorgenommen, so dass die Beobachtung nicht rein erscheint. Der noch nicht ganz beseitigte Catarrh wurde schliesslich durch Salmiak-Inhalationen gehoben.

Bleilähmung.

Lorent macht über einen mit Glück behandelten Fall (vermuthlicher) Bleilähmung der Extensoren folgende Mittheilung:

Ein 30jähriger Steuermann, der lange in heissen Klimaten gefahren hatte, ward anämisch und mager in einem Zustande allgemeiner Cachexie, mit Contractur und Lähmung beider Hände, Lähmung des Vorderarmes und der Finger und unvollkommener Lähmung der unteren Extremitäten im Frühjahr 1864 im Krankenhause aufgenommen. Die Hände standen krallenartig gebeugt, steif und unbeweglich, die Pronation und Supination war unmöglich, das Gehen war höchst unvollkommen, unsicher. An den Lippen und an dem Rande des Zahnfleisches zeigte sich ein blaugrauer Streifen, der den Verdacht einer Bleiintoxication erregte, allein das Examen gab durchaus keine Anhaltepunkte für diese Ansicht. Unter der Anwendung von Schwefelbädern, Fichtennadelbädern, heissen Luftbädern, bei einer roborirenden Diät, dem Gebrauche von Jodkalium, Eisenmitteln besserte sich das Allgemeinbefinden, die Kräfte und der Gang, aber die Lähmung und die Contractur der Hände machte erst wesentliche Fortschritte nach dem Gebrauche der Strychnin-Injectionen. Mit $^1/_{12}$ Gr. essigsauren Strychnin anfangend, stieg man, da keine unangenehmen Symptome auftraten, rasch auf ⅓ Gr., welcher im Anfange in die Dorsalfläche des Vorderarmes, wechselweise rechts und links, täglich injicirt ward. Allmälig begannen die Extensoren zu wirken, und bald konnte die Hand vollkommen gestreckt werden. Dann wurde an der Volarfläche des Vorderarmes injicirt, und nun wurden auch die Flexoren der Hand wieder thätig. Unangenehme Empfindungen fühlte der Kranke nicht, konnte jedoch nach der Einspritzung nicht gehen: diese lähmungsartige Schwäche verschwand nach 1—2 Stunden vollkommen. Erst nachdem etwa 2 Monate lang täglich ⅓ Gr. Strychnin injicirt war, stellten sich die elektrischen Schlägen ähnlichen Zuckungen in heftigem Grade ein, hörten aber mit dem Aussetzen der Injectionen auf. Als nach Verlauf mehrerer Wochen mit denselben wieder begonnen wurde, traten die Zuckungen schon nach 3 Wochen wieder ein, was zum Aussetzen wieder nöthigte. Später traten dieselben noch früher wieder auf. Das Befinden des Patienten besserte sich zusehends, aber die Genesung bis zu voller Freiheit der Bewegungen erforderte eine Behandlung von 6 Monaten.

In dem folgenden, auf der greifswalder Clinik beobachteten Falle zeigten sich dagegen die Strychnin-Injectionen, obwohl bis zu sehr hohen Dosen geschritten wurde, gänzlich erfolglos.

K., Töpfer, 47 Jahre alt, litt bereits vor 4 Jahren an einer Bleilähmung, die angeblich unter Anwendung des Inductionsstroms in Zeit von 4 Wochen beseitigt wurde; da Pat. sich jedoch den alten Schädlichkeiten von Neuem exponirte, trat vor 2 Jahren ein Recidiv ein, welches mit demselben Erfolg behandelt wurde. Seitdem setzte Patient sein Handwerk fort und der Zustand verschlimmerte sich allmälig wieder, so dass Pat am 17. März 1865 im Krankenhause Hülfe suchte. Es fanden sich die Extensoren in beiden Vorderarmen unvollständig gelähmt; Ext. carpi radialis und ulnaris weniger als die Fingerextensoren; rechts war die Affection stärker als links. Livor des Zahnfleisches; im Uebrigen keine auf die Krankheit bezüglichen Veränderungen. — Es wurden tägliche subcutane Injectionen von Strychnin mit steigender Dosis und abwechselnd an beiden Armen angewandt, in der Weise, dass am 19. 3. mit $^1/_{24}$ Gr. rechts am 20. 3. mit der gleichen Dosis links begonnen wurde; am 21. rechts $^1/_6$ Gr., am 22. links $^1/_2$ Gr, worauf Pat über ziehende Schmerzen in beiden Oberarmen, besonders in der Schulter, klagte; die Lähmung blieb unverändert. Am 23. rechts $^1/_4$, am 25 , 26., 27., 28., 30. je $^1/_4$ Gr., am 2 4. rechts $^1/_3$ Gr. — Da nach 11 Injectionen (im Ganzen fast $1^1/_2$ Gr. Strychnin) auch nicht der mindeste Erfolg eingetreten war, wurden die Injectionen ausgesetzt und (von 6. 4. ab) zur elektrischen Behandlung — Anwendung des inducirten Stroms — übergegangen. Unter diesem Verfahren zeigte sich eine erfreuliche und schnell fortschreitende Besserung; bereits am 15. 4. vermochte Pat. die Finger und die Hand wieder willkürlich in mässigem Grade zu strecken und am 6. Mai wurde derselbe auf seinen Wunsch, nachdem die Beweglichkeit beinahe zur Norm zurückgekehrt war, aus der Clinik entlassen.

Traumatische Lähmungen.

Bei einer traumatischen Lähmung des N. peronaeus durch einen Sensenhieb in der Kniekehle mit gleichzeitiger incompleter Anästhesie und völliger Aufhebung der elektromuskulären Contractilität[*]) riefen die Strychnin-Injectionen, am Capitulum fibulae gemacht, ebenfalls das Gefühl von Brennen und von

---

[*)] Vgl. meine Mittheilung dieses Falles in den „Greifswalder medicinischen Beiträgen" II. H. 2.

blitzschnell durchfahrenden Zuckungen in den gelähmten Theilen hervor, ohne dass jedoch wirkliche Contractionen entstanden. Ich überzeugte mich hier auch, dass eine örtliche Wirkung wenigstens auf sensible Nerven dem Strychnin nicht zukommt, indem der Durchmesser der Tastkreise vor und nach
der Injection dieselbe Grösse um die Stichstelle herum zeigte.
Die Injectionen erhöhten auch nicht die elektrische Reizbarkeit
nicht gelähmter (z. B. der vom N. tibialis ant. abhängigen)
Muskeln. Ein Erfolg in Hinsicht auf die Paralyse trat nicht
ein, was freilich in diesem Falle durch die ausgebliebene Re-
generation und Vereinigung der durch Schnitt getrennten Ner-
venenden erklärt werden konnte.

Dagegen schienen die Strychnin-Injectionen in Verbindung
mit der Inductions-Electricität von einigem Nutzen in einem
Falle, wo nach Aderlass in der rechten Ellenbeuge eine Parese
im Gebiet des N. medianus zurückgeblieben war, und namentlich eine Schwäche des Flexor digit. comm. und der interossei
bestand, wodurch der Gebrauch der Hand für den Patienten
(einen Schneider) wesentlich beeinträchtigt wurde. Nach dreiwöchentlicher Behandlung konnte sehr erhebliche Besserung
und gute Gebrauchsfähigkeit der Hand constatirt werden; jedoch blieb es in diesem Falle zweifelhaft, welchem der beiden
Heilfactoren der Erfolg vorzugsweise zuzuschreiben sei, und
möchte ich meinerseits mich hier für die Elektricität entscheiden.

Gänzlich unwirksam zeigte sich mir die subcutane Anwendung des Strychnin bei einem 21jährigen stud. juris (W.) der
am 3. Januar d. J. durch den in Bewegung befindlichen Flügel
einer Windmühle eine oberflächliche Wunde am Hinterkopf mit
Hautablösung und eine gleichzeitige Quetschung des rechten
Arms, ohne Continuitätstrennung, aber mit bedeutendem Blut-
extravasat in der Ellenbeuge, erhalten hatte. Gleich nach der
Verletzung stellte sich eine complete Paralyse und Anästhesie
des rechten N. radialis heraus, die auch nach Heilung der Kopfwunde und Resorption des gesetzten Blutergusses nicht wieder
verschwand. Die electrische Contractilität der Muskeln war
nach 14 Tagen vollständig erloschen. Da tägliche Faradisation
und die Anwendung kalter Douchen nicht die mindeste Veränderung ergaben, so wurden noch die subcutanen Strychnin-
Injectionen mit zu Hülfe genommen, und vom 4. Februar ab,

einen Tag um den anderen, $\frac{1}{12}$ — $\frac{1}{6}$ Gr. Strychn. sulf. allmälig steigend an den oberflächlichsten Stellen im Verlaufe des N. radialis am Ober- und Vorderarme eingespritzt. Diese Injectionen hatten ausser einem vorübergehenden Gefühl von erhöhter Wärme und Reissen im rechten Arm durchaus keinen örtlichen Effect und liessen namentlich sowohl die willkürliche als die electrische Contractilität der Muskeln ganz unverändert: auch wurden niemals Reflexzuckungen durch dieselben oder während der darauffolgenden Faradisation hervorgerufen. Dieses negative Ergebniss scheint mir um so wichtiger, als es sich in dem geschilderten Falle offenbar um keine, oder wenigstens um keine vollkommene und dauernde Continuitätstrennung des Nerven handelte, wofür ausser dem Nichtbestehen einer offenen Wunde auch die allmälig und theilweise erfolgende Wiederkehr der Sensibilität in den vom N. radialis versorgten Hautabschnitten den vollgültigen Beweis lieferte. Als ich den Pat. zum letzten Male sah (am 21. März d. J.) war das Hautgefühl im 3. und 2. Finger beinahe zur Norm zurückgekehrt, nur im Daumen noch etwas geschwächt; dagegen hatte sich der Zustand der Motilität in keiner Weise gebessert und die Atrophie der auf der Dorsalseite des Vorderarms liegenden Muskeln bereits zu beträchtlichen Dimensionen entwickelt.

Partielle Lähmungen der oberen Extremitäten.

Lorent macht über vier hierher gehörige Fälle von Lähmungen aus unsicherer Veranlassung folgende Mittheilungen:

1) Ein 27jähriger Schneider ward mit einer Lähmung des rechten Vorderarms aufgenommen, für welche kein ursächliches Moment aufgefunden werden konnte, als ein anhaltender Druck des Kopfes beim Schlafen auf den auf dem Tische ruhenden Arm, was der Kranke bestimmt angab. Electricität, Vesicantien und Einreibungen blieben erfolglos, aber nach 3 Injectionen mit $\frac{1}{20}$ Gr. Strychnin war die Lähmung auf die Dauer gehoben.

2) Eine Paralyse der Extensoren des linken Vorderarms betraf einen dem Trunke ergebenen 44jährigen Arbeiter. Nachdem das drohende Delirium durch den Gebrauch von Tart. stib. und Morphium-Injectionen beseitigt und das Allgemeinbefinden gebessert war, wurde die Lähmung mit Strychnin-Injectionen

behandelt. Die Bewegung stellte sich wieder ein, die Schwäche
der Hand wurde aber erst dauernd beseitigt durch das längere
Tragen eines Apparats, mittelst welches die Hand anhaltend in
Extension gehalten wurde.

3) Eine ähnliche Lähmung der Extensoren der linken Hand
und Finger kam bei einem 45jährigen Arbeiter vor, welcher
sich länger beim Eisverpacken beschäftigt hatte. Sämmtliche
Extensoren der Hand (der Musc. radialis externus, M. extensor
digitorum communis, M. extensor digit. indicis at minimi, M.
ulnaris extern. und M. extensor pollicis) waren gelähmt, die
Hand hing unbeweglich am Carpalgelenke herab und die Finger waren vollständig paralysirt, ohne Bewegung, und konnten
weder gestreckt noch gebeugt werden. Vom 25. Februar 1864
bis zum 25. März wurde an der äusseren Fläche des Vorderarmes 1—2″ über dem Ligam. carpi commune, wo man bei
Bewegungsversuchen jede Bewegung der Haut und Muskeln in
einer Ausdehnung von 4 Zoll fehlen sah, täglich eine Injection
gemacht in steigender Progression von $\frac{1}{10}$, $\frac{1}{6}$, $\frac{1}{5}$ und $\frac{2}{15}$ Gr.
Strychnin. Nach 6 Tagen fühlte der Kranke Nachts Zucken
und Prickeln in den Fingern und in den folgenden Tagen zeigte
sich Bewegung in den Fingern als Strecken nnd Krümmen derselben. Diese wurden nun allmälig immer ausgiebiger und
am 25. März konnte Patient die Hand strecken, vollkommen
schliessen und kräftig drücken.

4) Brachialgia und Paresis des rechten Vorderarmes wurde
bei einem 24jährigen anämischen Maler beobachtet. Seit 14
Tagen litt derselbe an Schmerzen im rechten Arm, die paroxysmenweise nach dem Verlaufe des Nervus ulnaris auftraten und
sich mit einer ziehenden Empfindung bis in die Fingerspitzen
erstreckten. Gleichzeitig war ein grosses Schwächegefühl in
der Hand vorhanden, welches dem Patienten nicht erlaubte,
schwere Gegenstände länger in der Hand festzuhalten. Bei der
Untersuchung zeigte sich der Nervus ulnaris über dem Condylus internus humeri und über dem Olecranon bei Druck empfindlich. Die Sensibilität dagegen war ganz intact und wurden die
Nadelstiche in geringem Umfange als gesondert empfunden,
ebenso war die Bewegung ungestört, der Handballen erschien
jedoch schlaff. Patient wollte sich lange und anhaltend mit
Farbenreiben (und zwar von Erd- und Zinkfarben) beschäftigt

haben, gab aber auch Schlafen auf dem Arm als ätiologisches Moment zu. Es wurde am Oberarm an der schmerzhaften Stelle des Ulnaris eine Injection von ¹/₂₀ Gr. Strychnin gemacht, worauf am anderen Tage die schmerzhaften Anfälle geschwunden waren. Drei ähnliche Injectionen beseitigten das Schwächegefühl in der Hand auf die Dauer.

Mader hat in einem Falle von Lähmung des N ulnaris, die während der Behandlung eines pleuritischen Exsudats entstanden war, einen Erfolg beobachtet. Ich selbst behandle gegenwärtig einen Fall von incompleter Paralyse und Anästhesie des rechten Arms, namentlich im Gebiete des N. radialis, bei einer älteren Frau, welche gleichzeitig an bedeutenden Schwellungen der rechtsseitigen Halsdrüsen aus unbekannter Veranlassung leidet. Die elektrische Contractilität im Bezirke des N. radialis ist aufgehoben, im Medianus und Ulnaris geschwächt. Faradisation und subcutane Strychnin-Injectionen haben bisher (während 9 Wochen) nur sehr ungenügende Resultate geliefert.

Enuresis. Blasenlähmung.

Bei der Enuresis (diurna et nocturna) des kindlichen Alters, hat u. A. schon Mondières die Nux vomica innerlich in Verbindung mit Eisen empfohlen. Bois sah hier in drei Fällen von den Strychnin-Injectionen sehr günstige Resultate. Das erste Kind war 6 Jahre alt und litt an Incontinentia diurna et nocturna. Es wurde zuerst 1 Mgrmm. Strychnin am Perinaeum eingespritzt und allmälig auf das Vierfache, täglich um 1 Mgrmm., gestiegen; bei dieser Dosis verschwand das Uebel. Es wurde trotzdem noch bis 8 Mgrmm. (weshalb?) weiter gegangen, worauf Vergiftungserscheinungen zum Aussetzen des Mittels nöthigten. — Bei der vierjährigen Schwester des ersten Patienten, die eine stärkere Constitution hatte, fing Bois mit 4 Mgrmm. an; hierauf traten bedenkliche Zufälle ein, die jedoch bald cessirten, und die Incontinenz bei Tage war seitdem gehoben. Die nächtliche Incontinenz recidivirte in Zeit von 70 Tagen noch mehrmals, wurde aber schliesslich auch vollkommen geheilt. — Die dritte, 9jährige Kranke hatte das Uebel im höchsten Grade; mit dem Urin gingen oft auch Fäcalstoffe ab. Sechs- bis siebentägige Behandlung heilte die Enuresis diurna vollkommen, die nocturna wurde jedoch nicht radical beseitigt, und die Injectionen mussten zuletzt, „weil sie dem Kind lästig wurden“, ausgesetzt werden.

Fronmüler erzielte bei Harnträufeln durch Injectionen von $\frac{1}{30}$ — $\frac{1}{2}$ Gr. oberhalb der Symphyse eine nur vorübergehende Besserung: das Mittel musste wegen beginnender Intoxication ausgesetzt werden und zeigte sich in der Folge das Physostigmin günstiger. — Bei spinaler Blasenlähmung (verminderter Innervation und Schwäche des Detrusor) fand Lorent die Injection in einigen Fällen nützlich; auch ich habe einmal eine vorübergehende Besserung beobachtet (vgl. unten: „spinale Lähmungen“).

Prolapsus recti.

Bei Prolapsus recti in Folge von vermindertem Tonus oder Paralyse der Mastdarmmusculatur, wie er namentlich im kindlichen Alter vorkommt, ist das Extr. nucis vomicae bereits innerlich von verschiedenen Seiten gerühmt worden; dann hat Duchaussoy das Strychnin endermatisch applicirt, und Magnus dasselbe auf das prolabirte Darmstück aufgestreut. Neuerdings haben Wood, Dolbeau, Foucher und Andere auch von der subcutanen Injection des Strychnin gute Erfolge gesehen.

Dolbeau bewirkte in zwei Fällen (bei einem 3jährigen Mädchen und einem 5jährigen Knaben) Heilung. Die Canule wurde in einer Entfernung von 1 Ctm. von der Afteröffnung rechts 5 Mm. tief eingeführt und 10 — 11 Tropfen einer Lösung von 1 : 100 daselbst eingespritzt. In einem Falle blieben vier wiederholte Injectionen erfolglos, weil wie sich später zeigte, der Spritzenstempel nicht genügend schloss. (Dolbeau bekräftigt hierdurch, was wohl Niemand bezweifelt, dass nicht der Einstich in der Nähe des Mastdarms, sondern das Strychnin die Heilung bewirkte). In dem letzten Falle trat einige Tage nach der vierten Injection der Vorfall wieder ein; das prolabirte Stück wurde brandig, stiess sich ab, und es erfolgte schliesslich auf diesem Wege Spontanheilung.

Nach Foucher hat Büdner zwei Fälle in gleicher Weise behandelt; er selbst theilt ebenfalls zwei Erfahrungen mit.

1) 4jähriges Mädchen; Prolapsus seit vielen Monaten. Täglich 3 — 4 Durchfälle, wobei grosse Schleimhautwülste her-

vortreten; Reduction schmerzhaft. Injection von gtt. 10 einer
Sol. Strych. sulf. (1 : 100) in der Richtung des Schliessmuskels,
etwa 1 Ctm. vom After entfernt. An diesem Tage bei 3 Stuhl-
gängen nur ein Vorfall; am folgenden keiner; am dritten nur
einer in 24 Stunden. Zweite Injection (gtt. 6.); seitdem in 6
Wochen kein Vorfall.

2) 3jähriger Knabe; Prolapsus seit über 3 Monaten, viele
Mittel vergeblich. Injection von gtt. 12. mit unmittelbarem
Effect, so dass der Schliessmuskel sich zusammenzog und der
Vorfall nicht wiederkehrte.

Auch Bois und Jousset rühmen die Injection, ohne sich
jedoch, wie es scheint, auf eigene Beobachtungen zu stützen.
Dagegen hat, nach Guérsant, Giraldès gar keine Wirkung
von denselben gesehen. — Jedenfalls ist, bei Kindern, die grösste
Vorsicht und Beschränkung der Dosis zu empfehlen.

2) Verbreitete (peripherische und centrale) Lähmungen.

Spinale Paraplegie. Tabes und Ataxie locomotrice progressive.

Nachdem Béhier zuerst in 7 Fällen von Lähmungen,
theils centraler, theils peripherischer Natur, durch Strychnin-
Injectionen (1 Mgrmm.) Heilung bewirkt hatte, machte Courty
einen Versuch damit bei einer 45jährigen Frau mit seit fast
einem Jahre bestehender Paraplegie, die verschiedenen Behand-
lungsweisen hartnäckig Widerstand leistete. Einige Strychnin-
Injectionen im Niveau der unteren Rückenmarksabschnitte bewirkten auch hier völlige Heilung.

Pletzer sah bei veralteten Lähmungen keinen Erfolg; in
einem Falle von beginnender Tabes schienen die ab und zu
auftretenden ischiadischen Schmerzen den Strychnin-Injectionen
fast in gleicher Weise auf längere Zeit zu weichen wie der
Morphium-Einspritzung.

Ruppaner berichtet über einen interessanten Fall von
Paraplegie in Folge einer Schussverletzung des Bauches und
der Wirbelsäule, mit Zurückbleiben der Kugel in den Wirbel-
körpern und consecutiver Caries des 4. und 5. Lumbalwirbels.
Injectionen von Strychnin (sowie auch von Atropin) wurden

anfangs nur zur Milderung der äusserst heftigen, in beiden
Beinen auftretenden und Wochen lang anhaltenden Krampfanfälle benutzt, später jedoch auch methodisch gegen die nach
Beseitigung der letzteren zurückbleibende Lähmung der Blase
und der unteren Extremitäten. R. begann mit Injection von
10 Tropfen einer Lösung von gr. j in ʒ j und stieg allmälig bis
zu 30 Tropfen; die Einspritung wurde täglich in der Rücken-
gegend gemacht und hatte regelmässig ein unangenehmes Gefühl (eine Art Reissen) in beiden Beinen zur Folge. Die Beweglichkeit besserte sich jedoch; Pat. vermochte die Beine wieder zu heben und 2 — 3 Minuten ohne Unterstützung in dieser
Lage zu erhalten; er gewann auch wieder Macht über Blase
und Rectum und konnte zuletzt ohne geführt zu werden, aufstehen und Treppen hinabsteigen. (Ob dieser Effect ausschliesslich den — Monate hindurch fortgesetzten — Strychnin-Injectionen und der gleichzeitigen innerlichen Verabreichung von Tinct.
nucis vomicae, oder noch anderweitigen Momenten zuzuschreiben, erscheint freilich in hohem Grade zweifelhaft). Ein Jahr
darauf ging Pat. an einer Dysenterie plötzlich zu Grunde.

Derselbe Autor berichtet einen zweiten Fall von Parese
der Blase und unteren Extremitäten, die nach einem „rheumatischen Fieber" bei einem 44jährigen Matrosen allmälig auftrat
und ·durch zahlreiche Mittel (Arsenik, Tinct. nucis vomicae)
sowie auch Frictionen, Douche u. s. w. nur unbedeutend gebessert wurde. Sieben Strychnin-Injectionen (von 15 Tropfen
obiger Lösung) in Zeit von 23 Tagen bewirkten dagegen einen
erheblichen Fortschritt, so dass Pat. mit Unterstützung und
später mit Hülfe eines Stockes leidlich umherging.

Lorent berichtet folgenden Fall, in welchem sich in Bezug auf die Blasenlähmung ein günstiger Erfolg zeigte:

„Ein 54jähriger Schneider wurde mit Paralysis vesicae im Krankenhause
aufgenommen. Die Blase war so ausgedehnt, dass der aufgetriebene Leib zur
Annahme von Hydrops ascites geführt hatte. In den unteren Extremitäten war
eine geringe Parese vorhanden und der Gang des Kranken deutete auf begin-
nendes Rückenmarksleiden. Der Kranke wurde täglich wiederholt catheterisirt,
erhielt für die tägliche Oeffnung leichte Evacuantia, daneben Fichtennadelbäder
und nährende Diät. Ausserdem wurde täglich eine Einspritzung von Strychnin
gemacht zu $^1/_{12}$ — $1^1/_{12}$ Gr., und zwar in die Gegend des Fundus vesicae über
der Symphysis ossium pubis. Diese Behandlung, bei welcher wir die Einspritzungen nicht gering anschlagen, hatte bald den Erfolg, dass Pat. die Blase bis auf

ein Drittel ihres Inhalts entleeren konnte und Nachts viel Urin von selbst liess. Der zurückbleibende Rest musste jedoch noch 3 mal täglich mit dem Catheter entleert werden, was bei der Entlassung Pat. selbst zu verrichten gelernt hatte. Electricität, welche gleichfalls versucht wurde, hatte keinen Erfolg".

Ich habe (in v. Langenbeck's Archiv, Bd. VII.) einen Fall von Rückenmarksverletzung — Fractur und Luxation des 1. Lumbalwirbels — aus der Clinik des Hrn. Geh. Rath Bardeleben publicirt, der, in mehrfacher Hinsicht interessant, auch in Betreff der Localwirkung des Strychnin auf die motorischen Nerven ein nicht unwichtiges Resultat lieferte. (Vgl. oben pag. 73). Die in diesem Falle bestehende Blasenlähmung und Paraplegie wurde durch fortgesetzte Anwendung der Electricität und subcutaner Strychnin-Injectionen (bis zu ⅛ Gr.) vorübergehend gebessert: jedoch erlag Pat. schliesslich unter allgemeinem Marasmus und einer hinzutretenden, croupös-diphteritischen Affection der Harnwege.

Versuchsweise habe ich die Strychnin-Injectionen ferner angewandt in 2 Fällen von Parese der unteren Extremitäten in Folge von Malum Pottii und in einem von eigentlicher Ataxie locomotrice progressive mit den bekannten characteristischen Erscheinungen dieser Krankheit. Letzterer Fall, der sich noch in Behandlung findet, gestattet kein definitives Urtheil; doch ist der Effect der bisherigen (mehr als 20) Einspritzungen jedenfalls ein sehr minimaler. Bei Malum Pottii habe ich bisher keine Wirkungen gesehen. Es scheint mir überflüssig, diese rein negativen Befunde ausführlicher zu registriren; doch möchte ich darauf aufmerksam machen, dass gerade im Verlaufe chronischer Wirbelerkrankungen häufig Fälle beobachtet werden, in denen man bei erloschener oder sehr bedeutend herabgesetzter willkührlicher Contractilität (und Sensibilität) die Reflexerregbarkeit normal oder selbst pathologisch erhöht findet, und dass darartige Fälle möglicherweise der subcutanen Anwendung des Strychnin, bei der wahrscheinlich vorwiegend reflectorischen Action dieses Mittels, etwas günstigere Chancen darbieten.

Progressive Muskelatrophie.

Bei dieser Krankheit empfiehlt Zülzer die Strychnin-Injectionen, um die Muskeln für Elektricitäts-Einwirkungen empfänglicher zu machen. Ich halte es jedoch für sehr zweifelhaft, dass den Strychnin-Injectionen ein derartiger Einfluss unter physiologischen , oder pathologischen Umständen zukommt. Ueberdies habe ich in zwei Fällen von progressiver Muskelatrophie, welche beide im Gebiete der Schultermuskeln (Deltoides, Supra- und Infrapinatus, Serratus ant. magnus) ihren Ausgangspunkt hatten und bei denen die electromusculäre Contractilität noch zum Theil erhalten war, von der consequent lange Zeit hindurch fortgesetzten Anwendung subcutaner Strychnin-Injectionen kaum irgend welchen Nutzen gesehen.

Essentielle Paralyse.

Bei der sogenannten essentiellen Paralyse der Kinder, wo bekanntlich schon Heine den Nux vomica-Präparaten zu innerem Gebrauche das Wort redete, habe ich neben der Electricität und Jodkalium auch Strychnin in kleinen Dosen ($^1/_{18}$ bis $^1/_{12}$ Gr.) subcutan zur Unterstützung der Cur in Anwendung gezogen. Obwohl in den behandelten, meist frischen Fällen Heilung erzielt wurde, glaube ich doch auf das Strychnin bei diesem Resultat nur einen sehr geringen Werth legen zu dürfen, da ich auch durch die erst genannten Mittel (und Gymnastik) ohne das Strychnin Heilungen in gleicher Zeit habe zu Stande kommen sehen.

Cerebrale Lähmungen.

Hier ist mir nur ein Fall von apoplectischer Hemiplegie (nach haemorrhagia cerebri) bekannt, der auf der greifswalder Clinik einige Zeit mit subcutanen Strychnin-Injectionen ganz erfolglos behandelt wurde.

Vielleicht gehört auch ein von Saemann erwähnter Fall von allgemeinen Lähmungserscheinungen durch constitutionelle Lues hierher, in welchem nach vergeblichem Gebrauche von Inunctionscur und Jodkalium die Strychnin-Injectionen eine wenigstens palliative Hülfe leisteten. Nach jeder Injection zeigte sich Abnahme des Schwindels, der Gang war sicherer, die Besserung jedoch nur von 48 stündiger Dauer.

Wie aus der vorstehenden Uebersicht hervorgeht, sind die bisherigen Resultate der Strychnin-Injectionen nicht gerade sehr

ermuthigend und überdies von vielfachen Widersprüchen getrübt. Es dürfte zur Zeit noch vollständig unmöglich sein, aus
dem vorliegenden thatsächlichen Material auch nur einigermaassen feste Anhaltspunkte für die Indicationen der in Rede stehenden Behandlungsweise zu entnehmen und ihre Wirkungen
bei dieser oder jener Lähmungsform annähernd zu fixiren. Am
meisten vereinigen sich noch die Stimmen in dem Nutzen der
örtlichen Strychnin-Application bei frisch entstandenen (rheumatischen) Paralysen, und bei gewissen Zuständen verminderter motorischer Innervation der Blase und des Mastdarms (Enuresis, Ischuria durch Lähmung oder Schwäche des Detrusor,
Prolapsus ani des kindlichen Alters). Widersprechend sind die
Resultate bei Bleilähmung und spinalen Innervationsstörungen
(Paraplegie, beginnende Tabes); ganz oder meist negativ bisher bei traumatischen Paralysen, progressiver Muskelatrophie
und Cerebrallähmung. Bei den nach Typhus oder anderen
schweren Allgemeinerkrankungen (Diphteritis, Meningitis cerebro-spinalis u. s. w.) zurückbleibenden, meist stationären Läh-
mungsformen sind, wie es scheint, bisher noch keine Versuche
gemacht worden.

II. Krämpfe.

Ruppaner, l. c. — Sander, l. c.

Wie oben erwähnt, sah Ruppaner gegen die nach Schussverletzung der Wirbelsäule auftretenden Krämpfe in den unteren Extremitäten von den Strychnin-Injectionen sehr günstige
Wirkung. Sander berichtet einen Fall von „essentiellem"
Gesichtskrampf, der unter derselben Behandlung geheilt
wurde, nachdem u. A. auch Morphium- und Atropin-Injectionen sich erfolglos gezeigt hatten.

Ein 30jähriges, kräftiges Dienstmädchen, das vor 5 Jahren eine Gehirnent-
zündung durchgemacht hatte, bekam ohne bekannte Ursache plötzlich Kopfweh,
besonders über dem rechten Auge; am folgenden Tage Zuckungen in der rechten Gesichtshälfte, anfangs alle ½—1 Stunde, dann mit Pausen von nur wenigen Minuten, ohne Schmerz oder Sensibilitätsstörung, ½—3 Minuten dauernd:
besonders in Oberlippe und Nasenflügel, weniger an den Augenlidern. Injectio-

nen von Morphium und Atropin ohne Erfolg, vielmehr wurden die Krämpfe
stärker und häufiger; rasch auf einander folgende Contractionen des rechten Sternocleidomastoideus und der Oberarmmuskeln, abwechselnd mit Trismus; das Sprechen
und Schlucken, selbst in den freien Pausen, höchst beschwerlich. Eis und Blutentziehungen gleichfalls fruchtlos. — Injection von Strychnin (angeblich ⸴ Gr.!)
bewirkt, zum ersten Male seit 9 Tagen, eine längere Pause der Krämpfe, und
nach Wiederholung der Injection am folgenden Tage völliges Verschwinden
derselben.

B. Sensibilitätsneurosen.

1) Anästhesieen.

Amaurose.

Fremineau, gaz. des hôp 49, 1863. — Saemann, deutsche Clinik 44,
    1864. Spaeth, Würtemb. Correspondenzbl. 7, 1865; med. Central-
    Zeitung 41, 1865.

Frémineau publicirte einen Fall von Amaurose nach Typhus, der unter Anwendung von Strychnin - Injectionen vollkommen geheilt wurde.

Ein 16jähriger Mann wurde am dritten Tage eines typhösen Fiebers von
Sehschwäche im linken Auge befallen, die nach 5 Tagen in Amaurose überging. In der Reconvalescenz vermochte er nicht Hell und Dunkel zu unterscheiden; Druckphosphene bestanden nicht, die Pupille war weit und ohne Reaction,
die ophthalmoskopische Untersuchung ergab ein negatives Resultat; rechtes Auge
und Gehirnfunctionen normal. Im Laufe von 10 Tagen jeden zweiten Tag, also
im Ganzen 5 Injectionen von Strychn. sulf. in der linken Stirnhälfte. Nach der
zweiten Injection konnte Pat. Gegenstände erkennen; doch erschienen sie ihm
noch so entfernt und klein, als wenn er durch einen umgekehrten Operngucker sähe,
Zugleich stellte sich Diplopie ein. · Nach der dritten und vierten Einspritzung
verschwand diese Anomalie, und nach der fünften war das Sehvermögen wie
rechts, die Pupille von normaler Grösse und Reaction.

Ein Seitenstück hiezu in Bezug auf den therapeutischen
Effect liefern die Beobachtungen von Saemann und Spaeth.

(Fall von Saemann). Ein 80jähriger Kaufmann, der ausser wiederholtem
profusen Nasenbluten sich einer vollkommenen Gesundheit erfreute, war am 11.
Juni d. J. plötzlich erblindet. (Die Augen früher gesund; Hypermetropie ⅓.)
Die Pupillen wurden durch Atropin wenig erweitert; die ophthalmoskopische
Untersuchung lieferte ein negatives Resultat. Venäsection, Blutegel u. s. w. bewirkten keine Veränderung. Am 18. Juni Injection von ¹/₃ Gr. Strychnin in
der Gegend des linken N. supraorbitalis. Nach kaum 2 Minuten erkannte Pat.
(der bis dahin nicht einmal Lichtperception gehabt hatte) den Kirchthurm, die
grünen Bäume, sah die Blätter an denselben sich bewegen und zählte Finger,

vermochte jedoch kleinere Gegenstände nicht zu erkennen. — Am folgenden Tage wieder Abnahme der Sehkraft. Neue Injection (von $^1/_{10}$ Gr.) mit gleichem Erfolge. Seitdem täglich bis zum 25. Juni $^1/_{10}$ Gr. — am 27. und 29. Juni, 1., 3., 5. und 7. Juli $^1/_{8}$ Gr. — am 11., 14., 18. und 23. Juli $^1/_{6}$ Gr. — Die Wirkung war eine stetig progressive Steigerung des Sehvermögens. Am 3. Juli konnte Pat., wenn auch mühsam, Nr. 13. der Jäger'schen Schriftproben erkennen; nach der letzten Injection las er Nr. 2. mühsam, Nr. 4. bequemer. — Jede anderweitige Medication wurde vermieden.

(Fall von Spaeth). Sophie B., 22 Jahre alt, ausser häufigen Migraineanfällen gesund; linksseitige Amblyopie mit periodischem divergireudem Schielen; Sehvermögen für Nähe und Ferne $\frac{1}{2}$. Diagnose: unvollständige functionelle Paralyse der Netzhaut ohne nachweisbare anatomische Veränderung. Seit mehreren Monaten Derivantien, Heurteloup, Laxanzen, Fussbäder etc. ohne allen Erfolg. Nach drei Strychnin-Injectionen (am 15. Dec.) wesentliche Besserung des Sehvermögens, so dass die Kranke in der Ferne um einen Fuss weiter deutlich sieht und in der Nähe fast doppelt so kleine Schrift liest als früher. Am 24. Dec., nach 6 weiteren Injectionen, ist das Sehvermögen nahezu wiederhergestellt. Am 5. Jan. wird Pat. völlig geheilt entlassen.

Es dürfte kaum möglich sein, das Gemeinsame dieser drei Fälle aufzufinden und daraus einen, einigermaassen haltbaren Schluss auf die Art der Strychninwirkung und die Indicationen dieses Mittels bei gewissen Formen amaurotischer Störung zu entnehmen. Von der Annahme ausgehend, dass es sich dabei wahrscheinlich um eine (directe oder reflectorische) Einwirkung auf den Opticus, resp. die nervösen Endapparate desselben im Gesichtsorgan handle, versuchte ich die Strychnin-Injectionen in einem Falle frisch entstandener, durch Compression (in Folge von Periostitis) herbeigeführter Orbital-Amaurose — aber leider völlig erfolglos.

Ein 17jähriges, sonst gesundes Mädchen (Friederike B.) leidet seit 10 Tagen an spontan entstandenen Schmerzen in der linken Orbita, seit 6 Tagen an völliger Erblindung des linken Auges. Der Bulbus hervorgewölbt, Beweglichkeit verringert; Conjunctiva von starken varicösen Venen durchsetzt, ecchymotisch; Pupille weit, reactionslos; keine quantitative Lichtempfindung vorhanden. Die ophthalmoskopische Untersuchung ergab eine bedeutende venöse Hyperämie mit Neuritis und beginnender Druckexcavation. Leichtes Oedem und Ptosis des oberen Lides; nach innen unter dem Margo supraorbitalis eine circumscripte, härtliche Anschwellung. Da aus diesen Zeichen auf eine Entzündung innerhalb der Orbita geschlossen werden musste, so wurde längs des oberen Lides eine tiefe Incision bis auf den Knochen geführt, wobei sich aus der Tiefe eine relativ erhebliche Quantität Eiter entleerte und beim Sondiren der Knochen in grosser Ausdehnung rauh und curiös gefühlt wurde. Die Wunde wurde, um den Eiter abzuleiten, während der nächsten Zeit durch Pressschwamm offen erhalten. Die

Pupille verengerte sich nach der Incision, das Sehvermögen aber kehrte nicht wieder. Es wurden nun vom nächsten Tage ab Strychnin-Injectionen ($\frac{1}{16}$ — $\frac{1}{8}$ Gr.) in der linken Schläfe jeden Tag vorgenommen, ohue die geringste Besserung herbei-zuführen. Nach 14 Tagen waren die Druckerscheinungen im Uebrigen vollständig zurückgegangen, die Eiterung hatte fast aufgehört, der Bulbus normal beweglich, die Pupille ebenso eng wie die andere — die Amaurose jedoch unverändert.

2) Neuralgieen.

Pletzer, der, wie schon erwähnt, die (excentrischen) ischiadischen Schmerzen bei beginnender Tabes durch Strych-nin-Injectionen besserte, fand dieselben auch bei rheumatischer Ischias sehr nützlich. In einem seit Wochen bestehenden Falle erfolgte in 14 Tagen (unter täglicher Injection von $\frac{1}{20}$ Gr.) — in einem anderen nach 7—8 maliger Injection Heilung.

Endlich sei erwähnt, dass Lorent bei Emphysema pul-monum die Strychnin-Injectionen ebenfalls, aber ohne jeden Ef-fect, anwandte.

Siebzehntes Capitel.

Woorara.

Die von Claude Bernard, Kölliker, Haber, Kühne, Bidder und Anderen studirten physiologischen Wirkungen des Woorara sind allgemein bekannt. Der lähmende Einfluss, den diese Substanz auf die motorischen Nervenstämme direkt aus-übt, begründete die Versuche ihrer Anwendung bei Krampf-krankheiten, namentlich bei den allgemeinen Reflexkrämpfen. Da schon Bernard constatirt hatte, dass das Woorara bei Thie-ren vom Magen aus nur sehr schwer und langsam resorbirt wird, und die Erfahrung auch beim Menschen dasselbe lehrte, so wurde das Mittel anfangs meist endermatisch oder in Form

von Umschlägen auf bestehende Wunden u. s. w. angewandt:
seit der zunehmenden Verbreitung der Injectionen sind aber
auch zahlreiche Versuche mit hypodermatischer Anwendung des
Woorara, namentlich bei Tetanus, gemacht worden. Moroni
und dell' Acqua behaupten nach ihren Versuchen (annali
universali di medicina 1863, Sept.), dass das Woorara, in dieser Form angewandt, keine cumulative Wirkung aus-
übe. Es ist leicht, diesen für die Therapie höchst wichtigen
Umstand aus der bereits früher (in Capitel 4.) besprochenen
Thatsache zu erklären, dass subcutan injicirte Substanzen rascher aus dem Körper eliminirt werden, als diejenigen, welche
auf langsamerem Wege (vom Magen aus) in den Kreislauf gelangen.

Ein wesentliches Hinderniss für die allgemeinere Anwendung des Woorara war bisher die Schwierigkeit, ein reines und
unverfälschtes Präparat von gleichmässiger und zuverlässiger
Wirkung zu erhalten. Bei einem Falle von Tetanus, wo es
sich darum handelt, durch momentanes Eingreifen einer Indicatio vitalis zu genügen, kann der Practiker sich nicht darauf
einlassen, erst durch Thierexperimente (wie z. B. Jousset,
l. c. pag. 117, verlangt) die mehr oder minder intensive Wirkung des Präparats und die demgemäss ohne Nachtheil für den
Patienten zu verabreichende Dosis vorher zu bestimmen. Bei
einem Gifte aber, welches in so hohem Grade lähmend auf das
Nervensystem und selbst auf die vitalen Nervencentra direct
einwirkt, ist die grösste Vorsicht in dieser Beziehung gewiss
dringend geboten. Diese durchaus gerechtfertigten Bedenken
werden schwinden, wenn es gelingt, der Anwendung des Woorara das von Preyer kürzlich aus demselben in crystallisirter
Form dargestellte wirksame Alcaloid (Curarin) zu substituiren.
Versuche mit demselben bei Menschen sind meines Wissens
noch nicht gemacht worden. Es empfehlen sich zu denselben,
nach Preyer, die Salze des Curarin, besonders das schwefel-
saure Salz, und ist zu berücksichtigen, dass dieselben das Woorara selbst um das Zwanzigfache an Wirkung übertreffen. (Vgl.
Berl. clin. Wochenschr. II. 40, 1865.)

Traumatischer Tetanus.

Vulpian, Gaz. hebdomadaire VI. 38, 1859. — Cornaz, Lancet I. p. 533,
1860. — Follin, Gaz. des hôp. 135, 137; 1859.   Bull. de thér. LVII.
p. 422, No. 1859. — Gintrac, Journ. de Bord 2me Sér. IV. p. 701,
No. 1859. — l'Union 8, 1860. — Broca. Gaz. des hôp. 1859, 127—128
(vgl. Thamhayn, Beiträge zur Lehre vom Tetanus, in Schmidt's
Jahrb. 112).   Gherini, Gazz. lomb. 5, 1862. — Broca, l'Union 64,
1862 p. 492. · Polli, Vhdlg. der schweiz. Ges. d. Naturw. zu Lugano
1861 — Schuh (ref. Spitzer), Oesterr. Zeitschr. f. pract. Heilk. VIII.
50, 1862. — Med. chirurg. Rundschau (1863) III. 2, 1. — Demme,
Militär-chirurg. Studien 1863 I. p. 225; schweiz. Zeitschr. f. Heilk. Bd.
II. p. 356. — Neudörfer, Handbuch der Kriegschirurgie 1864, p. 332.
— Lochner, bair. ärztl. Intelligenzbl. 1864, No. 48.   Spencer
Wells, gaz. des hôp. 1865, 21. — Jousset, l. c. pag. 102—119.

Vella benutzte zuerst (während des italienischen Feldzuges 1859 bei einem in der Schlacht von Magenta Verwundeten) das Woorara zur Behandlung des Tetanus, und zwar
endermatisch (als Verbandwasser auf die Wunde), mit vollständigem Erfolge.   Prof. Sevell (am Collége vétérinaire) bestätigte die Wirksamkeit des Woorara an vom Tetanus befallenen
Pferden und Eseln, denen er dasselbe durch Inoculation (Einstechen mit Gift getränkter Pfeile in der Schultergegend) bei-
brachte.   Gosselin (1860) sah von der endermatischen Anwendung in einem Falle keinen Erfolg; auch ein von Desor-
meaux behandelter Fall endete tödtlich.   Dagegen wurde Heilung beobachtet in einem Falle von Chassaignac, André
und Tabère (vgl. den Bericht von Giraud-Teulon in der
gaz. med. 1859, 41), wo das Mittel innerlich und zugleich als
Verbandwasser auf die Wundfläche applicirt wurde. Letztere
Anwendung empfahlen auch Brown-Séquard, Demme und
Skey.   Auch das Verfahren mit dem Mayor'schen Hammer
wurde benutzt, u. A. von Richard und Demme.·

Die hypodermatische Injection wurde zuerst von
Vulpian und Manec in einem gemeinschaftlich behandelten
Falle in Anwendung gezogen.

Ein 39jähriger Kranker im hôp. de la Charité wurde in Folge einer Fractur
der Scapula und des Vorderarms   durch Sturz aus dem Wagen ·— in der
Nacht vom 9. zum 10. Sept. 1859 vom Tetanus befallen.   Am 10. Sept. schrit-
ten die genannten Autoren zur Application des Woorara und zwar zunächst, indem sie dasselbe in kleine Lanzettwunden am linken Arm und Thorax wiederholt tropfenweise einführten.   (2 h. 45' 2 Tropfen, von denen jeder ¦ Mgrmm.
in wässeriger Lösung enthielt; 2 h 55' 2 Tropfen derselben Lösung; 3 h 15'

1 Tropfen; 3½ h ebenso) Um 3 h 40′ Einlegen eines kleinen Kügelchens von Woorara (0,025 Mm.) in die Armwunde; 4 h 55′ gleiche Dosis in der Thorax- wunde. Alle diese Versuche führten zu keinem Resultate; im Gegentheil wur- den die Anfälle häufiger und stärker — Um 5 h 12′ subcutane Injection von 5 Tropfen einer Lösung von 0,20 in 1 Grmm. Wasser in der rechten Supracla- viculargegend; um 6 h 53′ gleiche Dosis links. Keine Besserung, Opisthotonus immer heftiger, die Anfälle fort und fort häufiger. Um 8 Uhr neue Injection; beständige Steigerung der Krämpfe bis zum Tode des Kranken, der um 10½ Uhr erfolgt. — Im Ganzen hatte man von 2½ — 8 Uhr 0,27 Grmm. Woorara gege- ben, die freilich höchst wahrscheinlich nur zum Theile absorbirt waren. Durch sogleich angestellte Versuche an Hunden überzeugte sich Vulpian von der Wirk- samkeit des Präparates, doch hält Jousset die Dosen für zu niedrig gegriffen, indem die höchste auf einmal injicirte Dosis in dem Vulpian'schen Falle 0,04 Grmm. betrug — während 0,05 Grmm. desselben Woorara einen Hund von 51 Pfund Gewicht erst in 30 Minuten tödteten. Man weiss aber, wie wenig derartige von vergleichenden Gewichtsbestimmungen hergeleitete Dosirungen für die Anwendung beim Menschen und zumal für den therapeutischen Gebrauch unter pathologischen Verhältnissen von Werth sind.

Weitere Anwendungen der hypodermatischen Injection des Woorara bei Tetanus traumaticus wurden von Follin, Gin- trac, Cornaz und Richard vorgenommen. Alle diese Fälle endeten tödtlich. Follin injicirte im Ganzen 50 Ctgrmm. (= 8 ¹/₃ Gran); Gintrac, der aber das Mittel zugleich inner- lich gab, auf 8 Injectionen 8 Ctgrmm. am ersten, 12 Ctgrmm. am zweiten, 18 Ctgrmm. am dritten, 5, 15 und 20 Ctgrmm. am siebenten, achten und neunten Tage; Cornaz ¹/₂₀ — 2 Gr. alle 15—20 Minuten, zusammen 6 Gran.

In dem von Richard und Lionville im hôpital Cochin behandelten Falle (vgl. Jousset, l. c. pag. 113), wo es sich um eine Verletzung des Unterschenkels und der Planta pedis durch eine Wagendeichsel handelte, zeigte das Woorara — zu- erst mit dem Mayor'schen Hammer, dann in Form subcuta- ner Injectionen (zu 0,021 — 0,07 Grmm.) wiederholt applicirt — vorübergehend eine sehr günstige Wirkung, indem jedesmal nach der Administration desselben die tetanische Muskelspan- nung für einige Zeit nachliess, der Kranke die Kiefer von ein- ander bewegen und Nahrung zu sich nehmen konnte. Nach- dem von 4 h 10′ — 10 h 27′ 8 Injectionen von im Ganzen 0,389 Grmm. ausgeführt waren, traten gegen 11 Uhr unter all- gemeiner Muskelerschlaffung sehr bedrohliche asphyctische Er- scheinungen auf, die durch längere Unterhaltung der künst-

lichen Respiration beschwichtigt wurden. Am zweiten Tage
darauf wurden neue Woorara-Injectionen gemacht, wieder mit
jedesmaligem Effect, der aber sehr bald wieder verschwand,
und es erfolgte schliesslich der Tod. Die Autopsie wies Erscheinungen einer purulenten Infection nach.

Jousset betrachtet diesen Fall von Richard als einen
Beweis für die Wirksamkeit des Woorara bei genügender Dosis, während letztere nach ihm auch in den Fällen von Follin
und Gintrac zu niedrig gewählt war.

In einem bald nach den ersten Versuchen mit Woorara
bei Tetanus gehaltenen Vortrage macht Broca gegen die äussere (endermatische oder hypodermatische) Anwendungsweise
geltend, dass die hierbei stattfindende beschleunigte Resorption
und Elimination gerade für die Tetanusbehandlung ein ungünstiges Moment sei, indem die daraus resultirende, nur vorübergehende Wirkung eine zeitweise Erneuerung der Application
erforderlich mache. In welchen Intervallen soll dies geschehen?
Nimmt man zu lange, so droht Weiterentwickelung des Tetanus; zu kurze, so ist Intoxication zu fürchten. Es ist besser,
eine so eingreifend wirkende Substanz lieber in der Art zu appliciren, wobei sie langsam, aber continuirlich wirkt, falls man
damit dasselbe zu erreichen im Stande ist (?). Nur drohende
Asphyxie könnte eine schnell wirkende Administration rechtfertigen. Broca zieht daher die innere Anwendung vor; die
Wirkung zeigt sich hier nach einer halben bis einer Stunde,
und tritt allmälig ein, so dass man die Entwickelung über-
wachen kann und sie durch Brechmittel, künstliche Einfuhr
von Nahrungsmitteln auch event. schmälern, die Paralyse der
respiratorischen Muskeln aufhalten kann, was bei äusserer Anwendung nicht möglich ist. — Später scheint Broca den hier
ausgesprochenen Grundsätzen selbst untreu geworden zu sein,
da er in folgendem Falle von traumatischem Tetanus das Woorara ebenfalls subcutan applicirte:

Ein 43jähriger Mann wurde am 9. März 1862 übergefahren und erlitt dabei
schwere Verletzungen am Ober- und Unterschenkel, die fortschreitende Gangrän
herbeiführten. Bei der Aufnahme am 24. März war dieselbe bis 10 Ctm. unterhalb des Knies gestiegen; am Oberschenkel ein spontan aufgebrochener Abscess.
Am 26. Amputation im Todten(!); die Gangrän schritt noch 1½ Ctm. weiter,
stand aber am 28. still. Am 3. April Krampf des Unterkiefers, Schmerz in der

Schläfengegend; am folgenden Tage ausgebildeter Trismus, Somnolenz abwechselnd mit convulsivischen Zuckungen im Kiefer und Nacken, wogegen innerlich Woorara (40 Ctgrmm.) in Anwendung gebracht wurde. Am 5. April links Opisthotonus und Pleursthotonus, Dysphagie und intermittirende Convulsionen. Injection einer Woorara-Lösung (1 : 10) zweistündlich, anfangs 15, später bis zu 30 Tropfen, im Ganzen neunmal wiederholt, blieben ohne Erfolg. Seit Mittag des 6. April das Schlingen unmöglich, am Abend Respirationsbeschwerden, nach Mitternacht eine Minute lang Scheintod; Herstellung durch künstliche Respiration; nach drei ähnlichen, immer stärkeren Krisen Tod am 7. April Morgens. Die Section ergab bedeutende Congestion im Rückenmark und einen Erweichungsheerd in den hinteren Strängen der Nackengegend von ungefähr $3\frac{1}{2}$ Ctm. Ausdehnung.

B. v. Langenbeck hat das Woorara ohne Erfolg angewandt in einem Falle von Comminutiv-Fractur mit Verwundung der Weichtheile, zu welcher sich nach mehreren Tagen Trismus und Tetanus gesellte. Es wurde eine subcutane Injection mit einer alcoholischen Lösung von 3 Mmgr. an der inneren Seite des Halses gemacht. Die Spannung im Sternocleidomastoideus und Masseter schien etwas nachzulassen, worauf bald nachher das dreifache Quantum an der anderen Seite des Halses injicirt wurde, und auch hier liess in den gleichen Muskeln des Halses die Spannung sichtlich nach. Bald steigerte sich indess der Krampf wieder, besonders in den Gesichtsmuskeln, worauf eine Injection gegen den 3ten Ast des Trigeminus geführt wurde, den man von dort aus, wo der Arcus zygomaticus mit dem Processus sich verbindet, leicht erreicht. Sofort hörte die Muskelspannung in den gesammten Muskeln der linken Gesichtshälfte auf, allein der Tetanus dauerte fort. Darauf wurden zwei Injectionen, jede von 9 Mmgr., in die Kniekehle, jedoch ohne alle Wirkung gemacht, und eine Stunde später noch $^{1}/_{10}$ Gr. an verschiedenen Körperstellen ebenso erfolglos injicirt

Hierauf wurden grosse Dosen Opium während der folgenden Nacht verabreicht; allein Tags darauf zeigte sich der Tetanus nur noch heftiger. Dann wurden Chloroform-Inhalationen, von denen L. schon im Jahre 1849 gute Erfolge gesehen, in entsprechenden Intervallen bis zum Tode angewendet, der am nächsten Tage eintrat. Die Section ergab eine Erweichung des eingeklemmt gewesenen Nerv. tibial. postic., der zugleich Blutextravasate zeigte und gelbgrau aussah. Dieser Zustand liess sich bis in die N. popliteus verfolgen, und auch im N. ischiadicus fanden sich Blutextravasate, die man indess auch der Verletzung zuschreiben konnte. Weder im Rückenmark noch irgend sonst bemerkenswerthe Veränderungen. —

Einen ausschliesslich durch Woorara-Injectionen geheilten Fall von traumatischem Tetanus berichtet Gherini:

Ein 25jähriger Mann bekam in Folge einer gequetschten Wunde an der rechten Daumenphalanx nach 16 Tagen Tetanus, und wurde nach weiteren fünf Tagen ins Hospital aufgenommen. Trismus und sehr starker Opisthotonus, zeitweise schmerzhafte Zuckungen in Nacken- und Rückenmuskeln, Verstopfung, Harnverhaltung: Puls weich, beschleunigt. Es wurden 2 Gr. Woorara in 3 j Aq. dest. gelöst, und diese Quantität binnen 20 Stunden subcutan injicirt. Schon 3 — 4 Minuten nach der ersten Injection trat Erleichterung ein; die Muskelcon-

traction liess nach und der Puls sank; die Wirkung war jedoch nur eine vorübergehende und die Injectionen mussten deshalb wiederholt werden. Bisweilen
wurden dieselben in das Gewebe eines Muskels direkt vorgenommen Nach. und
nach wurden Dosis und Zahl der Injectionen so gesteigert, dass zuletzt 1 Gr.
pro dosi und im Laufe von 20 Stunden 6 Gr. verbraucht wurden. Im Ganzen
wurden 47 Gr., in ℥ ij Wasser gelöst, in 92 Injectionen (60 einfache, 32 doppelte und dreifache) im Laufe von 12 Tagen und 2 Stunden verbraucht. Ausserdem erhielt Pat. nichts als zweimal Abführmittel, zum Getränk eine antiphlogistische Mixtur oder Limonade, Fleischbrühe und Brodsuppen. Die Wunde wurde
anfangs mit Salben und Kataplasmen, später mit Charpie, die in Curarelösung
von gleicher Concentration, wie die obige, getränkt war und mehrmals täglich
erneuert wurde, behandelt; sie heilte rasch und war stets schmerzlos. Als Stich-
punkte wurden die verschiedensten Stellen gewählt; die Operation selbst war ohne
erhebliche Schmerzen und hinterliess nur eine mässige Röthung, niemals Eiterung. Die während des Gebrauchs beobachteten Erscheinungen waren: profuse
Schweisse, reichliche Urinsecretion, leichter, erquickender Schlaf, lebhaftes Hun-
ger - und Durstgefühl.

Gherini knüpft an diesen Fall unter Anderem folgende
Bemerkungen: 1) Die Wirkung der Woorara-Injectionen ist eine
sehr schnelle; die Symptome treten schon 3—4 Minuten nach
der Injection auf. 2) Sie ist gewöhnlich eine vorübergehende,
und dauert selten über eine halbe Stunde. 3) Der Ort der Injection ist im Ganzen gleichgiltig; direkt in das Gewebe eines
Muskels gebracht, erschlafft dieser schneller und andauernder.
4) Es ist rathsam, die Injection nicht früher zu erneuern, als
bis die Wirkung der vorhergehenden aufgehört hat, was mit
Sicherheit nach zwei Stunden, selbst nach einer Stunde der
Fall ist. 5) Obgleich die Wirkung des Woorara nur eine so
vorübergehende ist, so bewirkt dasselbe doch Besserung und
Heilung. —

Polli bezeichnet die innere Anwendung des Woorara als
gefährlich; hauptsächlich zu empfehlen sei die Injection oder
Inoculation, und zwar in das Muskelgewebe selbst. —

Spitzer berichtet über einen Fall von Tetanus traumaticus, der auf Schuh's Abtheilung mit Woorara erfolglos behandelt wurde. Es betraf eine Zerschmetterung der linken Hand
durch Zerspringen eines Gewehrs. Nach 7 Tagen Trismus,
Steifheit in den Brust- und Nackenmuskeln; Opium ohne Erfolg, Woorara (gr. 1 in Alcohol gtt. 140 gelöst, tropfenweise
in steigender Quantität subcutan injicirt) bewirkte nach Ver-
brauch von 3 Gr. Nachlass der Schmerzen und des Trismus.

Der Tod erfolgte jedoch unter Opisthotonus und allgemeinen Krämpfen am zehnten Tage. —

Neudörfer empfiehlt Woorara-Injectionen ($\frac{1}{50} - \frac{1}{40}$ Gr.) bei traumatischem Tetanus, ohne übrigens Beweise für ihre Wirksamkeit anzuführen.

Demme wandte in einem der drei auf der Berner Klinik mit Woorara behandelten Tetanus-Fälle (in Folge von Fussverletzung) das Mittel auch subcutan an, und zwar 10 Tropfen einer Lösung von 2 Gr. in 200 Tropfen Wasser, im Verlaufe des N. cruralis. Fünf Minuten nach der Injection folgte ein ungemein heftiger, allgemeiner Opisthotonusanfall mit suffocatorischer Oppression. Da man mit dem Erfolge der subcutanen Injection nicht zufrieden sein konnte, wurde zu anderen Applicationsweisen — namentlich mit dem heissen Hammer von Mayor — übergegangen. Der Fall verlief glücklich. —

Einen ferneren Heilungsfall mit hypodermatischer und endermatischer Woorara-Application hat neuerdings Lochner beschrieben.

Der Tetanus entwickelte sich bei einem bisher gesunden Manne aus einer kleinen Fingerverletzung (oder in Folge von Erkältung). Die Muskeln waren bretthart; das Sensorium frei; starke Transpiration. Die erste Injection von 13 Tropfen einer Lösung von gr. j in gtt. 60 am Oberschenkel hatte keine merkliche Wirkung. Nach Wiederholung derselben Dosis schien die Steifheit der Muskeln etwas abzunehmen. Abends waren die Muskeln der Beine ganz schlaff, ihre Bewegung nur schwer möglich; Bauchmuskeln hart, Sprache stossweise durch die Zähne gepresst, Respiration mühsam. Es war also theilweise Woorara-Wirkung eingetreten, die Beine gelähmt, auch die Athemmuskeln hatten etwas gelitten. Am folgenden Tage derselbe Zustand. Es wurde nun auf eine am Bauch erzeugte Excoriation ein mit 10 Tropfen Woorararalösung befeuchtetes Läppchen gelegt. Schon nach wenigen Minuten waren die Muskeln weicher. Wiederholung der Application ohne merklichen Erfolg; indessen besserte sich der Zustand stetig, und es trat Heilung ein. — Lochner schreibt letztere dem Woorara zu und macht ausserdem darauf aufmerksam, dass in der Wirkung desselben auf die Athemmuskeln eine Gefahr drohe und man daher immer auf die künstliche Unterhaltung der Respiration gefasst sein müsse.

Endlich ist ein ebenfalls günstig abgelaufener Fall von Spencer Wells zu erwähnen, wo der Tetanus im Gefolge einer Ovariotomie auftrat.

Die Erscheinungen zeigten sich bei einer 41jährigen Frau am 14. Tage nach der Operation. Behandlung anfangs mit Belladonna-Liniment und Abführmitteln; erst nach 4 Tagen erhielt S. Woorara und brachte dasselbe zunächst als Verbandwasser (2 Grmm. einer Lösung von 10 Ctgrmm. in 30 Grmm. Wasser) auf die noch frische Wunde des Stiels. Da nach 3 Stunden wieder Convulsionen auftraten und die Symptome sich steigerten, wurden 20 Tropfen obiger Lösung — ca. ½ Gr. Woorara! — am Unterkiefer subcutan injicirt. Die Patientin fiel sofort wie todt um, das Gesicht wurde blass; Respiration und Herzschlag hörten auf, so dass der Zustand äusserst beunruhigend erschien; doch erholte sich die Kranke bald wieder und nahm etwas Branntwein zu sich, wiewohl nach einigen Minuten die Schlingbeschwerden in noch höherem Grade als je zuvor wieder eintraten. Es wurde nun weiterhin das Woorara endermatisch (auf eine Vesicatorfläche im Nacken) applicirt. Am folgenden Tage war der Zustand gebessert; am fünften völlige Heilung.

Dieser Fall ist vor Allem beachtenswerth, weil er den Beweis liefert, dass das Woorara schon in so kleiner Dosis, wie es hier injicirt wurde, eine blitzähnliche und im höchsten Grade erschreckende Wirkung hervorzubringen vermag. Man vergleiche diese Dosis nun mit denen, welche Jousset für die subcutane Injection als Minimum fordert und u. A. Richard wirklich angewandt hat (7 Ctgrmm., also ca. 1⅓ Gr.) — und man wird, wie ich glaube, zugestehen müssen, dass unter diesen Umständen die Frage nach der Zweckmässigkeit des Woorara-Gebrauches überhaupt und der subcutanen Methode insbesondere, wenigstens bis zur Erlangung eines constanteren Präparates (vgl. die Einleitung dieses Capitels), nicht jeder Berechtigung ermangelt. Freilich sucht Spencer Wells die in seinem Falle beobachteten Erscheinungen der rapiden Giftwirkung dadurch zu erklären, dass die Canule der Spritze in eine kleine Vene eingedrungen sei. Ohne, nach dem früher hierüber Bemerkten, diese Erklärung unbedingt zu acceptiren, glaube ich doch, dass schon die Möglichkeit eines derartigen Vorkommnisses eben nicht sehr zu weiterer Verwendung der Woorara-Injectionen aufmuntern würde.

Was den therapeutischen Effect betrifft, so lässt sich aus einigen der hier citirten Fälle wenigstens so viel entnehmen, dass das Woorara, in stärkerer (aber daher auch gefahrvollerer) Dosis hypodermatisch injicirt, in der Regel eine vorübergehende, von der Peripherie nach dem Centrum fortschreitende Muskelerschlaffung und Remission der tetanischen Anfälle herbeiführt. In Bezug auf den schliesslichen Ausgang ist eigentlich nur der Fall von Gherini als entschiedener Heilungsfall zu erwähnen. In den Fällen von Demme, Lochner und Spencer Wells erfolgte zwar ebenfalls Genesung; doch wurde hier das Woo-

rara nicht bloss subcutan, sondern auch endermatisch längere-
Zeit hindurch in Anwendung gezogen. Die übrigen 8 Fälle
endeten tödtlich. so dass auf eine Gesammtzahl von 12 mit
Woorara-Injection behandelten Fällen von traumatischem Tetanus 4 mit günstigem Verlauf kommen. Es stimmt dieses Resultat ungefähr überein mit der älteren Statistik von Demme,
der auf 22 mit Woorara (in jeder Form) behandelte Fälle von
Tetanus 8 Heilungen rechnet. Indessen lässt sich wohl annehmen, dass manche Fälle, in denen das Ergebniss ein ungünstiges war, nicht publicirt wurden, und daher bei einer grösseren,
minder dem Zufall ausgesetzten Statistik das Gesammtresultat
vermuthlich ein noch weniger befriedigendes sein würde. Wir
dürfen nicht vergessen, dass es unter der enormen Zahl beim
Tetanus angewandter, zum Theil höchst irrationeller Mittel fast
kein einziges giebt, welches nicht einzelne „Erfolge", d. h. Ge-
nesungsfälle, aufzuweisen hätte, und bis jetzt also wenig Grund
vorliegt, das Woorara, weil es den Reiz der Neuheit und eine
allerdings bestehende physiologische Basis für sich hat, als das
souveraine Mittel in der Bahandlung des Tetanus zu pro-
clamiren.[*])

Epilepsie.

Bei dieser Krankheit hat schon Thiercelin (acad. des sc.
12. Nov. 1860) über endermatische Application des Woorara
zwei Beobachtungen veröffentlicht, in denen dasselbe die Zahl
und Intensität der Anfälle wesentlich herabsetzte und so eine
Besserung bewirkte, die nach dem Aussetzen des Mittels wieder
verschwand. Interessante Versuche mit subcutaner Anwendung
des Woorara sind neuerdings von Benedikt (Wiener allg.
med. Z. 1865, 4) mitgetheilt worden, aus denen ich Folgendes
hervorhebe:

Bei einem jungen Manne, der an sog. petit mal litt (er rollte während des
Anfalls die Augen nach oben und blieb starr stehen) und später einmal beim
Vorlesen eines Schauerromans einen heftigen epileptischen Anfall bekam, injicirte

---

[*]) Nach Moroni und dell'Acqua wäre die Sterblichkeit bei anderen Be-
handlungsweisen des Tetanus freilich grösser. Unter 21 im Ospetale maggiore
von 1850—1860 Behandelten genasen nur 4; doch sind diese Zahlen unstreitig
zu klein, um irgend etwas daraus zu entnehmen.

B. $^1/_{15} - ^1/_{10}$ Gr. Woorara; die Anfälle setzten 2 Monate aus, worauf B. den Patienten aus den Augen verlor.

Ein 29jähriger Kaufmann litt an typischen Anfällen von Epilepsie. Die Woorara-Injectionen bewirkten, dass statt der typischen Anfälle nur Schüttelfröste eintraten, die Mattigkeit zurückliessen. Nach dem Aussetzen der Injectionen fanden nur 2 Anfälle in 4 Monaten statt — ehedem 4.

Ein 18jähriger Kellner, ohne hereditäre Anlage, hatte seit 2 Jahren sehr häufige Anfälle, zuletzt fast täglich; zugleich Pyromanie; er wurde im Irrenhause (von dem Primararzt Dr. Joffe) behandelt. Durch die Injectionen wurden die Anfälle seltener, nur 2 im letzten Monat. Zu Intoxicationserscheinungen kam es niemals.

Ganz unwirksam zeigte sich das Woorara bei gewissen Gattungen der Epilepsie, z. B. bei Epilepsia gyrans und in einem Falle, wo dieselbe in Folge traumatischer Schenkelverletzung auftrat. (Es ist nicht angegeben, wo in diesen Fällen die Einspritzungen gemacht wurden. Möglicherweise ist auch bei Woorara der örtliche Effect nicht ohne Bedeutung.)

Diesen wenigstens partiellen Erfolgen gegenüber hat so eben Mandt (Wiener med. Presse, 1866, 17) einen Fall bekannt gemacht, in welchem die Woorara-Injectionen bei Epilepsie 4 Monate hindurch ohne jede Spur von Wirkung angewandt wurden. Es wurden bei der 22jährigen Patientin 10 Tropfen einer Lösung von gr. j in ʒ ij (also etwa $^1/_{12}$ Gr.) im ersten Monat jeden 2. Tag, seitdem täglich im Nacken oder an den Armen injicirt. An den Stichstellen entwickelten sich meist kleine, harte Knötchen. Zahl und Intensität der Anfälle blieben während der ganzen Behandlungszeit völlig unbeeinflusst. — Zu bemerken ist, dass auch die verschiedensten anderweitigen Mittel in diesem Falle ohne jeden Erfolg waren. Ueber die Güte des — theils aus London, theils aus Stuttgart bezogenen — Präparates fehlt es an Angaben. Von besonderem Interesse wäre es, zu erfahren, ob in diesem mit Woorara-Injectionen so lange Zeit behandelten Falle keinerlei cumulative Erscheinungen auftraten?

Tic convulsif.

Gualla (Gazz. Lomb. 5, 1861) publicirt einen Fall von rechtsseitigem Gesichtskrampf in Folge von Erkältung, der mit Acupunctur, Extraction aller Backzähne, Cauterisation der Alveolen mit Ferrum candens längere Zeit vergeblich behandelt wurde, und den Temporalis, Masseter, Buccinator, Levator alae nasi labiique sup., Orbicularis palp. der rechten Seite, zuweilen auch die Nacken- und Rückenmuskeln einnahm, so dass er einem Opisthotonus glich. Nachdem durch Aetzkali in der Nähe der Art. glenoidea eine Wunde gemacht war, wurde dieselbe mit Woorara-Umschlägen behandelt; ausserdem wurden auch kleine Quantitäten einer Lösung von 10 Ctgrmm. auf 80 Grmm. Wasser auf die Musculatur der Wange direkt injicirt. Nach dreitägiger vergeblicher Anwendung wurde die Lösung auf das Doppelte und später auf das Vierfache verstärkt, und dadurch schliesslich völlige Heilung herbeigeführt.

Auch bei Hydrophobie hat Gualla das Woorara in 4 Fällen angewandt, die jedoch tödtlich endeten.

Meningitis spinalis.

Ich erwähne diese Krankheit nur, um auf eine Mittheilung von Landenberger (Würtemb. Correspondenzbl. XXXIV. 21, 1864) aufmerksam zu machen, der in einem Falle, wo die verschiedensten anderen Mittel (Chloroform, Opium, Chinin, Campher, Bäder, Ableitungen u. s. w.) ohne Erfolg blieben, durch die 6 Tage hindurch fortgesetzte endermatische Anwendung von Woorara einen sehr günstigen Effect erzielt haben will. Das Mittel wurde in Dosen von $\frac{1}{4} - \frac{1}{2}$ Gr., zweimal täglich, bis zum Eintritt von Lähmungserscheinungen in den unteren Extremitäten applicirt. Die angegebenen Symptome (abwechselnde Hyperästhesie und Analgesie, tonische und clonische Krämpfe u. s. w. — kein Fieber) lassen jedoch bei dem sonstigen Verlaufe des Krankheitsfalles die Diagnose als nicht ganz sicher erscheinen.

Strychnin-Vergiftung.

Verschiedene Autoren, namentlich Richter (Zeitschr. f. rat. Med., 3 R., XVIII, p. 76), Demme (Schweizer. Zeitschr., l. c.) und neuerdings Benedikt (Wien. med. Z., l. c.) haben sich mit Experimenten beschäftigt, welche den angeblichen Antagonismus von Woorara und Strychnin zum Gegenstande hat-

ten.   Diese Frage ist bis jetzt, wie mir scheint, nur in sehr
unbefriedigender Weise gelöst worden.   Man muss bei allen
derartigen Versuchen zweierlei bestimmt auseinanderhalten: einmal die physiologische (toxische) Wirkung auf den Organismus überhaupt und die vitalen Nervenapparate insbesondere —
und sodann die antidotische Wirkung, die eine rein symptomatische sein kann, indem ein Mittel, ohne wirklich Antagonist
eines anderen zu sein,   doch gewisse, unmittelbar Gefahr drohende Symptome des letzteren unterdrückt und beseitigt.
Vielleicht giebt es gar keine Substanzen, deren Wirkung man
schlechterdings als eine antagonistische in dem obigen Sinne
bezeichnen könnte *).   Dagegen haben wir von dem Morphium
gesehen, dass dasselbe symptomatisch der Belladonna-Vergiftung
entgegenwirkt, und Aehnliches lässt sich vielleicht auch in Betreff des Woorara bei Strychnin-Vergiftung behaupten.   Hierfür spricht wenigstens eine vor 2 Jahren gemachte Beobachtung von Burow jun. in Königsberg (vgl. deutsche Klinik 1864
Nr. 31. und die spätere ausführlichere Mittheilung in den Kö-
nigsberger Jahrb.), der einen Fall von intensiver Strychnin-
Vergiftung mit Injectionen von Woorara erfolgreich behandelte.

Ein 19jähriger Kellner nahm am Vormittag des 2. Juni Strychnin (etwa
1½ Gr.), um sich zu vergiften.   Nach einer Stunde wurde er in heftigen Krämpfen
liegend gefunden.   Ein Brechmittel aus Ipec. und Tart. stib. konnte nur mühsam
geschluckt werden und hatte erst nach verdoppelter Dosis Erfolg. — Der Kranke
hatte freies Bewusstsein und verfiel in Pausen von ca. 3 Minuten in allgemeine
tetanische Krämpfe mit völliger Geradstreckung des ganzen Körpers, starker Re-
spirationsbehinderung und Erstickungsgefahr, die übrigens auch durch jedes Geräusch oder Berührung, Trinkversuche und namentlich durch die Würgbewegungen bei eintretender Wirkung des Brechmittels reflektorisch auftraten.   Subcutane
Injection von ⅓ Gr. Morphium hatte keinen Erfolg. — Von dem Pfeilgift, welches Prof. v. Wittich bei physiologischen Versuchen erprobt hatte, wurde eine
Lösung von gr. j in 10 Tropfen Wasser bereitet, und davon zuerst 3 Tropfen
in der Magengegend injicirt.   Da diese Dosis keinen Erfolg katte, die Krämpfe
und die Dyspnoe bisher zunahmen, so wurden nach 20 Minuten die noch übrigen

---

*) Das Strychnin tödtet (wahrscheinlich) durch eine zu Lähmung führende
Ueberreizung gewisser Apparate des Rückenmarks und der Medulla oblongata.
Wäre das Woorara ein Antagonist des Strychnin, so müsste dasselbe auf die
nämlichen Apparate in entgegengesetzter Weise, also primär erregbarkeitsver-
mindernd, einwirken.   Dies ist aber bis jetzt keineswegs nachgewiesen; vielmehr
kennt man vom Woorara mit Sicherheit nur seine lähmende Action auf die peripherischen Nerven, die schliesslich allerdings auch Respirations- und Herzstill-
stand herbeiführt.

7 Tropfen auf einmal eingespritzt. Nunmehr nahmen die Anfälle an Intensität
und Häufigkeit ab, die tetanische Streckung geschah minder heftig. Nach zwei
Stunden nöthigte jedoch die wieder im Wachsen begriffene Heftigkeit der Paroxy-
men zur Wiederholung der Injection, wobei ein Gran auf einmal eingespritzt
wurde. Hierauf blieben die Krämpfe aus; der Kranke fühlte sich noch 4—5 Tage
sehr matt, hatte grosse Müdigkeit in der Muskulatur des ganzen Körpers und
konnte nur mühsam essen. Nach Verlauf dieser Zeit wurde er völlig geheilt
entlassen.

Achtzehntes Capitel.

D i g i t a l i n.

---

v. Franque, l. c. — Pletzer, l. c. — Fronmüller, l. c. — Lorent,
l. c. — Erlenmeyer, l. c.

Zur subcutanen Injection hat v. Franque Tinct. Digitalis
benutzt; andere Autoren, wie auch ich, haben das sogenannte
Digitalin in Anwendung gezogen — und zwar wohl ausschliesslich bisher das ältere, von Held dargestellte Präparat dieses
Namens, dessen chemisches und pharmaceutisches Verhalten
bekannt ist. Mit dem Marmé'schen Digitalin sind meines
Wissens noch keine Versuche gemacht worden.

Pletzer und Lorent injicirten eine Lösung in Glycerin
(nach Pletzer: gr. j in Glycerini gtt. xx, Aq. dest. ad ʒ ij;
gr. vj = ¹/₂₀ Gr. Digitalin). Fronmüller findet diese Lösung
zu reizend; er empfiehlt eine wässerige Solution, die aber vor
dem Gebrauche geschüttelt werden muss. Erlenmeyer bedient sich einer Lösung von gr. j reinem (Held'schem) Digitalin auf Ɔ j Wasser, die vollständig klar ist.

Ich benutzte folgende, nach frischer Bereitung örtlich nicht
irritirende Lösung:

$$R$$

Digitalini gr. β
Aq. dest.
Spir. vini rect. ana ʒ j.
    D. S.

Die Dosis betrug $^1/_{100} - ^1/_{48}$ Gran. Es war hauptsächlich
mein Zweck, zu erforschen, ob die eminente Wirkung auf das
Gefässsystem, wie sie der Digitalis zukommt, die sich aber bei
der gewöhnlichen inneren Verabreichung erst nach 24 — 48 Stunden und selbst noch später einstellt, durch eine einmalige Injection von Digitalin rascher und sicherer hervorgebracht werden könne. Die Versuche wurden daher bei Krankheiten gemacht, welche mit lebhafter, aber ziemlich regelmässiger Erhöhung der Temperatur und Pulsfrequenz verbunden waren und
einen baldigen Spontanabfall des Fiebers nicht erwarten liessen
(Gelenkentzündung, Tuberkulose u. s. w.).

Was die Resultate betrifft, so schien es, als ob der gedachte
Zweck im Allgemeinen auf diesem Wege nicht zu erreichen
sei — als ob vielmehr die allmälige und langsame Cumulation
des Mittels im Blute die Conditio sine qua non der antifebrilen
Wirkung bilde, und durch das einmalige Gelangen einer grösseren Digitalinmenge in den Kreislauf bei voraussichtlich baldi-
ger Elimination derselben nicht ersetzt werden könne. Es bleibt
freilich die Frage offen, ob die injicirte Dosis für diesen Zweck
gross genug war und ob das gewöhnliche pharmaceutische Digitalin überhaupt im Stande ist, als Ersatz der Folia Digitalis
zu dienen.

Eine momentane Wirkung des Mittels auf die Pulsfrequenz
war allerdings fast in keinem Falle zu verkennen; jedoch äusserte
sich dieselbe nicht in constanter Weise, indem einmal direkte
Verminderung, zweimal dagegen eine der Abnahme vorherge-
hende Beschleunigung der Herzschläge eintrat; im vierten Falle
liess sich gar kein Effect wahrnehmen. Der Puls wurde in den
drei ersten Fällen etwas weicher, behielt übrigens seinen regel-
mässigen Rhythmus. Die Temperatur wurde nur höchst unbedeutend influenzirt, um 0,1 — 0,2" C. gesteigert oder um ebensoviel herabgesetzt; auch Zahl und Tiefe der Athemzüge erfuhren keine wesentliche Veränderung. —

In der Regel verschwand die Wirkung schon nach $\frac{1}{2}$ bis
$1\frac{3}{4}$ Stunde vollkommen; nur in einem Falle war nach Vormittags gemachter Injection bei der Abendvisite (8 Stunden darauf)
noch ein sehr deutlicher Effect zu erkennen, indem der Puls
erheblich verlangsamt, zugleich etwas unregelmässig war, und
die Abendtemperatur gegen sonst eine nicht unbeträchtliche Ver-

ringerung zeigte. Dieser Fall bildet allerdings insofern eine Ausnahme von dem oben hingestellten Satze; jedoch war auch hier am folgenden Morgen jede Spur der Digitalinwirkung verschwunden.

Die vier Beobachtungsfälle sind folgende:

I. Chronische Lungentuberkulose und remittirendes Fieber bei einer 23jährigen Patientin.

		Temp.	Puls.
Vor der Injection am 15. 1. Morgens		37,9	96
	Abends	39	108
16. 1.	Morgens	37,6	100
	Abends	38,9	108
17. 1.	Morgens	37,7	104
	Abends	38,9	116
18. 1.	Morgens	37,5	92

Vorm. 15 Uhr Injection von
$^1/_{12}$ Gr. Digitalin am Oberarm.

Nach 10 Min.		37,5	108 regelmässig.
Nach 45 Min.		37,6	136 regelm.
Nach 60 Min.		37,6	136 regelm.
Nach 8 Stunden	Abends	38,2	72 klein u. etwas unregelm.
19. 1.	Morgens	37,7	102 regelmässig.
		38,9	120
20. 1.	Morgens	37,6	96
		39,2	132

(Es ist dies der eben besprochene Ausnahmefall.) Hier stieg also die Pulsfrequenz nach der Injection binnen einer halben Stunde von 92 auf 136 und sank am Abend, 8 Stunden nach der Injection, auf 72 — so niedrig, wie sie sonst niemals bei der Patientin beobachtet wurde; auch die Temperatur war an diesem Abende um 0,7° C. geringer, als am vorhergehenden und am folgenden Abende.

II. Eitrige Entzündung im Kniegelenk bei einem 9jährigen Knaben; Fieber mit hohen abendlichen Exacerbationen.

		Temp.	Puls.
Vor der Injection am 15. 1. Morgens		39,1	114
		40	128
16. 1.	Morgens	39	112
		39,8	126
17. 1.	Morgens	38,6	112

18*

Vorm. 10 Uhr Injection von
$^1/_{100}$ Gr. Digitalin am Oberschenkel.

	Temp.	Puls.
Nach 5 Minuten . . , ...	38,6	108
Nach 15 Min.	38,5	102
Nach 75 Min.	38,7	112
Nach 3 Stunden	38,6	112
Nach 9 Stunden Abends.	40,1	126
18. 1. Morgens	38,5	116
	40,2	136
19. 1. Morgens	38,5	110

(Der weitere Verlauf wurde durch operative Eingriffe modificirt.) In diesem Falle sank also die Pulsfrequenz in 15 Minuten um 10 Schläge, und stieg dann wieder auf das ursprüngliche Niveau. Nach 1¼ Stunde war die Wirkung verschwunden; der Puls blieb regelmässig; die Abendtemperatur zeigte
gegen sonst keinen Unterschied.

III. Chronische Lungentuberkulose bei einer 26jährigen Patientin; remittirender Typus des Fiebers.

	Temp.	Puls.
Vor der Injection am 7. 2. Morgens	37,7	92
Abends	39	102
8. 2. Morgens	37,4	88
Abends	39,2	112
9. 2. Morgens	38	96
Abends	38,9	108
10. 2. Morgens	37,8	90
Injection von $^1/_{44}$ Gr. Digitalin		
am Oberarm (Vorm. 10¼ U.).		
Nach 5 Minuten.	37,8	100
Nach 15 Min.	38	108
Nach 30 Min.	37,7	92
Nach 45 Min.	37,7	96
Nach 60 Min.	37,7	96
Nach 9 Stunden Abends	39,1	112
11. 2. Morgens	37,5	98
Abends, ...	38,7	110
12. 2. Morgens	37,5	98
Abends	38,9	108

In diesem Falle stieg also die Pulsfrequenz in der ersten
Viertelstunde von 90 auf 108 und fiel während der zweiten wie-

der auf 92; die Temperatur stieg ebenfalls vorübergehend um 0,2° C. und sank dann um 0,1° unter das ursprüngliche Niveau.

IV. Lungen- und Darmtuberkulose mit acutem Verlauf und gleichzeitige Knochencaries bei einer 20jährigen Patientin; heftiges Fieber mit starken abendlichen Exacerbationen.

		Temp.	Puls.	Resp.
Vor der Injection am 18. 2. Morgens	. . . .	38,6	111	23
Abends	. . . . .	39,5	132	36
19. 2 Morgens	. . . .	38,2	120	29
Abends	. . . . .	39;8	126	32
20. 2. Morgens	. . . . .	38,5	112	30
Abends	. . . . .	40	144	44
21. 2. Morgens	. . . .	38,4	110	26
Abends	. . . .	39,9	152	42

Injectionen von $1{,}60$ Gr. Digitalin
am Oberarm, Abends 6 Uhr.

	Temp.	Puls.	Resp.
Nach 5 Minuten	39,9	150	42
Nach 15 Min.	40	152	38
Mach 60 Min.	39,9	152	40
22. 2. Mittags	38,5	124	28
Abends	40,1	156	44

Hier war also ein auch nur vorübergehender Einfluss der Injection auf die Pulsfrequenz durchaus nicht zu erkennen; auch Temperatur und Respirationsfrequenz wurden nur höchst unbedeutend dadurch influenzirt, falls die leichten Veränderungen derselben nicht überhaupt von kleinen, zufälligen Schwankungen bedingt waren. Es ist somit dieser Versuch gewissermaassen das Gegenstück zum ersten, während der zweite und dritte ein mittleres Resultat lieferten. —

Was die sonstigen Erscheinungen der Digitalin-Wirkung betrifft, so waren diese bei den angewandten Dosen nur sehr wenig ausgeprägt. In den chronischen Fällen waren weder Veränderungen der Urin-, noch der Darmsecretion zu bemerken; auch der von Stadion als constantes Symptom (bei innerem Gebrauche des Digitalins) angegebene Schnupfen fand nicht statt. Im ersten Falle, wo die Wirkung sich länger erhielt, klagte die Patientin den ganzen Tag über Appetitlosigkeit und schlechten Geschmack im Munde, so dass also letzteres Symptom, wie es scheint, nicht blos der Application per os zukommt. Cerebrale Erscheinungen traten nicht auf, oder es

wurden die schon bestehenden (wie im letzten Falle) durch das
Digitalin in keiner Weise modificirt.

_____

Ich lasse nun die therapeutischen Ergebnisse anderer Autoren in Betreff der Digitalin-Injectionen kurz folgen.

Nachdem v. Franque dieselben zuerst bei Herzpalpita-
tionen empfohlen, injicirte Pletzer bei organischen Herzkrankheiten bis zu $\frac{1}{20}$ Gr. täglich, sah jedoch keinen Vorzug vor
dem innerlichen Gebrauche der Digitalis. Bei einer Kranken
entstand nach jedesmaliger Anwendung Erbrechen und lang
dauerndes Brennen im Halse, ohne Nachlass der stürmischen
Palpitationen.

Dagegen hält Fronmüller die subcutane Anwendung der
Digitalis bei Herzkrankheiten, auch den sogenannten nervösen,
für besonders nützlich, weil die Wirkung auf die Herznerven,
wo sie eintritt, kräftiger und nicht von den unangenehmen Nebenwirkungen begleitet ist, wie bei innerem Gebrauche. Er
injicirte $\frac{1}{10} - \frac{1}{5}$ Gr. in der Herzgrube.

Lorent begann meistens mit $\frac{1}{24}$ Gr., und stieg zu $\frac{1}{16}$,
$\frac{1}{10}$, $\frac{1}{8}$, $\frac{1}{6}$ p. d. (einmal täglich). Er versuchte das Digitalin
vorzugsweise bei organischen Herzleiden, und fand hier die
Wirkung (auf die Pulsfrequenz) ziemlich inconstant: zuweilen
gar keinen Einfluss, zuweilen eine Abnahme um 10—12 und
(bei sehr frequentem Pulse) selbst um 20 Schläge. Einige
Kranken zeigten eine Stunde nach der Einspritzung zunächst
eine bedeutende Beschleunigung des Herzschlages, worauf später eine Herabsetzung folgte.

Bei mehreren männlichen, an Haemoptoë und Lungentuberculose leidenden Kranken wurde auf die Injection von $\frac{1}{10}$ Gr.
Digitalin zwei Stunden nach der Einspritzung eine Herabsetzung
der Pulsfrequenz um 8—10 Schläge und der Respiration um
2—7 Athemzüge beobachtet. — Eine Einwirkung auf die gastrischen Organe wurde bei den Injectionen nicht wahrgenommen, worin ein Vorzug dieser Anwendungsweise zu liegen
scheint. Dagegen beobachtete Lorent nach diesen Injectionen
(von alcoholischen oder Glycerinlösungen) öfters örtliche Reiz-
erscheinungen: kleine, schmerzhafte Infiltrate, die in Entzün-

dung und Eiterung übergingen — einmal sogar bei einem männlichen Kranken ein handgrosses Erysipelas auf der Brust nach der ersten Einspritzung.

Auch Erlenmeyer sah an der Einstichstelle constant Röthe bis zum Umfang von einigen Zollen entstehen, worauf in einzelnen Fällen noch Geschwulst folgte. In 2 -- 3 oder höchstens 4 Tagen gingen diese Symptome vorüber. Als Allgemeinerscheinungen beobachtete er bei einer Dosis von $\frac{1}{20}$ Gran: Appetitlosigkeit, Uebligkeit, mitunter Neigung zum Erbrechen, gestörten Schlaf, selbst Schlaflosigkeit, Kopfweh, in einzelnen Fällen Diarrhoeen; dabei wurden die Kranken missmuthig, streitsüchtig, bösartig und sehr aufgeregt. Auch diese Symptome dauerten 3—4 Tage. Der Puls fiel mitunter (nach einigen Stunden) um 16 — 18 Schläge in der Minute, zeigte aber immer am folgenden Tage wieder dieselbe Frequenz. Eine dauernde Verminderung wurde nicht erzielt.

Einmal folgte (bei einem Tobsüchtigen) bei gesteigerter Dosis heftiges, langdauerndes Erbrechen. Im Ganzen vindicirt auch Erlenmeyer der inneren Anwendung den Vorzug.

Neunzehntes Capitel.

Veratrin.

Das Veratrin wurde von mir in alcoholischer Lösung (gr. j in ʒß) injicirt, und zwar zu $\frac{1}{48}$ — $\frac{1}{40}$ Gr. Einmal bildete sich, wie schon pag. 40 erwähnt, an der Stichstelle in mehreren Tagen ein kleiner Abscess, der spontan aufbrach und keine weiteren üblen Folgen hinterliess; ich würde jedoch aus diesem Grunde die alcoholische Lösung künftig mit etwa gleichen Theilen von Aq. dest. verdünnen.

Schon früher hat Lafargue (Bull. de thér. LIX. p. 27) das Veratrin in Form der „inoculation hypodermique par enchevillement" mehrfach benutzt. Nach seiner Meinung passt das-

selbe besonders bei Kopfneuralgieen und chronischen Rheumatismen, die mit einem peinlichen Gefühl von Kälte verbunden
sind; letzteres Symptom wird durch die rasche, Wärme erregende Wirkung des Veratrin sofort beseitigt. Zehn Minuten
nach der Inoculation entsteht lebhaftes Brennen, das nach einer
Stunde gänzlich verschwindet, und eine Empfindung wie beim
Einstechen von Nadelspitzen in die Haut. Lafargue empfiehlt
das Veratrin dieser örtlichen Wirkung wegen auch bei circumscripten Paralysen (?) und Anästhesieen.

    Bois (l. c.) hat in zwei Fällen auch Versuche mit subcu-
tanen Einspritzungen von Veratr. nitr. gemacht; die Berührung
der Lösung mit den Geweben rief jedoch so heftige Schmerzen
hervor, dass er von weiteren Versuchen abstand.

    Ich kann die so grosse Schmerzhaftigkeit der Veratrin-
Injectionen nicht bestätigen; übrigens würde die Anwendung
derselben gerade bei Zuständen örtlich verminderter Sensibilität
dadurch nicht contraindicirt werden. Ich muss jedoch hinzu-
fügen, dass mir die locale Wirkung des Veratrins bei derartigen Zuständen schon aus dem Grunde zweifelhaft erscheint, weil
es mir niemals gelungen ist, eine Erhöhung der normalen physiologischen Erregbarkeit sensibler Nerven nach Veratrin-Ein-
spritzungen mittelst des Tastmessers zu constatiren; die Grösse
der Tastkreise blieb vielmehr vor und nach der Injection völlig
dieselbe. Es scheinen mir die subjectiven Gefühle des Brennens,
des Stechens mit Nadeln u. s. w., die Lafargue angiebt und
die auch ich nach Injection des Mittels beobachtete, auf einer
durch das Veratrin (oder das angewandte Menstruum) bewirkten, mehr oder weniger rasch vorübergehenden örtlichen Ge-
websentzündung zu beruhen. Hierfür spricht, dass mit dem
Eintritt dieser subjektiven Erscheinungen (10—15 Minuten nach
der Injection) die Gegend um die Stichstelle herum eine leichte,
zuweilen fleckige Röthung und Anschwellung zeigt, und sich
heisser anfühlt, als ihre Umgebung; auch dauert das Gefühl
von Brennen nicht blos eine Stunde, wie Lafargue meint,
sondern 3—5 und mehr Stunden, selbst einen ganzen Tag über,
und es sind nach Ablauf dieser Zeit auch die geringfügigen ob-
jektiven Symptome gewöhnlich verschwunden. Unter ungünstigen allgemeinen Verhältnissen kann jedoch diese Entzündung,
wie jede andere, den Ausgang in Suppuration und Abscedirung

nehmen, wovon der oben angeführte Fall (bei einem an Erysipelas leidenden Patienten) ein Beispiel giebt.

Was die therapeutischen Resultate betrifft, so sah ich bei einer unvollständigen Anästhesie im Gebiete des N. peronaeus, gleichzeitig mit Paralyse desselben, in Folge von Verletzung durch einen Sensenhieb in der Kniekehle, von den oft wiederholten Veratrin-Injectionen ebensowenig Nutzen, wie von dem Strychnin und der längeren Anwendung der Elektricität. Die Anästhesie, welche anfangs nur am äussern Fussrande und einem kleinen Theile des Fussrückens bestand, verbreitete sich vielmehr während der Behandlung über die äussere Seite des Unterschenkels bis zur Wade hinauf und die Dorsalfläche des Mittelfusses und selbst der Zehen. Dieser Umstand und die völlige Stabilität der motorischen Störung nöthigte zu der Annahme einer gänzlichen Trennung und nicht erfolgten Wiedervereinigung des N. peronaeus, welche die Unwirksamkeit der Behandlung erklärlich machte.

In zwei Fällen von heftigem, rheumatischem Kopfschmerz verschafften die Veratrin-Injectionen, nach Angabe der Patietin, allerdings eine gewisse Erleichterung; jedoch war dieselbe so unbestimmt und so rasch vorübergehend (nach $1-1\frac{1}{2}$ Stunden), dass sie auch wohl auf Rechnung anderer, zufälliger Momente gesetzt werden konnte. Ausserdem wurden die Patienten ebenfalls noch mehrere Stunden hindurch von brennenden Schmerzen im Nacken, woselbst die Injection gemacht worden war, heimgesucht; und es leisteten schliesslich Morphium und leichte Ableitungen auf den Darm bessere Dienste.

Besonders gespannt war ich darauf, auch die antifebrile Wirkung des Veratrin bei hypodermatischer Anwendung zu erproben, da die kräftige, Temperatur und Pulsfrequenz herabsetzende Action der Veratrin-Präparate bei fieberhaften Affectionen von verschiedenen Seiten, u. A. von Seitz, lebhaft gerühmt worden ist. Letzterer sah bei innerer Darreichung des Extr. Veratri vir. an gesunden Menschen die Pulsfrequenz um $10-20$ Schläge, die Temperatur um $1-2°$ R. (nach anfänglicher Steigerung) abnehmen, ohne dass üble Nebenwirkungen auftraten.

Ich machte den Versuch bei einem an Erysipelas genu et cruris mit sehr intensivem Fieber und gleichzeitigem Icterus

catarrhalis leidenden, 36jährigen Manne. Derselbe hatte vor
der Injection eine Temperatur von 41,5 °C. — Pulsfrequenz 124.
Die Injection (¹/₄₈ Gr.) an der inneren Seite des Oberschenkels
um 6 Uhr Abends. Nach 10 Min. Temp. unverändert, Puls
118; nach 45 Min. Temp. ebenso, Puls 124; nach 75 Min.
Beides unverändert. — Am folgenden Morgen Temp. 41, Puls
126. — Neue Injection von ¹/₄₀ Gr. in der Nähe der vorigen,
Vormitt. 10 Uhr. Nach ³/₄ Stunden ist die Temperatur 39,8,
Pulsfrequenz 110; am Abend (8 Stunden nach der Injection)
Temp. 38,4, Puls 96. Am folgenden Morgen Temp. 39,9, Puls
114; am Abend 40,3, Puls 124.

Während also die erste Injection gar keine Veränderung
der Temperatur und nur eine höchst unerhebliche, vorübergehende Abnahme der Pulsfrequenz herbeiführte, bewirkte die
zweite, 16 Stunden später und unter den gleichen Verhältnissen
gemacht, in ³/₄ Stunden ein Sinken der Temperatur um 1,2 °C.
und der Pulsfrequenz um 14 Schläge — in 8 Stunden Abnahme
der Temperatur um 2,6 °C. und der Pulsfrequenz um 30 Schläge.
Wahrscheinlich war dieser rasche und bedeutende Effekt das
Resultat einer Combination der beiden successive eingespritzten
Dosen, da sonst die gänzliche Unwirksamkeit der einen bei so
eclatanter Wirkung der andern schwer zu erklären ist. In dem
Verlaufe des Erysipelas und dem Allgemeinzustande des Kranken waren keine Veränderungen eingetreten, welche einen jähen,
kritischen Spontanabfall des Fiebers als möglich erscheinen liessen;
auch wurde jeder derartige Gedanke schon durch das allmälige
Wiederansteigen der Temperatur und Pulsfrequenz am darauf
folgenden Tage widerlegt.

Von anderen Autoren haben, wie es scheint, nur Lorent,
Erlenmeyer, und der kürzlich verstorbene Hiffelsheim (in
Paris) mit dem Veratrin einzelne Versuche gemacht. Lorent
gab dasselbe (gr. j, Spir. vini q. s., Aq. dest. 3 j) bei einer
Neuralgie, stand aber wegen Schmerzhaftigkeit der ersten In-
jection von jeder Wiederholung derselben ab.

Erlenmeyer injicirte ¹/₃₀ Gran; er schreibt die irritirende
Wirkung weniger der Lösungsflüssigkeit als dem Veratrin selbst
zu. Bei rheumatischen Neuralgieen, Zahnschmerz u. s. w. sah
er von diesem Mittel keine Erfolge.

Hiffelsheim (Allg. Wiener med. Z. 1865, 16) wandte

bei Schmerzhaftigkeit (Rheumatismus?) im linken Schulterge-
lenk das Veratrin subcutan an. Auch er beobachtete lebhafte
örtliche Irritation (Schmerz, Erythem); ausserdem stets bedeutende Erleichterung, die meistens schon im Verlauf von 15 Minuten sich geltend machte. Mitunter steigerte sich die toxische
Wirkung bis zur Prostratio virium (bei welcher Dosis, wird
nicht gesagt). Da das Mittel stets nur vorübergehend nützte,
bat der Kranke schliesslich, ihn damit zu verschonen; der constante Strom bewirkte Besserung.

Zwanzigstes Capitel.

Ergotin.

Mit Injectionen von Ergotin (Bonjean) habe ich nur in
einem Falle von sehr hartnäckiger, schon seit drei Monaten bestehender Tussis convulsiva bei einem 3jährigen Mädchen Versuche gemacht, nachdem innere Medicamente sich erfolglos zeigten. Es wurde folgende Lösung benutzt:

> ℞
> Ergotini gr. ij
> Spir. vini rect.
> Glycerini puri ana ʒβ.

Von dieser Lösung wurden 6 — 10 Theilstriche (entsprechend
$^1/_{15}$ — $^1/_9$ Gr. Ergotin) in allmäliger Steigerung injicirt. Die Injectionen schienen wenig schmerzhaft zu sein und riefen keine
übeln Nebenerscheinungen hervor; nach den stärkeren Dosen
erfolgte zweimal Erbrechen. Die Hustenparoxysmen wurden jedesmal vorübergehend gemildert und namentlich eine bessere
Nachtruhe durch die Abends gemachten Injectionen erzielt; eine
nachhaltige Besserung liess sich jedoch nicht wahrnehmen, und
es wurde daher diese Therapie wieder verlassen, nachdem die
Injection in Zeit von 20 Tagen elfmal wiederholt und im Ganzen gerade 1 Gr. Ergotin auf diese Weise beigebracht war.

Remak hat den Vorschlag gemacht, bei Kohlenoxydvergiftung das hier von Klebs bekanntlich wegen seiner Wirkung
auf den Gefässtonus anempfohlene Ergotin subcutan zu appliciren (vgl. Med. Centralz. 1865, 26). Da hier alles auf eine
rapide Wirkung ankommt, wird man offenbar nur zwischen der
subcutanen Injection und der Infusion die Wahl haben: worüber bereits bei früherer Gelegenheit (pag. 84) das Nöthige
bemerkt ist. Wie ich glaube, dürfte sich vor Allem in der
geburtshülflichen Praxis der subcutanen Anwendung des
Ergotin ein sehr erspriessliches Feld eröffnen und möchte ich
diejenigen, welchen ein grösseres Material zu Gebote steht, zu
Versuchen nach dieser Richtung hin ganz besonders auffordern.

Einundzwanzigstes Capitel.

Physostigmin.

Mit Calabar und dem daraus von Jobst und Hesse dar-
gestellten Physostigmin oder Calabarin (wahrscheinlich ein Ge-
menge verschiedener Stoffe, worunter als wirksamer Hauptbe-
standtheil ein crystallisirbares Alcaloid, Eserin) sind bisher
erst sehr vereinzelte Versuche hypodermatischer Anwendung gemacht worden.

Schelske (clinische Monatsblätter für Augenheilk. 1863,
pag. 382) sagt bei Besprechung eines Falles von Oculomotorius-
Parese: „Die Ptosis des oberen Lides besserte sich bei der Anwendung der Calabar Bean, besonders nach subcutaner Injection ins obere Lid sehr geringer Mengen sehr schwacher Lösungen".

Fronmüller (l. c.) injicirte Physostigmin zu $\frac{1}{10} - \frac{1}{7}$ Gr.
(in wässeriger Lösung) und sah davon namentlich bei Enuresis
Nutzen. Erlenmeyer empfiehlt eine Lösung von gr. j auf
ʒ ij Aq. dest. mit etwas Alcoholzusatz. Rosenthal (Wiener
medicinische Presse 1865, Nr. 44.) rühmt sowohl zur Instilla-

tion ins Auge wie zur subcutanen Injection das Calabar-Glycerin; dasselbe wird nach ihm durch Verreiben in einer Schale von Calabarextract mit 1—2 Tropfen Weingeist versetzt, unter allmäligem Zufügen von Glycerin gewonnen. Nimmt man von letzterem eine Drachme auf ein Gran Extract, so ist in einem Tropfen Glycerin $\frac{1}{60}$ Gr. des Auszuges enthalten.

Anhang:

Oleandrin.

Das Oleandrin (Alcaloid von Nereum Oleander) ist nur von Erlenmeyer subcutan angewandt worden, der dasselbe durch Herrn Hofapotheker Schliwa zu Coblenz erhielt. Lösung von gr. j in Aq. dest. 3ij mit etwas Alcoholzusatz. Therapeutische Versuche bei Epilepsie ergaben bisher keine Resultate.

Zweiundzwanzigstes Capitel.

Blausäure. Chloroform. Tinctura Cannabis indicae.

Blausäure wurde von M'Leod bei Geistesstörungen (bes. puerperalen Psychosen) sowohl innerlich als auch subcutan angewandt (Med. Times and Gaz., 14., 21. und 28. März 1863). Er benutzte zur Injection die verdünnte (Scheelesche) Blausäure, in Lösungen von 5:30, wovon 2—6 Tropfen injicirt wurden. Er empfiehlt das Mittel bei jeder Form der Geistesstörung mit „hyperonoia", besonders bei acuter Manie und Melancholie, bei maniakalischen und melancholischen Aufällen: es soll hier nicht bloss berubigend wirken, sondern auch den Uebergang in chronische Form einerseits, in Erschöpfung und

Tod andererseits verhüten. Der Effect äussert sich durch sehr
merkbare, plötzliche oder allmälige Abnahme der hypernoie-
tischen Erscheinungen, mit oder ohne Schlaf. Die Vortheile
vor anderen Narcoticis beruhen nach M. namentlich in der
Schnelligkeit, Sicherheit und Einfachheit der Wirkung, sowie
in der gänzlichen Abwesenheit cumulativer Erscheinungen und
übler Nebenwirkungen; Appetit und Verdauung werden nicht
gestört, sondern eher befördert. Die Erfahrungen von M. beziehen sich auf 44 Fälle: 40 von Manie, die übrigen von Melancholie. — In zwei Fällen wurde Verlangsamung und Unre-
gelmässigkeit des Pulses, zweimal Coma mit Adynamie und
Erscheinungen wie beim Beginne eines epileptischen Anfalls
nach den Injectionen beobachtet.

Chloroform wurde von Hunter zu Injectionen benutzt,
aber bald wieder aufgegeben, weil diese Einspritzungen zu
schmerzhaft waren und heftige locale Entzündungen hervorriefen. Saudras hat an Kaninchen Versuche über subcutane
Application dieses Mittels gemacht. Er sah ein Kaninchen
nach Einspritzung von 10 Tropfen sofort in völlige Anästhesie
verfallen, aus der es nach einer halben Stunde allmälig erwachte, so dass erst nach 3 Stunden der frühere Zustand wiedergekehrt war (Presse médicale 1865, 33, p. 265).

Tinctura Cannabis indicae wurde ebenfalls von Hunter benutzt. Nach Thamhayn (Schmidt's Jahrb. 112) sollen Injectionen davon mehrfach bei Tetanus angewandt worden sein; die damit behandelten Fälle verliefen grösstentheils
tödtlich.

Ich habe in einem Falle von chronischer Miliartuberculose
der Lungen, wo das Morphium sich nach längerem Gebrauche
wirkungslos zeigte, Injectionen von Tinct. Cannabis ind. allabendlich gemacht, und eine bessere Nachtruhe, namentlich Verminderung des quälenden Hustenreizes und der beim Aushusten
empfundenen Schmerzen dadurch herbeigeführt. Es wurden
6—12 Gr. einer Lösung von Tinct. Cannabis ind. und Aq.
dest. ana, also 3—6 Gr. Tinct. Cannabis auf einmal, meist am
Oberarm injicirt; bemerkenswerthe Nebenerscheinungen traten
nach diesen Dosen nicht ein.

Dreiundzwanzigstes Capitel.

Chinin.

Goudas, l'union 1862, 113. — M'Craith, Med. Times and Gaz. 2. Aug.
und 4. Oct. 1862. — Moore, Lancet II. 5, Aug. 1863. — Neudörfer,
l. c — Pletzer, l. c. — Eisenmann, Canstatt's Jahresber. 1863.
— Rosenthal, Wiener med. Wochenschr. 1864, 33; Med. Halle 1864
(V.) 34. — Zülzer, Med. Halle 1864, 38. — Gualla, gaz. lomb. 14,
1864. — Saemann, l. c. — Fronmüller, l. c. — Lorent, l. c. —
Erlenmeyer, l c. — Desvignes, lancet 1865 I. 4., Jan. — Bourdon,
gaz. hebd. 2. Sér. II. (XII.) 38. p. 603; l'union 1865, 112. — Vée,
bull. de thér. LXIX. p. 177, 30. Aug 1865. — Dodenil, ibid. p. 97,
Aug.; gaz. des hôp. 1865, 103. — Med. Centralz 1865, 69. — Fischer,
Wiener allg. med Z. 1865, 31. — M'Craith, London med. and chir.
soc. 12. Dec. 1865. — Posner, clin. Arzneimittel. 1866, p. 173. —
Mader, Wiener med. Wochenschr. 1866, 19.

Intermittens durch Malaria-Infection.

Die subcutane Anwendung des Chinin bei Intermittens verdanken wir Dr. Schachaud in Smyrna, über dessen Resultate Goudas berichtet. Schachaud bediente sich des Verfahrens in 150 Fällen mit gastrischen Symptomen complicirter
Intermittens, wo der innere Gebrauch nicht thunlich war. Er
injicirte 10 — 15 Tropfen einer Solution von 5 Ctgrmm. Chin.
sulf. auf 4 Tropfen gesäuertes Wasser (also etwa 2 bis 3 Gran
Chinin), in der Regel auf der Höhe des Anfalls. Der Puls
verlor sofort von seiner Frequenz, die brennende Hitze der
Haut minderte sich merklich; wenn dagegen das Fieber ein
algides war, so begann eine angenehme Wärme sich einzustellen; bald erschien ein reichlicher Schweiss, womit sich die Be-
ängstigung verlor, und die Wirkung des Mittels kündigte sich
ausserdem noch durch Ohrensausen an. 'Eine einzige Application genügte zur Heilung; stärkende Diät und zuweilen Eisen
vervollständigten die Kur. Schachaud hat unter allen 150
Fällen nur ein einziges Recidiv, nach 3 Monaten, beobachtet!
Goudas selbst wandte das Verfahren in 15 Fällen mit gleichem
Erfolge an.

M'Craith benutzte eine Lösung von Chin. sulf. 3 β, Acid.
nitr. q. s., Aq. dest. ℥ β. Hiervon wurden 20 Tropfen (=2¼
Gran Chinin) injicirt. Er empfiehlt das Verfahren namentlich

in solchen Fällen, wo der Zustand der Verdauungsorgane den
unmittelbaren Gebrauch des Chinins nicht gestattet, bei denen
aber längeres Bestehen der Intermittens, namentlich bei Mala-
riafiebern in Tropengegenden, leicht den Uebergang in typhoide
Formen anbahnt. In solchen Fällen kann man durch das subcutane Verfahren nicht nur alsbald die Beseitigung des Wechsel-
fiebers erzielen, sondern man wirkt auch gleichzeitig heilend auf
den gastrischen Zustand ein, der oft vielmehr eine Folge, als
eine Bedingung des Fiebers ist. Während die Methode, unmittelbar vor dem Anfalle eine volle Chiningabe nehmen zu lassen,
zwar die Wiederkehr der Paroxysmen ziemlich sicher verhütet,
aber den nächsten Anfall nicht unterdrückt, sondern heftiger
macht, soll die subcutane Einspritzung, selbst während des Froststadiums unternommen, schon den gegenwärtigen Anfall kürzen
und mildern, und die Wiederkehr der weiteren Paroxysmen
abschneiden; ein Vortheil, der, namentlich bei Intermittens per-
niciosa sehr zu beachten ist.

Nach einem kürzlich an die London royal med. and chir.
soc. gerichteten Schreiben ist M'Craith durch neuere Versuche in seiner vortheilhaften Meinung von den subcutanen
Chinin-Injectionen lediglich bestätigt worden. Besonders in-
struktiv ist ein von ihm erwähnter Fall perniciöser Intermittens,
wo der im tiefsten Coma liegende Kranke, der nicht zu schlingen vermochte, durch Einspritzung von 3½ Gr. Chinin an jedem Arm sehr bald geheilt wurde.

Moore injicirte bei Intermittens eine ähnliche Chininlösung
(3 β auf ℥ β), und zwar 3 β — j pro dosi, gewöhnlich über dem
Triceps oder Deltoides, auch an Schenkel und Wade. Bei Milzvergrösserung soll die Wirkung grösser gewesen sein, wenn die
Injectionsstelle über der Milz gewählt wurde(?). Der Schmerz
war so unbedeutend, dass ihn die Patienten sehr oft dem bitteren Chiningeschmack vorzogen. Die passendste Zeit ist, nach
Moore, kurz vor dem Frostanfall, bei remittirenden Fiebern
während der Remission; in je früherem Stadium, desto günstiger. Moore rechnet eine Injection von 4 — 5 Gr. Chin. sulf.
gleich der fünf- bis sechsfachen Dosis innerlich, und hält die
Wirkung für sicherer, freier von Recidiven. Der Erfolg war
stets ein günstiger. Ausser dem Chinin wurden nur Sodaprä-

parate bei Darmaffection und Eisenmittel bei Milzvergrösserung und Leucocythämie in Anwendung gezogen.

Ungünstiger äussert sich Pletzer über die subcutane Anwendung des Chinin; er erblickt in derselben „kaum einen Vortheil vor der innerlichen Darreichung", ohne jedoch auf eigene Erfahrungen zu verweisen. Auch Fronmüller glaubt, dass man auf hypodermatischem Wege ausreichende Chininmengen zur Beseitigung des Fiebers nicht zuführen könne. Eisenmann glaubt besonders die nach einer solchen Injection folgenden örtlichen Entzündungs-Erscheinungen fürchten zu müssen.

Dagegen urtheilt Rosenthal nach einer grösseren Reihe von Versuchen über die Chinin-Injectionen bei Intermittens sehr günstig. Zur Injection diente eine Lösung von Chin. bisulf. gr. 20 in Aq. dest. 3 ij, ohne Säurezusatz, wovon 18 — 30 Tropfen (= 3 — 5 Gr. Salz) anfangs auf zwei-, später auf einmal injicirt wurden. Die Einspritzung geschah 3 — 4 Stunden vor dem Paroxysmus au Brust, Milzgegend oder Extremitäten. In einer grösseren Anzahl von Fällen gelang es, durch einige Injectionen das Wechselfieber für die Dauer zu beseitigen.

Zülzer's Versuche wurden mit Paul und Jarotzky in Breslau angestellt. Durch Einspritzung von 3—8 Gr. einer glycerinhaltigen Lösung sah er bei Kindern und Erwachsenen schnelles Verschwinden der Anfälle. Milztumoren zu zertheilen, gelang aber selbst durch 20 Injectionen nicht, und die meisten Patienten erlitten nach 2 — 3 Wochen Rückfälle, so dass Z. die Behandlung nur da empfiehlt, wo es sich um eine schnelle Verhütung von Paroxysmen handelt.

Gualla brachte in Brescia (im Jahre 1863) die Injectionen bei 49 Fällen von Intermittens in Anwendung; in allen Fällen erfolgte die Heilung. Zur Einspritzung wurden 25 Tropfen einer wässerigen Lösung, die 1 Decigramme Chinin enthielten, benutzt. (Früher empfahl G. zu der Lösung einen Zusatz von Acidum tart., den er aber später wegliess.) Die Injection geschah an der inneren Fläche des Oberschenkels. Injectionen in der Milzgegend zeigten sich zur Zertheilung der Hypertrophieen dieses Organs ohne Einfluss. Bei zwei überdies syphilitischen Personen beobachtete G. die schon auf pag. 40 erwähnten örtlichen Phänomene; doch wurde auch in diesen Fällen das Wechselfieber dauernd gehoben.

Desvignes injicirte 1½ Gr. Chinin (mit Acidi nitr. dil. gtt. j, Aq. dest. gtt. 15). In mehreren Hunderten von Fällen, die bei Eisenbahnarbeitern in exquisiten Sumpfgegenden (den toskanischen Maremmen) beobachtet wurden, bewirkte das Verfahren Radicalheilung.

Saemann sah nach 2 Injectionen von je 2 Gran in einem Falle von Intermittens tertiana Heilung, nachdem ℈ j innerlich ohne Erfolg gereicht war.

Lorent experimentirte mit Lösungen von Chin. sulf. ʒ j auf Aq. ʒ j, wovon 15 Tropfen (1⅛ Gr.) eingespritzt wurden. Die Injection bei Beginn des Froststadiums bewirkte eine Abkürzung des Anfalls und in einzelnen Fällen bei wiederholten Injectionen eine Beseitigung des Fiebers.

Erlenmeyer übte die Injectionen in vielen Fällen von Intermittens und spricht sich über dieselben sehr günstig aus; abgesehen davon, dass sie für die Patienten, besonders im jugendlichen Alter, angenehmer sind, als das Einnehmen, ist auch der Erfolg sicherer und schneller, und man kann mit 2 bis höchstens 4 Gr. gewöhnlich dasselbe erreichen, wie mit 12 und 18 Gran bei innerer Darreichung.

————————

Ich suchte bei meinen eigenen Versuchen zunächst das Factum zu constatiren, dass Chinin, unmittelbar vor dem Stadium algidum oder selbst während desselben eingespritzt, den Anfall coupire. Den ersten Fall von Intermittens, der zufällig auf der chirurgischen Klinik vorkam, benutzte ich, um das Chinin in dieser Weise zu appliciren.

1. Die 24jährige Marie Schröder, eine kräftige, blühend aussehende Person, hat am 1. Juli 1863 Vormittags 10 Uhr, dann wieder am 3. und am 4. Juli um dieselbe Zeit Frostanfälle mit nachfolgendem Hitze- und Schweissstadium gehabt. Am 5. Juli ein neuer Anfall, der genau beobachtet wird: er beginnt nach den gewöhnlichen Prodromen um 9½ Uhr; während des Stadium algidum steigt die Temperatur von 38 auf 40,2, die Pulsfrequenz von 98 auf 136; die Milz ist vergrössert. Nach 1½ — 2 Stunden beginnt das Hitzestadium: die Temperatur ist im Anfange desselben 40 und sinkt dann allmälig auf 39,2, die Pulsfrequenz auf 108; gegen 1 Uhr bricht reichlicher Schweiss aus. Um 3 Uhr

ist die Temperatur fast normal (38,4), die Pulsfrequenz 100; bald darauf verfällt die Kranke in Schlaf bis gegen Abend, worauf eine nur durch etwas Kopfschmerz unterbrochene Apyrexie folgt.

Am Morgen des 6. Juli, gegen 9 Uhr, zeigen sich wieder die Vorboten des Anfalls; grosse Schwäche und Mattigkeit, zunehmender Kopfschmerz und Oppression. Um 10 Uhr ausgebrochener Fieberfrost; Temperatur bereits von 37,6 auf 39,4 gestiegen, Pulsfrequenz von 76 auf 112; Puls sehr hart und klein, Milzschwellung deutlich zu fühlen.

Von einer Lösung von

R.

Chin. sulf. ʒ β
Acid. sulf. dil. q. s.
Aq. dest ℥ β
D. S.

wird jetzt der ganze Inhalt einer Luër'schen Spritze (ca. 15 Gr., entsprechend beinahe 2 Gr. Chin. sulf.) im linken Hypochondrium injicirt. Die Einspritzung wird von der Patientin kaum wahrgenommen.

Um 11 Uhr, eine halbe Stunde nach gemachter Injection, haben die Erscheinungen des Froststadiums vollkommen aufgehört, ohne in das zweite Stadium des Anfalls überzugehen. Die Temperatur, die gestern um diese Zeit erst ihre Höhe erreichte, ist jetzt bereits auf 39 gesunken; der Puls (104 in der Minute) ist voller und weicher, die Haut fängt an, weich zu werden; Patientin empfindet nichts von der quälenden Unruhe, den Kopfschmerzen, dem Gefühl von Dyspnoe, die gestern das Hitzestadium begleiteten. Die Milzschwellung noch fühlbar.

Um 11 Uhr Temperatur 38,7; Puls 90; Schweiss über den ganzen Körper verbreitet; die Patientin fühlt sich in hohem Grade frei und erleichtert, ist selbst erstaunt über die ausserordentliche Abkürzung des Anfalls.

Um 12 Uhr Temp. 38,1 — Puls 84, ruhig und vollkommen regelmässig. Die Euphorie ist nur noch durch leichten Kopfschmerz gestört; die Haut noch feucht, die Frequenz der Athemzüge normal; der inzwischen gelassene Urin enthält kein Sediment von Uraten. Ohrensausen oder andere Erscheinungen der Chininwirkung sind nicht eingetreten. — Bald darauf stellt sich Schlafbedürfniss ein; ruhiger Schlaf von 1—4 Uhr. Den Rest des Tages hindurch noch geringer Kopfschmerz und Appetitlosigkeit, die erst am folgenden Morgen verschwinden. —

Dem coupirten Anfalle folgt eine fünftägige Apyrexie, bis zum 11. Juli; an diesem Tage (Mittags um 11 Uhr) noch ein Anfall, der mit Hitze- und Schweissstadium im Ganzen nur 3 Stunden dauert, und von der Patientin selbst als ausserordentlich leicht und milde geschildert wird. Obwohl weder die Injection wiederholt, noch Chinin innerlich verabreicht wurde, so kehrten doch während einer zweimonatlichen Beobachtungszeit die Anfälle nicht wieder. —

Auch im folgenden Falle wurde das Chinin bei ausgebrochenem Fieberfrost subcutan injicirt:

2 Cesing, Arbeitsmann, 31 Jahre alt, hat vor 8 Jahren anderthalb Jahre hindurch an Intermittens gelitten, ist seitdem jedoch von Anfällen verschont gewesen. Erst am 6. Juli 1863 wurde er wieder von einem vollständigen Frost-

19 *

anfall ergriffen. Am folgenden Tage, Vormittags 11 Uhr, kommt Patient in die
Klinik mit einem stark ausgesprochenen, seit einer halben Stunde bestehenden
Schüttelfrost: heftiges Zittern der Glieder und Beben der Lippen, Haut blass,
Puls klein, 96 in der Minute; ein Milztumor wegen der gespannten Bauchdecken
nicht zu eruiren. Sogleich Injection von 1½ Gr. Chinin in der Regio hypochon-
driaca sinistra. Schon nach wenigen Minuten empfindet Pat. Linderung; nach
einer Viertelstunde hat der Frost ganz aufgehört; Puls voll, 78 in der Minute.
Bald darauf entfernt sich Pat. und verbringt den Rest des Tages in völliger Euphorie. Am 8. 7. reichliche Transpiration, kein Anfall; eine Milzschwellung nicht
nachweisbar. Die Apyrexie dauert bis gegen Mittag des folgenden Tages; dann
stellt sich ein neuer, nicht sehr heftiger Frost mit Hitze und Schweiss ein. Am
10. 7. Apyrexie; am 11. 7 um die Zeit des Anfalls ein leichtes Gefühl von
Hitze, das eine halbe Stunde dauert, ohne eigentliches Frösteln. Seitdem ist
kein Anfall mehr eingetreten.

In diesen beiden Fällen wurde also durch eine, während
des Stadium algidum gemachte Injection von 1½ — 2 Gr. Chinin
nicht nur der Anfall sehr rasch coupirt, sondern auch die Intermittens dauernd geheilt. obwohl noch ein leichter Anfall am
fünften, resp. dritten Tage nach der Einspritzung zu Stande kam.

In noch drei anderen Fällen von Intermittens, wo die Injectionen während der Apyrexie vorgenommen wurden, habe ich
ebenfalls nach einer einzigen Einspritzung völlige Heilung ohne
Recidiv eintreten sehen:

3. Perlitz, Tagelöhner, 35 Jahre alt, sehr anämisch und mit Tuberculosis
pulmonum behaftet, hat vor 7 Jahren 1¼ Jahr hintereinander an Intermittens
gelitten. Seit 5 Wochen wieder tägliche Frostanfälle, die mit etwas anteponi-
rendem Typus in den Vormittagsstunden auftreten. Chinin innerlich wurde nicht
ertragen, zum Theil ausgebrochen, und die Frostanfälle bestanden trotz desselben
fort; die innere Darreichung von Solutio Fowleri hatte ebenfalls keinen Erfolg,
und verursachte dem Pat. ausserdem unerträgliche Halsschmerzen, so dass das
Mittel sehr bald ausgesetzt werden musste. Letzter Anfall am 11. 9. gegen
½11 Uhr. Am 12. 9 Vorm. 9 Uhr subcutane Injection von Chin. sulf. gr. ij im
linken Hypochondrium. Bei der Injection äussert Pat. ziemlich lebhafte Schmerzen, die jedoch schon nach wenigen Minuten verschwunden sind: um die Stichstelle bildet sich eine kleine Entzündungszone. Der erwartete Anfall bleibt aus;
den Tag über völlige Euphorie. — Die Paroxysmen wiederholten sich auch später nicht; Pat. starb jedoch nach 3 Monaten in Folge des Lungenleidens.

4. Hermann Dädler, ein 8jähriger, schwächlicher Knabe, leidet seit
drei Wochen an Intermittens tertiana anteponens. Das erste Mal trat der Schüttelfrost um 12 Uhr Nachts auf, dann um 7 Uhr Abends, um 5 Uhr u. s. w. --
zuletzt am 31. 7. Vormittags 9 Uhr. Am Vormittag des 1. 8., also während
der Apyrexie, stellt sich Pat. poliklinisch vor. Derselbe hat noch kein Chinin
gebraucht; eine Milzvergrösserung lässt sich nicht nachweisen. Injection von 2 Gr.
Chin. sulf. unter keineswegs sehr lebhaften Schmerzäusserungen von Seiten des

Pat ; nach einer Viertelstunde noch etwas Brennen und Röthung an der Stichstelle Die Fieberanfälle bleiben seitdem aus.

5. Die 21jährige Auguste Radlof, die bereits zweimal (vor 2 und vor
5 Jahren) längere Zeit hindurch an Intermittens gelitten, hat seit dem 11. 7.
wieder quotidiane Frostanfälle, die zwischen 5 und 6 Uhr Abends auftreten. Am
Vormittag des 19 7. in der Apyrexie, nachdem vorher noch kein Chinin gebraucht worden, Injection von gr. ij des Mittels an der Innenseite des rechten
Oberarms Während der Injection erhebliche Schmerzempfindung, die sich jedoch
nach kaum 10 Minuten verliert. Der nächste Anfall bleibt aus und es tritt auch
bis zur Entlassung der Kranken kein Recidiv ein.

Dieser Fall bestätigt, was freilich a priori zu erwarten war,
dass die Milzgegend zur Ausführung der Injectionen bei Intermittens keinesweges besondere Vortheile darbietet und der Effect
auch von entfernten Körperstellen aus in gleicher Weise hervortritt.

Es sind dieses die einzigen Beobachtungen über reine Intermittens, welche ich bisher bei einem in dieser Beziehung
sehr beschränkten Material zu machen im Stande war; doch
glaube ich, dass dieselben in Verbindung mit einer critischen
Prüfung der anderweitig vorliegenden Literatur wohl zu einem
Urtheil über diese neue und unstreitig wichtige Behandlungs-
methode berechtigen. Unstreitig erfüllen die subcutanen Chinin-Injectionen hinsichtlich ihrer Wirkung bei Intermittens das
Tuto und Cito auf die vollkommenste Weise; in gewissem Sinne
auch das Jucunde, indem sie den üblen Geschmack und die
gastrischen Nebenwirkungen des Mittels ausschliessen. Die von
Eisenmann, Pletzer und Fronmüller geäusserten Bedenken, wenn auch a priori nicht ungerechtfertigt, sind durch
die Erfahrung als längst widerlegt zu betrachten — oder können, selbst theilweise zugestanden, den erheblichen Vortheilen
gegenüber nicht ins Gewicht fallen. Oertliche Entzündungserscheinungen sind, wie schon pag. 40 erörtert wurde, im Ganzen äusserst selten und auch dann keinesweges heftig. Ueber
den Schmerz sind die Ansichten getheilt; Moore z. B. erklärt
denselben für sehr gering; Neudörfer behauptet das Gegentheil, aber nur nach einem einzigen Falle. Jedenfalls kann man
den Schmerz auch sehr reduciren, indem man möglichst
rasch injicirt und nicht zu saure, frisch bereitete Lösungen
zur Injection anwendet.

Unter elf Personen, bei denen ich Chinin-Einspritzungen

machte, empfanden allerdings fünf einen lebhaften, brennenden
Schmerz während der Injection und in den darauf folgenden
Minuten; mehrere während des Frostanfalls selbst vorgenommene
Injectionen wurden dagegen von den Patienten kaum wahrgenommen, und es dürften dieselben hier jedenfalls den augenblick-
lichen Schmerz gern gegen den sofortigen, auf keine andere
Weise zu bewirkenden Nachlass der Fieber-Erscheinungen ein-
tauschen. Auch üble Allgemein-Erscheinungen der Chininwirkung traten nach den von mir benutzten, vollkommen ausrei-
chenden Dosen (1 ½ — 2 Gr. Chin. sulf.) niemals auf; selbst
das von Schach und als constant bezeichnete Ohrensausen wurde
nicht beobachtet.

Obwohl man in jedem Falle von Intermittens die innere
Anwendung des Chinins durch die subcutane mit Vortheil ersetzen kann, so bietet letztere, wie sich aus dem Vorstehenden
ergiebt, doch unter folgenden Verhältnissen besondere Vorzüge
dar: 1) Bei Intermittens, die mit gastrischen Symptomen complicirt ist, überhaupt wo das Chinin bei innerer
Darreichung nicht vertragen wird und man daher sonst zu gefährlicheren und zugleich zweifelhafteren Mitteln greifen müsste;
2) bei perniciösen, comitirten Fiebern, wo Alles darauf
ankommt, den Eintritt des nächsten Anfalls mit Sicherheit zu
verhüten oder den ausgebrochenen Anfall sofort zu coupiren,
um Localisationen in lebenswichtigen Organen vorzubeugen;
3) bei Kindern, wo der üble Geschmack und die bei grossen
Dosen zu erwartenden gastrischen Störungen besonders ins Gewicht fallen; 4) in der Armen- und Hospitalpraxis, wo
auch die ökonomische Seite der Frage wesentlich in Betracht
kommt; denn es ist wohl nicht gleichgültig, ob von einem immer noch so kostspieligen Medicament 1 ½ — 2 Gr. oder mehrere Scrupel zur Kur jedes einzelnen Kranken erfordert werden,
namentlich an Orten, wo Malaria endemisch und epidemisch vorkommt und daher stets eine grössere Zahl von Intermittens-
Patienten sich in Behandlung befindet.

Intermittirende und remittirende Fieber ohne Malaria.

Es ist ein wichtiges und für die Therapie zahlreicher Krank-
heitsformen in hohem Grade verwerthbares Factum, von dem
ich mich durch genaue Beobachtungen wiederholt überzeugt

habe, dass man durch subcutane Injection kleiner Chininmengen im Stande ist, in einer grossen Anzahl von fieberhaften Zuständen mit intermittirendem oder remittirendem Typus eine vorübergehende, nicht selten erhebliche Abnahme der Fiebererscheinungen (namentlich der febrilen Körpertemperatur) zu bewirken — und zwar in einer viel rascheren und ausgiebigeren Weise; als es bei innerem Gebrauche selbst grosser und lange Zeit fortgesetzter Chinindosen der Fall ist.

Am Evidentesten zeigte sich mir die geschilderte Wirkung in den beiden folgenden Fällen, von denen der erste eine schleichend verlaufende, puerperale Pyämie, der zweite eine Febris remittens betrifft, und die beide im Greifswalder Krankenhause zur Beobachtung kamen. Besonders instructiv ist der zweite, in welchem durch von Stunde zu Stunde vorgenommene Temperaturmessungen der Erfolg der Injection noch unmittelbarer controlirt wurde.

1) Louise K., 25 Jahre alt, ist am 30. 11. 63 (als primipara) mit der Zange entbunden worden, wobei ein Dammriss bis in die Nähe des Afters entstand. Am 3. Dec. hatte Patientin einen Schüttelfrost, der sich im Laufe des Monats noch mehrmals wiederholte; es bildeten sich verschiedene Abscesse an den Nates und schmerzhafte Oedeme an den unteren Extremitäten; später, nachdem die Lochien bereits seit einiger Zeit cessirt hatten, reichlicher übelriechender Ausfluss aus den Genitalien von eitriger Beschaffenheit, der besonders bei Lagerung auf die rechte Seite sehr zunahm, so dass an einen retroperitonäalen Abscess mit Perforation in die Scheide gedacht wurde. Seit dem 29. Dec. befand sich Pat. in klinischer Behandlung. Das Fieber hatte fortwährend einen remittirenden Typus mit starken abendlichen Exacerbationen. In welcher Weise das Chinin hier wirkte, geht aus folgender Scala hervor:

			Temp.	Puls.
4. 1.	Morgens		37,7	96
	Abends		39,9	104
5. 1. Chinin innerlich ($\ominus$ j auf				
$\bar{\tilde{3}}$ ij 2stdl. 1 Essl.) .	Morgens		38,2	100
	Abends		40,3	120
6. 1 do.	Morgens		37,6	102
Nachm. leichtes Frösteln.	Abends		39,1	120
7. 1. Chinin innerlich . . .	Morgens		38,4	100
	Abends		39,9	108
8. 1. do.	Morgens		39,1	108
	Abends		39,5	120
9. 1.	Morgens		39	108

		Temp.	Puls.
Injection von Chinin,			
Vorm. 11 Uhr.	Abends	39,1	116
10. 1.	Morgens	38,6	102
	Abends	39,5	120
11. 1.	Morgens	38,5	100
	Abends	39,8	116
12 1.	Morgens	38,3	100
	Abends	39,8	112
13. 1.	Morgens	38,3	138
	Abends	39,5	108
14. 1	Morgens	37,8	100
	Abends	39,7	120
15. 1.	Morgens	37,8	96
	Abends	40,1	128
16. 1. Chinin innerlich, wie			
oben	Morgens	37,1	96
	Abends	40,1	116
17. 1. do.	Morgens	37,6	84
	Abends	39,6	112
18. 1.	Morgens	37,2	100
Nachmitt. Injection von			
Chinin	Abends	38,9	112
19. 1.	Morgens	37,8	88
Am Abend neue Inject.	Abends	39,1	96
20. 1.	Morgens	37	84
	Abends	39,1	104
21. 1.	Morgens	37	88
Am Abend neue Inject.	Abends	39,6	112
22. 1.	Morgens	37,1	88
	Abends	39,9	136
23. 1.	Morgens	37,4	88
	Abends	40,0	128
24. 1.	Morgens	37,4	88
	Abends	40,2	128
25. 1. Chinin innerlich, wie			
oben	Morgens	37,4	108
	Abends	39,8	140
26. 1. do.	Morgens	37,2	104
	Abends	40	132
27. 1. do.	Morgens	37	96
	Abends	40,1	132

Aus dieser Tabelle ergiebt sich, dass die drei niedrigsten Abendtemperaturen, welche überhaupt im Laufe dieser 24 Tage beobachtet wurden (einmal 38,9 — zweimal 39,1) gerade den drei ersten Chinin-Injectionen entsprechen. Nach der ersten

(Vormittags gemachten) Injection war die Abendtemperatur um
0,4 ° geringer als am vorhergehenden und nächstfolgenden Tage.
Nach der zweiten Injection war die Abendtemperatur um 0,7°
geringer als den Tag vorher; die am folgenden Abend vorgenommene, dritte Injection zeigte einen geringeren, jedoch immer
noch merkbaren Einfluss, die vierte einen noch schwächeren.
Hierbei ist freilich nicht zu übersehen, dass das Fieber augenscheinlich die Tendenz zur Steigerung hatte, wie sich dies aus
dem weiteren Verlauf der Scala ergiebt. Der innere Gebrauch
des Chinin (täglich Ɔ j) brachte auch nach mehreren Tagen
noch keine Wirkung hervor. Eine wesentliche Aenderung des
Gesammtzustandes trat in diesem Falle übrigens nicht ein.

2) Der zweite Fall betraf einen 19jährigen, anämisch aussehenden Mann,
der früher längere Zeit an Intermittens gelitten hatte und jetzt nach mehreren
Frostanfällen im Quotidiantypus von einem Fieber mit remittirendem Charakter
heimgesucht wurde. Pat. erfreute sich im Uebrigen vollkommener Gesundheit
Milzvergrösserung war deutlich zu fühlen. Die Morgen- und Abend-Temperatu-
ren betrugen:

Am 23. November (Morgens 8 Uhr) . . . . 38,8 ° C.
     (Abends 6 -) 40,3
 24.   -   Morgens 38,8
      Abends 40,4
 25.   -   Morgens 38,8
      Abends 40,0
Am 26. Nov. stundenweise Messung, die folgendes Resultat lieferte:
 Vormittags 8 Uhr . . . . 38,6 ° C.
  - 9 - 38,8
  - 10 - 39,0
  - 11 - 39,2
  - 12 - 39,6
 Nachmitt. 1 - 39,8
  - 2 - 39,8
  - 3 - 40,0
  - 4 - 40,0
  - 5 - 40,0
  - 6 - 40,4
Am 27. Nov. wurde um 3 Uhr Nachmittags, also während des Ansteigens
der Temperatur-Curve, eine Injection von 2 Gr. Chin. sulf. eingeschaltet:
 Vormittags 8 Uhr . . . . 38,8 ° C.
  - 9 - 38,8
  - 10 - 39,0
  - 11 - 39,5
  - 12 - 39,8
 Nachmitt. 1 - 39,8

Nachmitt. 2 Uhr . . . . 39,9 ° C.
   -     3   -   40,0
                Injection von Chinin.
   -     4   -   39,8
   -     5   -   39,8
   -     6   -   39,6

Die Folge der Injection war also, dass statt des typischen
Ansteigens sofort ein allmäliges Absinken der Temperatur-Curve
eintrat, und dass dieselbe zu der Zeit, wo sie sonst ihre Acme
erreichte (Abends 6 Uhr), um 0,4 " niedriger war, als vor der
Injection, und um 0,8° niedriger, als zu der entsprechenden
Zeit am vorhergehenden Tage.

Am 28. Nov. Wiederholung des Versuchs in derselben Weise. nur dass die
Injection bereits zwei Stunden früher (Nachmittags 1 Uhr) gemacht wurde, um
die Dauer der Wirkung zu bestimmen.

Vormittags 4 Uhr . . . . 39,0 ° C.
   -     5   -   39,0
   -     6   -   38,8
   -     7   -   38,6
   -     8   -   38,6
   -     9   -   39,0
   -    10   -   39,0
   -    11   -   39,2
   -    12   -   39,4
Nachmitt. 1   -   39,8
                Injection.
   -     2   -   39,6
   -     3   -   39,4
   -     4   -   39,6
   -     5   -   39,6
   -     6   -   39,8

Auch hier also allmäliges Absinken, jedoch nach zwei Stunden ein Wiederansteigen der Temperatur, die freilich zur Zeit
der Acme (6 Uhr) erst dieselbe Höhe erreichte, wie unmittelbar vor der Injection, und um 0,6° hinter dem injectionsfreien
Tage (26. Nov.) zurückblieb.

Am 29. Nov. wurde die Injection bereits am Vormittag um 8 Uhr (gleich
im Beginn des Ansteigens) vorgenommen.

Vormittags 6 Uhr . . . . 38,4 ° C.
   -     7   -   38,3
   -     8   -   38,6
                Injection.
   -     9   -   38,6
   -    10   -   38,8
   -    11   -   38,8

Vormittags 12 Uhr . . . . 39,0 ° C.
Nachmitt. 1 -   39,0
  · 2 -   39,0
  - 3 -   . . . ., ... 39,6
  - 4 -   38,6
  - 5 -   39,4
  - 6 -   39,2

Es konnte also hier das Ansteigen der Curve überhaupt
zwar nicht coupirt, aber doch erheblich verlangsamt und ihr
Maximum auf eine viel geringere Höhe reducirt werden; ja es
trat sogar gegen Abend statt des gewöhnlichen Zuwachses ein
Absinken der Temperatur ein, so dass letztere zu der Zeit, welche
eigentlich der Acme entsprach, um 1,2° niedriger war, als am
injectionsfreien Tage. — Ein ähnliches, nur schwächer ausge-
prägtes Resultat lieferte die Beobachtung des folgenden Tages
(30. Nov.):

Vormittags 6 Uhr . . . . 38,4 ° C.
  ·- 7 -   38,4
  - 8 -   38,6
              Injection.
  - 9 -   38,8
  - 10 -   38,9
  - 11 -   . . . . · 39,0
  - 12 -   . . · 39,0
Nachmitt. 1 -   39,3
  - 2 -   39,2
  - 3 -   39,4
  - 4 -   39,4
  - 5 -   39,6
  - 6 -   39,6

Am folgenden Tage (1. Decbr.) wurde die Chinin-Injection ausgesetzt.
Vormittags 6 Uhr . . . . 38,6 ° C.
  - 7 -   38,7
  - 8 -   38,8
  - 9 -   39,0
  - 10 -   39,2
  - 11 -   39,2
  - 12 -   39,4
Nachmitt. 1 -   39,6
  - 2 -   39,6
  - 3 -   39,8
  - 4 -   40,0
  - 5 -   40,0
  - 6 -   . . . . 40,4.

Sogleich stellte sich also der alte Typus wieder her und die Temperatur erreichte zur Zeit der Acme ganz dieselbe Höhe, wie am Tage vor den Injectionen. — Die Pulsfrequenz zeigte sich während dieser ganzen Zeit durch den Chiningebrauch nicht wesentlich beeinflusst; sie schwankte, vorher wie nachher, in den Gränzen 80 bis 96.

Endlich erwähne ich noch folgenden Fall als Beweis für die grosse Wirksamkeit, welche das Chinin in hypodermatischer Anwendung auch bei der nicht auf Malaria beruhenden Intermittens ausüben kann:

Eine 54jährige, an Brustcarcinom operirte Dame wurde 8 Tage nach der Operation von einem Erysipelas migrans befallen. Seit dem 14. Tage stellten sich bei der Patientin, die früher auch an Intermittens gelitten hatte, Frostanfälle mit regelmässigem Quotidiantypus ein: dieselben wiederholten sich 4 Tage hintereinander jeden Morgen um 7 Uhr und dauerten mit Frost- und Hitzestadium bis spät in den Nachmittag. Chinin in Pulver- und Pillenform (Əj im Laufe von 24 Stunden) blieb ohne weiteren Erfolg, als dass die Anfälle zwei Tage etwas später kamen, nämlich um 9 und um 9½ Uhr. Am folgenden Tage wieder um 9½ Uhr beginnender Frostanfall: Zittern der Lippen und des ganzen Körpers, der Arterienpuls an den Extremitäten kaum fühlbar, von grosser Frequenz. Es wurde nun eine Spritze der obigen, frisch bereiteten Chininlösung (3 β in ʒ β) an der Innenfläche des linken Oberschenkels subcutan injicirt, unter kaum wahrnehmbarem Schmerzgefühl der Patientin. Nach kaum einer Stunde (um ¾11 Uhr) war der fieberhafte Zustand völlig verschwunden, der Puls ruhig, 84 in der Minute, Hauttemperatur normal, die Patientin fühlte sich den ganzen Tag über in hohem Grade erleichtert. Am folgenden Vormittag kein Anfall, nur gegen Mittag ganz leichte Hitze. Pat. gebrauchte zur Vorsicht noch Chin. sulf. mit Opium innerlich; die Frostanfälle kehrten nicht wieder und es folgte bald völlige Genesung.

Mader wandte in einem Falle von typischen Fieberanfällen bei Tuberculose die Chinin-Injectionen (zu 1 Gr.) ebenfalls mit nachhaltigem Erfolg an.

Typische Neuralgieen.

Bei typisch auftretenden Neuralgieen sah Rosenthal von den Chinin-Injectionen Nutzen. Ich habe in zwei derartigen Fällen (einer Ischias und einer Neuralg. supraorbitalis) nach einer Chinin-Injection von 1½ Gran ein dreitägiges, resp. zweitägiges Wegbleiben der Anfälle beobachtet. Bei heftiger Migraine versuchte ich das Chinin (1 ½ Gr. am Oberarm injicirt) auch in dieser Form ganz erfolglos.

Brichéteau (Bulletin général de thérapeut. 1866 April) heilte eine intermittirende Supraorbital-Neuralgie, welche täglich zur bestimmten Stunde mit 3½ — 4stündiger Dauer auftrat, mit subcutanen Injectionen von Chin. sulf., welche er 1½ Stunde vor dem jedesmaligen praesumirten Anfalle abwechselnd bald in der Gegend der rechten oder der linken Achselhöhle verrichtete. Von einer Lösung (Chinin. sulf. 1 Gramme, Aq. destill. 10 Grammes, Acidi tartar. 50 Grammes) injicirte B.:

Den 9. Novbr. 5 Grammes (50 Centigr. Chinin sulf.). Der nächste Anfall war gelinde und dauerte nur 2 Stunden.

Den 10. Novbr. 6 Grammes (60 Centigr. Chinin). Darauf schwacher Anfall von 1½ Stunde Dauer. Abends Ohrensausen in beiden Ohren. Urin zeigt Crystalle von Chin. sulf.

Nach wiederholten Injectionen am 11., 12., 13., 14. Novbr. reducirte sich der Anfall bis auf ¼ Stunde Dauer und blieb endlich am 15. gänzlich aus.

B. setzte die täglichen Injectionen unter allmäliger Verminderung des Quantums bis auf 10 Centigr. Chinin fort. Ein Recidiv ist nicht eingetreten. Er rühmt ausserdem die Schmerzlosigkeit der mit Acid. tartaric. gesäuerten Solution gegenüber der mit Acid. acetic. gesäuerten, welche schmerzhafte Zellgewebe-Induration zur Folge hatte.

.

Cholera. Gelenkrheumatismen. Stenocardie. Allgemeiner Marasmus.

Bourdon (Arzt an der maison municipale de la santé zu Paris) hat im Reactionsstadium der Cholera die Chinin-Injectionen ohne jeden Erfolg angewandt. Der Verfasser eines Artikels in der Med. Centralz. (1865, 69) sah von denselben bei einfachen Brechdurchfällen und Cholera nostras sehr günstige Wirkung.

Bei einem 17jährigen Mädchen, wo profuse wässerige Dejectionen per os und per anum, starker Collapsus, kaum fühlbarer Puls, Cholerastimme, Muskelkrämpfe u. s. w. bestanden, wurde eine Injection (2 Gr.) in der rechten Supraclaviculargegend vorgenommen. Ausserdem nur eis. ltes Selterwasser. Der Aufall löste sich in Zeit von 5 Stunden, ohne eine Spur febriler Reaction, und am folgenden Morgen trat völlige Reconvalescenz ein.

Dodeuil wandte die Chinin-Injectionen bei Gelenkrheumatismen an. Zülzer sah in einem Falle von Stenocardie bei
einem älteren Manne mit Fettherz nach Iujection von 12 Gr.
eine sehr schnelle und günstige Wirkung.

Neudörfer injicirte ½ — ⅓ Gr. Chinin (gr. iv in Aq.
Laurocerasi ℨj mit etwas Schwefelsäure gelöst) als Tonicum
bei einem Kranken, der weder Nahrung noch Medicamente zu
sich nehmen konnte. Der Kranke fühlte sich nach der Einspritzung kräftiger, doch verursachte die saure Solution ziemlich
heftige Schmerzen.

Strychnin-Vergiftung.

Aus zahlreichen, an Fröschen angestellten Versuchen[*] glaube
ich den Schluss ziehen zu dürfen, dass das Chinin, hypodermatisch injicirt, bei Strychnin-Vergiftung ein rasch und zuver-
lässig wirkendes Antidotum sei. Dasselbe übt nicht nur eine
dem Strychnin theilweise antagonistische Wirkung auf das Nervensystem, indem es bei ungestörter Function der motorischen
und sensiblen Apparate die Centralheerde der Reflexaction im
Rückenmark ausser Thätigkeit setzt — sondern es ist auch geradezu im Stande, die bereits eingetretene Strychninwirkung in
sehr kurzer Zeit zu coupiren. Hiervon kann man sich leicht
überzeugen, wenn man einen Frosch mit einer minimalen
Strychnindosis (etwa $\frac{1}{1000}$ Gr.) vergiftet, so dass Respiration
und Herzthätigkeit ungeschwächt bleiben, und dass jeder Reiz
gerade eine kräftige, tetanische Streckung, aber keine allgemeinen Krämpfe hervorruft. Wird das Thier in diesem Zustande
frei aufgehängt und nun eine subcutane Chinin-Injection (½ bis
1 Gr.) nachgeschickt, so bleibt schon nach kurzer Zeit (10—15
Minuten) die Reflexzuckung aus, während gleichzeitig die anderweitigen Phänomene der Chininwirkung sich geltend machen.
Eine genauere Analyse der bezüglichen Versuche würde an
diesem Orte zu weit führen.

[Allerdings ist, abgesehen von dem Woorara, in neuester
Zeit auch das Nicotin durch O'Reilly und, ebenfalls nach
Versuchen an Fröschen, durch Haughton als sicheres Gegen-
gift gegen Strychnin empfohlen worden. Beide haben dasselbe

---

[*] Vgl. Reichert's und Dubois's Archiv 1865, p. 423.

in Form des Inf. Nicot. mit Erfolg angewandt. Indessen wenn
durch ein so viel weniger differentes Mittel, wie das Chinin,
der Zweckerfüllung in gleicher Weise entsprochen werden kann,
so muss wohl ohne Zweifel letzteres den Vorzug verdienen.]

Anhang:

Chinioidin.

Chinioidin habe ich, seines billigen Preises wegen, in der
letzten Zeit mehrmals versuchsweise dem Chinin zu subcutanen
Injectionen substituirt, und zwar. in einem Falle von Intermittens quotidiana duplex, sowie auch bei nachpuerperaler Remittens
und Intermittens. Die bisherigen Resultate waren jedoch sehr
ungenügend — theils vielleicht wegen Unwirksamkeit des Chinioidin selbst, theils auch wegen der schwierigen Herstellung
einer zur Injection völlig geeigneten Lösung. Die von mir benutzte (Chinioid. ʒj, Acidi sulf. dil. ʒß, Aq. dest. ʒij) bildet
eine zu dicke Flüssigkeit und erregt bei der Injection lebhafte
Schmerzen und Erythem. — Die angewandte Dosis betrug
4 — 8½ Gran.

Tannin soll (von Fronmüller) ebenfalls zu subcutanen
Injectionen benutzt sein: jedoch ist über den Erfolg noch nichts
zu erfahren.

Vierundzwanzigstes Capitel.

Emetica (Emetin — Tartarus stibiatus).

Emetin.

In einem Falle diffuser capillärer Bronchitis, wo die innere
Anwendung der Emetica völlig versagte, habe ich von der sub-

cutanen Injection einer Emetinlösung Gebrauch gemacht; jedoch blieb dieselbe hier ebenfalls ohne Wirkung:

Das Leiden bestand seit 4 Tagen bei einem 1 Jahr und 6 Wochen alten, früher gesunden Knaben. Das Fieber war äusserst heftig, die Temperatur, anfangs bis zu 43°, jetzt noch 40,3°; Puls 160, weich, Respiration sehr frequent; blasses, nicht cyanotisches Aussehen; die Auscultation ergab weitverbreitete, pfeifende Rhonchi. Pat. expectorirt nichts; Ipecacuanha mit Tart. stib. und Oxymel scyll. innerlich (im Ganzen ℈j Ipec.) riefen weder Erbrechen hervor, noch wurde die Expectoration dadurch gesteigert.

Von folgender Lösung:

℞

Emetini puri gr. ½
Acidi sulf. gtt. j
Aq. dest. ℥β.
D. S

wurden anfangs 3 Gr., dann nach 10 Minuten 5 Gr., nach wieder 10 Minuten 7 Gr. am linken Oberarm injicirt, im Ganzen also 15 Gr., die Hälfte obiger Lösung, entsprechend ½ Gr. reinen Emetins. Zwischen den Injectionen wurde dem Pat. lauwarme Milch eingeflösst. Es traten nur einmal (nach der zweiten Injection) ganz schwache und vereinzelte Würganstrengungen ein, wobei jedoch weder Mageninhalt, noch Bronchialsekret, sondern nur Nasalschleim hervorgepresst wurde. Bei den Einspritzungen äusserte Pat. wenig Schmerz; um die Stichstellen herum bildete sich an der sehr trockenen und spröden Haut eine kleine Röthe, die bald verschwand. Nach der dritten Injection stieg der Puls vorübergehend auf 172. — Am Nachmittag (5—6 Stunden nach der ersten Injection) wurde noch der ganze Rest der·Flüssigkeit auf einmal injicirt, jedoch ebenfalls ohne Erfolg. Der Zustand verschlimmerte sich immer mehr und am folgenden Morgen trat der letale Ausgang ein; die Obduction wurde nicht gestattet.

Kürzlich wurde in einem mir bekannt gewordenen Falle von Kohlenoxydvergiftung nach erfolglosen anderweitigen Versuchen auch das Emetin subcutan ohne jeden Effect von Seiten des behandelnden Arztes in Anwendung gezogen.

Tartărus stibiatus.

Mit Tartarus stibiatus habe ich nur an Thieren (Hunden) zu operiren gewagt, da ich von seiner Injection beim Menschen eine zu heftige, entzündungserregende Wirkung befürchtete.

Es wurde eine Lösung von 1 Theil Tart. stib. in 15 Th. Aq. dest. benutzt, und davon 2—4 Spritzen voll (also 2—4 Gr. Tart. stib.) in der Oberbauchgegend oder am Rücken zweier sehr grosser und kräftiger Hunde injicirt. Bei dem ersten Hunde erfolgte, obwohl nach und nach 4 Gr. eingespritzt wurden, dennoch kein Erbrechen, sondern nur Gähnen, heftige Würgbewegungen, allgemeines Uebelbefinden und Diarrhoe. Bei dem zweiten Hunde traten, nachdem zwei Spritzen auf einmal injicirt waren, keine erheblichen Erscheinungen ein; dagegen nach einer Stunde Erbrechen, welches sich im Laufe des Abends noch mehrmals in heftiger Weise wiederholte.

Einem dritten Hunde wurde eine Lösung, welche 1 Gr. Emetin und 4 Gr. Tart. stib. enthielt, in zwei Hälften mit nur einer Viertelstunde Zwischenzeit injicirt. Das Thier zeigte lebhafte Unruhe, dann Mattigkeit und vorübergehende Athemnoth; später traten heftiges Erbrechen und Durchfälle ein und am anderen Morgen (etwa 12 Stunden nach der Injection) erfolgte der Tod unter anhaltenden Convulsionen.

Nach diesen Versuchen scheint die subcutane Injection des Tartarus stibiatus beim Menschen nicht unbedenklich, ihr Werth in Bezug auf die Schnelligkeit der Wirkung zweifelhaft. (Wahrscheinlich wird durch die am Orte der Einspritzung entstehenden entzündlichen Veränderungen die Resorption anfangs zu sehr beeinträchtigt.) — Dagegen will Ellinger nach Injection von ½ Gr. Tart. stib. (1 : 20) beim Menschen in zwei Fällen prompte physiologische Wirkung, Uebelsein bis zur Ohnmacht und Erbrechen beobachtet haben; zugleich freilich eine citernde Phlegmone des Arms mit Lymphangitis, die sich bis zur Achselhöhle hinauf erstreckte.

Fünfundzwanzigstes Capitel.

Excitantia. (Campher. Liquor Ammonii anisatus.)

Injectionen von Campher versuchte ich bisher nur bei einem 80jährigen, sehr decrepiden Patienten, der mit einer, bereits in ausgedehnte Zerstörung übergegangenen Phlegmone or-

bitae, Erweichung der Cornea u. s. w. am 5. Februar aufgenommen wurde. Am folgenden Tage stellte sich ein Erysipelas faciei dazu ein. Wegen des Collapsus wurde Campher innerlich (nach Pirogoff), zweistündlich 2 Gr. in Pulverform,
gegeben; um eine raschere Wirkung herbeizuführen, injicirte
ich am Abend des 13. 2. von folgender Solution:

R.

Camph. gr. x
Aetheris sulf.
Aq. dest. ana ʒ j.

D. S.

im Ganzen 10 Gr. (also ⅚ Gr. Campher) in das Zellgewebe des
Oberarms. Der vorher kleine Puls wurde unmittelbar nach der
Injection voller und liess eine leichte Zunahme der Frequenz
bemerken; dieselbe stieg von 100 in 5 Minuten auf 108, in
15 Minuten auf 114, sank aber alsdann wieder bis auf 96. In
ähnlicher Weise wurden die Athemzüge ausgiebiger und tiefer,
ohne jedoch an Frequenz zuzunehmen; im Gegentheil sank ihre
Zahl nach einer Viertelstunde von 30 auf 26 in der Minute.
Die Hautausscheidung wurde etwas vermehrt; der nach etwa
einer Stunde eintretende Schlaf war ruhiger, als es sonst bei
dem Patienten der Fall zu sein pflegte. Eine anderweitige Wirkung liess sich nicht wahrnehmen. Die Stichstelle blieb zwar
eine kurze Zeit hindurch geröthet; doch wurden weder Schmerz,
noch nachträgliche Entzündungserscheinungen an derselben beobachtet. (Das Erysipelas selbst nahm einen günstigen Verlauf,
recidivirte aber noch zweimal, und der Kranke ging später ma-
rastisch zu Grunde.)

Mit Liquor Ammonii anis. wurden einige Versuche
gemacht bei bereits sehr vorgeschrittenem Collapsus, wo die
innere Anwendung der Reizmittel nicht thunlich war oder keine
Wirkung mehr zeigte — namentlich bei drohendem oder bereits ausgebrochenem Lungenödem, um vielleicht auf diese
Weise noch energische Expectoration zu veranlassen. Es wurden 5—7 Tropfen Liq. Ammonii anis., theils mit doppelten,
theils mit gleichen Mengen Aq. dest. verdünnt, und einmal sogar rein, injicirt. Der Erfolg war sehr unbedeutend, was,

ausser der an sich desperaten Natur der Fälle, wohl auch dem
Umstande zugeschrieben werden musste, dass wahrscheinlich
die Resorption bei herannahender Agone gänzlich daniederlag.
In den behandelten Fällen waren Encephalitis, Dysenterie und
Lungentuberkulose die Todesursache; die Einspritzungen wurden an der inneren Seite des Oberarms oder Oberschenkels
gemacht; eine örtliche Reaction zeigte sich, wie zu erwarten
war, nicht mehr.

In dem einen Falle, bei einer 63jährigen, marastischen, an
Dysenterie leidenden Patientin, wo hinzutretendes Lungenödem
den letalen Ausgang beschleunigte, wurde der kaum fühlbare
Puls wenige Minuten nach der Injection etwas kräftiger, ohne
dass in der sehr bedeutenden Frequenz (160) ein Unterschied
eintrat; ebenso that die Kranke statt der flachen und ausserordentlich häufigen Respiration einzelne tiefere, von Stertor be-
gleitete Athemzüge; jedoch gingen diese Erscheinungen schon
nach einigen Minuten spurlos vorüber. In den beiden anderen
Fällen war gar keine Wirkung zu bemerken.

Sechsundzwanzigstes Capitel.

Mercurialien. (Calomel. Sublimat. Quecksilberjodid.)

Ueber hypodermatische Injection von Calomel berichtet
Scarenzio (annali universali 1864, LXXXIX. p. 602). Er
injicirte jedesmal 20 Ctgrmm. (nur einmal bis zu 30) mit 1 Grmm.
Aq. dest. und ¼ Grmm. schleimiger Flüssigkeit, an der inneren Seite des Oberarms, und zwar mit einer kleinen Spritze
aus Holz oder Horn, woran eine Stahlcanule angesetzt wurde.
S. behandelte in dieser Weise 8 Fälle von verschiedenartigen,
meist eingewurzelten syphilitischen Affectionen (Geschwüre, Periostosen, osteocopische Schmerzen, Tuberkel, Necrose, Eczem)
und will 7 derselben durch zwei, resp. drei Injectionen (mit
eintägigem Intervall) völlig geheilt haben! — nur in einem,

besonders hartnäckigen Fälle war kein Erfolg zu bemerken.
Die günstige Wirkung zeigte sich erst nach 8—14 Tagen! —
dann aber erfolgte die Heilung sehr schnell und ohne üble Nebenerscheinungen (Salivation). Einigemale zeigten sich an der
Stichstelle kleine Abscesse, die S. — wohl mit Unrecht —
durch die Umwandelung des Calomel in Sublimat und die reizende örtliche Wirkung des letzteren bedingt glaubt. Sie wurden mit dem Messer geöffnet (wobei der austretende Eiter niemals Hg-Gehalt zeigte), heilten rasch, ohne specifisch zu werden, und hinterliessen niemals nachtheilige Folgen.

Nach Zeissl (Lehrbuch der constitutionellen Syphilis, Erlangen 1864, p. 381) wurden von Hebra, sowie auch schon
früher von Ch. Hunter Sublimat-Injectionen bei Syphilis
in Anwendung gebracht. Hunter machte bei einem 21jähri-
gen Mädchen wöchentlich zwei Injectionen zu gr. j auf 3 j
(Wasser) und will auf diese Weise innerhalb 25 Wochen 25 Gr.
Sublimat eingeführt haben, ohne dass Salivation eintrat. Hebra
benutzte jedesmal 12 Tropfen einer Lösung von gr. j in ʒ β, und
beobachtete, dass in der Umgebung der Injectionsstellen die
syphilitischen Efflorescenzen rascher schwanden, als an entfern-
teren Hautregionen.

Systematischer und in ausgedehnterem Maasse sind Versuche mit subcutaner Anwendung der Quecksilberpräparate zuerst von Herrn Dr. Lewin auf der syphilitischen Clinik des
Charité-Krankenhauses angestellt worden, der die Güte gehabt
hat, mir darüber den folgenden Bericht zur Veröffentlichung
zugehen zu lassen.

„Während eines halben Jahres wurden auf der Clinik bei
ca. 70 Kranken subcutane Injectionen von Sublimat — und in
einigen Fällen auch von rothem Quecksilberjodid —
in Anwendung gezogen. Es wurden nur solche Kranke ausge-
wählt, bei denen entweder syphilitische Induration stärkster
Art, oder Induration mit Exanthemen, oder tiefere, namentlich
lupöse Ulcerationen, mit oder ohne gleichzeitige Knochenaffec-
tion vorhanden waren. Bei allen bis auf eine Kranke
wurde in verhältnissmässig auffallend kurzer Zeit
Heilung herbeigeführt. — Es wurde mit Lösungen sehr
verschiedener Art experimentirt; der schwierigste Punkt war,
eine solche Lösung zu finden, die ein hinreichendes Sublimat-

quantum enthielt, ohne dass sie örtlich zu stark irritirte. Bei
zu schwachen Lösungen entstanden, weil sie in relativ grosser
Dosis injicirt werden mussten, nicht selten Abscesse, und ebenso
wirkten sehr concentrirte Lösungen trotz des kleineren Quantums
ebenfalls reizend. Am entsprechendsten zeigte sich schliesslich
eine Lösung von gr. iv auf ʒj, wovon der Inhalt einer Spritze
(40 Theilstriche) und zwar getheilt, an zwei verschiedenen
Stellen, ein- oder zweimal täglich subcutan injicirt wurde. Die
locale Reaction war dabei höchst unbedeutend. — In der Regel
genügten mehrere Gran (in einzelnen Fällen 1⅔ — 2¼ Gr.)
zur völligen Heilung; in schweren Fällen wurde bis auf 5 Gr.
im Ganzen gestiegen. In dem einen oben erwähnten Falle sind
bis jetzt 6 Gr. verbraucht, ohne dass eine vollständige Heilung
erreicht ist; es handelt sich hier um eine Patientin, die schon
seit 1½ Jahren auf der Charité liegt, äusserst kachektisch an-
gekommen war, und sämmtliche syphilitische Exantheme bis zu
den ausgebreitetsten lupösen Zerstörungen durchgemacht hatte.—
Salivation stellte sich unter Anwendung der Sublimat-Injectionen namentlich dann ein, wenn in der Nähe der Halsdrüsen
injicirt war oder die eingespritzte Dosis über ¼ Gr. im Laufe
des Tages hinausging."

————

Ich habe ebenfalls mit subcutanen Injectionen von Sublimat einige Versuche gemacht (vgl. pag. 59) und kann, den
gegentheiligen Annahmen Scarenzio's gegenüber, constatiren,
dass dieselben eine irritirende örtliche Wirkung wenigstens in
der von mir angewandten Form und Dosis nicht ausübten; die
Einspritzungen waren in der Regel sogar völlig schmerzlos.
Benutzt wurde eine Solution von gr. iv in Aq. dest ʒβ; es
wurde mit ¹⁄₁₂ Gr. begonnen und bis zu ⅙ Gr. pro dosi allmälig gestiegen. Die therapeutischen Resultate (bei Hautsy-
philiden leichterer Art, Eczema, Impetigo und Psoriasis syphi-
litica) waren ziemlich dieselben wie bei innerem Gebrauche
des Sublimats, z. B. in Form der Dzondi'schen Cur: auch
erfolgte das Verschwinden des Exanthems im Ganzen nicht
rascher als bei der letzteren. Salivation trat auch nach 12
bis 18 Injectionen nicht ein: wahrscheinlich weil wegen der

rascheren Elimination die Anhäufung des Mittels in der Blutmasse durchschnittlich geringer blieb, als bei innerem Gebrauche.

Anhang:

Arsenik.

Auch dieses Mittel soll (in Form der Sol. Fowleri) von
Prof. Lehmann bei einer perniciösen Febris puerperalis injicirt worden sein, jedoch ohne Nutzen. Bei hartnäckigen Neuralgieen dürfte sich dasselbe zu weiteren Versuchen empfehlen.

Siebenundzwanzigstes Capitel.

Jodkalium.

Ueber die Versuche, welche ich mit Jodkalium-Injectionen
bei Menschen zur Prüfung der Resorptions- und Eliminationsgeschwindigkeit anstellte, habe ich bereits früher (pag. 58 und
66) berichtet. Hier bleibt mir daher nur übrig, die therapeutischen Ergebnisse dieser Injectionen kurz zu besprechen. Benutzt wurde eine Lösung von Kali jodati 3j, Aq. dest. 3 iij,
wovon in der Regel der Inhalt einer Spritze (= ca 3 $1/_2$ Gr.
Kal. jodat.) auf einmal injicirt wurde. Bei einer grossen Anzahl scrofulöser und syphilitischer Drüsenintumescenzen versuchte ich die Einspritzungen von Jodkalium möglichst im Beginne der Affection, um dadurch eine Zertheilung oder Schrumpfung der Geschwulst herbeizuführen: doch wurde dieser Zweck
niemals erreicht, wohl aber sah ich einige Male bei syphilitischen Inguinalbubonen die bis dahin indolenten, gleichmässig

harten Drüsenpaquete in Erweichung und Eiterung übergehen, so dass ich vor dem Gebrauche der Jodkalium-Injectionen nachdrücklich warne. Herr Geheimrath Bardeleben, unter dessen Augen und auf dessen Abtheilung ich diese Versuche anstellte, hat diese negativen Resultate der Jodkalium-Injectionen bei dyscrasischen Lymphdrüsenaffectionen vielfach bestätigt. Bei scrofulösen Tumoren der Cervicaldrüsen, wie sie in der greifswalder chirurgischen Clinik in Ueberdruss erregender Frequenz zur Beobachtung kamen, musste in der Regel nachträglich zur Exstirpation geschritten werden, wobei sich dann die von aussen hart anzufühlenden Drüsenpaquete meistens in ihrem Centrum bereits erweicht oder käsig metamorphosirt und selbst in vorgeschrittenem bröckeligem Zerfall fanden —

Sehr gering waren die Wirkungen der Jodkalium-Injectionen bei den der inveterirten Lues eigenthümlichen Erkrankungsformen, namentlich bei ausgebreiteten syphilitischen Periostosen und Tophi. Diese blieben auch nach zahlreichen in unmittelbarster Nähe der Knochenauftreibung vorgenommenen Injectionen in der Regel ganz unverändert, während ausgedehnte syphilitische Hautgeschwüre (Radesyge) sich bei fortgesetzter subcutaner Application des Jodkalium — ähnlich, aber keineswegs rascher als bei innerem Gebrauche dieses Mittels — zur Vernarbung anschickten.

Ganz negativ endlich waren auch die wenigen Versuche, die von mir bei rheumatischen und scrofulösen Gelenkaffectionen in den Anfangsstadien derselben angestellt wurden und auf die ich deshalb hier nicht weiter eingehe. —

Werthvolle Mittheilungen über die hypodermatische Anwendung des Jodkalium verdanken wir Thierfelder (Ber. über die 3. Versammlung baltischer Aerzte, p. 56). Seine Resultate weichen zum grossen Theile von den meinigen ab, indem sie den Jodkalium-Injectionen in einer Reihe von Fällen ein weit günstigeres Zeugniss ausstellen. Vor Allem fand er dieselben von glänzender symptomatischer Wirkung gegen die von syphilitischen Periost-Erkrankungen abhängigen Schmerzen; dieser Effect trat in mehreren Fällen mit einer Sicherheit und Schnelligkeit ein, welche unwillkürlich an die Wirkung eines Narcoticums erinnerte. Auch die in der afficirten Gegend vorhandene abnorme Empfindlichkeit gegen Druck verschwand in

den meisten Fällen, und machte in einem Falle einem Gefühl von
Taubsein Platz. (Eine Abnahme des Tastsinns war, wie Versuche von Dr. Kretschmar feststellten, nicht eingetreten.)
Abgesehen von dieser symptomatischen, sensibilitätsvermindern-
den Wirkung wurde aber auch die regressive Metamorphose
der durch syphilitische Periostwucherung entstandenen Neubildungen unter dem Einflusse der Jodkalium-Injectionen entschieden
beschleunigt. Ebenso zeigte sich in einem Falle von frischer Periostitis an den Knochen des Schultergerüsts bei einem Kranken
mit langjähriger Caries der Calcanei und der Beckenknochen
eine rasche Abnahme sowohl der nervösen als der trophischen
Störungen, wie sie bei innerem Gebrauche des Jodkalium nicht
einzutreten pflegt. Auch bei chronischem Rheumatismus der
oberen Halswirbelgelenke wurde nach zwei im Nacken vorgenommenen Injectionen (von je 1 Gr. Jodkalium) die Beweglichkeit des Kopfes entschieden freier. Bei einer Hysterischen und
in einem Falle von Magengeschwür mit cardialgischen Beschwerden wirkten die Einspritzungen von Jodkalium beruhigend und
näherten sich in dieser Beziehung ganz den Morphium-Injectionen, die früher bei denselben Kranken in Anwendung kamen.

Im Ganzen glaubt Thierfelder die subcutane Anwendung
des Jodkalium besonders bei syphilitischer Periostitis empfehlen zu müssen, sowie für solche Fälle, in denen bei sonst vor-
handener Indication des Mittels möglichste Schonung der Digestionsorgane geboten ist. Oertlich beobachtete er nach den
Injectionen meist nur brennenden Schmerz von variabler Intensität und Dauer, in einzelnen Fällen auch reissende, nach den
benachbarten Theilen ausstrahlende Schmerzen und bei zwei
Kranken circumscripte, zur Abscedirung führende Phlegmonen
an der Wade, resp. Vorderfläche des Oberschenkels. —

Einzelne Versuche mit Jodkalium-Injectionen sind ausserdem von Fronmüller und neuerdings von Mader (l. c.) angestellt worden. Letzterer konnte in 2 Fällen das Mittel wegen
der dadurch veranlassten starken Schmerzen nicht bis zur Wirkung fortbrauchen.

Achtundzwanzigstes Capitel.

Subcutane Injectionen zur Hervorrufung örtlicher Gewebsveränderungen.

1. Injection reizender Substanzen zur Erregung künstlicher Entzündung.

Die Benutzung hypodermatischer Injectionen, um reizend oder umstimmend wirkende Substanzen in das Zellgewebe einzuführen und dadurch an Ort und Stelle entzündliche Veränderungen hervorzurufen, ist, obwohl sie sich an bekannte ältere Methoden (z. B. das Einimpfen von Crotonöl oder Tartarus stibiatus bei Naevis und erectilen Geschwülsten, das Durchziehen eines mit reizenden Substanzen bestrichenen Haarseils u. s. w.) anschliesst, doch von allerneuestem Datum, und es liegt darüber, ausser zwei interessanten Beobachtungen von Bourguet und Friedreich, nur eine allgemeiner gehaltene Abhandlung des Dr. Luton (in Rheims) vor. Derselbe machte von diesem Verfahren der Pariser Akademie (am 28. Sept. 1863) eine in den Comptes rendus abgedruckte Mittheilung, und beschrieb dasselbe unter dem pomphaften Titel der „Substitution parenchymateuse" als eine Methode, welche „in der künstlichen Erzeugung eines krankhaften Processes im Schoosse der erkrankten Gewebe durch Deposition einer entsprechend gewählten medicamentösen Substanz" bestehen sollte. Den Namen „substitution" verdiente diese Methode deshalb, weil man durch Anwendung mehr oder weniger reizend wirkender Stoffe angeblich jedem beliebigen Grade oder jeder Varietät eines Krankheitsprocesses eine analoge künstliche Störung substituiren, denselben in allen seinen Phasen genau nachahmen kann, von der einfachen schmerzhaften Irritation (substitution de douleur) und der congestiven Reizung (substitution par congestion ou fluxionnaire) bis zur wirklichen Entzündung mit allen ihren Ausgängen in Zertheilung, narbige Verwachsung, Induration, Atrophie, Eiterung, Brand u. s. w. (substitution inflammatoire). Den ersten Grad, die einfache Congestion douloureuse, bewirkte Luton durch Einspritzen ge-

sättigter Lösungen von Seesalz; etwas stärkere Irritation durch
Alcohol, Tinct. Cantharidum, Tinct. Jodi; wirkliche phlegmo-
nöse und suppurative Entzündung durch Lösungen von Arg. nitr.
oder gesättigte Lösungen von Cupr. sulfuricum. Die Fälle, in
denen Luton dieses Verfahren mit glücklichem Erfolge angewandt haben will, sind: Neuralgieen oder fixe Schmerzen sine
materia (hier genügte meistens die einfache Substitution de douleur); indolente Drüsenbubonen, die keine spontane Zertheilung
erwarten liessen; Tumor albus, localisirte Osteitis, Periostitis,
Caries, malum Pottii (!), Kropf, Tumoren verschiedener Natur
oder acut entstandene Geschwülste, Furunkel, Anthrax, Paro-
titis u. s. w. — Schädliche Folgen traten niemals ein. Die Arbeit schliesst mit den charakteristischen Worten, die freilich
nach der Aufzählung obiger Krankheiten fast überflüssig werden:
„Enfin on comprend que les applications possibles de la substitution parenchymateuse sont presque illimitées." —

Neuerdings hat Ruppaner (in seinem oft citirten Werke
über die Injectionen) mehrere Fälle mitgetheilt, in denen er
sich der irritirenden Einspritzungen, namentlich bei hartnäckigen
Neuralgieen, ebenfalls mit Vortheil bediente. Die von ihm für
diesen Zweck angewandten Flüssigkeiten waren namentlich satu-
rirte Lösungen von Chlornatrium (zu 15—80 Tropfen) und Solutionen von Arg. nitr., gr. i—ij auf ʒj (zu 5—20 Tropfen).
In einem Falle von Ischias injicirte derselbe auch 25 Tropfen
Tinct. Cantharid. in der Nähe des grossen Trochanter; es folgte
darauf sehr heftiger Schmerz, aber Nachlass der Ischias, und
nach vier Tagen Bildung eines umfangreichen Abscesses, der
unter Anwendung von Cataplasmen aufbrach und in normaler
Weise verlief. Die Remission war in diesem Falle von längerem Bestand, als bei Anwendung von Opium- und Atropin-
Injectionen. Bei Anwendung der oben erwähnten starken
Chlornatrium- und Höllensteinlösungen sah Ruppaner, wider
Erwartung, keine diffusen örtlichen Entzündungserscheinungen
und Eiterungen folgen. Die Wirkung dieser Einspritzungen
erklärt er als eine starke Contrairritation; es wurden dieselben
daher auch in der Nähe der schmerzhaften Punkte oder im
Verlaufe des Nerven (namentlich des Ischiadicus) vorgenommen.

Bourguet in Aix (Gaz. des hôp. 61, 1863) veröffentlichte
folgenden Fall von Heilung einer sehr hochgradigen

Pseudarthrose am Femur durch reizende Injectionen zwischen die Bruchenden:

Ein 53jähriger, kräftiger Landmann erlitt im October 1861 durch einen Fall von einem Karren eine Fractur des Femur im mittleren Drittel. Dieselbe wurde in den ersten 14 Tagen mit Lagerung auf der doppeltgeneigten Ebene, dann mit Schienen und Kleisterverbänden behandelt. Nach 10 Wochen bestand Verkürzung um 8 Ctm. und Beweglichkeit der Bruchfragmente nach allen Richtungen hin: das obere ragte nach vorn und aussen hervor, das untere war nach hinten abgewichen; zwischen beiden bestand nirgends die mindeste Berührung. Weitere Anwendung von Schienen und Dextrinverbänden in Extension minderte zwar die Verkürzung um 3 Ctm., jedoch blieb die abnorme Beweglichkeit völlig unverändert. Die wiederholte Anwendung der Acupunctur hatte gar keinen Erfolg. Bourguet machte nun, 5½ Monate nach der Fractur, eine Injection von verdünntem Liquor Amm. caustici [7 Tropfen von 1 Theil Ammoniak auf 2 Theile Wasser] mit der Pravaz'schen Spritze zwischen die Fragmente gerade in der Mitte ihrer Kreuzung. Es folgte nur geringes Brennen; am folgenden Tage weder Anschwellung, noch Schmerzhaftigkeit. Dadurch ermuthigt, injicirte Bourguet nach 3 Tagen noch 20 Tropfen derselben Mischung unter der Mitte des oberen Bruchendes, was ein mehrtägiges Brennen und Stechen und leichte Anschwellung der Injectionsstelle zur Folge hatte. Nach 4 Tagen wurde ein Dextrinverband angelegt, der 7 Wochen liegen blieb. Nach Abnahme desselben zeigte sich eine grosse Veränderung: die Bruchstücke waren nicht mehr beweglich, sondern bereits mit ossificirendem Callus vereinigt, der namentlich an der Stelle der Injection bereits ziemliche Festigkeit erlangt hatte. Nachdem wieder 6 Wochen ein Dextrinverband gelegen hatte, war die Consolidation vollendet; das Bein wurde vollkommen brauchbar, blieb aber um 6 Ctm. verkürzt.

Offenbar hatte in diesem Falle die durch die Injectionen hervorgerufene Entzündung den Anstoss zu einer ossificirenden Exsudation gegeben, wenn auch die gleichzeitig angewandten festen Verbände mit zur Callusverlöthung beitrugen. Obwohl unzweifelhaft zur Heilung der Pseudarthrose auch andere, nicht minder erfolgreiche Wege offen standen, so sind doch gerade die am sichersten zum Ziele führenden Verfahren auch wieder mit grossen Schwierigkeiten und Bedenken verbunden, wie dies jedem Chirurgen aus eigener Erfahrung bekannt ist. Ein zugleich sicher wirkendes und gefahrloses Mittel ist daher keineswegs überflüssig, vielmehr in der Behandlung der Pseudarthrosen als Fortschritt zu begrüssen. —

Der von Friedreich publicirte Fall, wo eine zweifelhafte Bauchgeschwulst (ein extrauteriner Foetus?) durch Morphium-Injectionen zum Verschwinden gebracht wurde, ist bereits im neunten Kapitel beschrieben worden; ich erwähne denselben hier nochmals, weil dieses, jedenfalls unschädliche Verfahren sich namentlich bei gutartigen Tumoren vor der operativen Entfernung derselben versuchsweise in Anwendung bringen liesse.

2. Injection von Brom bei Hospital-Gangrän.

Goldsmith in Nordamerika empfiehlt (Med. Times and Gaz. 1863 Nr. 678) bei Hospitalgangrän das Brom nicht nur als Verbandmittel, sondern auch, wenn dies nichts hilft, in Form hypodermatischer Injectionen iu der Umgebung der Wunde. Er nahm einen Tropfen reines Brom auf jede Injection, und sah nach 48 Stunden den specifischen Charakter der Wunde sich verlieren.

3. Injection von Liquor Ferri sesquichlorati bei Naevus.

Wood, Richet, Appia, Demarquay, Schuh haben Fälle von Heilung erectiler Geschwülste mittelst Injectionen von Liq. Ferri sesquichl. in das Bindegewebe beobachtet. Schuh (Wiener Wochenschr. 1861 pp. 48 und 49) bediente sich einer Lösung von 20° Beaumé (2 Theile Liq. Ferri auf 5 Wasser), wovon 3—6 Tropfen an drei oder vier verschiedenen Stellen zugleich in mehrtägigen Intervallen eingespritzt wurden. Pauli sah nach Injection von nur einem Tropfen Eisenlösung bei einem halbjährigen Kinde heftige Entzündung und brandige Zerstörung folgen. — Kürzlich hat Ellinger (Virchow's Archiv XXX. Hft. 1 und 2) diese Methode wieder aufgenommen und in vier Fällen Versuche damit gemacht.

Der erste betraf eine handgrosse, erectile Geschwulst in der Lumbalgegend bei einem 8jährigen Mädchen. E. injicirte 5 Spritzen verdünnten Liq. Ferri sesquichl. (1:30) nach verschiedenen Richtungen in das Bindegewebe; am 4. Tage wieder dieselbe Dosis. Nach 13 Tagen war die Geschwulst nahezu verschwunden, der Rest derb und incompressibel. Eine Radicalheilung fand jedoch nicht statt, die Geschwulst recidivirte vielmehr fast bis zu ihrer früheren Grösse und wurde nachträglich durch Exstirpation glücklich beseitigt.

In dem zweiten Falle sass die Geschwulst am Mundwinkel eines 5jährigen Mädchens. Es wurden in mehrtägigen Intervallen dreimal Injectionen von je 4, 4 und 3 Spritzen gemacht. Die Reaction war fast null; der Tumor verschwand bis auf eine mässige Entstellung, musste jedoch ebenfalls später noch exstirpirt werden.

Ebenso verhielt es sich in den beiden übrigen Fällen, die Geschwülste am oberen Augenlid und an der Concha auris betrafen.

Nach diesen Erfahrungen beschränkt sich der Nutzen der Eisenchlorid-Injectionen bei Naevus darauf, durch Coagulation des Blutes in den Gefässen einen Verschluss derselben und eine vorübergehende Schrumpfung des Neugebildes herbeizuführen, welche die operative Entfernung desselben erleichtert. Dieser palliative Vortheil wird aber leider dadurch getrübt, dass in neuester Zeit Fälle bekannt geworden sind, in denen auf die coagulirenden Injectionen in einen subcutanen Naevus der Tod folgte. So namentlich in einem Falle von Carter.

Einem 1jährigen Mädchen wurden 5 Tropfen Liq. Ferri sesquichl. in einen Naevus an der Nase injicirt. Das Kind stiess einen Schrei aus, bekam eine kurze Convulsion und war todt. Einen ähnlichen Fall beobachtete Nathanael Crisp; die Spitze des Instruments war hierbei, wie die Autopsie ergab, in die V. transversa faciei eingedrungen; im Herzen fand man nur coagulirtes Blut (gaz. des hôp. 8. April 1865).

Nachträge zur Literatur.

Aus einigen Arbeiten, die mir erst kurz vor beendetem Druck zu Gesichte kamen und die daher in dem Bisherigen gar nicht oder nur sehr unvollständig berücksichtigt werden konnten, will ich an dieser Stelle noch Folgendes herausheben:

1) Sommerbrodt, über hypodermatische Morphium-Injectionen (Wiener med. Presse 1865 Nr. 46—49) bediente sich einer säurefreien, etwas deluirten Morphiumlösung (gr. i—j ß auf 3 j). In zwei Fällen von Pleuritis bewirkten die Injectionen nicht nur Elimination der Schmerzen, sondern übten auch — vielleicht wegen der durch den Schmerz gesteigerten, respiratorischen Reizung — einen unverkennbar günstigen Einfluss auf den ganzen Krankheitsverlauf aus. Neuralgieen wurden in 14 Fällen unter Anwendung der Morphium-Injectionen vollständig beseitigt.

4 Fälle betreffen Neuralg. intercostalis,. die 2 mal als selbstständiges Leiden, 2 mal mit Herpes Zoster complicirt auftrat. In den beiden ersten Fällen erfolgte die Heilung durch 2, resp. 4 Injectionen (von $\frac{1}{6}$ oder $\frac{1}{3}$ Gran); in den beiden letzteren durch je 2 Injectionen ($\frac{1}{12}$, resp. $\frac{1}{24}$ und $\frac{1}{6}$ Gran) neben der Wirbelsäule.

3 Fälle characterisiren sich als Lumbal-Neuralgieen. Der erste (eine Neuralgie des N. lumbalis I.. rechterseits) wurde durch 2 Injectionen von $\frac{1}{6}$ Gr. innerhalb 18 Stunden völlig geheilt; der zweite (Neuralgie des ganzen linken Plexus lumbalis) durch 5 Injectionen von je $\frac{1}{3}$ Gr. in 5 Tagen; der dritte (Neuralgie des N. cutaneus femoris externus et medius sin.) durch 7 Injectionen von im Ganzen $1\frac{1}{2}$ Gr. in 11 Tagen.

In den übrigen 7 Heilungsfällen handelte es sich um Ischias, und zwar in einem Falle um Ischias duplex, wobei die Localisirung der Wirkung ganz analog wie in dem ·von mir (pag. 67 und 123) beschriebenen Falle sehr deutlich hervortrat. Bemerkenswerth ist ferner ein Fall, in welchem nach Injection von $^2/_3$ Gr. lebhafte Muskelzuckungen beobachtet wurden. Sommerbrodt vermuthet, dass das Morphium, wie auf die sensiblen, so auch auf die motorischen Nerven primär erregend und dann deprimirend einwirke.

2) Treulich, Eclampsia parturientium mit glücklichem Ausgang und über den Werth der subcutanen Injectionen (Wiener med. Presse 1865, 53).

Eine 25jährige, zum dritten Male Gebärende wurde während der Wehen von einem eclamptischen Anfall ergriffen, der 3 Minuten dauerte. Der (später gelassene) Harn enthielt kein Albumen. Auf den Anfall folgte ein soporöser Zustand, während dessen die Geburt durch Kunsthülfe ohne Schwierigkeit beendet wurde. Zwei weibliche Zwillinge und die Nachgeburt wurden entfernt. Ein dabei abermals auftretender, heftiger Anfall wurde durch Chloroform-Inhalation beseitigt. Nach etwas über einer halben Stunde folgte ein dritter Anfall; das Chloroform wirkte jetzt minder befriedigend, der Trismus hörte zwar auf, aber die Extremitäten wurden fortwährend herumgeworfen. T. injicirte nunmehr $^1/_{10}$ Gr. Morphium am linken Oberarm. Die Wirkung war überraschend, blitzschnell; augenblicklich hörten die Zuckungen auf, und die Kranke schlief nun volle 5 Stunden hindurch vollkommen ruhig. — Um 6 Uhr Abends vierter Anfall. Eine zweite Injection (gleiche Dosis am rechten Oberarm) coupirte denselben zwar, verhinderte aber nicht das Zustandekommen weiterer zahlreicher Anfälle — bis zum folgenden Morgen im Ganzen 14 —, die jedoch sämmtlich weit milder waren als die ersten. Wegen Besorgniss vor Wirkung der Injectionen wurden dieselben nicht wiederholt, sondern Morphium innerlich ($^1/_{12}$ Gr. pro dosi) und Chloroform zur Bekämpfung der Anfälle angewandt. Am folgenden Tage trat mit theilweiser Wiederkehr des Bewusstseins ein Zustand fieberhafter Reaction ein; die Anfälle blieben fort und die Kranke erholte sich bis zum 20. Tage vollständig.

T. heilte ferner durch Morphium-Injectionen eine seit einem Jahre bestehende Ischias, und brachte die heftigen nächtlichen Knochenschmerzen bei Lues - Kachexie dadurch zum Verschwinden.

3) Moore (vgl. med. chir. Rundschau 1865, Juli) bestätigt die von Nussbaum entdeckte Verlängerung der Chloroform-Anästhesie durch Injectionen von Morphium.

4) Schirmeyer (deutsche Clinik, 1866, 9) beobachtete einen dem Nussbaum'schen ähnlichen Fall von Eintritt schwerer Ohnmachterscheinungen bei Morphium-Injection.

Einer an schmerzhafter Abschilferung der Cornea in Folge einer Verletzung leidenden, robusten Frau wurde ½ Gr. Morph. acet. in der linken Schläfe injicirt. Beim Injiciren schrie die Frau laut über den heftigen brennenden Schmerz; Gesicht und Extremitäten wurden blass und kalt, Puls klein und langsam, Respiration schwach, kurz das Bild einer tiefen Ohnmacht. Nach ¼ Stunde kam Pat. wieder zu sich, klagte über Angstgefühl, Mattigkeit, Eingenommenheit im Kopfe, welche Erscheinungen sich erst nach 24 Stunden gänzlich verloren. Auch bei dieser Kranken fiel die ungewöhnlich starke Blutung beim Ausziehen der Canule auf. (Vgl. pag. 36.)

5) Mader, über subcutane Injectionen (Wiener med. Wochenschr. 1866, Nr. 16—19).

Die Versuche von M. beziehen sich auf Morphium, Opium, Atropin, Strychnin, Aconitin, Chinin und Jodkalium. Morphium wurde in 150 Fällen angewandt (Lösung von gr. ij auf ʒj, ohne Säurezusatz; eine angesäuerte Lösung erregte in 4 Fällen locale Entzündung). Dosis ¹/₈ — ¹/₄ Gran. Bei Neuralgieen verschiedener Nervenbahnen waren die Erfolge meist günstig und besser als bei innerer Anwendung. Ebenso bei rheumatischen Affectionen, namentlich acutem Gelenkrheumatismus, als Soporificum; bei Carcinomen der Leber, des Uterus, der Pleura und anderer Organe; bei verschiedenen Brustaffectionen (Tuberculose, Pleuritis, Pneumonie); bei Peritonitis und Säurevergiftungen. Erkrankungen der Nervencentra und Delirien wurden dagegen durch die Injectionen nicht gebessert. — Das Extractum Opii aquosum (gr. v auf ʒj, zu ¹/₂ bis ³/₄ Gr.) bewährte sich u. A. als Stypticum bei Diarrhoeen, und wirkte in einem Falle von Delirium tremens besser als die Morphium-Injectionen. Opium selbst rief immer eine längere Reizung hervor und konnte daher nicht fortgesetzt werden. Atropin und Aconitin zeigten sich wirkungslos, Strychnin ebenfalls, mit Ausnahme eines schon früher (Cap. 16.) erwähnten Falles von Ulnarislähmung. (Ueber Chinin und Jodkalium vgl. die betreffenden Abschnitte.)

6) Mandt, die Wirkung des Curare bei Epilepsie (Wiener med. Presse 1866, 17) fehlt im Literaturverzeichniss ebenfalls, hat aber im 17. Cap. („Woorara") bereits Aufnahme gefunden.

7) Beigel, über hypodermatische Injectionen (Berl. cl. Wochenschr. 1866, 21, 27) bedient sich zur Injection einer

Anel'schen Spritze mit graduirter Röhre. Zur Einspritzung wurde besonders Morphium angewandt, zu $\frac{1}{6}$ — $\frac{1}{4}$ Gr. — nur selten (bei veralteter Epilepsie) bis zu $\frac{1}{2}$ Gran. In drei Fällen von Epilepsie wurden zuerst durch hypodermatische Injectionen von Morphium die häufigen Anfälle auf eine geringe Zahl reducirt und hörten, seitdem man die Injectionen mit dem inneren Gebrauche von Bromkalium verband, ganz auf. Bei einem dieser Patienten, welcher nebenbei an grosser Schmerzhaftigkeit der rechten Kopfhälfte litt, trat stets grosse Erleichterung ein, wenn die Injection auf der linken Seite — im Nacken — gemacht wurde, während eine rechts vorgenommene Injection durchaus nicht dasselbe leistete.

Bei einem an Keuchhusten leidenden Kinde bewirkte Injection von $\frac{1}{12}$ Gr. Morphium einen tiefen, 20stündigen Schlaf; das Kind hustete darauf zwar noch ziemlich stark, jedoch das Keuchen war verschwunden.

In mehreren Fällen von Faciallähmungen und anderen peripherischen Paralysen und Anästhesieen sah B. von Strychnin-Injectionen Nutzen — namentlich bei einer Faciallähmung, wo dasselbe Mittel bereits innerlich längere Zeit erfolglos versucht war. Dagegen zeigten Digitalin, Chinin, Jodkalium und Aconitin „absolut keine günstige Wirkung". Letzteres Mittel veranlasste (zu $\frac{1}{24}$ Gr.) bei zwei bejahrten Patientinnen heftige Intoxicationserscheinungen (Schwindel und furchtbaren Kopfschmerz die ganze Nacht hindurch), sowie auch mehrtägige Schmerzhaftigkeit an der Stichstelle. —

Als einen Beweis für die Schnelligkeit, mit welcher bei Injectionen die Resorption gewisser Stoffe im Körper vor sich geht, führt Beigel die Beobachtung an, dass die Kranken schon wenige Sekunden nach gemachter Morphium-Injection einen bitteren Geschmack empfanden.

Nach B.'s Erfahrungen stehen diejenigen Krankheitsfälle, bezüglich ihrer Heilbarkeit durch hypodermatische Injectionen, in erster Reihe, welche rein nervöser Natur sind. Unter dieser Gruppe haben wiederum diejenigen Fälle, welche für die Morphiumbehandlung passen, die günstigste Aussicht. In diese Gruppe gehört auch eine Anzahl Hautkrankheiten, wie Prurigo, Herpes etc.; ebenso Keuchhusten und das Wechselfieber. Die Krankheitsfamilie Rheuma, incl. Lumbago und Ischias, steht

in nächster Reihe. Zu den Krankheiten, welche Beigel mit
Strychnin-Injectionen behandelt hat, gehören Paralysen und Pa-
resen. „In der Epilepsie reichen zwar die hypodermatischen
Injectionen nicht aus, sie bilden aber ein unschätzbares Unter-
stützungsmittel für die innere Behandlung durch Bromkalium."
Diese Bemerkungen illustrirt B. durch Mittheilung einzelner
Fälle aus seinen zahlreichen Beobachtungen:

1. Gewisse Formen der sogenannten Hysterie. Unter
diesen versteht Beigel, als für die hypodermatische Behandlung besonders geeignet, diejenigen, welche die Symptomen-
gruppe der Hysterie zeigen, ohne einen materiellen Anhaltspunkt
im Uterus darzubieten.

a) Eine 42jährige Kranke hat täglich regelmässig um 3 Uhr Nachmittags
bis 1 Uhr Nachts folgenden Zustand: Aeusserst heftiger Schmerz in der Nabelgegend, der sich bis zur Herzgrube fortsetzt, sich von hier rechts und links nach
der Wirbelsäule ausbreitet, in die Gegend der Schulterblätter zurückkehrt und
hier als äusserst intensiv schmerzhafte bohrende Empfindung endet. Den übrigen Theil des Tages ist die Pat. wohl. In früherer Zeit (das Leiden besteht
seit 17 Jahren) setzten die Anfälle zuweilen einen Tag aus, aber seit 8 Monaten
ist sie auch nicht einen einzigen Tag verschont geblieben. Appetit, Stuhl,
Menstruation regelmässig. Innerlich gereichte Mixtura Ferri cum Morphio, 4 mal
täglich, ohne den geringsten Erfolg. Am 9. December 1865 subcutane Injection
von ½ Gr. Morphium in der Nabelgegend. Der Anfall bleibt aus. Am 11. Injection wiederholt. Schwindel. Zur Zeit des Anfalls, welcher ausbleibt, Gefühl
von Kälte im Unterleibe, fast in derselben Bahn, wie früher der Schmerz. Am
13. trat ein Anfall ein, aber nicht so intensiv, wie früher. Am 15. nur eine
Andeutung des Anfalls, welche sehr bald verschwand. Wiederholung der Injection, wonach die Anfälle nicht wiederkehren, so dass Pat. am 20. im völligen
Wohlbefinden auf ihren Wunsch entlassen wird. Am 27. Decbr. stellt sich Pat.
wieder ein, die Anfälle sind wiedergekehrt, aber nicht täglich und beginnen erst
um 7 Uhr. Am 30. subcutane Injection. 10. Januar 1866: Treffliches Befinden. Gegen zuweilen eintretende leichte Mahnungen an den früheren Zustand
werden einige Dosen Chinin verordnet. Am 20. Januar wird Pat bei völligem
Wohlbefinden entlassen, und hat bis zum 19. Mai nicht die geringste Spur ihres
früheren Leidens.

b) Eine 29jährige Kranke leidet seit 7 Jahren an krampfhaften (hysterischen) Anfällen. Ohne nachweisbare Veranlassung stellten sich 10 Monate nach
der Entwöhnung des Kindes Ohnmachten ein, welche mit dem Gefühl des
Globus hystericus begannen. Diese gingen nach einigen Wochen in förmliche
Krampfanfälle über. Pat. schlug um sich, wurde einige Sekunden regungslos,
dann wieder convulsivisch. Bewusstsein ungetrübt. Nachher gewöhnlich ein-
oder mehrstündiger Schlaf. Die Anfälle kamen wöchentlich mindestens 1 mal, oft
aber 5—6 mal, von halbstündiger Dauer. Pat. hat während der 7 Jahre des
Leidens noch vier Kinder geboren. Gravidität und Geburten verliefen regelmässig,

hatten aber keinen Einfluss auf das Leiden. Die stets fortgesetzte ununterbrochene Behandlung blieb ohne Erfolg. Beigel fand bei Uebernahme der Behandlung am 13. Decbr. bei sorgfältigster Untersuchung nichts Abnormes, auch den Uterus völlig gesund. Er verordnete mehrere Wochen hindurch abwechselnd Bromkalium, Chinin, Eisen, Asa foetida ohne den geringsten Erfolg.

Am 10. Januar Morphium-Injection von ¼ Gr. in der Magengegend; Brechneigung ohne Brechen.

15. Januar. Es hat sich nur ein einziger Anfall eingestellt. Wiederholung der Injection. Ebenso am 18 Nach letzterer musste Pat. viel brechen, selbst noch einmal am 19. Morgens. Seit dem 15. sind nur 2 leichte Anfälle eingetreten. 22. Jan. Wiederholung der Injection bis zum 3. Februar jeden dritten Tag. Pat. befindet sich ausserordentlich wohl und wird am 16. Febr. entlassen. Bis zum Abgange des Berichtes, Ende Mai, befindet sich Pat. völlig frei von Anfällen.

Den oben erwähnten Nutzen der hypodermatischen Injection bei „epilepsieartigen Anfällen in Folge von peripherischer Irritation", als deren häufigste Ursache Onanie angesehen wird, illustrirt Beigel durch folgenden Fall:

Frederic S., 19 Jahre, von gesunden Eltern, leidet in Folge von Onanie seit 3 Jahren an den bezeichneten Krämpfen, welche sich in den letzten 6 Wochen täglich 16 — 20 mal einstellten. Nach einem eigenthümlichen Gefühl in der linken Schläfengegend, welches sich von dort aus längs des Halses auf den linken Arm fortsetzt, wird der letztere im Ellbogengelenk krampfhaft im Winkel gebogen, worauf Pat. plötzlich zu Boden stürzt. Nach einer Minute hat sich Pat. wieder erhoben, ist matt und schläfrig. Pat. giebt an, dabei bewusstlos zu sein, was von Beigel nicht genau ermittelt werden kann. Die Intelligenz des Kranken hat, nach Angabe der Eltern, in Folge der Krämpfe gelitten.

Nach einer am 14. April 1866 gemachten Injection von ½ Gr. Morphium in der linken Schläfengegend vermindert sich die Zahl der Anfälle auf 3 — 5 täglich. Am 21. April Wiederholung der Injection, wonach Uebelkeit und Erbrechen. Neue Injectionen am 25. und 28. April, 2., 5., 9. Mai. Die Zahl der Anfälle vermindert sich, theils bleiben einzelne Tage gänzlich frei. Vom 5. Mai ab, wo nur ein Anfall eingetreten war, bleiben die Anfälle gänzlich aus, und Pat. wird am 23. Mai bei völligem Wohlbefinden entlassen.

Die ferneren Mittheilungen Beigel's betreffen einen Fall von peripherischer Paralyse des linken Arms, in welchem durch wiederholte Injection von $^1/_{24}$ Gr. Strychnin Heilung erfolgte, sowie von bedeutender Besserung resp. Heilung chronischer Gelenk-Rheumatismen durch wiederholte Injection von Morphium, namentlich auch bei Lumbago und Ischias.

8) Waldenburg (Vhdlg. der Hufeland'schen Ges. vom 23. März 1866 — vgl. berl. kl. Wochenschr. 1866, 21) äussert sich in Betreff der Strychnin-Injectionen bei Aphonie dahin,

dass er dieselben seit dem ersten bereits vor 2 Jahren publi-cirten Falle (vgl. oben Cap. 16) selten mit gleichem Erfolg an-gewandt habe. Einigemale trat nach den Injectionen starker Kopfschmerz ein, und zwar öfters halbseitig (auf der Seite der Injection). In den meisten 'und oft sehr hartnäckigen Fällen bewirkte dann der inducirte Strom Heilung.

Auch bei der nervösen Aphonie der Tuberculösen zeigten sich die Strychnin-Injectionen wirksam. In einem noch in Behandlung befindlichen Falle hatten subcutane Injectionen und der inducirte Strom für sich nur einen schnell vorüberge-henden Effect, weshalb beide Verfahren mit einander combinirt wurden; doch war auch bei dieser Verbindung die Wirkung bisher noch keine befriedigende.

9) Dr. Lissauer in Bendorf (Centralztg. 1866, Nr. 1.) liefert einen „Beitrag zur Lehre von der subcutanen Injection des Atropin und Morphium, so wie der Beziehungen beider zu einander".

Ueber den Antagonismus des Opium und der Belladonna haben die Untersuchungen von Keen, Moorhouse und Mit-chell erwiesen, dass:

1) in Bezug auf die Erscheinungen der Circulation diese bei-den Agentien nicht einander entgegen stehen;

2) dass diese hinsichtlich des Auges sich antagonistisch ver-halten, dass jedoch die Wirkung des Atropin als eine per-manentere feststeht;

3) dass die Gehirnsymptome, durch das eine dieser Alcaloide erzeugt, zum grossen Theil durch das andere beseitigt wer-den können, wobei es jedoch schwierig ist, das normale Gleichgewicht herzustellen;

4) dass das Atropin die durch Opium verursachte Nausea nicht vermindert;

5) dass beide sich antidotisch in den Wirkungen auf die Blase verhalten (Centralzeit. 1866, 9). —

10) Dr. Fraigniaud (Etude sur l'antagonisme entre l'opium et la belladonna au point de vue surtout des injections sous-cutanées. Gaz. des hôp. 1866, 51, 52) theilt 3 Beobachtungen mit, in welchen er zu gleicher Zeit Atropin. sulf. und Morph. sulf. in einer Lösung mit Schwefelsäure gesäuerten Wassers

injicirte (10 Tropfen enthielten 5 Centigr. Morph. sulf. und 2 ½ Milligr. Atropin. sulf.).:

1. Eine 68jährige Dame litt an unerträglichen Knochenschmerzen, als deren Ursache ein Druck des Nerv. tibial. durch fehlerhaften Callus nach alter Fractur des Unterschenkels angenommen wurde. Mehrere vorangegangene Einspritzungen von Morphium und Atropin waren bereits ohne dauernden Erfolg für den Schmerz, aber mit mehr oder weniger toxischen Wirkungen gemacht worden. Man konnte also eine Art von Gewöhnung voraussetzen. Gleichwohl entstanden bei der von Dr. F. im Beisein von Brown-Séquard wiederholten Injection sehr beunruhigende Zufälle, in denen die Morphium-Wirkung vorzuherrschen schien: extreme Verengerung der Pupille, Lypothimieen, Uebelkeit, Erbrechen, Pulsus filiformis, fast unbezwinglicher Schlaf, kalter Schweiss. Nach Handbädern mit Senf, Einführung von vielem Kaffee in den Magen, Stimulirung durch kaltes Wasser etc. gelang es erst nach 15stündigen angestrengten Bemühungen diese Symptome zu beseitigen. Der Schmerz war freilich wesentlich gebessert. Die Kranke, die seit langer Zeit den Fuss nicht gebraucht hatte, konnte im Zimmer umbergehen. Wenn diese Besserung nicht fortbestand, so ist dies der alten tiefen Knochen-Alteration zuzuschreiben, welche sich später durch absolute Symptome manifestirte, die Diagnose änderte und endlich die Amputation nothwendig machte.

2. und 3. Fall: Hartnäckige Intercostal-Neuralgie bei Individuen zwischen 25 und 30 Jahren. Es traten nach der Injection fast ebenso heftige Erscheinungen auf, wie im ersten Falle, an welchen ohne Zweifel das Atropin seinen Antheil hatte. Aber es wurde Heilung bewirkt.

Diese 3 Beobachtungen sprechen nicht für die antagonistische Wirkung der beiden Substanzen, wenn sie in der Absicht vereint angewandt werden, um die Neutralisation ihrer toxischen Einzelwirkung zu erzielen. Die eintretenden heftigen Wirkungen dürfen vielmehr eher auf Rechnung dieser Vereinigung gesetzt werden, da sie, weit entfernt aufgehoben zu werden, im Gegentheil heftiger hervortreten. Dr. F. macht noch darauf aufmerksam, dass die Frage über diesen Antagonismus zwischen Opium und Belladonna am besten an Thieren studirt werden könnte, und dass dies vom Dr. Camus versucht worden sei, welcher das Resultat seiner Untersuchungen (an Kaninchen und Sperlingen) in seiner Schrift: „Etude sur l'antagonisme de l'opium et de la belladonna (1865) veröffentlicht habe (Vgl. oben S. 147 u. ff.). Dasselbe geht dahin, dass die Belladonna kein Antidot des Opium ist. Ob dieses Ergebniss auch auf Menschen völlig gültig sei, ist zweifelhaft. Vom Kaninchen ist bekannt, dass es der Einwirkung dieser Substanzen im hohen Grade widersteht. Es bedurfte zu den Experimenten enormer Dosen, 1 Gramme Opium-

. Extract, eben so viel Atropin und Morphium, um toxische Erscheinungen hervorzurufen. Dagegen konnten die weniger wirksamen Salze, das Codeïn, das Papaverin nur in der sehr kleinen Dose von 0,20 — 0,30 Centigrammes angewendet werden. Der Sperling dagegen zeigte sich sehr empfindlich auf die Wirkung dieser Mittel, aber der Grad dieser Reizbarkeit ist merkwürdig. Nicht diejenigen Salze, welche beim Menschen am lebhaftesten wirken, sind zugleich die, welche beim Sperling die kräftigsten Wirkungen hervorrufen. Gleichwohl konnte Herr Camus mit Recht annehmen, dass seine Experimente dennoch einen reellen Werth behaupten, weil er überall der grösseren oder geringeren Empfindlichkeit der Thiere auf die Wirkung des Giftes Rechnung trug und deshalb bestimmte Effekte dadurch erhalten konnte, dass er die Dosen erhöhte oder verminderte und sich so in gute Bedingungen für das Experiment versetzte. — Wenn nun auch diese Thatsachen nur von relativem Werthe sind, so erhalten sie schliesslich doch eine gewisse Bedeutung durch ihre Vergleichung mit den Beobachtungen am Menschen. Aus diesem Studium, fügt Fraigniaud hinzu, folgt kein ungünstiges Ergebniss für die subcutanen Injectionen der Opium- und Balladonna-Salze. Sie bleiben, was sie sind: ein rapides und meistens sicheres Heilmittel für eine Menge verschiedener Leiden.

11) Erlenmeyer „die Behandlung des Herpes Zoster mit Morphium-Injectionen" (Allgem. med. Central-Zeit. 1866. 11.) kommt darauf zurück, dass ihm wie anderen Aerzten die Morphium-Injectionen bei Herpes Zoster vorzügliche Dienste geleistet haben und theilt, um die Wirkungslosigkeit in einem von mir (s. oben pag. 118) erwähnten einen Schuhmacher betreffenden Falle zu erklären, folgende neuere Beobachtung mit:

Ein 22jähriger Mann, war wegen Athembeschwerden genöthigt, seine bisherigen Arbeiten in einer Färberei (wegen Chlordämpfe etc.) einzustellen. Er ging zur Schuhmacherei über. Bald stellten sich Schmerzen ein, links zwischen der 6 und 7. Rippe, von der Wirbelsäule bis zum Brustbein. Nach vier Tagen bildete sich ein Herpes Zoster von ungewöhnlicher Ausdehnung und Heftigkeit aus. Eine Einspritzung von ½ Gr. Morphium unter dem Arm, wo der Schmerz am heftigsten war, blieb ohne Erfolg, ja der Schmerz schien fast gesteigert. Bei genauer Untersuchung fand E., dass in der Nähe der Wirbelsäule der schmerhafteste Punkt sei. Nach einer hier gemachten Injection von ⅛ Gr Morphium hörte der Schmerz sogleich auf. Derselbe kehrte am folgenden Tage wieder, ver schwand dann aber nach einer abermaligen Einspritzung von ⅛ Gr. Morphium für immer. E. folgert aus dieser Beobachtung mit Recht, dass in Fällen, wie der vorliegende, die Injection in der Nähe der Wirbelsäule, d h. des schmerzhaftesten Punktes zu machen ist.

In einem veralteten Falle von Dorsal-Neuralgie, ebenfalls bei einem Schuhmacher, beobachtete ich kürzlich eine radicale Heilung durch 3malige Injection von ⅙ Gr. Morphium, welche ich in Zwischenräumen von 8, Tagen ausführte (s. auch oben pag. 318).

Ausserdem theilt Erlenmeyer (l. c.) noch eine Beobachtung mit, wo sich bei einer Frau von einigen dreissig Jahren, welche in Folge des Genusses von getrockneten Bohnen an heftigen Schmerzen in der Magengegend und Erbrechen litt, nach einer Morphium-Injection von ⅛ Gr. ausser der sofortigen Beseitigung des Schmerzes eine Pulsverminderung von 106 auf 60 Schläge zeigte, welche sich während seiner Anwesenheit, also wenigstens 15—20 Minuten, erhielt.

12) Ich selbst habe so eben in den Feldlazarethen zu Brünn, wo am 16. Juli die ersten unzweifelhaften Cholerafälle aufgenommen wurden, die subcutanen Injectionen in Anwendung gebracht. Ich wählte hierzu Fälle aus, in denen die Krankheit seit 1—2 Tagen bestand und bei grosser Heftigkeit in den Symptomen dennoch einen etwas protrabirten Verlauf nahm, namentlich solche Fälle, in denen unstillbares, allen Medicationen trotzendes Erbrechen bestand, daneben aber Wadenkrämpfe, vox rauca, kleiner frequenter Puls und ein hochgradiger Collapsus auf den Uebergang in das eigentliche Stadium algidum hindeuteten. Zur Injection wurde theils Extr. Opii benutzt (mit Aqua dest. ana. zu 1 — 2 Gr. pro dosi), theils, nach dem Vorschlag von Dr. Althaus in London, Morphium mit Chinin (R. Morph. sulf. gr. j, Chininii sulf. Э β, Acid. sulfuric. q. s. ad sol. perf., Aq. dest. ℨ ij; das auf einmal injicirte Quantum enthielt 1½ Gr. Chinin und ⅙ Gr. Morphium). Die Injection wurde an einer noch möglichst warmen und elastischen Hautstelle — gewöhnlich in der Regio epigastrica — verrichtet. Der symptomatische Effekt war bezüglich des Erbrechens, der meist sehr schmerzhaften Wadenkrämpfe und der grossen Unruhe entschieden günstig in fast allen Fällen, wo Morphium mit Chinin in der oben angegebenen Dosis, bisweilen

wiederholt, injicirt wurde. Doch leistete die Injection von Morphium allein ($\frac{1}{6}$ — $\frac{1}{4}$ Gr.) dasselbe, so dass also das Chinin dabei offenbar gar nicht in Betracht kommt. Dagegen erzielte das Extract. Opii, trotz der relativ höheren Dosis, geringere Wirkung.

13) Herr Dr. Güterbock zu Berlin hat „in dem von ihm geleiteten Cholera-Hospitale (Juli 1866) durch subcutane Morphium-Injectionen in den meisten Fällen die Beseitigung eines der quälendsten Symptome, der schmerzhaften Wadenkrämpfe, erzielt. Auch gegen das Erbrechen haben diese Injectionen, in der Magengegend applicirt, die wesentlichsten Dienste geleistet" (Berliner klinische Wochenschrift 1866, 29 u. 34).

Dr. Paul Guttmann (Bericht aus dem städtischen unter Leitung des Herrn Dr. Güterbock stehenden Cholera-Lazareth, Berliner clin. Wochenschrift Nr. 34. S. 335) „kann diese Injectionen nicht dringend genug empfehlen; die grossen Schmerzen der Patienten werden durch eine einzige Injection einer grösseren Dosis oder mehrerer kleinen in Zwischenräumen oft vollkommen zum Verschwinden gebracht, mindestens aber ausserordentlich gemildert." Angewandt wurde das Morphium hydrochlor. in der Dosis von $\frac{1}{6}$ — $\frac{2}{3}$ Gr. Die grösseren Dosen wurden bei Männern, die kleineren bei Frauen benutzt. „Bei einer Anzahl von nahe zu 200 asphyctich eingebrachten Kranken wurde in jede Wade nie unter $\frac{1}{6}$, meistens aber $\frac{1}{3}$ Gr. Morph. injicirt, in vielen Fällen wegen wiederkehrender heftiger Krämpfe wiederholt — und doch wurden nur bei höchstens 6 Kranken narkotische Erscheinungen beobachtet; auch diese schwanden nach starkem schwarzen Kaffee, kalten Umschlägen auf den Kopf etc." „Auch gegen das heftige Erbrechen und namentlich gegen die quälende Nausea, bei der es zum Brechen nicht kommen will, haben wir die subcutanen Morphium-Injectionen ($\frac{1}{6}$ Gr.) in's Epigastrium mit theilweise sehr gutem Erfolg gemacht. Die subcutane Morphium-Injection, fährt Verf. fort, ist somit nach allen und, wie die vorhin angegebenen Zahlen zeigen, reichen Beobachtungen das vortrefflichste, durch kein anderes zu ersetzende Mittel, um das quälendste Symptom der Krankheit zu beseitigen, und wer die entsetzliche, durch die heftigen Wadenkrämpfe bedingte

Pein der Kranken vor Augen hat, wird gewiss mit Freuden zu diesem Mittel seine Zuflucht nehmen.

Dagegen haben nach Dr. Guttmann (l. c. S. 335) Injectionen von Strychnin ($^1/_{12}$ Gr.) halbstündlich 3 mal wiederholt, nicht die geringste Wirkung auf die allgemeinen Erscheinungen erzielt, und eben so wenig die specifische Wirkung des Mittels an sich geäussert.

Demnach hat sich meine auf Analogieen gestützte Voraussetzung (s. oben S. 167), dass die Morphium-Injectionen sich bei der asiatischen Cholera nützlich verwerthen lassen müssten, bereits in erfreulicher Weise bestätigt.

14) Herr von Graefe hat in dem unter seiner Leitung stehenden Cholera-Hospitale ebenfalls Versuche mit subcutanen Injectionen besonders von Atropin angestellt. · Derselbe hatte die grosse Freundlichkeit, mir auf mein desfallsiges Ersuchen einige seiner Ergebnisse zur Benutzung an dieser Stelle brieflich mitzutheilen. Ich erlaube mir daraus Folgendes anzuführen: „Die Injectionen mit Atropin blieben im Stadium algidum der Cholera ohne Heilwirkung, wie, beiläufig gesagt, diejenigen aller übrigen von mir versuchten Narcotica. Bemerkenswerth ist aber, dass das Mittel selbst bei lange bestehendem Stadium algidum und noch kurz vor der Agonie, bei subcutaner Anwendung rasch aufgenommen wird, wie ich es durch den Effekt auf die sonst im Stadium algidum sehr enge Pupille constatirt habe. Es ist diese Thatsache vielleicht deshalb einer Verzeichnung werth, weil sich von anderen Mitteln durchaus nicht dasselbe sagen lässt. Colossale Dosen Tartarus stibiatus, subcutan angewandt, bleiben völlig ohne die gewöhnlichen Wirkungen u. s. w."

Herr von Graefe erwähnt dann weiter, dass er bereits verschiedene Mittel (auch Chinin in grossen Dosen und Arsenik) subcutan versucht habe. Es geschah immer nur in der algiden Form. Es kamen einzelne verzweifelte Fälle durch, aber nicht in Folge der Mittel. Die meisten Reizmittel (auch Schwefelkohlenstoff) scheinen in der algiden Periode vom Bindegewebe nicht mehr aufgenommen zu werden.

15) Herr Dr. Goldbaum („Die hypodermatische Injection im asphyctischen Stadium der Cholera" Berl. klin. Wochenschrift 1866 Nr. 35.) hat, „nachdem er sich in den früheren

Epidemieen von der mangelhaften Resorptionsfähigkeit des Magens und Darmkanals in den höheren Stadien der Cholera hinlänglich überzeugt hatte, bei der diesjährigen Epidemie Versuche mit der hypodermatischen Methode angestellt. Derselbe hat, um die hypodermatische Resorption der Stoffe im asphyctischen Stadium unzweifelhaft nachzuweisen, bei einer Anzahl von Fällen im asphyctischen Stadium Versuche angestellt mit Ferrocyan-Kalium, Jodkalium, Jodnatrium, mit Atropin und Strychnin.

Aus diesen Versuchen ging unzweifelhaft hervor: „dass im asphyctischen Stadium hypodermatisch injicirte Stoffe resorbirt werden, jedoch in einer viel langsameren trägeren Weise, als im normalen Zustande, da die Zeit, in welcher der Beweis der Resorption geliefert werden konnte, in den einzelnen asphyctischen Fällen sowohl eine bedeutend differirende, als auch eine in jedem Falle längere war als beim gesunden Menschen. Unter gleichen Verhältnissen scheint bei Kindern und Frauen die Resorption viel rascher einzutreten, als bei robusten Männern, jedenfalls aber findet bis in das letzte Stadium der Krankheit Resorption statt."

Autoren-Register.

Register

der

mit Injectionen behandelten Krankheiten.

Erklärung der Abbildungen.

Fig. 1. Spritze nach Pravaz (natürliche Grösse).
  a) Glasspritze.
  b) Canule des Troikarts.
  c) Troikart.

Fig. 2. Spritze nach Luer (natürliche Grösse).
  a) Glasspritze mit Scala.
  b) Stahllanze zum Anstecken an die Spritze (durch den Canal derselben ist eine feine Metallsonde geführt).
  c) Das Seite 20 beschriebene Stilet zum Reinigen der Stahllanze.

Fig. 3. u. 4. Spritze nach Rynd.
  A die Canule, bei B wird dieselbe an das Instrument angeschraubt, und durch eine Oeffnung E mit der Flüssigkeit gefüllt. Der mit einer Feder verbundene Knopf C wird in die Höhe gedrückt und durch einen Halter D an seiner Stelle erhalten, wodurch die Spitze der Nadel etwas vorspringt (Fig. 4). Nach dem Einstich wird durch Druck auf den Handgriff der Halter in die Höhe gehoben, wodurch die Nadel zurückspringt und die Flüssigkeit austreten lässt.

Fig. 5 — 7. Spritze nach Leiter.

Fig. 5. Die Spritze (in natürlicher Grösse) in ihrer Messinghülse; letztere geöffnet, um zu zeigen, wie das abgeschraubte Lanzenrohr in die durchbohrte Stempelstange gesteckt wird (um die Spitze beim Transport unbeschädigt zu erhalten).

Fig. 6. Spritze mit angeschraubten Lanzenrohr.

Fig. 7. Die einzelnen Theile des Instruments.
  a) Glascylinder; jeder Theilstrich der Scala entspricht einem Gran Flüssigkeit.
  b) Metallenes Schraubengewinde zum Anschrauben des Lanzenrohrs f.
  c) Platte am unteren Ende der (aus Hartkautschouk gefertigten) Stempelstange; in ihre Mitte befindet sich eine Oeffnung, welche die Spitze des umgestürzten Lanzenrohrs aufnimmt.

d) Elastische Lederkappe am oberen Ende des Stempels, von der Spitze desselben (*e*) etwas überragt.

g) Reservekappe.

h) Reservering für den an der Montur des Lanzenrohrs *f* befindlichen (zum luftdichten Anschluss an den Glascylinder).

i) Ein Bündel Silberdrähte zum Reinigen des Rohrs.

(Die Stücke *g* — *i* sind nebst der Spritze in der zu letzterer gehörigen Messinghülse untergebracht).

Fig. 8. Spritze nach Mathieu („seringue décimale hypodermique") in halber Grösse.

Die pag. 22 und 23 gegebene Beschreibung dieses Instruments ist, wie ich mich durch genauere Kenntnissnahme bei Mathieu selbst überzeugt habe, nicht ganz richtig. Die Spritze fasst nicht 1, sondern 4 Grmm. — Die Stempelstange ist von 0 bis 4 numerirt, und jede Abtheilung enthält also 1 Grmm., welche Quantität durch 10 totale oder 20 halbe Schraubendrehungen entleert wird.